城市社会空间研究书系

主编　冯健

北京市核心区社会空间及其韧性演变研究

Research on the Socio-space and Its Resilience Evolution of the Central Area of Beijing

许婵　著

中国建筑工业出版社

图书在版编目（CIP）数据

北京市核心区社会空间及其韧性演变研究 =
Research on the Socio-space and Its Resilience
Evolution of the Central Area of Beijing / 许婵著
. -- 北京：中国建筑工业出版社，2023.12
（城市社会空间研究书系 / 冯健主编）
ISBN 978-7-112-29264-6

Ⅰ．①北… Ⅱ．①许… Ⅲ．①城市空间－空间结构－
研究－北京 Ⅳ．① TU984.21

中国国家版本馆 CIP 数据核字 (2023) 第 190037 号

责任编辑：李　东　徐昌强
责任校对：王　烨

城市社会空间研究书系
主编　冯健
北京市核心区社会空间及其韧性演变研究
Research on the Socio-space and Its Resilience Evolution of the Central Area of Beijing
许婵　著

*

中国建筑工业出版社出版、发行（北京海淀三里河路 9 号）
各地新华书店、建筑书店经销
北京点击世代文化传媒有限公司制版
北京中科印刷有限公司印刷

*

开本：787 毫米 ×1092 毫米　1/16　印张：22　字数：516 千字
2025 年 2 月第一版　2025 年 2 月第一次印刷
定价：**79.00** 元
ISBN 978-7-112-29264-6
（41958）

PREFACE | 总　序

我想利用这个为“城市社会空间研究书系”丛书撰写总序的机会，重点说清楚三个问题。

一是，这套丛书出版的背景。这包括了两个层面的内涵，即现实背景和学术背景。

现实背景是在中国快速城镇化发展进程中，尤其是在大都市用地扩张和人口高度集聚的同时，促进了社会空间的发育，催生了社会组织的成长，同时也伴生了一系列社会问题的出现。特别是当经济发展到一定程度后，城市居民的各种社会性需求充分显现，需要得到空间上硬件设施合理布局的保障以及社会关系网络的支撑。这样，“社会”和“空间”便产生频繁联系，进而相互影响和制约，西方学者称之为“社会空间辩证法（Socio-spatial Dialectic）”，这属于地理学家的研究范畴。与此同时，中国的城市规划建设出现了前所未有的繁盛局面，城市规划需要应对大量的社会层面的新趋势、新现象和新问题，而地理学家所重视的空间思维与空间分析方法与城市规划中的“空间”内涵有着天然的契合关系。因此，围绕“城市社会空间”的主题，召集以地理学家为主的创作群体并出版系列研究成果，对于体现城市规划的“时代性”具有重要意义。

学术背景是，西方的城市社会空间研究肇始于20世纪20年代，可以追溯到著名的“芝加哥学派”，而国内的同类研究出现在20世纪80年代中后期。国内的城市社会空间研究经过30年的实证研究积累和学术发展，目前已经到了建设学科、形成有中国特色的系统理论以及把相关核心问题放大并开展系列研究的阶段了。在这个阶段，策划出版有关城市社会空间系列丛书、扩大研究的社会影响，无疑是促进相关学科发展的重要手段。

二是，为什么策划出版这套丛书。一句话，就是要促进城市地理的社会化发展，通过这套丛书，高举“城市地理社会化”的大旗，切实推进新时期中国城市地理研究迈向一个新的台阶。

城市地理学是人文地理学中最有生命力、从事研究的人员数量最多、与城市规划关系最为密切的重要分支学科。一般而言，城市地理学的主要构成框架包括四个部分，即城市发展史（城市历史地理）、城镇化、城镇体系和城市内部结构。城市内部结构属于城市社会地理学范畴，而城市社会空间是其最主要的研究内容。西方的城市地理学研究，对城市发展史、城镇化和城镇体系的研究早已十分成熟，难以再产生新的理论，所以目前的情况是以城市内部结构为主要研究内容。我曾统计过美国的权威期刊 *Urban Geography* 近年某一年内所发表的论文，发现四分之三以上的论文主题属于城市内部结构方面，而只有不到四分之一的论文属于城市地理的另外三个方向。如前所述，国内学术界对城市内部结构或城市社会空间研究的关注，至今不超过 30 年时间，而尤以近 15 年来研究最为热门，取得的研究成果也最多。事实表明，中国城市社会空间研究已经成为城市地理研究理论创新最多的领域。因此，国内的城市地理研究，要强化对“城市地理社会化”的认识，让城市内部结构成为未来一段时间内中国城市地理和城市规划理论创新和实践应用最广泛的研究方向之一。

三是，这套丛书的特点。这套丛书最大的特点就是通过强调“社会空间和文化生态”的理念和视角，实现地理学的“人文关怀”，包括对行为主体——人的关怀、对行为主体集聚体——社会的关怀和对行为主体活动的载体——空间的关怀。

目前已经列入丛书出版计划的著作已经有 10 本，这些著作多数是博士论文或是国家自然科学基金课题的研究成果，作者以中青年学者为主。这一方面，保证了本套丛书的写作质量；另一方面，相对年轻化的作者年龄结构特点，更容易激发学术创新的火花。当然，今后还可以继续吸纳一些前沿的研究成果纳入本套丛书的出版。

这套丛书在论证选题时，本着“趣味性”“前沿性”和“学术性”并重的理念，旨在吸引更广泛的读者群。这套丛书可供城乡规划、地理学、社会学、区域经济与管理等研究领域的人员以及政府有关部门的决策人员、房地产开发与经营管理者和高校师生参考使用。

兹为序。

冯健

中国地理学会城市地理专业委员会副主任

北京大学城市与环境学院城市与经济地理系主任、研究员

2022 年 10 月

PREFACE | 前　言

中国的城市化与人类的新技术革命被诺贝尔奖获得者、美国经济学家约瑟夫・斯蒂格利茨（Joseph E. Stiglitz）认为是21世纪初期对世界影响最大的两件事情。城市化是中国未来经济社会发展的重头戏，城市化的作用已经被提到了史无前例的高度。在我国高速度、大规模的城市化进程中，一系列的问题正困扰着我们：资源和能源的粗暴开发、生态和环境的严重破坏、文化和遗产的日渐衰败、空间和社区的巨大变迁，等等不一而足（黄鹭新等，2010）。这些问题在我国的大城市中表现得尤为突出，且有加重的趋势。尤其在大城市中心区，人口密度过高、环境质量下降、应急救灾能力较弱等问题都亟待解决。

在当代我国大城市所面临的众多问题之中，源于贫富差距的社会空间资源占有和社会空间权利享用的不均衡已然成为社会矛盾和冲突的中心（庄友刚，2012）。它突出反映在居住空间的分异与隔离、职住不平衡、社会关系淡漠、人际交往浅层化等显见的方面，从本质上来说，是社会阶层分化的外在表现。而随着我国市场化改革的深入，不同阶层之间对于城市空间的竞争与博弈日益激烈（杨上广等，2006），社会空间极化将在我国城市尤其大城市中愈演愈烈。社会空间不仅具有物质性，也具有社会性，它是社会的产物，承担着物质环境和生产关系再生产的作用。它可以作为一种政治工具被统治阶层所运用，也蕴藏着无穷的潜力，可以为那些遭受压迫与控制之苦的人带来福祉（包亚明，2003）。在谋求经济社会发展的进程中，如何加深对社会空间的认识，发挥社会空间有利的一面，规避其无序和危险的倾向，处理好社会空间权益关系越来越彰显出其紧迫性，成为缓解社会矛盾和防范社会危机的关键所在（庄友刚，2012），因而也成为城市社会学和地理学研究者应严肃认真对待的问题。

针对城市社会空间的内部矛盾，社会空间演变的历史路径与现实分布格局都是深化其认识过程中十分重要的研究内容。而社会空间除了自身内部矛盾，也面临众多外部风险，引入韧性思维，内外兼修以应对各种风险和危机才能构建和谐社会，实现可持续发展。北京作为中国的首都、政治和文化中心，世界城市和历史文化名城，首当其冲地经历着国内城市化进程中的各种典型问题及国际风险背景下的重重危机。受资本逐利和政府干预等因素的影响，北京城市空间私人化、弱势群体边缘化、社会空间断裂化等问题突出，以北京为研究对象兼具了重要性、典型性和代表性。

许婵

2025 年 3 月 1 日

CONTENTS | 目　录

第一章　绪论 ONE

1.1 社会空间概念解析

据美国人文地理学家安·布蒂默（Anne Buttimer）考证，“社会空间”（英文 social space；法文 l’ espace social）作为一个特定术语，最早是由法国社会学家涂尔干（Émile Durkheim）在 19 世纪末提出的（Durkheim，1893；李小建，1987）。之后，他的学生马塞尔·莫斯（Marcel Mauss）和莫里斯·哈布瓦赫（Maurice Halbwachs）等人开始在著述中引用这一术语（Maurice，1938；Mauss et al.，1904；李小建，1987）。涂尔干对拉采尔的地理达尔文主义、斯宾塞的社会达尔文主义和齐美尔（Georg Simmel）的形式主义都持反对态度，他从纯粹的社会学角度来看待社会分异，认为社会学由社会形态学和社会心理学构成，前者研究社会基质（法文 substrat social），后者研究社会的分割和互动以及社会“精神密度（moral density）”（Buttimer，1969）。涂尔干所谓的社会基质是指独立于物质环境的社会环境。法国地理学家索赫（Maximilien Sorre）认为涂尔干的这一定义太过狭隘，指出了很多物质环境影响社会分异的情况，认为社会基质应该包括物质环境和社会环境。为了表达社会基质的二重性，他引用了涂尔干的“社会空间”一词，使得这一术语的内涵由最初的纯社会环境扩展到了物质和社会双重环境（Sorre，1957）。

此后，富有双重含义的“社会空间”作为专业术语的应用更为广泛：涂尔干学派的继承者、法国社会学家洛韦、马克思主义哲学家列斐伏尔（Henri Lefebvre）、人种学家康多明纳等都论及了社会空间（Chombart De Lauwe，1965；Lefebvre，1974；Condominas，1980）。直到 20 世纪六七十年代，随着空间意识的觉醒，后现代思潮的盛行，在法文和英文的论著中对“社会空间”一词的使用变得更为普遍（Claval，1984），而其他一些相关的词汇，如“社会区”（social area）也开始出现（Buttimer，1969；Buttimer，1971；Simon，1979；Sorre，1957；李小建，1987）。不同学科的学者基于自身的研究视角对社会空间的内涵有不同的理解，使得“社会空间”一词在发展演变过程中逐渐获得了多方面的意蕴。作为学术用语，它的使用涉及哲学、社会学、人类学、人种学、民族学、地理学、城市规划学、建筑学、心理学等学科；即使是在同一学科视野内，不同的研究者对社会空间的理解也不尽相同，这使得社会空间的内涵显得尤为复杂（王晓磊，2010），对其进行分类阐释，有助于全面理解它的深刻含义。“社会空间”概念的使用和演变也是对其理解的不断深化和拓展，从侧重于其“空间”面向到侧重于其“社会”面向，再到二者的辩证统一，“社会空间”的内涵可归纳为四种较为常见的解释。

1.1.1 作为群体占有区域的社会空间

作为群体占有的区域是社会空间最早的概念释义。“社会空间”一词最早出现在涂尔干 1893 年出版的博士论文《社会劳动分工论》（*De la division du travail social*）中（王晓磊，2010）。

他认为，社会空间就是一个群体居住的区域；他和他的学生强调了社会空间研究的重要性（Durkheim，1893；李小建，1987），因为社会空间与人口密度、社交形式之间有着密切的联系。他在1912年出版的《宗教生活的基本形式》中提出，时间和空间是社会构造物，空间具有社会性，特定社会的人都以同样的方式体验空间，社会组织是空间组织的模型和翻版（Durkheim，1999）。20世纪20年代，美国从事社会学研究的芝加哥学派提出了一些与涂尔干很相似的观点，但他们更加关注对本地社区的研究，而不是仅仅研究社会群体（Park，1952；Park et al.，1925）。

在社会空间作为群体占有区域这一理解中，社会空间有着与"人类领土"（human territory）相似的含义。"人类领土"强调基于本能防御的领土性（territoriality），社会空间则更强调特定地域群体的集体意识（group-consicousness）及自我身份（self-indentity）认同的地理成因（Sack，1983）。可更泛化地认为每一个社会群体都有一个区域与之相连（Bobek，1948），群体内部的成员表现出客观相似性和主观认同性，这是作为群体占有区域的社会空间的主客观两方面。以群体意识为特征的社会空间存在于所有社会中，但其范围和程度各有不同，有可能是内聚性群体（cohesive group）居住的同质邻域，也有可能是联系网络所催生的交叠区域（Raison，1976）。如此，社会空间便成了众多区域的拼贴物，每一区域中的居民有着相同的空间感受，反映其价值、喜好和愿望。区域中可以确定一些社会活动的关键点，如剧院、学校和教堂等。而社会空间密度则反映了不同群体之间的互补性和交互度（Sorre，1957）。这种看法与芝加哥学派的社会区划分有异曲同工之妙；但不同的是，索赫等地理学家更加注意人们感知和衡量空间的方式（Claval，1984）。索赫对社会空间的这种非正统诠释对洛韦产生了重要影响，后者将其引入社会学领域，并以此为基础进行实证研究。他对社会空间的主客观两方面进行了更为细致的界定，社会空间的客观部分是指社会群体居住的空间范围（王晓磊，2010），有其物理边界、层级和交流网络；主观部分则是指特定社会成员共有的、与成员有深刻联系的感知空间，二者并不完全重合（Buttimer，1969）。作为群体占有区域的社会空间在平面上有阈值，在立面上有密度。平面上超过阈值，群体成员就会经历沮丧、紧张和混乱等负面情感；立面上高于一定密度、过度拥挤，就会造成犯罪率上升等后果，而低于一定密度也会带来其他社会和心理问题。

在对社会空间的这种理解中，社会空间偏向于空间的一面得到了强调，社会空间有形态、密度等指征，是承载社会过程的容器。社会空间中的群体实际上是指社会生活的基本单元，如地域实体或阶层，或是构成社会关系的各种组织。不过，这种理解过于强调群体，忽视了个体及其交往所产生的社会关系（Claval，1984）。

1.1.2 作为群体网络组织的社会空间

在洛韦的研究中，除了体现社会空间作为群体占有区域的思想，也体现了其作为群体网络组织的释义。20世纪60年代，洛韦在其对巴黎的研究中发表了一份非常新颖的图示——来自巴黎第十六区的一位年轻女士的日常行为地图，展示了这位女士所有的人际关系和社会联系，洛韦将其称为该女士的社会空间（Chombart De Lauwe，1965；王晓磊，2010）。而在英语地理学者眼中，这样的地图应该被称作“行动空间”（action space），而社会空间则是指人们能够通过他们的朋友、邻居和媒体等获取信息的区域（Buttimer，1969）。二者上述观点虽有不同，但都认可社会空间是用来描述个体范围的——可以是个体开拓的范围，也可以是熟人谈及的范围，或是媒体所描述的范围（Claval，1984）。但这里存在一个问题，虽然用“社会”作为“空间”的修饰语，实际上这些空间是个体的空间。而后，西蒙（Gildas Simon）在研究法国的突尼斯工人时，把移民个人行为的心理作用分析与社会组织联系起来（李小建，1987），发现移民一旦在法国某地区形成组织，就会吸引后来的移民（Simon，1979）。无论是年轻女士的行动空间还是突尼斯工人的迁移空间，从某种意义上说，确实都可以被称作社会空间，因为他们都是通过社会关系来获得目的地信息的（Claval，1984）。如此一来，个体活动表明了他是某个社会群体的一员，社会群体全部成员的活动空间便组成了作为群体网络组织的社会空间。在这一空间中，最重要的元素是社会关系，社会空间是社会关系在空间中的投影。

有别于社会空间作为群体占有区域的理解，对社会空间作为群体网络组织的理解不再将社会空间看作同质化的区域：它由社会关系所建构；相比于阶层，它更关注功能性的社会关系和联系系统（Claval，1984）。在这一系统中，个体并不是无序整体中的原子，而是家庭、社团、部落、国度、种族等各类组织的成员（Etzioni，1964；Maquet，1970）。个体为生活而斗争，社会组织则确保个体斗争所处的复杂关系系统能有效运行。社会总有其空间维度，每一位社会组织成员所占据的社会空间集成在一起便建构了作为群体网络组织的社会空间（Claval，1984）。

在社会空间作为群体网络组织这一理解中，社会空间是个体社会关系的集合，是群体成员的网络延展，社会空间偏向于社会的一面得到了强调，它的存在印证了社会不是由无差别的群体所组成的，而是有其自身的建构，即社会结构的空间模式（李小建，1987）。空间本身并非均质的、空洞的，而是各种关系的呈现，空间之间的差异来自社会关系的差异，取决于群体在由生产活动所缔结的社会关系中居于什么样的地位。社会空间的此种理解在中国具有十分重要的本土化意义，一方面各种要素在社会空间中的流动变得更迅捷，另一方面权力可以通过社会空间渗透到社会生活的方方面面，影响群体及个体的相对位置。而在微观层面来看，个体的位置恰恰是社会空间另一个视角的诠释，它决定了认识自我和审视他人的基点。

1.1.3 作为个体位置系统的社会空间

社会空间作为个体位置系统的理解可以追溯到格奥尔格·齐美尔（Georg Simmel），他于1903年率先对空间进行社会学的研究。他认为空间只是两个要素之间的关系，一个要素和另一个要素之间发生的运动或变化要借助进入空间位置来发生，因此相互作用就是对空间的填充（赵芳，2003）。个体并不仅仅是占据着空间中的特定位置，而是会相互交往，产生互动，相与并存（being together），分享空间，从而把毫无意义的本体空间（space per se）转变为物质空间

(physical space)，再进一步填充为社会空间。吉登斯 (Giddens) 结构化理论中的空间观念也应该归属于这一范畴，他通过建立一系列与空间有关的概念系统如“在场”“在场可得性”“不在场”“共同在场”“区域化”“场景”“中心及边缘区域”“情境”等,来阐述他的结构化理论 (吉登斯，1998；潘泽泉，2009)。在吉登斯看来，行动者在一个场所中并不单独存在，而是会与别人建立联系，还会利用实践的库存知识来解释场所情境。这样，场所就不再是一个单纯的物理空间，而是变成了一个互动的意义情境 (即社会空间) (张广济等，2013)。

法国社会学家皮埃尔·布迪厄 (Pierre Bourdieu) 认为社会空间是由人的行动场域组成的，他从比拟物理空间的角度使用“社会空间”一词来表示个人在社会中的位置所构成的“场域” (英文 field；法文 champ) (Bourdieu，1985；高宣扬，2004；王晓磊，2010)。布迪厄指出，“场域”在绝对意义上可以被认为是个体所占据的物理空间，而在相对意义上则可以被认为是一个位置，一个序列中的等级。正如物理空间是由组成部分的相互外部性所定义的那样，社会空间是由构成它的位置互相排斥 (或区分) 而定义的，也就是社会位置并置的结构 (Bourdieu，2018)。如此一来，个体可以由其所在的相对固定的场所来表征，即其居住地，也可以由其相对他人的 (临时性和永久性) 占地来表征。社会空间成为由特定的行动者相互关系网络所代表的各种社会力量和因素的复合体，它既包含在空间结构的客观性中，也包含在心理结构的主观性中，后者一定程度上是前者具化的产物 (Bourdieu，2018)。它尤其强调贯穿于社会关系中的力量对比及其实际的紧张状态，强调行动者个人和群体之间的权力关系及其变化 (Bourdieu，1985；高宣扬，2004)。场域并不是静止不动的空间，场域内各种“力”不断地“博弈”，场域的边界“位于场域效果停止作用的地方” (Bourdieu et al.，1998)。

从上述社会学家关于社会空间的论述可以看出，作为个体位置系统的社会空间重点落在了个体在社会系统中的相对位置上。个体的位置空间有两重含义，一是客观位置空间，一是主观立场空间，客观位置空间倾向于对主观立场空间起支配作用。显然，把“社会空间”看作“个人在社会中的位置”，是在象征意义上使用“空间” (王晓磊，2010)，实际所表达的是一种“社会学的空间”，忽略了地理学或物理学意义上的实体空间的特征，割裂了“社会空间”的空间性和社会性的内在联系，它并非真正意义上的“社会空间”，仅仅是一种社会分析的空间化隐喻 (王晓磊，2010)。

1.1.4 作为人类活动产物的社会空间

把社会空间理解为人类活动的产物是马克思主义者，尤其新马克思主义者的思路 (王晓磊，2010)。他们关注社会差异的空间分布，关注空间、区域和距离的作用 (李小建，1987)。这一观点发轫于马克思和恩格斯，繁荣于新马克思主义城市理论的“三剑客”：法国马克思主义哲学家昂希·列斐伏尔 (Henri Lefebvre)、美国地理学家戴维·哈维 (David Harvey) 和西班牙裔美籍社会学家曼纽尔·卡斯特尔 (Manuel Castells)。

马克思和恩格斯在其著述中并没有直接使用过“社会空间”的概念，但在其诸多作品中都透露出对社会空间的深刻认知，尤其是在人学理论中展现了较为明显的社会空间思想。马克思认为自然空间、社会空间和历史空间相互联系，构成了人的活动空间的总体。他认为人和空间都不仅仅是自然存在物，人也是为自身而存在的类存在物，存在于社会空间之中；而空间是一种社会存在物，是在实践过程中主体对象化的产物。马克思不认同传统学者对空间的片面认识，指出社会空间不是物质资料生产的客观器皿或者纯粹人类想象的东西，而是社会关系生产和再生产的动态演化历程（孙全胜，2016）。人从纯粹自然中走出来，构成社会，进行社会生产实践，便将纯粹的自然空间同化为物质对象和生产载体，社会空间就生成了。社会空间是人的生命活动本身，既是存在于这种活动之中的，同时也是这种活动的结果；人的社会关系既是社会空间的基本形式，也是社会空间的实质性内容（张康之，2009）。马克思强调空间的社会属性，并提出"人化自然"的范畴，作为人的活动空间，人化自然是一个通过人的活动所建构的空间，它会随着人的活动能力和活动范围的变化而变化（李春敏等，2010）。社会空间只有真真切切地在人的活动中得以落实才是可以理解的，而理想的社会空间也是从人自由自觉的活动中获得的（张康之，2009）。

在出版于1974年的《空间的生产》一书中，列斐伏尔开创性地将马克思历史唯物主义中的关键因素——人的社会生产，由直接的物质资料的生产扩展到空间本身的生产（Lefebvre，1974；魏开等，2009）。列斐伏尔提出了空间生产过程的三元一体理论框架，一个集物质性、精神性、社会性于一体的三维空间观（Lefebvre，1991），即：（1）"空间实践"或"感知空间"（spatial practice，or perceived space）：是社会生产和再生产的物质空间，作为社会构成的具体地点，这种具体化的、社会生产的、经验的空间是在一定范围内可以进行准确测量与描绘的空间。（2）"空间再现"或"构想空间"（representation of space，or conceived space）：是指概念化的空间，是科学家、规划师、城市研究者及政府官员所构想的空间，是所有生产方式中占主导地位的空间，是生产关系强加给社会的秩序，是知识权利的来源，是一个由话语、文本等要素组成的书写和言说的世界，是一个乌托邦的空间，也即精神空间，但统治工具可以将之变为现实。（3）"再现空间"或"生活空间"（space of representation，or lived space）（许婵，2016）："再现空间"作为区别前两类空间又将它们内蕴于其中的空间，既与社会生活的基础层面相关联，又与艺术和想象相关联，它是我们经历过的、被合并到我们日复一日生活之中的感觉、想象、情感和意义的空间，也可以说是积淀在我们心理结构中的潜在的空间（高春花，2011；汪原，2005）。通过深入解析空间概念并对其进行分类，列斐伏尔深刻地揭示了社会性是空间的本质属性，空间并非社会关系演变的静态容器或平台，而是社会关系的产物，它源于有目的的社会实践（赵罗英，2013），是人类活动的产物。

这种把空间看作社会产物的观点极富创造性，在说法语和英语的国家中获得了极大的认同（Soja，1980）。哈维继承了列斐伏尔对于哲学的空间转向，并将其具体化为地理政治经济学，从资本积累的角度展开了大量的研究，出版了《社会正义与城市》《资本的局限》《资本的城市化》等一系列著作（魏开，2009），建立了资本三级循环的模型。哈维进一步指出，资本主义的社会空间在进入后现代性的转变后，出现了剧烈的时空压缩。资本一方面努力消除交往和交换的空间障碍，将其市场铺展至全球，另一方面想尽办法用时间去消灭空间，以至于世界显得“内在地向我们崩溃了”。

在路易斯·阿尔都塞（Louis Althusser）结构主义研究范式的影响下，卡斯特尔把“集体消费”作为他的研究对象，因为这一概念在空间层面和社会关系层面具有一致性。他认为住房、医疗、教育等社会公共设施作为“集体商品”的消费会引发劳动力再生产需求与再生产劳动力所必需的消费品供给之间的结构性矛盾。而国家则通过提供集体商品，支付劳动力再生产的成本来干预资本主义生产与消费，缓和资本主义矛盾。卡斯特尔认为当把空间作为一种社会结构的表达来分析时，就要分析社会的经济、政治和意识形态系统的元素对空间的形塑，以及它们的综合作用和引发的社会实践对空间的影响（Castells，1977）。他指出，空间是一种与其他物质元素联系在一起的物质产物。这些物质元素也包括人，人处于特定的社会关系中，这种社会关系赋予了空间（以及组合中的其他元素）形式、功能和社会意义。因此空间并不只是单纯社会结构的再现，而是特定社会历史印迹的具体表达。社会结构自身具有前存性，而后在空间中体现出来，新旧空间形式的冲突是新旧社会结构间冲突的表达。卡斯特尔把城市看作“社会的表现”，把空间看作“结晶化的时间”，认为城市社会空间既不是一种具有自我组织和演化自律的纯空间，也不是一种纯粹非空间属性的社会生产关系的简单表达，生产关系具有空间和社会双重属性，生产的社会联系不仅构造空间，也随空间变化；空间不仅是社会活动的容器，也是社会活动的产物（吴启焰等，2000）。

以上三位学者关于社会空间的论述举足轻重。此外，美国地理学家爱德华·索亚（Edward W. Soja）进一步把列斐伏尔的社会空间理论解读为“空间、社会与历史”的三元辩证法也值得关注（王晓磊，2010）。索亚遵循列斐伏尔的观点，批评第一空间的实在论幻觉和第二空间透明论幻觉，认为两兼其外的第三空间，才是正确的空间认识论和存在论（王志弘，2009）。索亚认为有序的空间结构并不是孤立的，它代表了生产的总体社会关系的辩证性，即这种关系既有社会性又有空间性（Soja，1980）。

1.1.5 本书对社会空间的定义

以上四种对“社会空间”概念的理解并没有完全涵盖“社会空间”的所有定义，这在某种程度上也表明了“社会空间”概念的极端多义性（王晓磊，2010）。把社会空间解释为群体占有区域的观点，强调了区域同质性和群体意识，弱化了对社会关系的应有重视（李小建，1987）；把社会空间理解为群体网络组织的观点，强调了社会关系和交流网络，却忽视了个体在社会中的相对地位；把社会空间解释为个体位置系统的观点，忽略了空间作为实体的特征，而仅仅是作为一种隐喻出现在理论解释系统中。因此，总体而言，把社会空间看作人类活动的产物的观点最能够表达“社会空间”的丰富内蕴。

尽管很危险很困难，本书还是试图对“社会空间”做一个定义，在此之前，需要对社会空间的两个面向进行再审视。首先，空间是社会空间的基础面向，空间有其绝对、相对和关系等三种意涵。社会空间的绝对性等同于自然性，自然空间是社会空间存在的基础，即使是高度去物质化的网络社会空间也依赖于网络基础设施而存在；社会空间的相对性强调的是空间中个体的相对位置关系，包括人与非人；社会空间的关系性主要强调的是空间中各种物质流和信息流所组成的关系网络。

其次，社会性是社会空间的本质属性。社会性具体来说是指空间中所蕴含的社会关系和社会活动。马克思说，人的本质是社会关系的总和。人是社会性的存在，人与其社会关系同在，社会空间之所以重要就是因为它是这些关系和活动的产物。人从一个地理位置移动到另一个地理位置，他在前一个地理位置的社会空间也在一定程度上或全部牺牲掉了，这是一种“地理自残”（geographical mutilation）。更为夸张的情形是，当未来星际旅行成为现实时，仅在时间维度存在的人，在空间维度上等于“地理自杀”（geographical suicide）。由此看来，社会空间的两个维度，“社会”和“空间”缺一不可，相互形塑，是一个辩证的统一体。

基于以上的分析和梳理，结合城市社会学和人文地理学对于社会空间的主流认识，本书将社会空间定义为：一种集物质性、精神性和社会性于一体的社会构造物，它是人类活动的产物，被人的活动所塑造，同时又塑造着人的活动，以物质环境和社会关系为基础，同时又进行着物质环境和社会关系的再生产，它是社会存在的物化。

社会空间研究的核心是空间形式和作为其内在机制的社会过程之间的关系（魏立华等，2005）。社会空间的主体是社会性的人，人们各种社会活动的动机、过程和结果则构成了社会空间的因子，由人们基于血缘、地缘、业缘的社会交往联结在一起。社会空间按宏观、中观、微观不同的视角，以相对一致的社会文化结构为底蕴，分为不同的层次，小到家庭，然后为邻里、社区，乃至区域、国家（汪涛，1999），这是社会空间尺度性的表现。此外，社会空间还具有发展性、多样性等特征（曾文等，2015）。社会空间的多义性也造成了其研究方法的多样性，从社会区划分和社会空间结构模式的识别，到社会网络分析，再到 LBS 和社交网络等新兴数据的研究等，不一而足。

1.2 社会空间研究的重要性

改革开放以来，中国社会已经从农业的、乡村的、封闭半封闭的传统社会转变成了工业的、城镇的、开放的现代化社会（魏立华，2005）；中国的经济体制也从由中央集权配置资源和分配产品的高度集中的计划经济体制转变为由市场配置资源或是市场与计划相结合的社会主义市场经济体制（魏立华等，2010），中国社会经济结构发生了重大变迁。农村人口不断往城市迁移，劳动密集型经济逐渐向知识密集型经济转型，融入世界市场与国际社会的诸多过程交织在一起，使得“中国社会正在由过去那种高度统一和集中、社会连带性极强的社会，转变为更多带有局部性、碎片化特征的社会”（孙立平，2004），这一特征在大城市中体现得尤为明显，大城市的社会空间不断地经历着分异与重构。伴随着改革深入、经济全球化、城市化进程不断加快等因素，一方面中国已经步入城市社会，社会经济转型所造成的大城市社会空间极化、破碎化等现象尚未引起足够重视；另一方面大城市日益增加的人口异质化、不断加快的郊区化进程、白热化的房地产市场、新一轮的城市旧城区改造都将催生更加严峻的社会空间分异状况。

我国现代的城市规划历程大多遵循《雅典宪章》的分区规划思想，在我国的大城市，这种空间规划形态体现得更为明显，北京也不例外，城市中心为商业办公集中地，郊区则分布着大量住宅。此种职住失衡现状在城市中引发了大量的通勤，导致了车祸事故、空气污染等大城市病。与我国城市化进程相辅相成的是房地产市场的过度繁荣，代价是住房由必需品更多地变成了商品以及获利的手段，甚至阶级地位的象征。在大城市中，新开发的社区多以社会精英主义和消费主义为基础，而城市居住空间资源配置的公平公正性问题很少得到解决（李志刚等，2004）。社会经济地位跃为居住分异的第一因子，社会空间以阶层为划分准则，弱势群体和精英阶层的社会空间相互分割，居住隔离日益显著，社会各阶层之间的物理距离和心理距离都逐渐拉大，突出表现为绅士化现象和贫民窟集聚现象并存。相对边缘群体与社会主流之间的鸿沟日渐加深，从而容易固化贫困，形成阶层对立，也会引发犯罪率和失业率增高等社会问题。此外，大城市人口的大量集聚和政府提供的优质公共服务的稀缺形成了对公共服务资源的争夺，造成房地产市场的进一步畸形发展。高企不下的房价，尤其天价学区房等现象突显了市场经济条件下社会空间公平性的缺失，对社会稳定构成了威胁。

城市社会空间不仅是城市中个体遮风避雨的物理空间，也是实现家庭组建、后代抚养、生活关照、情感交流和心灵慰藉的精神空间。城市社会空间的公平性缺失必然会对人们的生活状况、生活方式、社会心态、价值取向、思想情感、幸福指数等带来负面影响（高春花，2011）。因此，在当下社会矛盾突显的转型期，深入研究国内大城市的社会空间演变及其动力机制，探索如何加强大城市社会空间的整合与治理，制定“以人为本”的公共政策和空间规划措施，对于确保大城市社会经济可持续发展，实现中国特色社会主义国家城市社会空间的公平和正义具有重要意义（杨上广，2006；杨上广等，2007）。

1.3 韧性概念解析与重构[①]

“韧性”的英文为 resilience（本书将其译作“韧性”，也有学者译为“弹性”“复原力”“恢复力”“适应性”“抗逆力”“柔韧性”等），它的词源是 resilire 和 resilio，是拉丁语的“回弹”（bounce），因而有回到原位的意思（Manyena et al.，2011）。《牛津英语词典》将 resilience 定义为：“1. 反弹或是回弹的过程；2. 弹性。”在科学研究中，这一术语有多种释义，其含义的灵活性是对其进行研究的魅力和困难所在（Brown et al.，1996）。总体而言，“有韧性”指向积极的一面：能够

① 此小节内容部分截取自作者于 2017 年 11 月发表于《西部人居环境学刊》上的《韧性——多学科视角下的概念解析与重构》及 2020 年 4 月发表于《城市规划》上的《国内城市与区域语境下的韧性研究述评》两文。

承受困难和干扰，能够从灾难和破坏中复原，在遭受外力致使的变形后能恢复到自身原有形态，有足够的先见之明以防患于未然，以及能够以恰当的方式应对风险等（Müller，2011）。迄今为止，与“韧性”相关的文献卷帙浩繁，对其进行综述难免挂一漏万。然而，对于这一词语早期使用线索进行追溯和梳理还是必要和可行的（Alexander，2013）。图1-1展示了resilience一词使用的历史演变及来自不同学科的相互影响（仅包括最重要的联系）（许婵等，2017）。

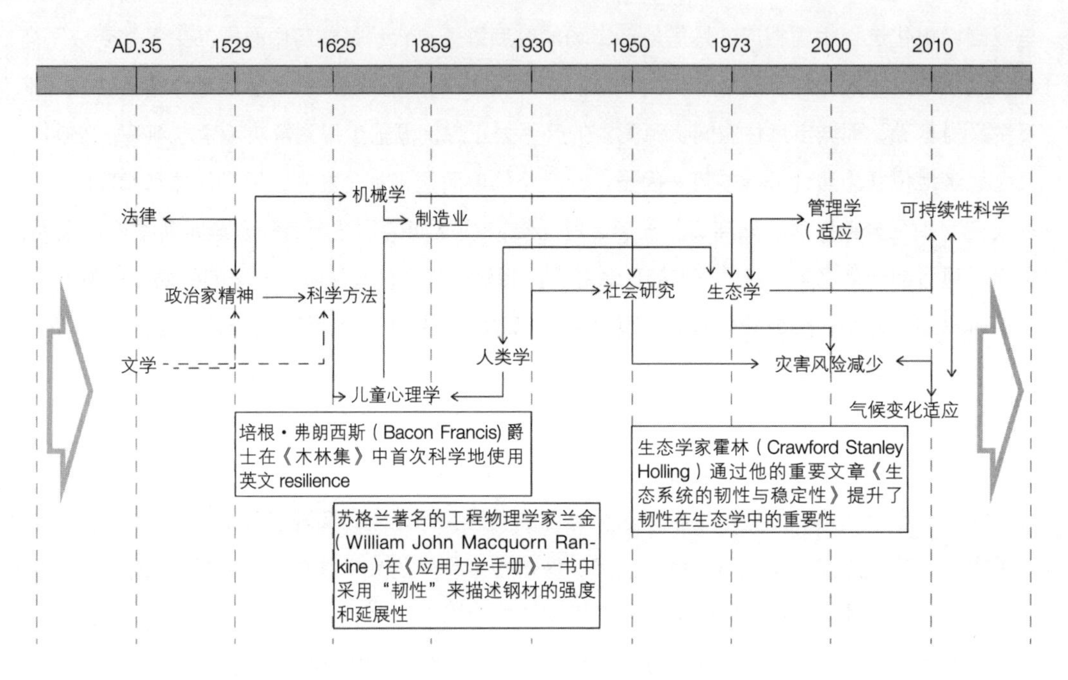

图1-1 “韧性（resilience）”一词的使用演变

图片来源：修改自亚历山大（Alexander，2013）

以前几个世纪的词源学历史表明，resilience一词从使用的正式程度到具体的含义差别很大，可以是简单的性质描述，也可以是完整的理论体系（Alexander，2013）。在当代，resilience一词在不同学科中的含义更加复杂化。最基本的，机械和工程科学中的“韧性”用以描述木材或钢铁等材料的抗压性（Hollnagel et al.，2006）。而生态学中的“韧性”则关注种群、物种和生态系统在不断变化和波动的自然环境中的长期生存策略和运行机制。人类系统风险管理中的“韧性”则关注人类社会和社区的日常生活和其他活动的维持（Handmer et al.，1996）。在心理学和精神病学中，“韧性”的概念关涉人类个体、家庭、社区的幸福和健康程度。而在经济系统中，“韧性”有两层含义，一是决策者在消费活动和生产活动两种状态之间转换的概率（Brock et al.，2002），二是系统能够抵御市场或环境冲击而继续有效分配资源的能力（Perrings，2006）。要充分了解“韧性”这一概念的多面性，需要将其置于相应的时空尺度和学科视角下。表1-1展示了“韧性”在相关学科中代表性的定义和解释，从中可以窥见韧性的关键特征，以及从多学科角度看待“韧性”这一概念本身所具有的“韧性”（许婵等，2020）。

相关学科中“韧性”(resilience)的代表性定义　　表 1-1

重要文献	分析层次	定义或解释
希尔(Hill，1949)，拉特(Rutter，1993)，图撒等(Tusaie at el.，2004)，沃尔什(Walsh，1996)	个体 / 家庭	一套相互结合的能力和特征，它们动态交互使个人或家庭能在面临巨大压力和困难时成功应对，照常生活。家庭韧性旨在识别和培育关键过程，使之能够自如地应对来自家庭内外的危机或持续压力
霍林(Holling，1996)，路德维希(Ludwig，1997)	机械与工程科学	系统预测、识别、适应、吸收变化、扰动、意外和失败的能力。它关注系统在接近均衡状态时的稳定性和系统功能运行的效率；在此情况下，韧性可以用系统的稳定性来衡量，如系统恢复到之前稳定状态所需要的时间
霍林(Holling，1973)，冈德森(Gunderson，2001)，沃克(Walker，2004)	生态系统	系统的持久性及其吸收变化和扰动并且仍然保持同样的种群关系或状态变量的能力。它假设生态系统中存在多重稳定均衡，生态韧性代表系统在经受扰动后在这些状态之间进行转换的容限
阿杰(Adger，2000)，布鲁诺(Bruneau，2003)，兰格里奇(Langridge，2006)	社会系统	人类社群在面临外部压力和扰动如社会、政治和环境的变化时，维持其社会基础设施的能力。它强调从压力中恢复过来所需的时间，更强调社群对于重要资源的获取渠道，如水、土地、金钱和技能等
卡彭特等(Carpenter et al.，2001)	社会生态系统	系统容忍扰动而不崩溃到发生状态质变的能力。韧性是社会在变革中生存的一个重要属性，系统需要通过保留社会的功能、结构、自组织和学习能力来维持这一属性
詹森等(Janssen et al.，2006)	全球环境变化	系统吸收干扰和重组成功能完备系统的能力。它不仅包括系统返回到干扰之前状态(或多个状态)的能力，而且包括通过学习和适应来改善状态的能力
联合国减灾委员会(UNISDR，2005)	灾害风险管理	可能暴露于危险之中的系统、社区或社会通过抵抗或改变来保持可接受水平的功能和结构的能力。这取决于社会系统能够组织起来加强从过去灾害中学习的能力大小，以便未来更好地自我保护，并改进减少风险的措施
佩里斯(Perrings，2006)	经济学	系统能够承受市场或环境冲击而不丧失有效分配资源或提供基本服务的能力。它强调市场、支持机构及生产系统的功能从冲击中恢复
阿什比等(Ashby et al.，2009)	区域研究	地区经历具有社会包容性的经济增长，未超过环境的承载极限并可以经受全球经济冲击的能力

1.3.1　心理学中的韧性

心理学一直关注人们在遭受创伤性经历，如战争、意外或重大疾病后如何恢复健康。心理学中的韧性有结果论、过程论和品质论三种解释。结果论认为心理韧性是个体克服逆境而获得良好适应的行为结果(Masten，2001)；过程论以美国心理学协会为代表，将韧性视为“在面临逆境、创伤、悲剧、威胁甚至严重压力时适应良好的过程”(Connor et al.，2003)；品质论则认为心理韧性是个体在应对压力、挫折、创伤等消极生活事件时所表现出来的特质，或是“从不幸 / 持续生活压力中恢复 / 轻松适应的能力”(Rhoads，1994)。三种解释的共同之处在于都将韧性视为化险为夷、转败为胜的机会。

早在 20 世纪 50 年代初，心理学就开始使用“韧性”一词，但直到 20 世纪 80 年代末，韧性研究才成为心理学中较为活跃的领域(Flach，1988)，主要涉及儿童发展理论与家庭理论。儿童发展的韧性研究关注为什么某些孩子身处贫困却能够避免陷入大多数同龄人的困境。儿童的韧性最初被概念化为个性特征或应对方式的结果，韧性的特征和应对方式使得一些儿童即使面临重大困境，仍然能沿着积极的发展轨迹继续成长（Waller，2001）。在研究处境不利儿童的生活时，研究者发现，一些青少年在逆境中茁壮成长，成为“有能力、充满信心和爱心”（competent，confiding and caring）的成年人，这主要受到社区层面环境因素的影响（Luthar et al.，2000）。家庭韧性的研究源于20世纪30年代的家庭压力研究（Van Breda，2001），它主要描述和解释家庭在面对暂时危机和长期压力的情况下适应和健康发展的路径，关注危机和突如其来的变化对家庭造成的影响，以及家庭如何调用内外资源缓解不利影响。

诺曼·加梅齐（Norman Garmezy）是公认的心理韧性研究的鼻祖，他关注的焦点在于逆境中的抗争与成长，这与心理韧性所根植的早期精神病理学、贫困和创伤性压力方面的研究相去甚远（Condly，2006）。在他开启心理韧性研究之后，儿童发展领域的韧性研究大致可分为四个阶段（Kolar，2011）：第一阶段关注与韧性相关的具体保护性因素和禀赋；第二阶段关注揭示这些禀赋和保护性因素起作用的机制和过程（Liebenberg et al.，2009；Masten et al.，2006）；第三阶段在认识到内部和外部的资源都可影响韧性后，主要涉及预防措施、干预手段和相关政策制定，以解决提高弱势群体韧性的迫切需要；第四阶段包含了多个层次的研究，从个体差异到环境风险梯度的分析（Masten et al.，2006）。其他值得一提的重要的韧性研究包括波尔克（Polk）的四种个体韧性模式的综合（Polk，1997），即性格模式（Dispositional Pattern）、关系模式（Relational Pattern）、情境模式（Situational Pattern）和哲学模式（Philosophical Pattern）。我们可以从文献中总结出许多使某些人具有韧性的因素，包括心理一致感、抗性、学习能力、自我效能、心理控制源、效力、耐力和个人原因等（Van Breda，2001）。在家庭韧性方面，希尔于1949年提出了压力因素影响家庭的ABCX模型，为所有后来的家庭压力研究和家庭韧性模型奠定了基础。ABCX模型主要关注家庭的危机前变量：A（引发危机事件/压力源）与B（家庭的危机应对资源）与C（家庭对事件的定义）相互作用生成了X（危机）（Hill，1949）。研究家庭理论的学者哈米尔托·麦库宾（Hamilto McCubbin）和琼·帕特森（Joan Patterson）把希尔的模型扩展成了双ABCX模型（McCubbin et al.，1983）。他们增加了危机后的变量来解释和预测家庭如何从危机中恢复并展示出不同的恢复效果（Patterson，1988）。在希尔的模型基础上，他们增加了生活压力与限制、心理和家庭以及社会资源、家庭对危机定义的变化、家庭应对策略和一系列的结果等内容（Hill，1949）。

心理学的韧性研究中有两个重要的发现。首先，心理学家认为，韧性不是一些特殊的人才拥有的东西，普通人都具有从创伤经历中恢复的惊人能力（Swanstrom，2008），即韧性是普遍存在的。其次，韧性不仅仅是一种个人内在的品质，而且是一系列能够开发和利用以应对困难和挑战的外部资源（Foster，2007），同时也是危险因素和保护因素交互作用的过程。韧性可以通过个体自身的修炼得到加强，如进行祷告或身体锻炼，也可通过外部的联系得以改善，例如得到支持性和保护性的社会机构的关怀，包括学校、诊所和其他社会服务网络等（Martin-Breen et al.，2011）。个体很少天生就具有韧性或不可战胜，家庭和社会对韧性的形成有深刻的影响。因此，韧性既表现为一种终结状态的能力，也表现为应对挑战的过程（Foster，2007）。这一发现证明了政策制定者和社会工作者干预处境不利儿童和弱势家庭心理社会发展的合理性。随着韧性理论的演变，社区作为家庭抵御压力的保护因素来源越来越受到重视（Van Breda，2001）。然而，最近有许多人试图将社区本身视为一个系统（Blankenship，1998；Bowen et al.，1998；McKnight，1997）来考察其韧性。在一个层面缺乏韧性可能会破坏其他层面的韧性，但是把心理层面的韧性扩展到各个社会层面并不是一件容易的事，尤其是扩展到社区层面（Alexander，2013）。因此，这些尝试往往零零散散，残缺不全，而且处在非常初级的水平。

心理韧性研究的方法较为丰富，通常包括时间序列分析、多变量分析、因素过程分析，也包括经验观察方法（参与式观察）和主观经验的叙事方法等（Waller，2001）。对于城市和地理研究者来说，可以借鉴心理学中成熟的概念框架来发展本学科对韧性不同视角的解释。它敦促我们思考，某个地理边界内的城市、地区或群体如何在适应逆境和压力中体现韧性？我们如何解释、衡量和构建这种韧性？需要注意的是，个人和家庭韧性主要强调个人和人际特征，而把环境因素当成外生变量，这与生态韧性把环境作为生态系统不可分割的部分是截然不同的。此外，由于人类具有学习和预判的能力，个人和集体的韧性可以包含前摄性（proactive）和后摄性（reactive）两个方面（Dovers et al.，1992）。后者是对已经发生了的事情的即时反应，而前者意味着人们可能采取行动破坏或彻底清除危机的结构性基础，最终达到更高的韧性状态。换言之，具有韧性标志着个人或社区不仅可以回到之前的均衡状态，而且能够超越原有状态实现进一步的成长或跨越式发展（Brown et al.，1996），这就使其与生态韧性只有后摄性的一面区别开来。

1.3.2 生态学中的韧性

生态学家对“韧性”一词的使用与心理学家大相径庭。生态系统韧性的研究十分广泛，从湖泊和水生态系统，到森林、珊瑚礁、渔业、农业生态系统，到沙漠、牧地生态系统，再到流域生态系统，不胜枚举（Xu et al.，2015）。而本书对于生态系统韧性研究文献的回顾主要不是关注各种各样的生态系统，而是侧重基本概念的解释，及其在社会生态系统（social-ecological system）中的应用。

生态学中对于“韧性”的最初描述要追溯到1973年加拿大理论生态学家霍林（C. S. Holling）的开创性文章《生态系统的韧性和稳定性》（*Resilience and Stability of Ecological Systems*）。他在文章中阐述了波动是生态系统的基本特征，生态系统不会演变为单一稳定的均衡状态，而是会经历周期性的变化（Martin-Breen et al.，2011）。霍林注意到了稳定性和韧性之间的差异，将韧性定义为“衡量系统的持久性及其吸收变化和干扰，并且仍然保持同样的种群关系或状态变量的能力的一种测度”，而稳定性则代表了“在暂时扰动后系统恢复平衡状态的能力”（Holling，1973）。在霍林的定义中，韧性是系统的属性，持久性或一定概率的灭绝是结果。霍林认为，生态韧性提供了一个截然不同的世界观，它更关注吸引域（domain of attraction）边界而不是平衡状态，这会促使不同的资源管理方法的形成。在霍林发表上述开创性的文章之后，他及其后继团队建立了一整套的韧性理论和话语学说，比如景观状态（landscape state）、多稳态（multiple stable states）（图 1-2 左）、吸引子（attractors）、阈值（threshold）、适应性循环（adaptive cycle）（图 1-2 右）、扰沌（panarchy）（图 1-4 右）、适应性（adaptability）、可变性（transformability）、慢变量（slow variables）、快变量（fast variables）、稳态转换（regime shift），等等。这些概念都从某些方面反映了可持续性与变化性之间的相互作用，形成了一个宽泛、多维和组织松散的概念群（Carpenter et al.，2008）。总体而言，生态韧性体现了系统观，充分表现在适应性循环中，它展示出来的就是一个应对内外力量调整的四阶段“8”字模型（Pendall et al.，2010）。

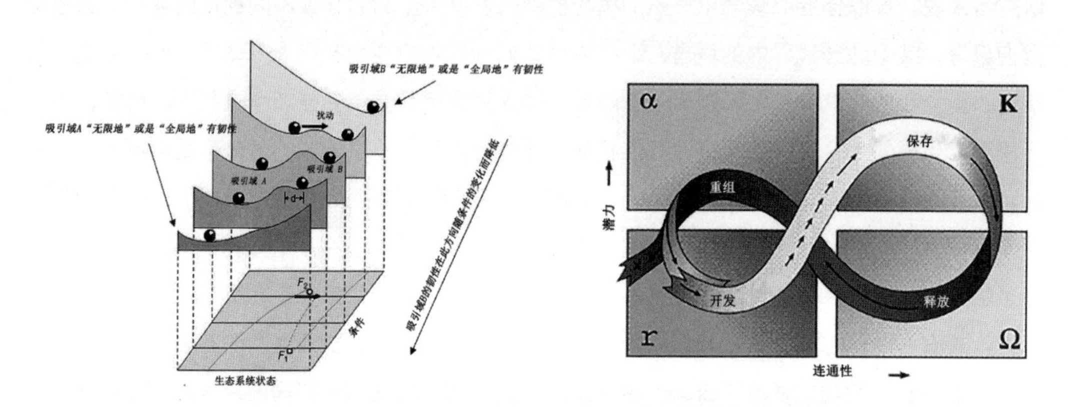

图 1–2　多稳态概念图（左）与适应性循环的“8”字模型（右）

图片来源：左图谢费尔等（Scheffer M. et al.，2001）；右图霍林（Holling，2005）

图 1-2（左）是多稳态的概念图，如果系统是一维的，那么 *d* 的大小就代表了系统的韧性。此图说明了稳定域几何形状的变化如何作为一种外部驱动力（通常是“慢”变量）随时间变化的（Scheffer et al.，2001）。图 1-2（右）展示了受到不连续事件干扰的生态系统的四个功能和发展阶段：首先，系统通过对资源的开发利用呈现爆发式增长的 r 阶段；其次，系统通过组织整合进入稳定的 K 阶段，此时系统的韧性最小；再次，系统僵化产生压力释放，实现创造性破坏而进入重新调整的 Ω 阶段；最后，系统得以重构或是解构和更新的 α 阶段。其中，箭头表示系统在不同尺度的适应性循环之间跳转的可能性（Holling，2005）。韧性的变化贯穿在整个适应性循环中，随着各阶段的替换表现出不同的水平（Gunderson et al.，2001）。

生态学对于韧性的研究很快不满足仅对自然生态系统做出解释，而是将其理论框架的应用扩展到了多尺度的社会生态系统中。社会生态系统（the socio-ecological system，or SES）被定义为“社会（或人类）子系统和生态（或生物物理）子系统相互作用的系统”（Gallopin，1991），或是人类—环境耦合系统（coupled human-enviromental system）（Turner et al.，2003）。社会生态系统中的韧性有四个要素，分别是阈度（latitude，L）、抗阻（resistance，R）、晃险（precariousness，Pr）和扰沌（panarchy）（Walker et al.，2004）。阈度是系统在丧失恢复能力前可承受的最大量，一旦系统超越了这一值，那么它将很难恢复，甚至可能崩溃；抗阻表示系统状态变化的难易程度；晃险则是系统目前状态与阈度间的距离；扰沌则表示系统韧性同时受到上下级尺度上其他系统状态及动态过程的影响程度（Xu et al.，2015）。在图 1-3（左）中，展示了具有两个稳定域的三维稳定性景观。稳定域是状态空间（即构成系统的变量）中系统试图维持的特定区域，稳定性景观则是由一系列稳定域的界限所组成，在稳定域中运行的系统趋于稳定（Beisner et al.，2003）。其中一个稳定域中标明了系统的当前位置和韧性的三个要素，即阈度、抗阻和晃险。在图 1-3（右）中，稳定性景观的变化导致了该系统所在的稳定域的收缩和备用稳定域的扩大，系统本身没有改变，但它所在的稳定域却已经改变了（Walker et al.，2004）。

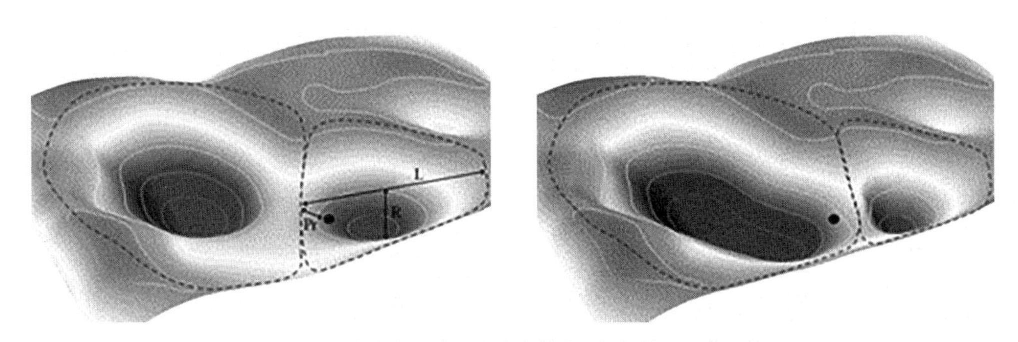

图 1-3　社会生态系统三维稳定性景观与韧性三要素示意图

图片来源：Walker et al.，2004

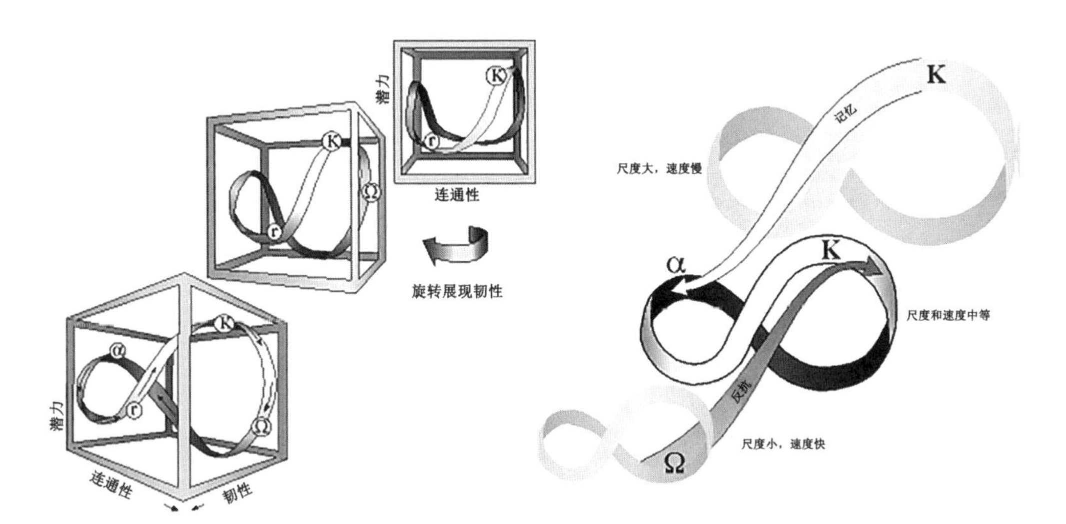

图 1-4　自适应循环另一维度的韧性（左）与不同尺度的自适应循环所组成的扰沌（右）

图片来源：霍林（Holling，2005）

霍林对生态韧性理论的突出贡献在于提出了“扰沌”（panarchy）的概念。用他自己的话来说，它是“一个奇怪的名字，但其构词方式传达了有生命系统持续而创新的存在形式”（Holling，2005）。该术语是作为与 Hierarchy 相对应的词而被创建的，Hierarchy 意味着严格的自上而下。

而 Panarchy 被创造出来以表达适应性循环的适应性和进化性，它们在时空尺度上彼此嵌套。它是一个自然法则的框架，暗含希腊自然神潘（Pan）的名字，其人格特征也会唤起不可预测的变化的形象。它显示了快慢大小不一的事件和过程如何通过进化改变生态系统和生物，或者通过社会学习和社会记忆、观念模式和系统知识的整合改变人类及其社会（Holling，2005）。

图 1-4（左）展示了当韧性作为另一维度被添加到适应性循环中时，图 1-2（右）的“8”字模型实际上是一个三维物体的二维投影。图 1-4（右）展示了跨越不同尺度的适应性循环之间的耦合，它们所组成的三个层级的扰沌之间的关键联系显示，小而快的循环可以影响大而慢的循环（这一过程是通过“反抗”实现的），同时大而慢的循环能够影响小而快的循环的更新（而这一过程是通过记忆来实现的）。

由此可见，扰沌是由相互嵌套的多尺度适应性循环组成，它的前循环阶段相对常见和缓慢，具有可预见性以及逐渐积累和增长的特征，而后循环阶段则相对陌生，更不可预测，具有快速重组织以致更新或是崩溃的特点。正是这两个阶段的互补使得循环具有适应性（Holling，2005）。Panarchy 中的“pan”代表着跨尺度效应。通常情况下，较大尺度过程主导和塑造较小尺度过程，但这并不意味着前者优于后者；相反，扰沌更加青睐快速移动的分散结构，因为它们是系统适应性的来源。如图 1-4（左）所示，小尺度循环的重组产生创新，并传递到大尺度，触发大尺度循环发生变化，使得创新得以维持。而大尺度的组织整合，形成“记忆”，可以促进系统的持久性，如种子库、生物遗存以及制度体系等，都会成为小尺度循环动态恢复的基础，使得适应性循环可以周而复始地进行（Holling，2005）。在此背景下，如果一个系统能够仅利用小尺度过程来进行应急处理而不必时常重组大尺度结构，则可被称为有韧性（Swanstrom，2008）。扰沌是一个用于描述生态系统和人类系统的动态和相互作用的有争议的复杂框架，对它的详细讨论超出了本书的概述范围。尽管内涵甚广，但作为一个描述一系列复杂现象的概念，它确实具有相对简洁性。

尺度是生态韧性的一个关键问题。彼得森（Peterson）、爱伦（Allen）和霍林提出了一个关于物种丰富度、生态韧性和尺度的概念模型。他们回顾了以前的生态组织模型，包括“物种丰富度—多样性”模型、“特质”模型、“铆钉”模型和“司机和乘客”模型（“species richness-diversity” model，“idiosyncratic” model，“rivet” model and “drivers and passengers” model）。他们认为冗余存在于物种的相互作用中，这意味着物种的许多可能的组合和组织可以产生类似的生态功能。他们将生态韧性定义为“将由一组相互增强的过程和结构所维持一个系统转变到由另一组不同的过程和结构维持所需的变化或扰动的度量”（Peterson et al.，1998）。他们还发现，功能组中物种的逐渐丧失可能最初没有明显的影响，但是它们的损失终将降低生态韧性，这将仅在特定的空间和时间尺度上被识别。因此，随着韧性的降低，生态系统将越来越容易受到生物物理、经济或社会扰动的影响，这些影响原本在没有功能或结构变化的情况下是可以被吸收的（Peterson et al.，1998）。

福尔克（Folke）总结了韧性概念从工程学和生态学到更广阔的社会生态系统研究的演进过程（Folke，2006）（表 1-2）。可以看出，在社会相关研究领域中，韧性使用得更为频繁。布兰德（Brand）和贾克斯（Jax）回顾了可持续性科学中韧性的各种定义，发现霍林最初定义的生态韧性概念已经被大大改变了，内涵和外延都得到了扩展。他们提出，韧性已经成为一个边界对象（boundary object），通过创建共享词汇促进了跨学科的沟通。在这个意义上，它应该以促进跨学科工作的方式设计，并用作跨学科分析社会生态系统的方法（Brand et al.，2007）。

韧性概念演进序列（Folke，2006） **表1-2**

韧性概念类别	特征	焦点	背景
工程韧性	恢复时间，效率	恢复与恒定性	临近稳定均衡
生态 / 生态系统韧性	缓冲能力，耐冲击	持久性与稳健性	多重均衡，稳定性景观
社会韧性	保持功能		
社会生态韧性	相互干扰和重组，维持和发展	适应能力 可变性，学习，创新	集成系统反馈，跨尺度动态交互

然而，由于社会经济和生态系统之间复杂的相互作用，分析系统韧性的社会面向比考察一个具体的生态系统更为困难（Xu et al.，2015），因而韧性概念早期在社会学科中的应用局限于动态资源管理方面（Carpenter et al.，1999；Martin-Breen et al.，2011；Perrings et al.，1997）。由韧性联盟（Resilience Alliance）领导的研究通过将韧性思维作为一个总体框架并更多地关注系统的社会经济面向，促进了跨学科研究（Xu et al.，2015）。相关的成果包括一些书籍，如《扰沌》（Gunderson et al.，2001），《韧性思维》（Walker et al.，2006），《生态韧性基础》（Gunderson et al.，2009），以及许多文章。它们深入探讨了社区如何吸收干扰和维持功能，以及如何建立社会和生态经济系统的韧性等相关问题（Xu et al.，2015），所有这些都有助于促进韧性研究超越生态学，延展到更广阔的学术领域。生态韧性理论的关键贡献在于让我们关注问题的系统性，关注政策和管理的长期要求（Handmer et al.，1996），并告诫我们未来的事件将是意想不到的，而并非可以预期的。另一方面，韧性不仅意味着面对干扰可以保持持久或稳健，也意味着演化结构和过程的重组、系统的更新和新轨迹的出现所提供的机会（Folke，2006）。韧性理念还促进了另一个新兴的社会科学理论和实践领域，即与气候变化相关的灾害风险管理，它忠于韧性的核心内涵，并在自身的快速蓬勃发展中扩大了韧性跨学科的影响和应用。

1.3.3 灾害风险管理中的韧性

在人类适应气候变化的热烈讨论中，韧性缓解的策略逐渐超过工程防护，成为学界和政界共同关注的热点议题。然而，目前应对气候变化的韧性研究通常是超出了普通时空尺度的宏大叙事，或者聚焦于细节问题的具体应对，都不足以产生真正的影响。相反，实践研究中的探索更有价值，例如针对短期灾害的预防和缓解的风险管理。在已有的文献中，各种自然和人为灾害都得到了充分研究，例如亚洲海啸、卡特里娜飓风和中国汶川地震等。在风险管理中，韧性被定义为“暴露于危害之中的系统、社区或社会通过及时和有效的方式抵抗、吸收和适应危害的影响，并从中恢复过来的能力，包括对其关键的基础结构和功能的保存和复原”（Alexander，2013）。

早在20世纪70年代末就有学者用“韧性”一词来描述人类社会从自然灾害中恢复的能力（Burton et al.，1978）。蒂默曼（Timmerman）是最早讨论人类社会应对气候变化韧性的专家之一，他详细分析了韧性和脆弱性（vulnerability）、可靠性（reliability）之间的区别和联系，把韧性定义为系统或系统的一部分承受灾害事件打击并从中恢复的能力，并认为韧性和可靠性在一定程度上是一组对立的概念，太强调可靠性就会牺牲掉韧性。而事实上，现代社会采取的策略更多的是基于可靠性而不是韧性（Timmerman，1981）。汉德姆（Handmer）等从制度角度对韧性进行了分类，把面临威胁和扰动的响应韧性划分为抵抗与维护、边缘性微调、开放和适应三种类型，并将其与灾害规划和适应联系起来，形成了全球环境变化响应机制的研究框架（Handmer et al.，1996）。克莱因（Klein）等从概念层面和操作层面讨论了海岸带韧性，提出了沿海地带面临海平面上升等威胁时的韧性三要素，即形态韧性、生态韧性和社会经济韧性，以及通过“有计划的撤退”（managed retreat ordepolderization）来提升海岸带韧性的荷兰路径（Klein et al.，1998）。托宾（Tobin）综合缓解模型、恢复模型和结构认知模型这三个理论模型，提出了危险环境下社区可持续性和韧性的分析框架，并以美国佛罗里达州为分析案例，特别强调了缓解模型和恢复模型需要同时运作，同时还要充分认识结构性和认知性因素，才有可能实现社区的灾害可持续性和韧性，但他并没有区分可持续性和韧性，基本将二者等同（Tobin，1999）。

在人类社会进入21世纪以后，世界各地持续遭受自然和人为灾害侵袭，造成了上百万人死亡和数千亿美元的社会经济损失，巨灾风险已成为人类可持续发展的最大障碍。联合国减灾委员会（UNISDR）指出，韧性是人类社会与自然生态共有的可贵品质，有助于可持续发展及削减脆弱性，值得深入研究（UNISDR，2004）。帕顿（Paton）等提出了一个风险管理模型，用于概念化韧性和脆弱性变量，以及增长和灾难结果之间的关系，以便于紧急服务人员、灾难营救人员和人道主义援助专业人员等与灾难性事件频繁接触的工作者的恢复和成长（Paton et al.，2000）。他进一步解释了以往的增强风险意识和感知的公众教育方法失效的原因，并且概述了强化灾害准备的策略（Paton et al.，2001）。佩林（Pelling）将城市之于自然灾害的脆弱性分解为暴露、抵抗和韧性三个组成部分。他在分析时采用的是资产生计途径（asset livelihood approach），认为个体或群体的环境灾害脆弱性取决于他们的经济、社会、政治和物质资产组合的结果（Pelling，2003）。布法罗大学的地震工程多学科研究中心（MCEER）的布鲁诺教授最早从基础设施对地震的韧性角度进行韧性量化评估研究，他测量了两类结果特性，即稳健性（robustness）和迅速性（rapidity），以及两类过程特性，即冗余性（redundancy）和谋略性（resourcefulness），将其与社区韧性的四个组成部分整合，即技术韧性（technical）、组织韧性（organizational）、社会韧性（social）和经济韧性（economic），形成了基础设施地震韧性量化研究的4R-TOSE概念模型（Bruneau et al.，2003）。

除空间基础设施外，社会基础设施韧性也在恐怖袭击等人为灾害背景下得到了讨论（刘婧等，2006）。如肯德拉（Kendra）以美国“9·11”事件后纽约应急行动中心（Emergency

Operations Centre）的重组情况为例研究了组织韧性，认为其构成一般包括冗余性、调动资源的能力、有效的沟通和自组织的能力，并且厘清了预测与韧性之间的关系，认为预测是韧性不可分割的一部分。作者认为对于一个应急组织来说，结构、功能和场所都很重要。场所不见了，但结构功能保存下来就可以马上去寻找新的场所以实现组织的韧性。纽约的应急行动中心的组织网络之所以能够承受住压力并从中恢复，就是因为其结构和功能还在，在短时间内实现了新的场所的寻找和所需人员、物资的配备。其人员和组织机构的分散化保证了关键时期的韧性，同时也与平时的训练和准备密不可分，但在危急时刻，创造性的思维、灵活性以及应变能力也十分重要（Kendra et al.，2003）。布拉德利（Bradley）等使用塞内加尔的案例，提出了一个社会韧性模型，其关键特征包括约束的感知、参考模式、适应的两阶段过程和相应的品质/生存阈值。其对种植者和牧民的研究发现，二者的韧性有所不同，但当他们感知到约束的严重性超过临界阈值时，都会从品质策略转变为生存策略（Bradley et al.，2004）。

2005 年 1 月第二届世界减灾大会（World Conference on Disaster Reduction，WCDR）在日本兵库县神户市举行，通过了"2005-2015 兵库行动框架：建设国家和社区的灾害韧性"。随后，在各种减少灾害风险的话语领域和干预措施中，韧性在理论和实践方面逐渐有了更多施展拳脚的空间（Manyena，2006）。马尼那（Manyena）回顾了韧性和脆弱性的定义，并质疑韧性在灾害管理中的适用性。他认为，韧性可以被视为"易受冲击或压力影响的系统、社区或社会以通过改变其非基本属性并重建自身而适应生存的内在能力"。他建议，至少在风险管理中，应将这一术语视为"视角或切入点"而不是范式。将"韧性"这一术语纳入灾害话语可以看作是一种新的灾害应对文化的诞生。因此，尽管这个术语含糊不清，它在灾害风险管理领域的理论和实践中却得到了广泛应用（Manyena，2006）。研究韧性的期刊文章、以韧性为主题的各种政府文件和非政府指南，以及工作手册如雨后春笋般涌现。如"可持续韧性社区""韧性生计"和"构建社区韧性"一类短语在文件中已经变得十分普遍（Manyena，2006），如联合国的《如何使城市更具韧性：地方政府领导人手册》（以下简称"UNRC 手册"）①、英国的《社区韧性战略性国家框架》（以下简称"UKCR 框架"）② 和《抗灾社区的特征：使用指南》（以下简称"DRCC 指南"）③ 等。

UNRC 手册是联合国适应气候变化和减少灾害风险的一项成果。它主要为地方政府领导和政策制定者设计，以便他们在实施减少灾害风险和韧性活动时支持公共政策，开展有效决策和组织。它提供了建立抗灾韧性所需的关键战略和行动的概览。虽然手册名称上标识了"城市"和地方"政府"，但其描述的韧性途径也适用于国家以下不同大小和级别的行政区划范围，包

① Valdés H，M.，Rego A.，Scott J.，Aguayo J. V.，Bittner P. *How to make cities more resilient —A handbook for local government leaders*[R]. Geneva：UNISDR&GFDRR，2012.

② Cabinet Office Of U.K. Goverment.*Strategic national framework on community resilience*[R]. London：Cabinet Office Of U.K.，2011.

③ Twigg J. *Characteristics of a disaster-resilient community: A guidance note (verdion 2)* [R]. London：Aon Benfield UCL Hazard Research Centre，2009.

括地区、省、大都市、城市、市镇、乡镇和村。它指出，韧性的目标在个人、组织和社区层面得到了广泛的认同。然而，考虑到像城市这样复杂的组织中的利益相关者的多样化网络，可能很难以一种方式构建韧性的机会使得所有的参与者都能将其与他们当前的任务和目标协调一致（Valdés et al.，2012）。UKCR 框架将韧性定义为“个人、社区或系统适应以维持可接受水平的功能、结构和身份的能力”。该框架为社区韧性制定了国家方向，列出了政府应做的工作以及与当地活动的关系，同时列出了大量公共和私营部门可以在支持社区韧性中发挥的作用。其目的是通过使个人和社区在面临紧急情况时有备无患，来增加英国人口的个体和社区韧性（Cabinet Office Of UK Goverment，2011）。DRCC 指南是为在社区层面从事减少灾害风险和气候变化适应举措的政府和民间社会组织提供的说明。通过设置不同的韧性元素，它定义了一个具有抗灾韧性的社区的可能组成。它还确定了可以补充国家和国际层面指标工作的社区韧性的基本特征。它的目的是支持社区确保有任何危害影响时，社区具有相应的技能、资源和信心，以降低影响、管理响应并迅速恢复（Twigg，2009）。

总体而言，经过近半个世纪的发展，灾害风险管理中的韧性研究已经从星星之火演变成了主流话语，研究内容也包含甚广，从人类社会作为整体面对巨大自然灾害和人为灾难的脆弱性，到个体或家庭的灾害韧性暴露风险、能力和心理建设，再到对城市软硬基础设施韧性的定性分析和量化评估，一应俱全，为人类社会应对灾害风险和不确定性，实现可持续发展奠定了基础。灾害风险韧性的重要价值在于系统通过以往灾害经验的习得性更新不断改进其适灾策略和应灾机制，从而极大地降低了面对灾害的脆弱性。在科学研究中，灾害韧性正从单一学科向多学科融合发展；而在实践运用中，灾害韧性理念在社区、城市甚至国家等各个层级的防灾减灾工作中得到了初步的贯彻。灾害韧性研究较为常见的成果是 UNRC 手册、UKCR 框架和 DRCC 指南这样的文件和工作手册，它们都是概念框架，而不是模型和理论。它们不解释事理，但有助于思考现象并揭示模式，而模式识别通常会产生模型和理论。

2010 年 6 月，联合国减灾委员会在德国波恩召开的第一届“城市与适应气候变化国际大会”上提出建立韧性城市（郑艳，2012），标志着灾害韧性研究与城市研究的全面融合。实际上，由于多数与人类相关的灾害发生在城市中，已有的关于灾害风险管理的韧性模型和理论的大量文献与城市和区域韧性研究的文献相重叠，城市与区域韧性研究也开始进入主流视野。

1.3.4 城市与区域研究中的韧性

人口在城市的集聚带来了人类社会的空前繁荣，也使之变得无比脆弱。城市与区域面临自然灾害或人为灾难的韧性与灾害风险管理中的韧性研究在研究边界或研究对象上是重叠的，此时，二者更多地关注的是突变的瞬间冲击。但本书此部分主要综述的是灾害韧性研究不常关注的长期、缓慢的持续干扰，也就是西方学者所说的“缓慢破坏”（slow burn），这种危机普遍存在。美国底特律、英国利物浦、德国鲁尔等城市和地区都面临与瞬时危机截然不同的另一种挑战。这些城市和区域很可能因为经济危机、去工业化、社会和政治变革、人口外移或其他变化而陷入衰退的恶性循环，无力回天。它们很难在危机重重时履行类似改造老旧建筑物和社区这样的职责。这使得我们对“韧性”一词有了更宽泛的理解，脆弱性和韧性不仅仅局限于自然灾害和气候变化，还涉及更为广泛和多面的问题（Müller，2011）。

许多学者和机构已经将韧性思维应用至城市和区域研究中。奥特曼里等将广义上的韧性视为“转变和重塑城市空间的能力”（Ultramari et al.，2007）。他们追踪研究遭受突发自然灾害或人为灾难的城市与陷入缓慢危机的城市之间的异同，如美国卡特里娜飓风和巴西城市长期的贫困。里约热内卢和圣保罗等城市，由于危机累积，城市缺乏韧性，正经历令人震惊的社会变化，如工业化推迟、普遍贫困、快速集中的城市化等（Ultramari et al.，2007）。这些城市表面上看起来并无大碍，没有大的天灾，实际上将面临与突发自然灾害所带来的影响一样，甚至更为严重的后果。奥特曼里等认为潜在缓慢的动态破坏可能比直接清晰可见的破坏更糟。人口迅速增长和资源缺乏导致的环境退化和无序蔓延的城市贫民窟相结合，就生成了一个产生累积性不良结果的方程——一个无形的敌人，步步加剧的灾难（Ultramari et al.，2007）。

由麦克阿瑟基金会赞助的加州大学伯克利分校“建设韧性区域”网络①，研究在面临挑战时区域韧性由什么构成，以及什么因素有助于建设和维持强大的大都市区。该网络主要关注经济不稳定性、基础设施、治理和移民等问题，形成了一系列工作文件，梳理了区域韧性的关键要素。其研究广泛讨论了韧性概念本身的内涵，以及涵盖不同挑战和地理位置的丰富案例。例如，该网络成员之一的布法罗大学区域研究所主任凯瑟琳·福斯特（Kathryn A. Foster）就是区域韧性研究的多产学者。

福斯特将区域韧性定义为一个地区预测、准备、应对干扰和从干扰中恢复的能力。基于这一定义，她通过将韧性概念化为一个包括评估、准备、响应和恢复的四阶段周期，总结了区域韧性的案例研究方法。她将前两个阶段称为准备韧性，后两个阶段称为品质韧性，构建了区域韧性评估矩阵。品质韧性和准备韧性的不同组合形成了计划韧性、短暂韧性、无效韧性和细微韧性四种韧性类型（Foster，2007）（图 1-5）。她还提出了与韧性循环每一个阶段相关联的详细标准来分析特定区域面临突发冲击或慢性干扰时能否恢复的原因，并进一步讨论了构建区域韧性指数以测度韧性的具体细节问题，比如韧性的相对性和绝对性、韧性的空间维度和时间跨

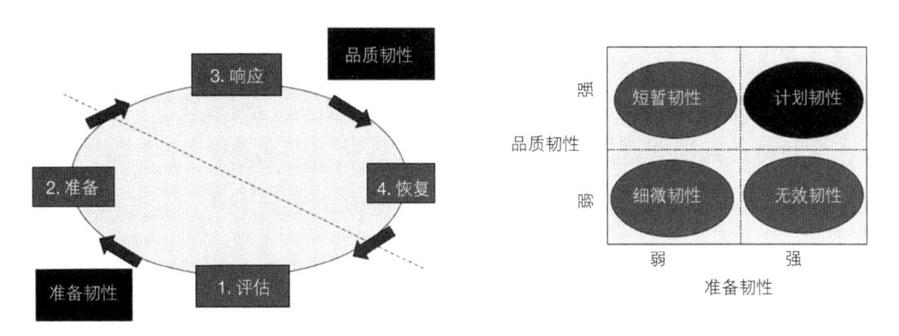

图 1-5　评估区域韧性的框架：区域韧性循环（左）和区域韧性矩阵（右）

图片来源：Foster，2007

① Building Resilent Regions，Institute of Governmental Studies，University of California Berkeley.

度，以及针对何种干扰的韧性等。评估过程和相应的政策决议将涉及权衡和价值选择，比如是选择长期目标还是短期目标。她还指出，要公正地比较区域之间的韧性将需要深入的案例研究，以对面板数据的定量分析进行补充，探讨区域能力和韧性结果之间隐藏的黑箱，形成关于区域行为体如何培养和激活特定能力以塑造韧性的品质和结果的详尽史实和见解（Foster，2010）。

彭德尔（Pendall）等在区域分析中检验了韧性作为比喻的潜力，发现它有助于解释区域变化，并将不同类型的区域压力与替代韧性框架联系起来。他们认为，凭借其前瞻性和创造力，区域主体可以预测并因此适应潜在的未来状态。他们还提出，不管区域的起点、过程或努力程度如何，一个区域只有保持原样或更上一层楼，才能称得上有韧性（Pendall et al.，2010）。斯旺斯托姆（Swanstorm）和布鲁克斯（Brooks）总结了缓解止赎影响的重要战略，为已经受到影响的社区的振兴举措指明了方向。在对比了三组具有类似住房市场和止赎相关挑战的大都市区（路易斯/克利夫兰、东湾/河滨、芝加哥/亚特兰大）的基础上，他们提出如果区域系统缺乏韧性，止赎"反抗"可能推动该区域进入下降螺旋，陷入无限期的空置、大量弃房和普遍的萧条。他们建议，韧性不仅需要区域间"横向"的信任和合作关系，也需要更高级别主体的垂直政策，以支持和增强地方合作（Swanstrom et al.，2009）。

克里斯托弗森（Christopherson）等从理论和实践两方面充分研究了区域韧性，认为区域韧性与区域适应有关，与演化经济学和演化经济地理有很强的联系，并将有争议的关键性概念以及各学科的观点整合起来，引发了新的想法和联系，形成了更丰富的概念内涵（Christopherson et al.，2010）。布里斯托（Bristow）使用文化政治经济学的方法，探讨了竞争力和韧性之间的复杂关系，并认为缺乏情境化和没有地方特色的竞争性战略导致韧性下降，可以通过更因地制宜的方法，至少在一定程度上解决这一问题。他提供了一种替代性区域战略的类型学，用更有地方针对性的竞争力来实现韧性。布里斯托将多样性、分散性、相互性和模块性（diversity，dispersion，mutuality and modularity）视为区域韧性的四个维度（Bristow，2010）。布里斯托和希利（Healy）从演化经济地理的角度，进一步将区域经济韧性解释为抵抗、恢复和更新的多维属性（Bristow et al.，2014）。他们强调了人类能动性在塑造区域经济韧性的适应过程中的重要性，探讨了更全面地了解人类能动性在区域经济韧性中的作用对于韧性本身的概念化以及最终的实证操作化和测量意味着什么（Bristow et al.，2014）。

希尔（Hill）等人研究了经济冲击对区域经济的影响。他们通过对美国六个大都市区（夏洛特、克利夫兰、底特律、大福克斯、哈特福德和西雅图）的就业和地区生产总值方面的定量和定性分析，研究了区域经济韧性的各种潜在决定因素。他们的分析表明，没有什么万能钥匙能使区域在抵抗冲击的同时又能增强经济韧性，能从经济下滑中迅速恢复；然而，一个地区的行业结构和集中度、劳动力市场的灵活性和收入差距都是重要的因素。定性分析还表明，区域主要出口行业和个体企业的行为在经济韧性中发挥着重要作用。最重要的政策启示是，政策制定者应该采取预防性规划，使区域更加有能力应对衰退，同时努力改善现有行业并增加新的行业，以缓解经济冲击的打击（Hill et al.，2012）。

除了建设韧性区域网络，韧性话语在 2006 年底一个起源于英国的名为“转型城镇”（transiton towns）的运动中表现得最为明显。“转型城镇”运动致力于支持社区主导的对石油危机和气候变化的响应，并通过各种地方化的举措获得韧性（Hopkins et al.，2008）。这些举措包括印发本地货币、鼓励减少食物里程、通过保留当地的财富和消费能力来支持当地企业（例如，英国德文郡的托特尼斯英镑），还包括建造社区花园用于粮食生产，以及一系列的支持废物减排、再利用和循环利用的措施。该运动从其起源地爱尔兰金塞尔迅速蔓延，截至 2013 年 9 月，在英国、爱尔兰、加拿大、澳大利亚、新西兰、美国、智利和欧洲部分地区已经有超过 400 个社区被官方认证为“转型城镇”（Bristow，2010）。“转型城镇”运动声称“地方转型倡议将自我确定适宜他们工作的尺度，但（他们被鼓励）在感觉舒适的尺度上工作，或是在他们可以有影响力的尺度上工作”。这种对“自然系统自组织能力建模”的本地空间的内在有机的定义反映在实践中转型举措的范围和覆盖面的多样性上。虽然“转型城镇”名称上被冠以“城镇”，但所涉及的社区通常涵盖了从村庄到城市的各种空间尺度的区域（Bristow，2010）。

建立韧性区域网络和“转型城镇”运动从更广泛的角度看待韧性，而不仅仅是针对自然灾害和气候变化。它们探究了区域如何培养韧性以应对重大的社会经济挑战，并用多种方式构建了区域韧性策略及其改进办法（Bristow，2010）。事实证明，“韧性”概念在一个变幻莫测的世界中是非常有用的，它可以用来应对城市和地区面临的挑战。关于韧性的讨论和研究可以帮助决策者、居民和参与城市和区域发展的其他利益相关者找到解决日益复杂情况的有效方案（Müller，2011）。

然而，将“韧性”概念扩展到城市和区域的尝试仍然存在一些问题（Müller，2011）。第一个弱点与其理论基础有关。现有的广为传播的城市和区域韧性的定义，例如由阿尔伯蒂（Alberti）等人提供的定义（Alberti et al.，2003），仍然过于宽泛，不够简明扼要。公认的城市和区域韧性定义并不存在，即使城市和区域面临的挑战相同，针对同样挑战的韧性定义也可能有很大差异。例如，希尔将韧性概念化为区域经济在受到外来冲击时，保持或是恢复到预先存在的均衡状态的能力（Hill et al.，2012），而克里斯托弗森认为将区域韧性看作在经济冲击后回到之前的均衡增长路径的能力的观点是错误的，相反，区域韧性应该被看作随时间调整和适应不断变化的情况，如经济衰退和其他挑战等，以保持其过去成功的能力（Christopherson et al.，2010）。希尔强调了韧性作为一种结果，而克里斯托弗森强调了韧性作为一种过程。定义的模糊性使得实证研究不能相互比较或深化，从而延宕了整个研究领域的发展进程。因此，加强城市和区域韧性至关重要，需要考虑人类生活的方方面面，如土地利用方式、代谢流动、社会经济动态及政府管治等问题应该综合起来考虑（Müller，2011）。

第二个弱点为城市与区域韧性研究的方法并未系统化，这与第一个弱点密切相关。由于韧性本身概念的模糊性，城市和区域韧性研究的方法也很多，难以分清优劣。这可部分归因于城市和区域社会、经济、文化和政治制度极端复杂和开放的特性。此外，在诸如城市和区域的社会经济动态系统中，韧性必须更多地考虑社会经济层面的要素，如人的观点、行为和互动、决策、治理以及预测和计划未来的能力。因此，与生态系统的简单类比并不总是可行（Müller，

2011）。城市与区域韧性研究的第三个弱点是缺乏操作化。城市和区域韧性的影响因素很多，比如城市和区域的经济越健全、越多样就越容易从危机中恢复，相反，越薄弱、越专业化、越狭窄就越难恢复（Campanella，2006）。目前罕有研究以明确的概念将城市和区域发展的韧性进行实践操作化（Müller，2011）。

如前所述，大多数关于城市和区域韧性的研究都集中在经济方面，或是与城市地区的减少灾害风险研究重叠，只有极少数人从空间角度讨论这个问题。例如，通过评估 8 个欧盟成员国国家自然灾害的空间规划方法，弗莱施豪尔（Fleischhauer）指出，空间规划可以通过影响城市结构来加强城市韧性，从而在减轻多重危害方面发挥重要作用，而这一点通常都被低估了。可以采取诸如保持区域留白、土地利用多样化，以及具有法律约束力的土地利用或分区规划建议等措施，预先降低潜在风险（Fleischhauer，2008）。尽管概念本身存在模糊性，以及对复杂城市系统的韧性是否真的可以实现尚存疑虑（Deppisch et al.，2011），我们仍然应该相信这个有希望的概念，并努力实现它，因为现有的研究工作已经证明，“韧性”不仅仅是一个热门词汇。虽然要形成一个稳定的概念体系，从理论上构建、分析和解释城市和区域韧性还有很长的路要走，但它至少有潜力为我们的一些迫在眉睫的危机提供解决方案。

1.3.5 本书对“韧性”的定义

本书对韧性相关研究领域的文献综述并非详尽无遗的，例如，人类学作为社会生态系统韧性的传统研究领域并没有被包括在内。对相关领域韧性研究的总结，笔者尽力做到全面和客观，却难免顾此失彼。尽管如此，本书还是展示了一些有趣的发现。

文献回顾表明，韧性理论已广泛应用于各个学科，并展示了不同的分析框架，而不同领域的韧性实际上也具有相似之处。例如，心理学和灾害研究都侧重于面对压力的一些现象的持续性，并且都设法理解为什么人们、基础设施和区域能够抵抗压力或是从压力中恢复（Pendall et al.，2010）。此外，减少灾害风险研究与城市和区域韧性研究共享相同的研究对象或边界，前者关注从自然或人为的急性冲击中恢复，后者则主要关注对抗慢性压力或潜移默化的风险，例如人口减少、失业、贫困、长期的经济衰退、绅士化、去工业化、城市扩张、贫困的郊区化等这些会持续几年甚至几十年的过程。在某种程度上，综述的所有研究领域都是相互关联的，因为它们都寻求人类及其生活环境的健康与完好。另一方面，尽管在这些领域中使用韧性隐喻的过程中可以找到一些共同点，但细微差别和复杂性使得难以确定总体性的和概念明确的、针对特定冲击的韧性的应用（Pendall et al.，2010）。在此情况下，作为理解社会和物理现象的比喻，韧性概念本身就表现出相当大的韧性（Pendall et al.，2010）。

关于不同学科韧性文献的简要概述对于理解概念本身和进一步分析社会空间韧性产生了几点启发。首先，如心理学所示，韧性被概念化为结果、过程和品质。结果和品质相对容易识别甚至测量，而过程通常是一个黑箱。这提醒我们，大多数领域的韧性研究需要一种定量评估和定性分析相结合的方法来获得全面的认识。其次，从动态系统视角来看，作为系统整体和系统元素的韧性一直处于动态的变化之中。比如在生态系统中它更多地涉及多均衡系统属性，以及由嵌套的、跨尺度的开发、保存、释放和重组的适应性循环组成的扰沌过程。循环的阶段不同，韧性也不同。这告诉我们，蓝图化的韧性建设计划是过时和无效的；相反，韧性培育主要是关于适应和继承。减少灾害风险的努力更加强调整体性加强和多层次合作，以尽快恢复到冲击前的均衡状态。城市和区域韧性研究将城市和地区视为复杂的适应性系统，其韧性很难实现和衡量。准备是第一步，部分量化城市和区域韧性的复杂情况的主要工作正在进行。因此，第三个结论是，对某些类型的冲击的韧性的培育具有一定程度的随机性，但这并不意味着我们对抗突发灾害或慢性扰动时束手无策，相反，提前防范风险并且在多个维度上做好准备是形成韧性的最有效的方法。

综上，本书认为韧性是一个系统应对急性冲击或慢性扰动时能够维持自身的功能和结构，通过抵抗、维护、学习和适应等措施来实现自身的有机更新的结果、过程和品质。

1.3.6 社会空间韧性

从以上四个领域韧性研究的综述来看，韧性理论已被广泛用于与人类的健康和福祉休戚相关的多个学科中，其应用范围和理论内涵都在不断地拓展。但总体而言，相关研究较少将社会结构与物理空间结合起来探讨韧性，笔者认为有必要从城市社会学的角度，重新定义韧性，即一种“社会空间的韧性”，更加突出空间的作用。本书要研究的社会空间韧性不是城市针对某种具体的自然或人为灾害的韧性，也不是城市子系统的韧性，而是城市及其空间单元整体的物质空间和社会系统韧性。

从地理学的角度看，“韧性”的概念需要和资本在不同空间地域和尺度的不平衡发展联系起来看（Smith，2008）。一种观点认为，具有韧性的空间正是资本想要的东西，韧性的空间会不定期地改造自身，以适应经济全球化背景下资本积累的需要。从这一角度来看，无论是韧性还是外部干扰都是资本系统内部的东西，而资本主义韧性的实现需要特定地区和群体付出周期性调整和改造的代价（MacKinnon et al.，2013）。而另一种观点认为，韧性意味着另一种社会关系，在这一关系系统中，社会和物理环境健康与完好最为重要，资本则被看作外部的扰动和解构的力量，它是一种社会公正的意愿体现。本书倾向于支持后一种理解，尤其是在中国这样的社会主义市场经济体制下的转型国家，社会空间的韧性并不能完全在资本系统内部解释。资本所谓的空间韧性实际上是一种资本主义空间再生产，它既是对空间的破坏，也是对社会的解构，而不是真正意义上的社会空间韧性。

社会空间与韧性是天然契合的一对概念组。对社会空间韧性的理解也正如对社会空间的理解，需要从社会和空间两个面向进行。社会空间韧性是指社会空间能够在受到内外突发冲击或慢性扰动时，表现出社会稳定性和空间稳定性，即能够抵抗冲击和扰动的不良影响，维护自身的基本结构和功能；同时也表现出社会适应性和空间适应性，即能够通过灵活能动的策略利用自身的资源和能力进行调整以实现冲击和扰动后的恢复，或达到新的社会空间均衡状态。

具体来说，城市空间层面的稳定性是指城市肌理、场所精神、象征建筑、文化生态等的保存能力，能够抵抗外部破坏，维持城市空间的历史性；在城市社会层面体现在社会资本、社区经济发展、社区信息与交流等的完整性和活力不受损害。城市空间层面的适应性表现在不影响城市社会核心稳定性的边缘性空间或局部空间处于持续不断的变化中，而社会层面的适应性则表现为开放性和包容性，其社会资源具有稳定性、充足性和迅速性，能够从城市社会空间突发事件中恢复过来而不致衰败（图 1-6）。

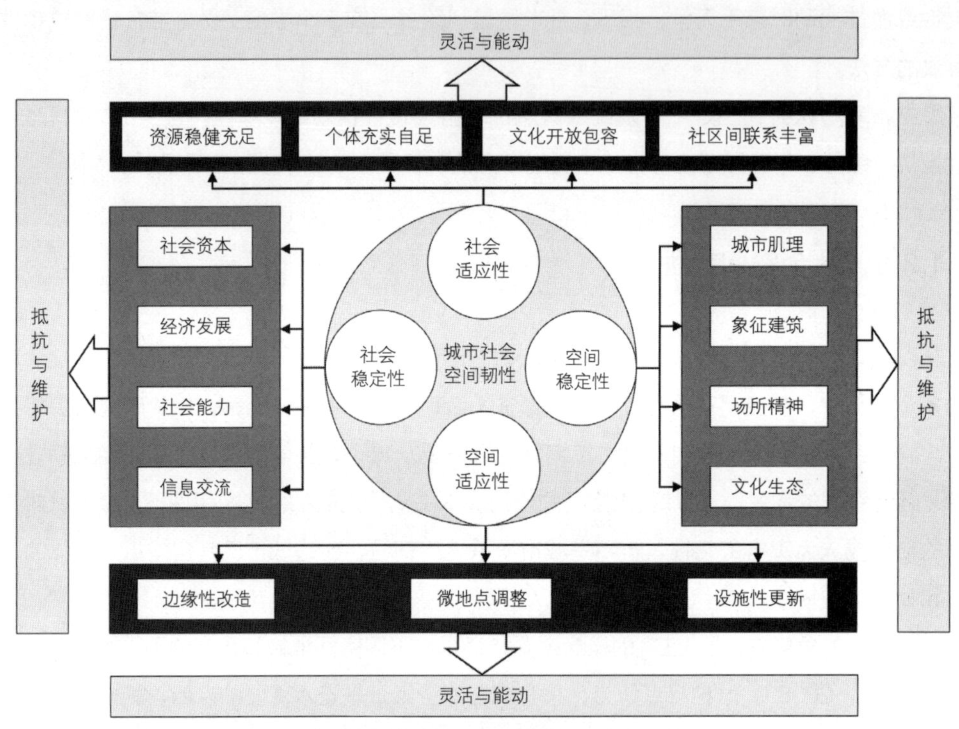

图 1-6　城市社会空间韧性概念模式图

图片来源：作者自绘

1.4　韧性研究的重要性

我国经济社会发展已进入新常态。习近平主席在 2014 年 APEC 工商领导人峰会上首次系统阐述了新常态。新常态下经济增长速度放缓，经济结构不断优化，发展动力由投入驱动向创新驱动转变。理解、适应和引领新常态是当前和未来中国经济发展的总体逻辑。新常态意味着在人口、资源、环境约束下，城市发展将更加注重质量、效益、结构，更加关注民生的保障与改善，也将更加重视生态环境的保护和改善。新常态的另一层重要含义是不确定性的恒在。自然和人为灾害频现，标志着人类已经进入风险社会和危机时代，意外和困境层见叠出。因此，新常态也意味着不盲目跃进赶超，而是稳妥应对各种风险。从最大化成功概率到最小化灾害风险，新常态让焦点从不断提升的效率转移到了韧性需求上（Jantsch，1975）。

在现代化进程中，城市变得越来越复杂，成为一个巨系统，随着规模的日益扩大，它们也变得越来越脆弱，治理的难度也在不断加大（周利敏，2016）。能源消耗稳步上升、温室气体排放量剧增、环境污染愈发严重、雾霾天气频繁出现；极端气候引发水文气象灾害，城市的基础设施建设不到位、维护不当导致城市内涝严重，甚至造成重大人员和经济损失；更有恐怖袭击、SARS 等传染病带来的社会恐慌等，城市社会空间面临的外部风险日益积聚（蔡建明等，2012）。如果城市及其社会空间不能积极地适应这些变化，主动应对风险，就可能出现重大危机，甚至遭遇灭顶之灾，2020 年初开始肆虐全球的新型冠状病毒肺炎就是有力的佐证。

我国大城市在快速发展时期积累下了诸多弊病，如无序蔓延、基础设施超负荷运转、产业结构失衡等，使其在面临内部矛盾和外部风险时变得十分脆弱，急需一种新的理念来指导城市发展。一方面，大拆大建的历史路径已经走到了尽头，在新常态下我国的城市规划出现了新的转向，包括规划主体从长官化到人民化，规划目的从高速化到高质化，规划方式从蓝图化到过程化，规划内容从硬规划到软规划等（许婵等，2016）；另一方面，灾难和不确定性的不可避免也使得基于可预测未来的传统规划范式变得力不从心，甚至危害重重（Ernstson et al.，2010），而适应灾害、与灾害共生已成为未来城市的发展方向。这都要求采用新的思维方式将对城市社会空间的认识提升到新的高度。

过去几十年大规模的旧城改造拆除了许多传统的居住空间，与这些有着显著地方文化特色的居住空间一同被拆除的还有其承载的发达的社会网络。原有居民的搬迁，使得社会网络被彻底破坏（司敏，2004），远亲不如近邻的传统居住认知逐渐演变成了即使住对门也老死不相往来。此般联系的个体构成小社区，再组成大社会，在遭遇风险时便如一盘散沙，难以形成合力，共渡难关。个体在城市中的生活也缺少温情，备受挫折，饱含艰辛。而风险社会对城市社会空间的要求却恰是此般现状的对立面，它关注生活在城市中的人是否能够全面发展，社会空间是否遭受剥削；它要求一种韧性的社会空间，也可以说要求社会空间具有韧性，这种韧性将有助于实现我国大城市的可持续发展，但其具体构成内容、评价方式和实施路径还有待结合实例进行全面、细致、深入的研究。

1.5 本书的研究动因

1.5.1 全球化深化背景下诠释社会空间需要创新视角

从计划体制到市场经济的转型，改革开放和建设中国特色社会主义市场经济为中国城市发展提供了巨大机遇，同时也将中国置于全球化和逐步转型的特殊时代背景之下（李志刚，2004）。资本受利益驱动，追求利润最大化，在全球范围进行布展，从而将世界变成了同时性世界，在使人类社会空间进入新阶段的同时，也导致了全球社会空间的高度同质化。全球化市场逐步形成，资本已经侵入了全世界所有的角落，并力求“穿透各种空间障碍，不断寻找新的地盘,不断地将非资本领域资本化……空间自身的固有屏障在资本的流动之下崩溃了”（汪民安，2006）。我国的城市社会在这股全球化的浪潮中也无处遁形，技术——工业理性与资本合力推进城市快速扩张，资本主义对社会空间资源交换价值的攫取与人民大众对其使用价值的占有之间的矛盾成为我国城市社会的基本矛盾，城市社会空间的商品性形成宰制，公益性被抹杀。

在全球化的宏观背景下，中国城市的转型与西方城市社会空间分异的发展处于类似的趋势之下（李志刚等，2004）。随着全球化的影响和社会经济结构的再分化，社会分化和空间分异同时发生，市场的力量在居住空间重组中表现得更为重要。在城市中表现为，以跨国公司职员为代表的高端阶层和以农民工为代表的底层人民在经济和住房状况上两极分化十分严重（Gu et al.，2003），郊区高档社区和别墅区悄然兴起（Hu et al.，2001），新城市贫困现象在特定城市地域显现，后福特主义体制下的灵活积累以及文化的多样性使得新的社会结构分层和城市空间调整相结合，正在塑造 21 世纪的全球大都市与世界城市（李志刚，2004），原有的对于社会空间的分析在很多情况下已经全部或部分失效，需要以新的视角来看待社会空间。

城市既是一种地域空间结构，也是一种人类社会组织。人类的活动决定了城市不同区域的功能，因而使得功能空间与社会空间产生了对应关系。这种关系通常是由城市人口分布或居住分布特征外在地体现出来，同时也是城市社会空间系统最重要的内在属性特征。如何客观地评判这种关系或社会空间结构的好坏一直是社会空间研究悬而未决的问题。以复杂系统的观点来看，这种关系实际上就是社会空间系统内在的韧性。在全球化、城市化和网络化的背景下，我国社会空间面临着更多挑战，需树立起整体的、批判的、实践的空间意识，努力打破空间垄断（王光照等，2016）。将可持续发展研究中前沿的韧性理论与中国国情相结合，用它来解读和指导我国城市的社会空间生产实践，有利于打破学科的局限，跳出地理学和城市规划学研究社会空间的桎梏，与其他研究社会空间的学科如社会学和哲学等进行对话，深化对社会空间的认识，构建符合中国国情的理论体系，指导空间生产实践，最终实现空间正义（王光照，2016）。

1.5.2 多学科融贯背景下拓展韧性研究亟待付诸实践

经过近半个世纪的发展，国外韧性研究已经从最初的心理学、生态学扩展到了社会、经济、灾害风险管理等领域，成为令人瞩目的“韧性科学”（Resilience Science）（周利敏，2015）。它的研究内容也包含甚广，从人类社会作为整体面对巨大自然灾害和人为灾难的脆弱性，到个体或家庭的灾害韧性暴露风险、能力和心理建设，再到对城市软硬基础设施韧性的定性分析和量化评估，一应俱全，为人类社会应对灾害风险和不确定性，实现可持续发展奠定了基础（许婵，2017）。总体而言，韧性研究正从单一学科向多学科融合发展；尤其是当韧性理论应用到城市研究时，更要借助不同学科的观点形成全局的视角，来解读城市作为复杂巨系统的韧性。

作为一种新兴的理论与实践，韧性思想在国外应用于城市研究领域也仅有短短十年的历史，它为西方城市风险治理提供了新的理论架构，作为新的治理典范已被广泛应用于城市可持续发展的实践中。而在国内规划学术界，它还是一个方兴未艾的新概念。规划界理论大师约翰·弗里德曼（Friedmann）认为规划理论的主要任务之一是“把其他领域的知识和能力转化为规划师语言”（Friedmann，2008）。一直以来，规划学者通过借鉴建筑学、社会学、系统学、经济学、政治学、公共管理学、哲学等诸多学科的概念，不断丰富和发展规划理论和实践。将韧性概念引入规划研究，是这一趋势的延续。一个国家的规划理念和实践从根本上而言取决于国情，从我国的城市发展历程来看，韧性理论和方法将在中国未来的城市化发展中大有作为，它可以为我国城市的可持续发展提供全新的政策视角和理论框架。

当然，韧性无论是作为科学、理论、范式，抑或概念框架，都存在着一定的局限性，这根植于其概念内涵的复杂性。但它带来的理论冲击和范式转变的意义是毋庸置疑的，实务界也对其在实践中的现实价值十分期待（周利敏，2015）。换言之，韧性理论的科学和实践价值已被学界所公认，但其总体的理论体系还有待完善。理论体系的建立和发展需要大量的实践支撑。既有的研究对于概念讨论较多，缺乏典型深入的案例支撑，并且大部分研究都是在西方语境下进行的，在众多发展中国家比如中国，尚无具体的实例和经验数据来检验这一范式的适用性（周利敏，2015）。在此背景下，以社会空间为切入点，进行城市韧性研究有利于发挥后发优势，是结合我国国情的理论创新。社会空间与韧性一样，本身也内蕴颇丰，因而与韧性成为天然契合的一对概念组。

人类已经步入了风险社会和灾难时代，城市作为人类智慧的结晶，承载着文明硕果的同时也日益成为最脆弱的受灾体。生活于城市中的人的福祉远不止经受住自然灾害的袭击那样简单。以社会空间为主体来解读城市韧性是试图跳出城市韧性研究已有的理论桎梏，寻找一种综合的、全局的应对城市内部矛盾和外部冲击的话语体系。韧性本身的积极意义及其多学科融贯的背景使其成为一个延伸性和兼容性极强的概念（韦海燕，2015），因而也有望在与中国社会空间研究的结合中开拓更广阔的实践疆土。

第二章　理论基础与研究综述 TWO

2.1 西方社会空间研究的主要流派

早期的社会空间研究主要归属于社会学领域。比如，恩格斯最早研究了英国曼彻斯特的居住空间分异，认为存在富人和穷人这两个完全不同的阶层，并且他们在城市中的分布有空间表现（恩格斯，1951）。恩格斯认为，住房问题的产生源于资本主义生产方式，其最终的解决办法只能是消灭资本主义生产方式，消灭大城市，并最终消灭城乡差别（顾朝林，1994）。德国学者滕尼斯（Ferdinand Tönnies）在其发表于1887年的《通体社会与联组社会》[①]一文中，描述了两种社会，一种是“通体社会”，其代表是小乡村；另一种是“联组社会”，其代表是大城市（康少邦等，1986）。按照滕尼斯的说法，乡村中有着实质上一致的目标，人们为了共同的利益而共同劳动，家庭和邻居为其纽带；而城市生活与乡村生活全然不同，城市里的人更自私自利，城市生活也呈现出分崩离析的特点。可以说滕尼斯的通体社会和联组社会理论是关于城市和乡村社会空间对比研究最初也是最深刻的理解，滕尼斯认为联组社会的出现势所必然，但并不都是好事（Tönnies，1887）。而后的1912年，在《宗教生活的基本形式》中，涂尔干赋予空间更清晰的地位，他发现空间是一个重要的社会因素，它可以按照相应的社会标准来划分。例如，在图腾崇拜和宗教仪式中，空间安排反映了占统治地位的社会组织模式（涂尔干，1999）。在早期的社会学家中，齐美尔是少有的对空间予以专门研究的大家，他在《社会学：关于社会化形式的研究》一书中写了一篇特别的章节“社会的空间和空间的秩序”，专门讨论社会中的空间问题（叶涯剑，2005）。齐美尔认为空间和时间一样，本身是毫无作用的形式，只有通过其他的种种内容才能获得它们命运的特殊性。齐美尔在这里实际上要表达的就是空间的社会性。在齐美尔看来，空间从根本上讲不过是一种精神活动，它只是一种结合人类本身不结合在一起的各种感官意向的方式（齐美尔，2002）。他进一步阐释，人们之间的相互作用是对空间的填充，它使得先前空洞无价的空间变为某种对我们来说实在的东西，这就是社会学意义上的空间。空间使相互作用成为可能，相互作用又填充着空间（景晓芬，2013；齐美尔，2002）。

除上述单独学者外，在20世纪初期，社会空间研究开始形成理论流派，最初主要包括人文生态学派和新古典主义学派。城市社会空间研究的全面繁荣出现在20世纪60年代。经过第二次世界大战后的经济复苏和快速增长，西方社会步入衰退和调整阶段，伴之以大量社会问题和社会冲突的激化，并突出地表现在城市生产生活的各个方面，由此激发了地理学界对城市社会的广泛和深入研究（易峥等，2003）。许多城市学家和地理学家发现主流理论并不能为城市和社会的变化提供新的解释，他们对传统研究方法在面对社会重大问题时的应对能力产生了疑问，进而进行反思，希望从广阔的政治经济联系中找到解决资本主义各种社会问题的办法（李健等，2006），城市社会空间研究的指导基础和方法论因此发生了多次跳跃，先后出现了行为

① 又译作《社区与社会》，或《礼俗社会与法理社会》。

主义、结构主义和人本主义等（段忠桥，2010；顾朝林等，1999；马润潮，1999）。行为主义强调对现实状态下空间行为的研究，以修正过分偏重于对经济要素的空间研究，它没有脱离新古典主义经济学的框架，但更加强调个体的行为和感受与空间之间相互塑造的关系，从而扩展了空间结构形成的影响变量；结构主义则把空间问题置于社会、政治背景之中，并在社会结构体系层面之上建立起对空间的解释；人本主义则认为对一切事物的诠释皆基于人的思想、情感与经验，以人作为出发点，强调空间的差异性（冯健，2004）。

在行为主义中，行为地理学和时间地理学最引人注目。行为地理学研究人类行为的空间规律（Walmsley et al.，1984），而时间地理学则研究人们活动的各种具体制约条件并在时空轴上对其进行动态描述（Hägerstraand，1970），如图 2-1 所示，它们均在研究城市社会空间方面发挥了积极作用，并取得了较多成果（柴彦威等，2000）。

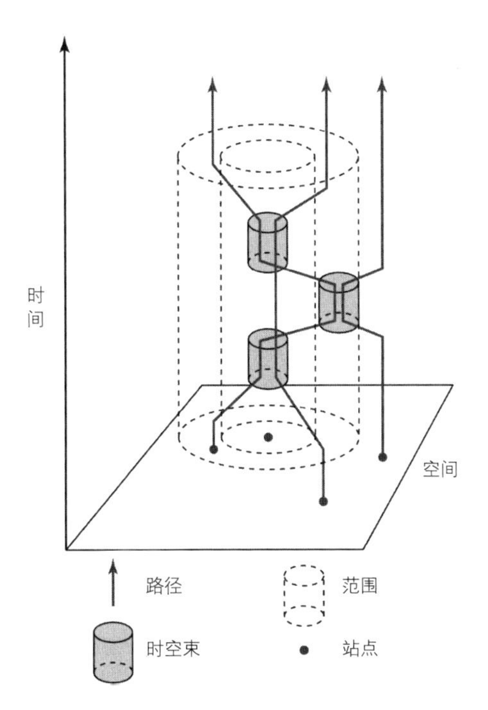

图 2–1　哈格斯特朗（Hägerstraand）时间地理概念图

图片来源：Gregory，1989

20 世纪 70 年代之后，结构主义成为主流（Jackson，1983）；进入 80 年代后，经济地理学与社会地理学的传统分界线逐渐瓦解（Gregson，1992），对城市社会空间的解析开始采用文化价值分析、伦理分析、精神分析、情感分析、对话分析、自然与环境分析等非物质的分析方法（Gregson，1993）。然而，文化和非物质倾向并未取代城市社会空间研究的物质分析方法，只是作为研究的一个新分支。到了 90 年代末，一些学者又开始呼吁将社会空间研究从抽象的文化分析回归到具象的空间和再物质化的分析（Lees，2002）。进入 21 世纪，随着全球化影响的加剧，后现代主义等新理论思潮也逐渐流行（易峥，2003）。由于篇幅限制，本书重点介绍对城市社会空间研究影响较大的人文生态学派、新古典主义学派、行为主义学派、新马克思主义学派和新韦伯主义学派，如表 2-1 所示。

西方城市社会空间研究的主要理论流派 **表 2-1**

学派及主要案例地	代表人物	主要理论及观点
古典人文生态学派（芝加哥、洛杉矶、旧金山、多伦多）	帕克、伯吉斯、麦肯兹、史域奇、威廉姆斯、贝尔	古典人文生态学派把人类社会与生物界进行类比，将城市看作一种生态群落，而经济因素在这一生态群落的自由竞争中占据了主导作用。不同社会集团在人类活动中竞争，使得城市人口、生活方式与城市实体空间产生了互动，形成了相应的模式化分区，从而得出了同心圆、扇形、多核心等多种典型模式（Park et al.，1925）
新人文生态学派（波士顿）	邓肯、费雷	新人文生态学派更强调文化的作用，认为文化价值与空间存在一种象征关系，建议使用文化生态的方法考虑特殊的文化和历史因素在形成城市空间结构方面的作用（Firey，1945）
新古典主义学派	阿隆索、迈尔、穆斯	从微观经济学的视角来解释城市社会空间结构的形成，认为居民的住房区位格局的形成是其在交通费用和住房成本之间的权衡。其主要解释工具是基于均质平原和单中心城市假设的地租竞价曲线
行为主义学派（波士顿、泽西城和洛杉矶）	林奇、罗西、贝尔、林德福斯	纠正了古典主义学派过于理想和注重经济因素的倾向，重点考察人的空间经济行为与现象环境之间的相互影响，主要强调微观过程，涉及城市空间环境感知行为研究和城市内部人口迁居行为研究
新马克思主义学派（巴黎）	哈维	用资本主义生产与再生产的周期性原理来解释资本运动和城市空间发展的关系，资本积累导致城市景观不断重构，达到极限后即求助于时空修复，形成全球化
	卡斯特尔	资本主义社会化大生产需要的劳动力再生产必须通过以国家为中介的社会化集体消费来实现，因此，作为集体消费单位的城市的空间形态的发展和变化，极大地受到政府介入和组织集体消费过程的方式和程度的影响。此外，城市社会运动也是决定城市发展的重要因素之一
新韦伯主义学派（伯明翰）	雷克斯、墨尔	住宅对阶级的形成和阶级的冲突起着至关重要的作用，拥有不同住宅产生了不同的“住宅阶级”。城市中不同住宅的获得是市场机制和科层官僚制共同作用的结果
	帕尔	对稀缺资源和空间发展拥有话语权的个体或机构的行为是造成城市社会空间的主要因素。城市资源的分配是科层官僚制运作的结果，其不平等分配是城市社会冲突的根本原因

2.1.1 人文生态学派

在解释同心圆结构的形成时，伯吉斯引用了生态学中的“侵入”（invasion）和“演替”（succession）概念，认为大量的外来移民最初进城时居住在求职及生活便利的中心商业区；随着人口压力的增大，房租上升，居住环境恶化，市中心人口纷纷向外迁移。因此，城市扩张的过程也表现为同心圆内部圈层向外部圈层入侵的过程，而外部圈层中的社区也会对这一入侵过程表现出一定程度的抵抗。此外，伯吉斯认为城市扩张还包括相互矛盾却又互补的“向心集聚”（concentration）和“离心扩散”（decentralization）的过程（Burgess，1925）。这一理论较好地解释了城市化早期的城市空间格局形成的动力机制（景晓芬，2013），但它过于强调人的生物属性而忽略了人的社会文化属性，夸大了人与人之间的竞争程度；它是建立在单中心、各向均质平面的假设基础上的，没有考虑到交通通达性对城市空间结构的影响。

霍伊特（H. Hoyt）对美国142个城市的房租和地价分布进行了考察，以街区为单位，按照高、中、低三个等级画出了这些城市的房租分区图（rental area maps）。他发现每个城市中心的房租分布模式都是不一样的，没有哪两个城市的高房租区的大小、形状和相对于城市中心的位置是一样的。城市的增长速度、产业的布局、交通线路的走向、社会领导层的移动都会影响房租分区的模式。但是确实存在一个接近普适的房租分布模式，它并不是同心圆式的从中心向外围递增的房租分布模式，而是更接近于扇形模式。具体而言，扇形模式中一个城市可能有几个不同方向上的高房租区，房租以之为中心向周围递减，高租区和低租区之间是逐渐过渡的，而不是截然分开的。高租区可能位于城市中心，也可能位于城市某个扇区的边缘，更多情况下则是呈楔形沿主要的交通线路在某个扇区内从中心向外围扩展。中等房租区倾向于环绕高房租区，或是在某个方向上与之毗邻；在某些城市中等房租区也有可能与高房租区分布于不同的扇区边缘。低房租区也可能分布于城市的一个扇区或是多个扇区中，区内房租从中心向外围递减（Hoyt，1939）。

哈里斯（C. D. Harris）和乌尔曼（E. L. Ullman）观察到大多数大城市的生长并非围绕单一的城市中心，而是综合了多个中心的作用，因此提出了城市土地利用的多核心模型（multiple-nuclei model）（于洪俊等，1983）。哈里斯—乌尔曼的多核心模式考虑到了城市空间结构影响因素的多样性，触及了城市空间分化中的各种职能的结节作用（张舒，2001），与同心圆模式和扇形模式相比更为接近实际。但该模式对多核心之间的职能联系讨论较少，且没有深入分析不同核心之间的等级差别及其在城市总体发展中的地位，使模型有一定的局限（于洪俊，1983）。

同心圆模式关注城市化的成因，其基本原理是流入城市的移民集团的同化过程；扇形模式注重社会经济地位，重点在于价格不同的住宅区的发展；多核心模式强调不同人口集团经济活动在城市内部的进一步分化（顾朝林等，2013）。这三者并不对立，扇形和多核心以同心圆为基本，城市结构是由土地利用组成；城市的发展最终均会形成某种形式（庞瑞秋，2009）。然而，没有一种模式是普适的，但它们可能曾作用于不同的城市的不同时期，也可能在同一时期或多或少地作用于同一城市或地区。因此，上述三种典型模式是对城市空间结构的简单描述，仅仅概括了城市内部空间分异的部分特征（唐子来，1997），并且对于新出现的城市现象如逆城市化、城市运动等缺乏解释力。

美国社会学家史域奇（E. Shevky）、威廉姆斯（W. Willianms）和贝尔（W. Bell）于20世纪40年代末和50年代初分析了洛杉矶和旧金山的社会区（social area）。他们的研究表明：随着工业社会规模不断扩大和工业化的深入，城市社会出现了社会经济关系的深度和广度变化、功能分化、社会组织复杂化这三种趋向（许学强等，1997）。这三种趋势被转换成了社会经济状况、家庭状况和种族状况三个概念，成为解释社会区形成的主要特征要素。每个特征要素可以用一组相关的人口普查变量加以表征，根据这些变量的组合情况，人口普查单元被划分为不同的社会空间类型，据此判识城市社会空间的结构模式（唐子来，1997）。

默迪（Murdie）基于对多伦多社会区影响因素的研究提出了一种具有叠加特征的城市社会空间结构模型，认为：社会经济状况常使社会区呈扇形结构；家庭状况的影响多呈同心圆，近市中心地带主要是小型家庭或单身汉，其户主不是很年轻就是很年长；种族状况的影响一般呈分散状的群组分布，每个群组由一个特定的种族或民族组成，大致相当于一个人口统计区，以上三种社会空间结构相叠加，构成了整个城市的社会空间模式（Murdie，1969；冯健，2004）（图 2-2）。

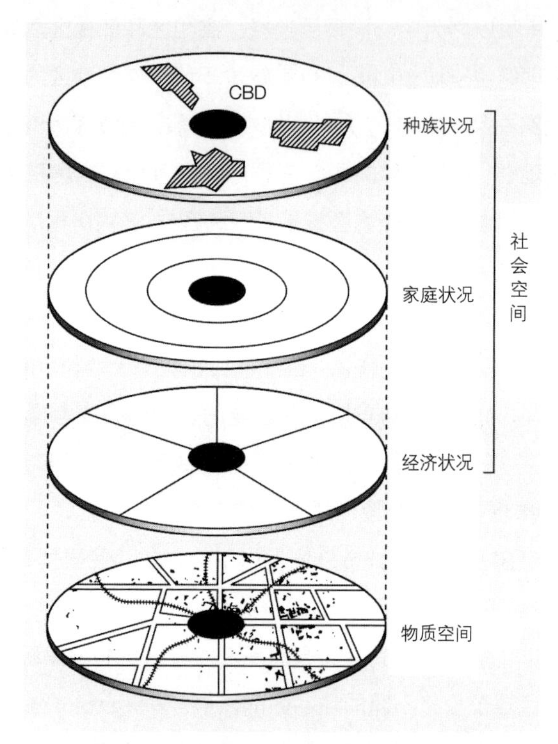

图 2–2　Murdie 理想化的城市社会生态空间结构模式

图片来源：Murdie，1969

同心圆、扇形、多核心三大经典模式都是在对美国特定时段城市的分析与归纳基础上提出的，具有一定的局限性，对其他国家城市并不一定适用。此后的研究大部分是对三大经典模式在不同历史传统和文化背景下的城市进行验证和修正，形成了一些新的城市社会空间模式，比如曼（Mann）针对英国中等城市提出了社会空间结构模式（Mann，1965），麦吉（T. G. McGee）针对东南亚港口城市提出了 Desakota 社会空间结构模式。古典人文生态学派在 20 世纪三四十年代受到了较大的质疑，50 年代后逐渐形成了“新正统生态学派”（Neo Orthodox School），以霍利（A. Hawley）、奎因（J. Quinn）、邓肯（Otis Dudley Duncan）和施努尔（L. Schnore）等为代表，以及“社会文化生态学派”（Social-Cultural School），以费雷（W. Firey）、乔纳森（C. Jonassan）等为代表（孙明洁，1999），前者强调社会组织是空间分异的重要机制，后者强调城市社会空间结构分异受到文化因素的制约（刘晓瑜，2008）。

邓肯是新正统生态学派的代表人物之一，他提出了由人口（population）、组织（organization）、环境（environment）、技术（technology）四个关联变量组成生态系统的“POET 生态复合体理论”（Ecological Complex）（Duncan，1961）。这四个变量是交互影响的结构，将会造成生态系统的变化。他利用洛杉矶的烟雾现象说明了社会转变与环境变化是紧密联系的，实际上是一个不可分割的复合体。该理论提供了一套分析社会变迁的范式。古典人文生态学本质上是“生态决定主义”，它有两个前提，一是物质空间的性质是自我赋予的，与社会文化价值毫无关联；二是社会体系是物质空间的被动适应者。而社会文化生态学派的代表人物费雷等人发现文化价值与空间存在一种象征关系（Pahl，1975；吴春，2010）。费雷认为古典人文生态学理论过分强调经济因素对空间分布和变化的影响，他于 1945 年提出社会价值是社会空间组织的基础，它的影响大于经济竞争，因而建议使用文化生态的方法考虑特殊的文化和历史因素在形成城市空间结构方面的作用（Firey，1945）。他对波士顿中心土地利用的研究是体现其理论取向的实证案例。对于空间象征价值的研究实际上是齐美尔传统的回归，即空间可以是一种主观的解释，空间甚至可以具有某种程度的主动性（叶涯剑，2005）。

沃斯（Louis Wirth）在其代表性文章《作为生活方式的城市主义》（*Urbanism as a Way of Life*）中对城市生活进行了奠基性的社会学定义，提出了研究城市居民生活方式的理论框架。他从社会学的角度，将城市定义为人口数量较大、密度较高的社会异质个体的永久居住地。他越过了城市物质结构、经济产物和代表性的文化机构来揭示暗含的“城市作为一种独一无二的人类群居生活模式的元素”。他相信城市能够产生一种迥异于乡村的生活方式，或是城市人格（urban personality）。沃斯认为，城市人口的空间特征与社会模式之间的关系，以及不同大小和类型的城市之间的区别可以用三个变量来解释，即规模、密度和异质性（Wirth，1938）。沃斯认为，从社会学的角度来看，城市生活方式的独特之处在于，用间接接触（secondary contact）代替了直接接触（primary contact），弱化了亲缘关系和家庭的重要性，淡薄了邻里关系和社会凝聚的传统基石。

人文生态学派的研究途径将人类生活、社会结构与城市空间三者关系加以整合发展（庞瑞秋，2009），成为当时美国城市社会学的主流理论。它以生态学为基础，运用独特而系统的方法来审视城市世界，理解城市和人类群体之间的相互关系，注重社会调查，通过实证研究得出城市土地利用模式，丰富了城市理论体系（黄亚平，2002）。

2.1.2 新古典主义学派

新古典主义学派以新古典经济学为其理论基础。新古典经济学的正统理论被用于城市研究始于 19 世纪末和 20 世纪初，并在 20 世纪 60 年代形成派系（邓清，1997），其主要研究领域是城市土地使用的空间模式，代表人物有阿隆索（W. Alonso），迈尔（E. S. Mill）和穆斯（R. F. Muth）等。

阿隆索运用地租竞价曲线来解析城市内部居住分布的空间分异模式（Alonso，1960；张舒，2001）。他假设了一个所有就业岗位都位于单一中心的城市，而城市本身处于均质的平原上，城市中的住房价格离市中心越近就越高，而交通费用则随着与市中心距离的增大而递增。假设居民的收入水平和生活支出相对固定，那他们就会权衡交通费用和住房成本，以做出效用最大的住房区位选择。阿隆索的这一理论被称为权衡理论（Trade-off Theory）。通过一系列的实证研究，穆斯进一步发展了阿隆索的单中心模型。他认为，人们的活动具有复杂性，除了常规的通勤活动外，还包括购物、娱乐、社交等，因此在研究地租变化率时，需要同时考虑收入水平、消费者偏好、城市交通系统的完善程度。以及政府的房屋政策等方面的因素。他专注于研究不同的就业中心、购物中心、高速公交线路网对人口居住模式和人口密度的影响（邓清，1997）。

新古典主义学派的权衡理论在一定程度上为分析城市社会空间结构的形成提供了微观经济学解释，它不仅可以解释城市居住的区位格局，还可以解释城市地价的分布格局（祝俊明，1995）。但是该理论也存在一定的不足，主要表现在：前提假设过于理想化，如居民可以自由选择住宅并力求达到效用最大化、所有的工作岗位都在市中心等都与现实相差很远（柴彦威，2000）。另外，它仅仅将通勤的交通费用成本作为与房价进行权衡的因素，而决定居民居住区位选择的因素还有很多，如社会文化因素、就业机会和子女就学因素等，交通成本可能不是居住区位选择的首要因素，更不是唯一因素；仅仅将交通费用视作通勤成本也不太合适，因为通勤成本还包括时间成本、心理成本和体力成本等。

2.1.3 行为主义学派

行为主义学派认为人文生态学派和新古典主义学派的模型对人类行为的分析过于简单化。从20世纪60年代中期开始，行为主义学派对新古典主义学派进行了改良，在研究中加入了更多人的因素，进一步研究人的行为环境（感知过程）与现象环境（决策过程）之间的关系（刘晓瑜，2008）。行为主义学派援引环境心理学、人类学、组织形态理论等领域的实在论等理论和方法，重视说明人类行为的意识决定过程，从人的行为因素来解释一些地理现象的形成（柴彦威，2000；柴彦威等，2001）。他们对客观环境和个人或者集团所决定的形象进行基本划分，研究的重心从宏观视角转变为对个人和小团体的微观研究视角，但这种研究不是以结果的集合形成模型，而是只强调过程（朴寅星，1997）。行为主义学派对于城市社会空间方面的研究主要包括居民对城市空间环境感知行为研究和城市内部人口迁居行为研究。

（1）城市空间环境感知行为研究

居民对城市空间环境的感知，是促发其产生迁居动机和行为的前提基础。考克斯（Cox）认为，城市空间环境感知行为研究包括两个方面的内容，一方面是城市意象空间（Image），另一方面是城市环境的合意程度（desirability）（Cox，1972）。林奇在城市意象空间方面进行了开创性研究，他在波士顿、泽西城和洛杉矶进行了大量抽样访谈，发现了人们对于城市意象空间感知的经典五要素，即路径、边界、区域、节点和地标（Lynch，1960）。林奇的研究为城市意象空间的调查及研究提供了一整套方法。后来有很多学者利用林奇的方法，对其他城市的意象空间进行了深入的实证研究（冯健，2004）。

（2）迁居行为研究

行为主义学派注重个人因素（如个人心理、价值、感应及行为）对空间布局的影响，以居民个体或家庭为单位，通过更微观的居住流动视角来研究城市的社会空间变迁，并建立了一系列居住流动模型，主要包括罗西（Rossi）等人的家庭生命周期学说（Rossi，1955）、贝尔的生活方式学说（Bell，1968）、林德福斯（Rindfuss）的生命历程学说（Rindfuss et al.，1987）等。罗西认为个体对于空间需求的变化随着年龄的增长而逐渐减少，而对于居住地的情感依恋则随年龄的增长而逐渐增强，因而不同年龄段的人群迁居的动机、方向、要求和频率都有所不同。一般来说，每个人一生中将发生 3—5 次迁居，15—25 岁是一生中移动频率最高的阶段（杨卡，2008）。家庭生命周期理论考虑了个人成长与迁居行为之间的联系，丰富了古典人文生态学派提出的迁居模式的内容，但它没有考虑住户的经济状况，也不适用于公共住房市场中的迁居者以及由于种族和收入原因选择能力有限的迁居者（周春山，1996）。

贝尔（Bell）试图从生活方式的角度来解析家庭的迁居行为，从而提出了生活方式学说。他认为家庭可以分为四类，分别是家庭型、事业型、消费型和社区型。不同类型的家庭在迁居过程中有不同的区位指向，家庭型主要考虑孩子的教育需求，事业型主要考虑与工作地点的邻近程度，消费型主要指向有完善公共服务设施的市中心，而社区型倾向于同类型家庭集聚等（Bell，1968；黄昕珮，2004）。家庭生命周期学说和生活方式学说都有明显的中产阶级倾向，更适合大城市的中等收入阶层（Short，1978）。

林德福斯等将生命历程观念应用到居住流动和住房消费中去：将人的生命过程看成是由教育、工作、生育和住房情况变化等一系列事件组成的（Mayer et al.，1990）；强调个人和家庭的生命事件发生轨迹，分析事件发生时间及其与生命历程其他重要诱因的关系（Clark et al.，1994）；与生命周期相比，生命历程更灵活，它并不假设一套统一的家庭生命历程，而是强调个体生命经历的多样性（刘望保，2006）。

克拉克和奥纳卡（Clark & Onaka）在综合各方面研究的基础上，系统地分析了迁居的原因（Clark et al.，1983）（图 2-3）。按照迁居的原因，他们首先将其分为自发型和强制型两大类。前者又可分为调整型和诱发型两种，是指为了改善居住环境、适应生活方式等方面的变化而主动迁居（卢芳，2003）：调整型迁居的原因包括居住空间、邻里、可达性等因素；诱发型迁居的原因主要包括就业和家庭生命周期的变化。而强制型是指因房屋损坏或被占、离婚、家庭成员死亡等原因引起的被动迁居。他们的分类基本上反映了西方城市迁居的主要原因（卢芳，2003）。

和新古典主义学派相比，行为主义学派的研究更接近实际，但其重于人类活动的主观因素影响，而轻于讨论宏观社会结构和其他制度因素对个体行为的影响，常常受到新马克思主义学派和新韦伯主义学派的批评（顾朝林，1994）。

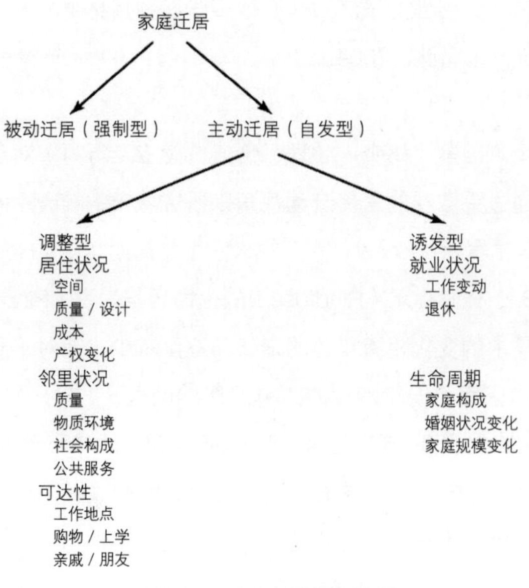

图 2–3　家庭迁居原因分类

图片来源：Clark et al.，1983

2.1.4　新马克思主义学派

到了 20 世纪 70 年代，空间分析的各种方法暴露出许多缺点，行为主义学派的方法也未能给理解城市带来新的突破，而结构主义方法却在西方日益盛行起来（柴彦威，2001）。结构主义方法又可分为结构马克思主义方法和制度论方法两大类。前者形成的学派被称为激进地理学派或结构马克思主义学派，也叫新马克思主义学派（柴彦威，2000；顾朝林，1994；许学强等，1988），代表人物为哈维和卡斯特尔；后者（即制度论方法）主要体现在新韦伯主义学派中，代表人物为雷克斯和帕尔。

（1）“资本循环”与“时空压缩”

哈维的工作主要是对马克思的《资本论》的概括性再解释和再构造。他将马克思主义的辩证方法用于空间问题的研究和对资本的批判，从空间的视角揭示了资本主义的本质，形成了他自己空间视域的资本主义批判（邓清，1997；周乐，2013）。哈维非常重视建构资本主义城市化理论，他将空间的生产和空间性结构整合起来，认为资本主义生产会在短期内促进经济发展，塑造出城市这种地理景观，同时也会在其中积累深刻的社会矛盾。要摆脱这一悖论，我们需要创造一种人道的、非物化的城市（邓清，1997；周乐，2013）。哈维关于城市化与资本积累辩证关系的主要观点在他的众多著作中得到了阐释，如《社会正义与城市》（1973）、《资本的局限》（1982）、《意识与城市经济》（1985）、《资本的城市化》（1985）等。

按照马克思对于资本主义生产和再生产的周期性原理的描述，哈维以“相互关联的资本循环”为基础，按资本的周转时间和投资领域，将资本循环划分为三个层级。首先是初级循环（primarily circuit），它是一般商品的生产领域；其次是次级循环（secondary circuit），它是固定资产和公共设施领域；最后是三级循环（third circuit），主要是科技开发和劳动力再生产领域（邓清，1997；周乐，2013）（图 2-4），并以此来解释资本运动和城市空间发展的关系（夏建中，1998）。

在哈维看来，资本的次级循环是决定城市发展和变迁的关键因素（刘晓瑜，2008），是城市危机的根源所在。“城市的发展过程就是生产、流通、交换和消费的物质基础设施的创建”（Harvey，1985）。哈维认为，对于劳动者而言，“城市空间的使用是作为一种消费方式和一种自身再生产的方式”；而对于资本家而言，城市空间是“一种创造、提取和集中剩余价值的装置”（杨上广，2005）。然而，资本支配下形成的地理景观具有自身的特殊性，它很快又会重新限制或阻碍自身的积累，因此，这种地理景观也处于不断的破坏和重构过程中。由于城市地理景观自身所蕴含的矛盾二重属性，导致资本积累突破地域的限制在空间上向外拓展，并诉诸过度资本的空间性修复，最终形成全球化（周乐，2013）。

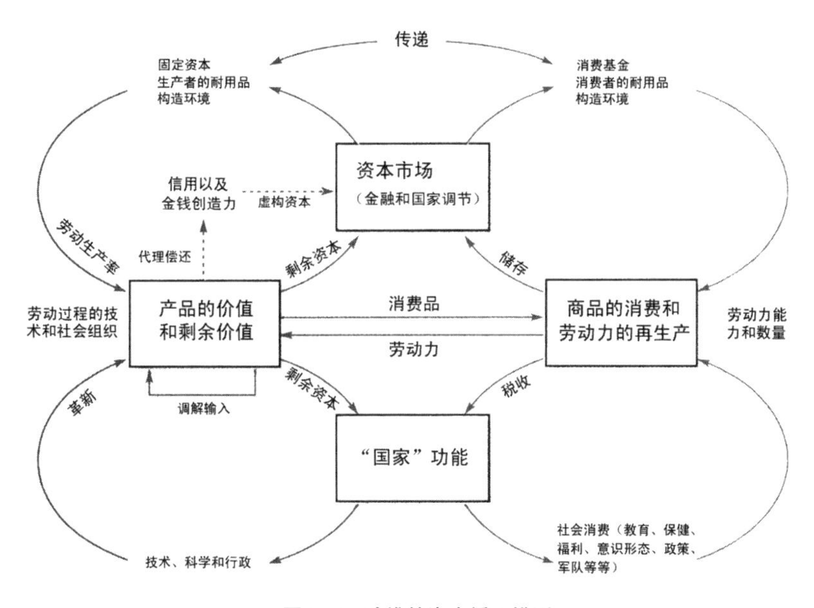

图 2-4　哈维的资本循环模型

图片来源：Knox et al.，2014

在资本主义初期，工人的住房完全由资本家免费提供或租赁，但这一供给方式一方面限制了一部分资本追求利润，另一方面限制了工人的流动，反过来阻碍了资本主义的竞争。这样，在资本主义经济体制下，资本家必须不断地寻找资本积累的渠道以实现自我再生产的机会，其中最明显的途径是使资本不断进入过去非商品的物品或劳务，使之成为商品，并通过商品的地理扩张来扩大市场。住宅的商品化就是这一过程中最重要也是最复杂的一部分，需要国家、金融机构、住房供应者和住户等多方面直接和间接的参与，最终结果是促进自有住房的成长。其次，当住宅越来越成为一种商品时，住宅市场必须和其他资金市场一起竞争投资的资金。这样，住房的生产必须基于利润的追求，为符合高收入群体的需求来从事生产（田文祝，1999）。

在消费方面，住宅的交换价值必须基于未来使用价值的实现，这将首先取决于消费者的支付能力，因而反映了消费者的社会经济地位，这一特征又被取得住宅消费贷款的可能性所强化，由消费者在生产部门的位置所决定；其次，为了保证目前及未来的使用价值，并作为积累财富的渠道，住户必须对住宅在物理上、经济上和区位上的价值加以维护，住户的居住空间分异也就成为社会阶层分异最有效和最普遍的方式（刘旺等，2004），住宅也随之成为社会资源重新分配的一种重要工具；最后，国家自有住宅政策促进了私有财产及个人主义观念，使工人阶级由于必须支付每日的本息负担而更加驯服于资本主义生产关系之下，从而维持了资本主义的社会秩序，即资本家对工人在工作地点的控制与优势延伸到了生活地点，并反过来强化对工作地点的控制（田文祝，1999）。

哈维用时空压缩的概念对后现代社会空间特性进行辨识，并以此来说明资本主义空间存续的动力（周乐，2013）。时空压缩意味着资本主义社会具有时间加速的特点，同时也消除了空间上的障碍，使世界看起来"内在地向我们崩塌"了。哈维的时空压缩观与马克思的资本力求用时间消灭空间的思想是一脉相承的。时空压缩和时空修复是城市全球化的途径，是实现资本积累的周延拓展。"资本一方面力求摧毁交往及交换的一切地方限制，征服整个地球作为它的市场；另一方面，它又力求用时间去消灭空间"（马克思，1976）。资本希望尽量降低产品在空间中位移所消耗的时间。资本越发展，越需要扩大销售市场，拓展空间。然而，由于周转时间对资本积累有负向影响，资本尽量用时间去消除空间（周乐，2013）。

（2）"集体消费"与"城市运动"

卡斯特尔是新马克思主义城市研究领域的重要人物，他关于"集体消费"（collective consumption）、"城市运动"等方面的研究对新马克思主义学派的发展具有深远的意义（Pahl，1975；吴春，2010）。卡斯特尔深受法国结构马克思主义创始人阿尔都塞的影响，力图用其观点来分析城市社会。他对新人文生态学者沃斯的观点提出了质疑，认为造成沃斯所谓的"城市生活方式"的原因并不是城市空间，而是更广泛的经济和社会结构（Castells，1968）。他认为城市生活方式"是资产阶级工业化的文化表现，是市场经济和现代社会理性化进程的产物"（夏建中，1998）。卡斯特尔认为城市社会学的研究对象应该在空间层面和社会关系层面上具有一致性（Pahl，1975；吴春，2010）。这种一致性体现在"思想中的具体"和"真实的具体"上，前者是指资本主义系统的结构，而后者则是指集体消费这一概念。

卡斯特尔认为，资本主义社会化大生产需要源源不断的劳动力，但这些劳动力并不是凭空出现的，而是再生产出来的。劳动力的再生产需要各种消费资料，这些消费资料并不是个体独占式的消费，而是以国家为中介的社会化集体消费，任何私人资本都不可能独立兴建（夏建中，1998）。因此，国家就可以在集体消费中发挥重要的作用，也可以利用集体消费这一工具介入资本主义生产与消费，缓和资本主义矛盾，维持劳动力再生产（Pahl，1975；吴春，2010）。国家干预的主要领域集中在公共事业的生产、分配、管理与消费（夏建中，1998），如教育、医疗等集体消费过程中，并逐渐延伸到日常性和家庭性的劳动力再生产过程（Castells，1997；Castells，2010；朴寅星，1997）。所以，作为集体消费单位的城市的空间形态的发展和变化，受到政府介入和组织集体消费过程的方式和程度的极大影响（邓清，1997；夏建中，1998）。

卡斯特尔认为，作为集体消费过程的主要场所，城市的发展和演变是占统治地位的资产阶级和被压迫的工人阶级之间持续斗争的结果（孙明洁，1999）。此外，卡斯特尔认为，除了阶级斗争，城市社会运动也是决定城市发展的重要因素之一（邓清，1997）。他在《城市与民众》中提出："由于社会的统治利益已经制度化并且拒绝变迁，所以在城市角色、城市意义、城市结构方面发生的主要变化一般来自民众的要求和民众运动，当这些运动导致城市结构变迁时，我们就把它称为城市社会运动"（邓清，1997）。城市社会运动强调在地性，是根植于相对微观城市政治、经济和社会语境中的。人们长时间共同生活在城市社会中，会将自己所在的社区和自身的经济利益和社会生活的各个方面联系起来，逐渐形成对自己社区的看法，即人与城市之间的一种新型互动关系和相应的社会利益、价值观念（夏建中，1998）。居住在同一社区的人们便有可能跨越阶级、种族和文化的界限，组成不同的政治团体，为社区的共同利益而战（夏建中，1998）。如果政府不能向社区提供足够的集体消费资料，这些社区团体便会通过社会运动的形式表达他们的不满并进行反抗，从而对政府决策过程和城市发展进程产生巨大的影响（邓清，1997）。但卡斯特尔也指出，城市社会运动并不是社会变迁的主要动力，它可以改良城市，却无法改变社会，因而具有较大的局限性（Flanagan，1993）。

卡斯特尔把城市作为集体消费的单位来研究，而哈维将城市特别是建成环境看作既是消费单位也是生产单位，但二者都指出了国家干预的重要性，哈维偏重国家政策的引导性研究，而卡斯特尔则偏重国家政策的直接干预，如城市规划（田文祝，1999）。由此可见，新马克思主义学派分析了资本积累的动态过程，阐述了国家政权在城市发展中的作用，他们认为，资本的动态过程以及国家对劳动力再生产过程的干预是住房问题的关键，也是城市发展与演变的真正动因。资本积累和阶级斗争的过程决定了城市空间结构形态的规模、速度和本质（孙明洁，1999）。

然而，新马克思主义学派的一些早期研究过于片面化，过分强调经济和生产，对资本主义生产方式以外的其他范畴的社会过程对于城市空间结构的影响关注较少，也忽略了个体作为行为主体的主观能动性，具有经济决定论的倾向，因此也受到了后起理论的广泛批评。有学者认为新马克思主义者把个人意愿所决定的主体行为看成是抽象的社会"超结构"所决定的单纯行为，只是在个体的人生和目的上假设了一个抽象的宏观结构（macrostructure）（朴寅星，1997），即把人弱化成了结构逻辑的被动载体，而忽略了结构与个体及其社会行动的联系（Duncan et al.，1982）。

新马克思主义学派分析城市空间和形态的理论框架是迄今为止最具逻辑性和争论性的城市理论。它向我们提供了现代资本主义的运行机制、国家政权在城市发展过程中的作用等思想，都有助于我们理解城市是如何运行的（杨上广，2007）。他们所提出的"资本循环""时空压缩""集体消费""城市运动"等概念和理论为我们分析市场经济体制下，政府在提供和组织城市集体消费、资本流入城市建成环境过程（特别是房地产开发）中是如何通过各种中介影响到城市的社会空间结构提供了重要的理论背景，对我国目前的城市社会空间分异研究具有较强的参考意义。

2.1.5 新韦伯主义学派

新韦伯主义理论源于韦伯（Max Weber）的研究工作。由于传统的韦伯主义对阶级、经济和国家提出了不同的观点，它被看作马克思主义的对立面（顾朝林，1994）。该学派认为马克思主义理论中的生产关系，即经济和生产资料的占有状况，不会在社会阶级的决定上起主要作用，阶级结构就像生产中的所有关系一样，在消费领域中也通过与市场的交换关系来实现（朴寅星，1997），也就是说阶级是由市场情境中的市场地位所决定，这就是所谓的市场情境（market situation）理论。新韦伯主义学派的另一理论基础是科层制。韦伯按三种标准划分社会层次，即财富（wealth）—经济标准；威望（prestige）—社会标准；权力（power）—政治标准（顾朝林，2002）。新韦伯主义学派改变了韦伯多元社会分层理论的概念而采用一元分层论，将全部社会资源分配过程看作住宅等级化的过程，运用批判主义的思想剖析这些过程的社会运作（李健，2006）。

新韦伯主义学派关注的是社会空间系统中的生活机会不平等产生的社会冲突，其研究的主要是欧洲福利国家城市住房市场的运行过程。相较美国而言，以英国为代表的欧洲福利国家对于住房市场和城市发展的干预作用更大，社会化的住房模式被用来抵抗市场模式存在的问题，受到了研究者的关注。城市内部的住房可以按其所在的区位、住户的社会经济地位、种族和家庭构成，以及住房本身的形态特征分为许多相互联系的亚市场（图 2-5），不同类型的家庭如何在不同类型的亚市场中获得住房是市场运行研究的主要内容（王侠，2004）（图 2-5）。新韦伯主义的代表人物是雷克斯（Rex，J.）、墨尔（Moore，R.）和帕尔（Pahl，R.），代表理论是住房阶级理论和城市经理人理论，主要涉及不同行动者（包括组织机构）在社会系统中的行为动机与市场条件下机会能力的差异（Pahl，1975；吴春，2010）。

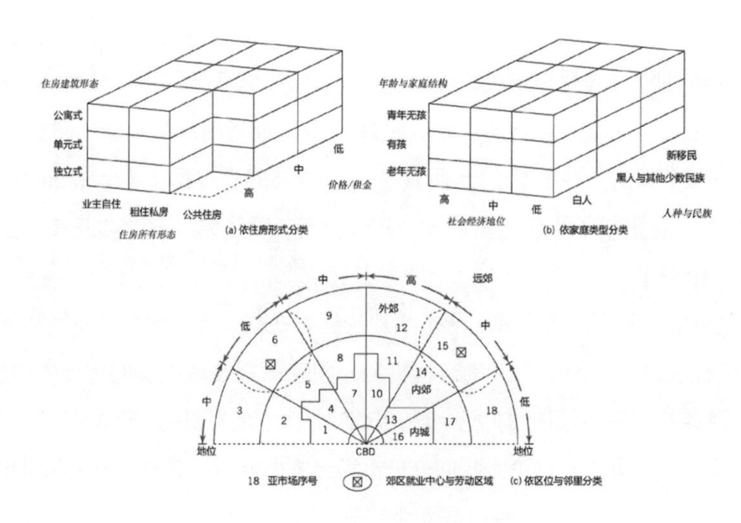

图 2-5 城市内部住房亚市场

图片来源：Knox et al.，2014

（1）雷克斯的住房阶级理论

20世纪60年代，在《种族、社区与冲突》一书中，雷克斯和墨尔以他们对伯明翰内城区的住房与种族关系的研究为基础，提出了“住房阶级”（housing classes）的概念（Pahl，1975；吴春，2010）。雷克斯指出，资本主义的生产、阶级冲突与国家，都直接关系到城市向建成环境的转变，其中住宅对阶级的形成和阶级的冲突起着至关重要的作用。城市中不同住宅的获得不仅取决于经济因素，也是市场机制和科层官僚制共同作用的结果。国家与私人资本对城市住宅的投资导致了“住宅市场”的兴起，使得拥有不同住宅的人形成了不同的“住房阶级”（孙明洁，1999）。住房阶级的划分主要基于住户获得住房的不同可能性，这一方面由住户的收入、职业和种族地位决定，另一方面由住房市场的分配规律决定，其核心是基于收入差异在住房市场上展开的竞争（杨上广，2007）。住房阶级理论融合了芝加哥学派和韦伯关于市场机会的社会理论。芝加哥学派总结了城市发展过程中不同城市区域因为地租、竞争和文化等原因形成的空间分异和侵入与演替的动态发展模式。而住房阶级理论的一个前提正是社会对住房的城市区位形成统一的价值判断（Pahl，1975；吴春，2010）。

“住房阶级”理论的主要贡献在于提出了与传统的芝加哥人文生态学派的城市社会学研究区别开来的新方法，强调城市的社会结构与空间结构之间的密切联系，并试图将主流社会学的相关理论与传统城市社会学对空间的关注融合在一起（蔡禾等，2003）。“住房阶级”理论阐述了住户特征与住房特征是如何通过住房分配体系联系在一起的，为城市社会空间形成机制分析提供了新的视角（宣国富，2010）。之后，对住户获得住房可能性差异的研究引起了更多学者的关注，主要集中在两个方面（田文祝，1999）：一是与住房市场相关的各种制度因素的分析；二是在这些制度框架下，对各种决策机构和个人的判定及对他们决策行为的分析（图2-6）。

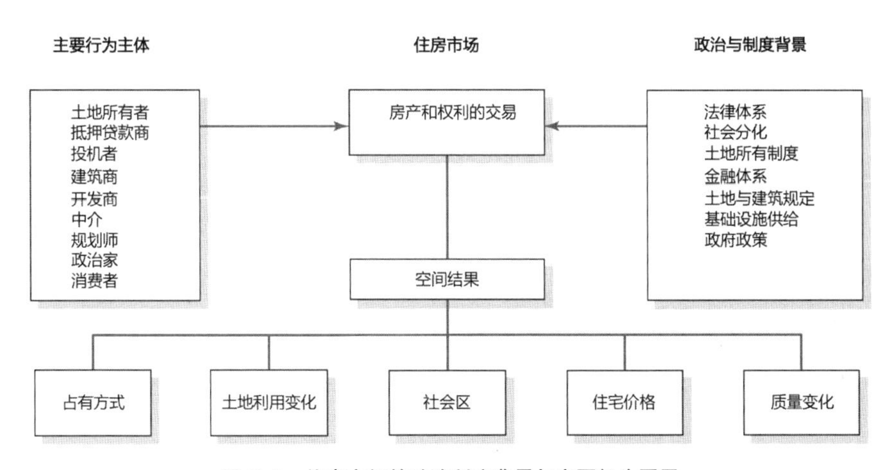

图2-6　住房市场的政治制度背景与主要行为因子

图片来源：Knox et al.，2014

（2）帕尔的城市经理人理论

帕尔继承了住房阶级理论的观点，以接近城市稀缺资源的社会空间限制要素为视角，形成了城市经理人理论（朴寅星，1997）。该理论认为社会资源在城市中的分配具有不平等性，其表现形式为城市稀缺资源在空间上的不均衡分布，造成这一问题的原因是那些在社会系统中占据重要地位，对稀缺资源和空间发展拥有话语权的个体（或机构）的行为结果。这些形同守门人（gate keepers）的角色就是“城市经理人”（urban managers）（Pahl，1975；吴春，2010），主要包括土地市场、建筑市场、交易市场和地方政府机构的一系列有话语权的人士，如土地所有者与租赁者、房地产开发商和建筑商、向住宅市场提供生产和消费贷款的金融机构、房地产经纪人、律师、测量师、公共住房的管理者和规划者等（王侠，2004）。城市经理人学说对新古典主义学派和行为主义学派的模型提供了有价值的修正，同时也为城市制度方面的研究提供了大量信息。

“城市经理人”理论关注市场化的社会资源分配体制下，城市的空间资源如何在不平等的社会资源和权力体系中被不平等地分配（Pahl，1975；吴春，2010）。该理论视城市经理人的行动为城市空间形成的主要因素，对城市空间需求者，如地方“精英团体”或“受压迫团体”的作用和影响，以及对宏观层面的国家经济政治结构的限制作用都未给予充分考虑，因而遭到了质疑。反对者认为该理论过度强调了以政府、开发商为代表的决策者和经营者的作用（即作为政治和资本权力的强势话语），忽视了社会制度、文化精英以及民间的力量，从而忽视了城市话语权的多样性和城市经理人所受的空间制约等因素。面对这些批评，帕尔对其理论进行了完善，将城市空间放到国家层面去分析和理解，细分了地方和国家政府的不同行为目标和行动逻辑，提出在国家政府与开发商之间，地方政府往往起到调节缓冲的作用：一方面基于地方发展与代表资本力量的开发商合作；另一方面基于国家对地方发展的宏观考量，对地方资本的无序发展进行规范和限制。帕尔进一步指出城市资源分配的不平等是造成社会冲突的根本原因，并认为：第一，城市资源的分配不是生态过程或经济结构所决定的，而是科层官僚制运作的结果；第二，城市是一个社会和空间的结合体，城市资源也含有地理空间的成分。而城市资源具有独占性，占据有利地段者能比其他人更好地享用各类设施，这种不平等现象是城市社会冲突存在的根源（李健，2006；孙明洁，1999；夏建中，1998）。“城市经理人”理论发现城市经理人掌握了城市发展的重要话语权，在城市发展和社会资源分配过程中扮演着日益重要的角色。对城市空间发展的研究应该更多地转向对城市经理人的行动目标、价值取向及其造成的影响方面（Pahl，1975；吴春，2010）。帕尔的工作促进了对房地产机构、业主、建筑协会、金融机构等民间要素的作用的研究，尤其是对消除贫民窟政策、住房分配和迁移政策、改善补贴政策、私营住宅的销售等问题的研究，提供了许多住房体系内运作过程的资料，并强调了供给上的限制因素（朴寅星，1997）。

2.1.6 小结

从上述西方城市社会空间研究主要理论学派的系统介绍中可以看出，城市社会空间的概念广阔而复杂，不同学者都从各自的学科角度进行研究，提出了各种理论和方法。首先，可以看出，在对社会空间本质的认识上，西方由“空间既定论”（人文生态学的观点）发展到“空间生产论”；在社会空间何以形成的问题上，即社会空间形成的动力机制的归因上，经历了“生态因素”（人文生态学派）——经济因素（新马克思主义学派）——制度因素（新韦伯主义学派）的转变（谭日辉，2010）。其次，各种城市社会空间研究的理论流派在很大程度上是时代的产物。人文生态学派的三大经典模式，使人们对城市的社会空间结构有了全面的认识，实际上是反映了美国经济大萧条之前的市场资本主义的社会状况。20世纪50年代的社会区分析和其后的因子生态学则对城市社会空间结构进行了较为深入的解释和更全面的描述。60年代的新古典主义和行为主义学派的研究从微观层次对城市社会空间结构的形成提供了明晰的解释。而新韦伯主义学派的住房阶级理论和城市经理人理论将社会学理论应用于城市研究之中，从中观层次对社会空间结构的形成机制进行了深入研究，其背景是第二次世界大战后英国国家资本主义的福利政策。城市社会空间结构不仅被认为是经济运作的产物，而且直接受到政府干预的影响。相对而言，对社会空间结构本身的研究逐渐淡化，而对其形成过程中的区位分配原则开展了深刻分析。70年代兴起的新马克思主义，从更广阔的宏观层次对城市社会空间结构的形成进行了更全面、深刻的认识，社会空间不再被视为决策的产物，而是受制于资本主义的生产方式，这实际上反映了西方国家经济衰退所造成的国家对集体消费供应的危机。

毋庸置疑，这些理论由于在研究地域和时段上的限制，都存在一定的局限性和片面性，但都从各自的角度对城市社会空间的形成和演变做出了一定程度的合理解释（宣国富，2010）。可以说这些理论在解释今天全球的城市社会空间变化时，仍然有活力，因为既有理论也会不断进行自我发展和创新以适应新的现实情况和需求。比如，新马克思主义理论与时俱进的特质就表现得非常明显，可以为当今的城市社会空间研究提供理论解释的借鉴。

但是，全新的格局已经出现，全球化、信息化正改变着地球上几乎每一个角落，城市社会空间的本体论和认识论都需要注入新血液。我们看到，在世界城市体系中，城市之间的联系日益紧密，而空间也愈发趋同，社会空间破碎化与两极化的现象愈发严重。大城市建成区面积在不断扩大，高度在不断攀升，基础设施也在不断完善，但在面对自然灾害、经济危机和恐怖主义时却愈加脆弱，所有这些都让人思考，21世纪的中国需要什么样的城市社会空间？为了实现这样的社会空间，我们又需要做什么样的努力？或许，第一步就是要对国内现有的社会空间研究进行回顾。

2.2 国内城市社会空间研究进展

总体而言，中华人民共和国成立后我国的城市社会空间研究主要集中在城市社会空间结构、迁移人口和城市人口分布动态（周春山，1996）、城市生活环境质量和意向空间等方面（徐放，1983；姚华松等，2007），研究的主要发现为：我国的主要大城市如北京、上海、广州等在从新中国成立后到改革开放初这段时间，所出现的社会空间分异的主要因素是历史沿袭（城市发展的历史因素）、土地功能布局（城市规划因素）及国家的福利分房制度（单位建房分房的住房制度）（艾大宾等，2001；吴启焰，1999），形成了具有中国特色的城市社会空间分异，其主要特征包括：①以城市功能区布局为基础形成了城市社会空间分异的基本构架；②功能混合的旧城区或规模较小的城市形成一种混合的社会空间结构；③单位在我国城市社会空间结构中扮演着重要角色（艾大宾，2001）。

结合国内学者先前对于中国城市社会空间研究的划分（冯健等，2003；易峥，2003），本书把我国近40年的城市社会空间研究分为三个阶段，大致为：1980-1995年的研究兴起阶段；1996-2005年的研究丰富阶段；2006至今的研究深化阶段。

2.2.1 研究兴起阶段

我国利用西方主流研究方法进行城市社会空间的研究最早出现在香港和台湾地区，如罗楚鹏对香港的研究（Lo，1975；Lo，1986）（图2-7），和Hsu等对台北的研究（Hsu et al.，1982）。我国大陆的城市社会空间研究是随着20世纪80年代初人文地理学的复兴而兴起的。在这一阶段，我国学者主要是借鉴西方研究方法进行实证研究，研究内容侧重于社会区划分、城市空间感知、人口迁居等方面（顾朝林等，1997；易峥，2003），对于流动人口、犯罪现象和贫困问题有少量涉及（张小林等，1996），其中最具有代表性的是以上海和广州两市为例进行的实证研究（冯健，2003；易峥，2003）。

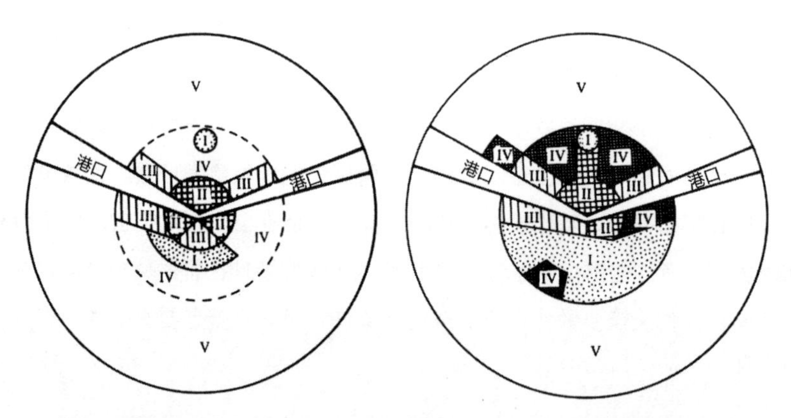

香港总体的社会区：1961（左）和1971（右）。Ⅰ=高端纯住宅区；Ⅱ=中产阶层商业居住混合区；Ⅲ=老旧的蓝/白领工作居住带；Ⅳ=1961年的城乡交错带，1971年的政府公共住宅带；Ⅴ=农村地区。

图2-7 香港1961年（左）和1971年（右）的社会区模式图

图片来源：Lo，1986

徐放最早利用城市意象地图法对赣州市的居民感应地理进行了研究，发现人们认识城市结构的方法主要可以归纳为根据道路顺序，或根据建筑物与路网的结合这两种（徐放，1983）。此后，李郇等基于对279位市民的问卷调查，得出了影响广州市城市意象空间的因素为文化程度、居住地点和交通方式（李郇等，1993）。

在此阶段，研究者多采用分街道数据对社会区进行划分（李志刚等，2006）：例如 1989 年许学强、胡华颖和叶嘉安采用居民出行调查和房屋普查数据，对 1985 年的广州进行因子生态分析，提炼了广州的社会空间结构模式和主导机制，结果发现，与西方城市不同，广州的社会空间分异的主要因子是人口密度、教育水平、就业、房屋质量和家庭构成（Yeh et al.，1995；许学强，1989）。聚类得出了广州的五个社会区（图 2-8）。他们提出城市发展历史、住房分配体制与社会主义的城市土地规划是决定广州市当时城市社会空间结构的主要因素。而后，在此基础上，郑静、许学强等又利用第四次人口普查数据对广州中心区的社会空间进行了历时性的对比研究（郑静等，1995）。顾朝林和崔功豪等学者最早开始关注城市边缘区的社会空间特征（崔功豪等，1990；顾朝林，1995；顾朝林等，1993；顾朝林等，1989），主要涉及北京、上海、广州、南京等大城市边缘区的人口特征、社会特征、经济特征、土地利用特征以及地域空间特征等内容。叶嘉安和吴缚龙认为，在改革开放前的中国，城市内部结构的形成主要受到社会主义意识形态、政府调控和经济规划的影响，此时城市内部的土地利用形态和社会区主要是由工作地点决定的（Yeh et al.，1995）。

以经济建设为中心的国情决定了当时城市研究的重点在物质空间而非社会空间，因此城市社会空间的研究起步较晚，起点较低，主要引进、吸收西方方法论，创新程度不够。这一时期，对于社会空间的研究视角主要集中在社会经济和结构性因素上，对于家庭和居民个体并没有深入的考察；此外，中观到微观尺度的数据收集的艰巨性和研究的深入性在一定程度上制约了社会空间研究在中国的开展（易峥，2003）。

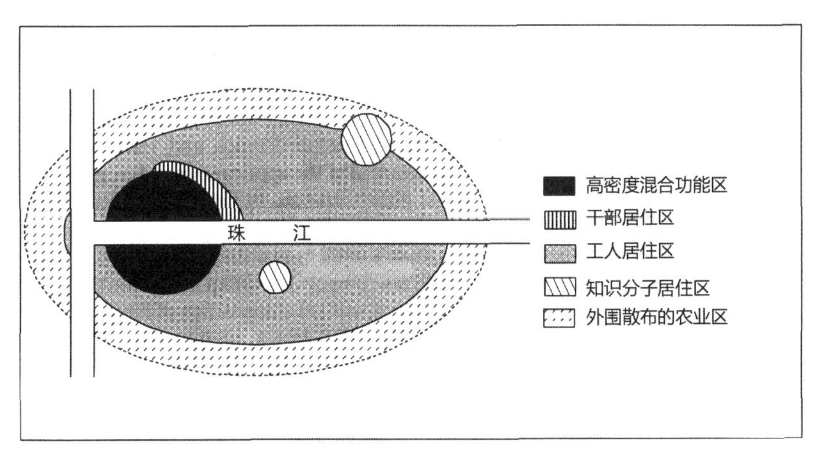

图 2-8　1984 年广州的社会空间结构概念模式图

图片来源：Yeh et al.，1995

2.2.2　研究丰富阶段

1996 年后，时间地理学、新马克思主义、新文化地理学等理论被陆续引入城市社会空间结构的研究中。这一时期主要是根据国外经典理论对国内的大城市进行实证分析，如北京、上海、南京、广州、兰州、大连、西安等城市都得到了充分的研究，在总结国内城市社会空间结构的理论模型基础上，也对西方理论进行了修正（马仁锋，2008）。

在实证研究方面，柴彦威以兰州为例，对城市居住区的时间地理进行了研究，并对单位制度下中国城市社会生活的空间结构做了较好的总结，提出了社会主义计划城市在行政管理和生活居住规划双重影响下形成的三圈层生活空间，认为单位制居住空间结构还将在一定程度和范围内存在（柴彦威，1996）。柴彦威对比了中日生活时间调查及研究的现状特征（柴彦威等，1999），后来还从时间地理学角度进一步拓展了对社会空间的研究，包括女性居民的行为空间、居民日常消费时空特征等内容（柴彦威等，2005；柴彦威等，2002；柴彦威等，2004；柴彦威等，2003）。

李九全、王兴中以西安为例，用行为主义的方法对城市感知空间的区域类型和结构模式进行了探索性的研究（李九全等，1997）。潘秋玲、王兴中在总结国外城市生活质量评价模式的基础上，采用主观和客观两种方法，对西安城市生活质量进行了评价，揭示了西安城市生活质量的空间分异规律和特征，认为基于主观感知的城市生活质量空间评价方法能更真实有效地反映影响城市生活空间的社会因素及其空间演变，揭示人与城市社区生活质量空间的关系，而客观评价法对特大面积的经济功能区质量评价更具说服力，在管理上也更有意义（潘秋玲等，1997）。王兴中、张宁以西安为例，探讨了城市康体保护空间的结构和模式，并从城市康体保护空间的社会区域和场所两个层次进行了分析（王兴中，2004）。

汪涛分析了苏南小镇传统社会空间的特征，初步探讨了社会经济转型时期，社会空间演化的机理，认为市场机制的日益完善是引发社会空间变化的前提，而乡村工业化是小城镇社会变迁的根本动力（汪涛，1999）。饶小军等从城市社会学的角度，以珠三角的“边缘社区”为讨论对象，对我国的城市化过程进行了批判性的质疑，提出了“恢复都市的人性空间”，寻求城市空间与人文的平衡发展的号召（饶小军等，2001）。

修春亮等对中国城市社会区域的形成过程进行了研究，提出了包括人口聚集过程、社会经济因素作用过程、民族与籍贯隔离因素作用过程在内的三大过程因素，但作者也提出在当时的中国，住房制度和城市布局是城市社会区域形成的决定机制，而不同社会经济地位家庭之间的居住竞争过程几乎不存在，但作者预测社会经济因素在我国城市社会空间形成中的作用将增大，并将有明晰的空间表现（修春亮等，1997），这在后来得到了印证。薛德升对绅士化的起源、概念和西方相关研究的内容做了介绍和总结，提出应该理性审视我国城市社会空间的发展趋势，深入研究我国城市社会空间转变中的具体问题（薛德升，1999）。吴启焰等在系统总结国外相关理论的基础上，认为新马克思主义的社会空间统一体理论是城市居住空间分异研究的理论基础，并且指明了我国城市居住空间研究的层次包括经济变革与城市重构、人口统计特征变化、文化传统变化和社会分层与异化等（吴启焰，2000）。2000 年之后，我国涌现出了一系列城市社会空间研究方面的论文和专著（表 2-2），标志着这一领域成为我国城市地理学界关注的重点（冯健，2003）。

1996-2005年我国城市社会空间研究的主要论著　　表2-2

作者及主要案例地	论著名称	主要内容
柴彦威	《城市空间》	在北京大学城市与环境学系人文地理学本科专业课程“城市空间结构与组织”的课程讲义基础上整理出版，从城市组织与城市空间方面提供了一个理解城市的全新视角，详细论述不同类别的城市组织和城市空间，分析了城市空间的变化因素与发展趋势（柴彦威，2000）
王兴中（西安）	《中国城市社会空间结构研究》	对中国城市社会空间的宏、微观形态和结构、社会空间与城市形态的相互作用，以及城市生活空间评价等进行了探讨，论述了城市居住分异模式、社会区形成与空间相互作用原理，社区分类与方法、社区生活质量与土地利用关系，以及社区空间结构与社会问题治理等方面的内容（王兴中，2000）
吴启焰（南京）	《大城市居住空间分异研究的理论与实践》	是我国第一本专门论述大城市居住空间分异的著作。主要论述了大城市居住空间分异研究及其进展，城市居住空间分异的特征、历史演化，以及现代中国大城市居住空间分异的机制（吴启焰，2001）
柴彦威（大连、天津、深圳等）	《中国城市的时空间结构》	是第一本对中国城市进行时间地理学研究的专著，从行为、时间、空间及其相互结合的独特视角研究了中国城市居民的时间利用结构与日常活动时空间结构、出行行为、购物行为、休闲行为和迁居行为的时空间结构特征（柴彦威，2002）
王兴中（西安）	《中国城市生活空间结构研究》	从城市社会空间结构原理与社区规划的角度论述了城市生活空间质量评价研究、生活空间宏微观综合评价、城市日常行为场所的结构与城市生活场所的微区位理论等内容（王兴中，2004）

总体来说，这一时期国内学者抓住了中国城市转型的大背景和特有文化制度因素，研究视角变得更为广阔，在研究内容和方法上都有一定程度的拓展（柴彦威，1996；柴彦威，2002；吴启焰，2001；易峥，2003）。城市边缘区社会空间的研究引起了关注（周婕等，2002），互联网的发展对社会空间的影响（巴凯斯等，2000；刘卫东，2002；张捷等，2000；甄峰，2004），以及社会空间的公平性及对弱势群体的关怀的相关研究也开始出现（李志刚等，2004a；李志刚等，2004b；林拓，2004a；林拓，2004b；冯健，2005），对城市次级区域，如娱乐场所、郊区等的社会空间研究也崭露头角（李云等，2005；余向洋等，2004）。在我国社会转型和经济转轨的大背景下，各种城市社会矛盾和问题日益突出，这些现象得到了社会多方面的关注，也成为研究者的重要素材，客观上推动了我国城市社会空间研究，研究者的主观努力也缩小了与国际研究的差距（易峥，2003）。

2.2.3　研究深化阶段

从2006年开始，中国的城市社会空间研究出现了一些新的气象，微观层面研究逐渐增多，对大城市社会空间的研究逐步深入到某一具体的分区，如中心区（旧城区、主城区）。不过，这一时期我国大城市中心城区的社会空间研究仍然集中在少数的直辖市和发达地区的省会城市，研究方法还是传统的基于人口普查数据的因子生态分析为主。但在数据精度上已有所突破，细化到了居委会尺度，因此也出现了一定程度上的理论创新；而对于更小空间单元的具体实证也有了更深入的思考（表2-3）。

2006 年以后国内大城市中心城区社会空间研究主要实证 **表 2-3**

城市	主要研究者	主要研究内容
上海	赵渺希、黄怡、陈蔚镇、廖邦固、宣国富、唐子来等	利用人口普查数据对中心城区的外来人口或总体社会空间结构进行分析（唐子来等，2016；赵渺希，2006）；对中心城区具体的街道或社区进行社会空间隔离、转型研究（陈蔚镇，2008；黄怡，2006）。基于土地利用遥感数据对中心城区居住空间结构演变进行研究，并进行社会空间因子分析和空间统计分析（廖邦固等，2008；宣国富等，2010）
广州	肖莹光	基于人口普查数据对中心城区的社会空间结构进行因子生态分析，并进行纵向比较，总结演化的动力机制（肖莹光，2006）
重庆	刘晓瑜、佘娇、章征涛	利用人口普查数据，通过因子分析和社会区分析方法，得出主城区社会空间结构，并归纳演化的综合机制（刘晓瑜，2008；佘娇，2014；章征涛等，2015）
南京	吴启焰、刘丹	基于居委会尺度的人口普查数据对旧城区的社会空间隔离进行分析，对学区中产化和新城市精英社区现象进行了开创性的研究（Wu et al.,2014；刘丹，2015；吴启焰等，2013）

随着城市化的推进，我国城市普遍出现郊区化特征，开发区的遍地开花也为社会空间研究提供了丰富而新鲜的素材。如魏立华等对广州郊区的非均衡破碎化社会空间进行了研究（魏立华等，2006），周文娜对上海市郊区县外来人口的社会空间结构及演化进行了研究（周文娜，2006），杨卡以南京为例对我国大都市郊区新城的社会空间进行了研究（杨卡，2008），王慧和王战和等对开发区的建设发展与城市社会空间分异之关联及其典型过程与效应进行了研究（王慧，2006；王战和等，2006），孔翔基于闵行开发区周边社区的调查对开发区建设与城郊社会空间分异进行了研究（孔翔，2011）。

此外，对其他城市次区域空间的社会空间研究相关学者也多有涉及。例如，王保森对大学城进行了研究，提出了社会空间和谐性的概念，包括物质空间、经济空间、行为空间和制度要素四方面的和谐；叶超等以南京仙林大学城为例，用空间生产理论对大学城的空间进行了分析，发现大学城发展伴生着多种时空矛盾和社会分化（叶超等，2013）；宋伟轩等以南京为例，对城市滨水空间生产的效益与公平进行了研究（宋伟轩等，2009）；孟祥远以南京顶级住区为例，对大城市的住区社会空间极化进行了研究（孟祥远，2010）；董经政以东北老工业基地为例，对传统工业区改造中的城市社会空间重构进行了研究（董经政，2011）；万勇以上海为例，对大城市边缘地区的社会空间类型和策略进行了研究（万勇，2011）；周文丝对杭州城市边缘区社会空间互动过程进行了研究（周文丝，2013）；何淼以南京南捕厅历史街区为例，对城市更新中的空间生产进行了研究（何淼，2012）；孔翔等以漕河泾出口加工区浦江分园周边社区为例，对加工制造园区周边社区空间的分异进行了研究（孔翔等，2012）；马晓亚、袁奇峰等对广州保障性住区的社会空间特征进行了研究（马晓亚等，2012）；张京祥等基于空间生产的视角对南京市的保障性住区的社会空间绩效进行了研究，并基于典型住区的实证研究对保障性住区建设的社会空间效应进行了反思（张京祥等，2012；张京祥等，2013）；钱前等基于个体案例对南京国际社区的社会空间特征及其形成机制进行了研究（钱前等，2013）。

可以看出，在最近的研究深化和创新阶段，宏观层次的研究逐渐减少，而中观和微观的分析日益丰富。在研究方法上，除了传统的社会区分析等方法继续拥有生命力之外，一些新的技术和方法的出现，如 ESDA 方法的应用，也正在拓展社会空间研究的深度和广度。同时，国内社会空间研究在此阶段更注重对西方同行的新理论语境的吸纳，如全球化、后福特主义、新自由主义等（姚华松，2007）。

2.2.4 小结

在我国城市社会空间研究的兴起阶段，多强调空间分析，强于现象描述，弱于缘由探析（魏立华，2005）。在这一阶段，有一些基础性的教材出现，涉及城市社会空间研究的相关理论的引介，如于洪俊和宁越敏的《城市地理概论》，对城市的地域结构有专章介绍；康少邦和张宁编译的《城市社会学》，是我国第一部关于城市社会学的专著，从社会学的视角介绍了西方社会空间研究的先进理论观点、数据资料和典型事例；许学强和朱剑如编著的《现代城市地理学》首次系统地阐述了城市地理学的基本理论、方法和基础知识。此阶段也出现了少量城市社会空间具体研究的专著，如顾朝林的《中国大城市边缘区研究》和周春山的《改革开放以来大都市人口分布与迁居研究》等。总体来说，此阶段我国的城市社会空间研究视角偏重于对宏观的结构因素的阐释。

在研究的丰富阶段，我国城市本身面临转型期的社会空间剧烈变化，问题和矛盾显化，相应的研究也精彩纷呈。一方面有西方理论的进一步引介和应用，也有本土化的理论创新，积淀了一批有影响力的专著和国际论文。如结合我国城市社会空间实际的结构主义分析，对国内特有的单位制的解读。在研究内容上也契合了转型期新的城市社会空间特征，包括城市生活质量空间评价、绅士化研究、农民市民化的社会空间形态转变、城市消费空间、郊区社会空间以及信息时代新空间形态等内容。但由于数据等因素的限制，中微观尺度的研究数量和深度还是受限。

在研究的深化阶段，城市社会空间研究已然成为我国城市地理研究中的一项主流内容，出现了一大批以之为研究内容的学位论文，研究对象也开始从大城市向中小城市扩展。这一时期，我国的城市社会空间研究逐步与世界接轨，并且在互联网的影响等方面有所创新。可以看到，在我国将近 40 年的城市社会空间研究历程中，出现了一批引领性的学者对典型城市进行了透彻深入的分析，如罗楚鹏对香港的研究、许学强对广州的研究、柴彦威对兰州的研究、王兴中对西安的研究、吴启焰对南京的研究、冯健和周一星等对北京的研究，形成了良好的研究氛围和一定的国际学术影响力。

总体而言，通过对我国城市社会空间研究的历史梳理和现状总结，笔者认为我国的城市社会空间研究虽然起步较晚，但是由于我国用极短的时间走过了西方发达国家漫长的工业化和城市化历史，迅速而剧烈的转型期给我国城市社会空间研究带来了丰富的研究素材和理论创新的契机。不过，研究内容和研究地域的丰富并不一定意味着研究方法、视角的创新和理论的深刻。由于研究数据和成本的限制，我国城市社会空间现有的大量实证研究多着眼于单一城市、某一时间断面，少数纵向研究也侧重于个别城市转型期的具体分析，城市之间缺乏系统性的对比分析，从而限制了理论的发展，关于我国城市社会空间的历史演变的一般模式及基本规律的系统研究成果相对较少。此外，中微观的研究有待进一步深入和发展。但在经济转型和全球化的深入影响下，随着统计数据的采集、管理和发布的不断进步，我国城市社会空间研究也将迈上更高的台阶。

2.3 国内外城市社会空间研究评述

综上所述，国内外众多学科的学者都对城市社会空间研究表现出了极大的兴趣，并作出了一定的贡献，主要包括社会学、地理学、经济学等。不同学科有不同的关注重点，例如经济学倾向于解释城市社会空间形成的经济机制；地理学和社会学主要强调土地利用结构，以及人的行为、经济和社会活动在空间上的表现（冯健，2003）。国外对于城市社会空间的研究起步较早，自芝加哥学派提出城市社会空间结构的三大经典模式以来，形成了众多的研究流派，理论体系比较完善，出版了一系列专著和教材（Knox et al.，2014）。在实证研究方面，主要集中在对发达资本主义国家城市社会空间的研究，对于发展中国家和社会主义国家城市社会空间的研究较少（宣国富，2010）。

国内城市社会空间研究起步于 20 世纪 70 年代末至 80 年代初，至今 40 多年。从引介西方理论，进行大城市的初步实证研究，到结合国情进行理论创新和研究地域的拓展，我国城市社会空间的研究已经取得了一定的成果，研究的学科基础和外部条件也在逐步成熟和完善。以王兴中 2000 年出版的《中国城市社会空间结构研究》一书为标志，中国的城市社会地理研究从城市地理学中分化出来，形成了一个独立的分支学科（王铮，2002；易峥，2003）。而我国统计部门日益完善的工作也大大提高了城市资料与数据的可获得性（姚华松，2007），奠定了城市社会空间研究进一步繁荣的基础。

国外的城市社会空间研究以微观尺度居多，内容方面侧重于各种具体空间行为实践，较多地涉及空间社会与文化意义解析，运用社会区分析、问卷、深入访谈、参与式调查等多种方法，深入而全面地展示了社会空间的特点及形成机制；而国内的城市社会空间研究维度单一，尺度以宏观居多，侧重大城市社会区划分和形成因子解析，较好地展示了中国当代大城市社会空间分异总体格局与规律，但中微观的深入论证较为缺乏，因此往往无法充分揭示具体的空间过程和机制。可以看出，与国际高水平研究相比，中国本土社会空间研究差距依然明显（姚华松，2007），强于宏观描述，弱于微观分析，但也有后发优势，如在网络社会空间研究等新兴领域与世界接轨，甚至处于领先。

与初期基于城市社会要素分异的描述和一般性解释相比，当代社会空间研究更加注重潜在的社会与文化机制阐释，社会空间形成背后的社会结构、体制和权力等解析成为主流研究范式（姚华松，2006），国内外学者在这方面已经有所突破，但尚未建立被主流社会理论批判界所接纳的有说服力的宏观理论。城市社会空间的日益复杂化同时蕴含着机遇与挑战，挑战是研究如何跟上变化的速度与规模，把握住时代的脉搏，机遇是丰富的现实材料，会催生实证研究和理论探索的创新，留下时代的印迹。比如关于网络社会空间与现实社会空间的关系等内容远没有繁茂到应有的程度，而移动互联网的扩散、LBS（Location Based Serivces）广泛覆盖，以及大数据和计算机新技术的时代背景都在向研究者们召唤一个城市社会空间研究新时代的来临。

2.4 国外城市韧性研究进展

关于“韧性”一词的起源及其在国外相关学科中的应用与演变已在前文详述（包括心理学、生态学、灾害风险管理，以及城市与区域研究），因而，本书此部分重点从时间角度梳理国外城市韧性相关研究的发展历程和近期热点。

韧性概念在应用到城市这一复杂的社会生态系统之前经历了“单一平衡（工程韧性）——多重平衡（生态韧性）——复杂适应性系统（适应性循环）”、从“平衡”到“适应”、从“生态系统”到“社会生态系统”的演变。目前，以适应性循环为基础的社会生态系统韧性理论已成为城市韧性研究所参照的基准，它强调综合系统反馈和跨尺度动态交互（扰沌）（李彤玥，2017）。2008年以来，美国、英国、日本等国家的学者在研究城市面对金融危机、全球变暖、极端灾害和恐怖袭击等危机时的韧性和适应性策略方面积累了成果，涉及城市与区域规划、环境科学、工程学、生态学、地理学、公共管理及政策等众多领域（李彤玥，2017）。其研究的内容主要集中在韧性城市演化机理，如基于复杂适应性系统的韧性城市演化机理（Desouza et al.，2013）、基于演化经济地理学的韧性城市演化机理（Martin，2012）、韧性指标体系构建（Burton，2015）与评价模拟（Cavallaro et al.，2014），以及韧性城市规划（Jabareen，2013）等方面。

韧性城市规划是国外城市韧性研究的最新热点。因为，针对不确定性因素的情景描绘正使得传统规划的概念、方法、程序面临全新挑战，而面向不确定性的韧性规划为传统规划转型提供了基本的概念框架（黄晓军等，2015）。面向不确定性的规划首先需要评估未来多种不确定性因素的发生概率，描绘未来的可能情景，并有针对性地制定相关规划方案，以实现风险分析和决策（Alberti et al.，2009）。贾巴伦（Jabareen）等以综合的视角提出了韧性城市的规划框架，包括韧性分析矩阵、城市管治、预防和面向不确定性的规划四个方面（vulnerability analysis matrix，urban governace，prevention，uncertainty oriented planning）。每个方面又包含了不同的组成元素，如韧性分析矩阵包括不确定性、非正规性、人口和空间（uncertainty，informality，demography，spatiality），城市管治包括公平性、综合性和经济（equity，integrative，economics），预防包括缓解、重构和替代能源（mitigation，restructuring，alternative energy），面向不确定性的规划包括适应、规划和可持续形式（adaptation，planning，sustainable form）（Jabareen，2013）。沙里菲（Sharifi）等提出了以韧性为导向的城市规划，包括规划策略与远见、公众参与和能力建设、公平性与弱势社群的赋权、传统地方知识、制度改革、社会网络和支持、面向、空间和时间尺度间的相互关系和联系、韧性导向的土地利用，以及韧性城市基础设施等方面，以及稳健性、稳定性、多样性、冗余性、灵活性、谋略性、协调性、模块性、合作性、灵敏性、效率性、创造性、公平性、预见性、自组织性和适应性等方面的原则（Sharifi et al.，2018）。

2.5 国内城市韧性研究进展

在中国知网中检索篇名或关键词中包含“resilience”及其相关译词的中文文献，检索时段设为 2006 年 1 月 1 日至 2019 年 12 月 31 日[①]，共搜索到 3625 篇文献，人工剔除不相关文献，共得到 550 篇相关文献，包括期刊论文 491 篇、学位论文 31 篇、国内会议论文 28 篇，比较重要的来源有《国际城市规划》《城市发展研究》《城市规划》等期刊。“韧性”概念在生态学中多译为“恢复力”，但需要和恢复生态学中的“恢复”（restoration）区别开来（汪辉等，2017）；同时，本书所综述的“韧性”也不同于建筑学领域的“弹性设计”（flexibility）、规划学领域与“刚性规划”相对的“弹性规划”（flexibility or elasticity）以及风景园林学领域新兴的“恢复性设计”（restorative design）。对目标文献进行发文量总体趋势判别及阶段划分，国内城市与区域语境下的韧性研究进展大致可分为萌发阶段（2006—2012 年）、成长阶段（2013—2016 年）和繁荣阶段（2017—2019 年）（图 2-9）。

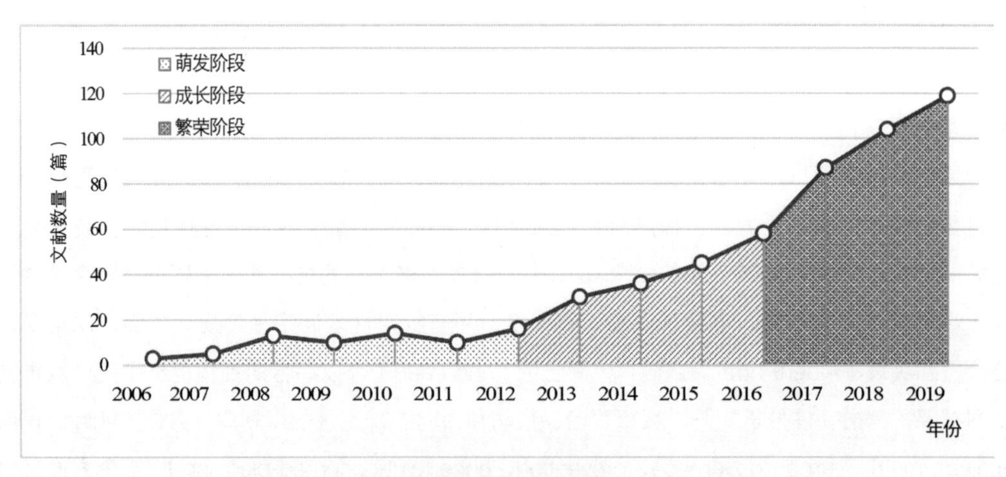

图 2-9 “resilience”相关文献的发文量总体趋势及阶段划分（2006—2019 年）

图片来源：作者自绘

① 检索时间节点为 2020 年 2 月 20 日 22 点 20 分，包括期刊、硕士论文、博士论文、国内会议 4 个子库；学科子库包括自然地理学和测绘学、气象学、海洋学、资源科学、安全科学与灾害防治、环境科学与资源利用、建筑科学与工程（区域规划、城乡规划）、林业、地理、宏观经济管理与可持续发展、旅游共 11 个学科子库。检索语法为：题名（TI）= ‘resilience’ + ‘恢复力’ + ‘弹性’ + ‘韧性’ + ‘抗逆力’ + ‘恢复性’ + ‘柔韧性’，或关键词（KY）= ‘resilience’ + ‘恢复力’ + ‘弹性’ + ‘韧性’ + ‘抗逆力’ + ‘恢复性’ + ‘柔韧性’。

将所有文献中共现频次为 4 次及以上的关键词矩阵通过 Gephi 可视化（图 2-10），节点标签大小表示该关键词与其他关键词的共现强度。对其网络模块化程度进行评价，模块度为 0.331，接受聚类结果，共得到 5 个模块（Newman，2003；邓君等，2014），即图中不同颜色的簇群。紫色代表与脆弱性密切相关的“社会生态系统恢复力”模块，蓝色代表与气候变化密切相关的“宏观弹性城市”模块，草绿色代表与城市规划密切相关的“中观韧性城市”模块，橙色代表与风景园林密切相关的“微观生态及社区韧性”模块，蓝绿色代表“灾害风险韧性”模块。5 个模块大致勾勒出了国内韧性研究的核心概念与主要领域，即以生态学、地理学、旅游学为主的社会生态系统恢复力研究，以城市规划学为主的韧性城市研究，以经济学、管理学为主的弹性城市研究，以风景园林学为主的城市生态韧性研究，以及以灾害学、工程学为主的灾害风险韧性研究。显然，韧性在国内研究中已融入多重语境，具有丰富内涵。同时，聚类的各模块度并不显著，说明各模块的研究并不孤立而是紧密联系，彰显了韧性在各学科之间渗透与融合的桥梁作用。

图 2-10　关键词共现网络分析（共现频次为 4 次及以上）

图片来源：作者自绘

进一步逐年统计目标文献中各关键词的词频，并利用 Matplotlib 库制作关键词气泡图（图 2-11）。图 2-11 中，纵坐标为词频前 25 位的关键词（按 2019 年频次降序排列），圆圈大小及圈中数字表示关键词出现的频次高低。利用科学文献分析软件 CiteSpace 对关键词进行共现分析，得到关键词共现时区图谱（图 2-12）（Chen，2006）。结合图 2-11、图 2-12，总结出 2006—2019 年国内城市与区域语境下韧性研究的主要变化与趋势如下：

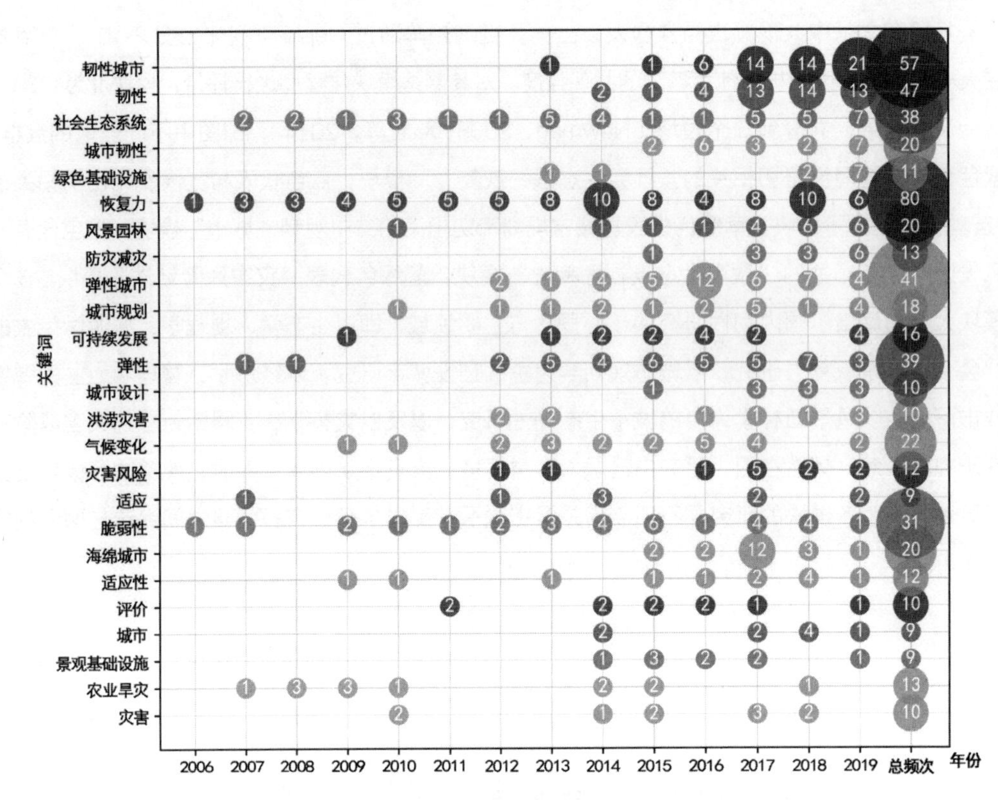

图 2-11　2006-2019 年前 25 个关键词时序变化

图片来源：作者自绘

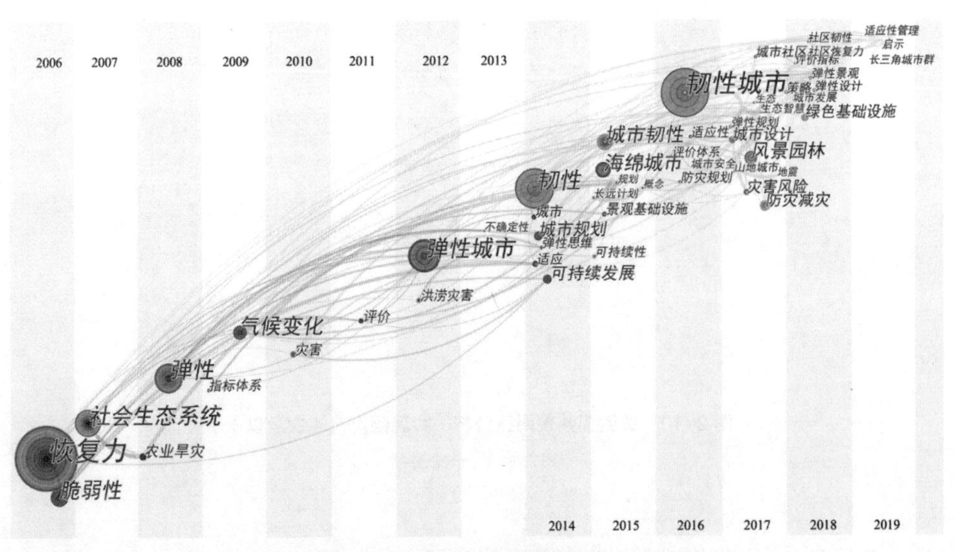

图 2-12　关键词共现时区（共现频次为 4 次及以上）

图片来源：作者自绘

（1）从概念认知上来看，国内学者对 resilience 一词的认知随着时间的推移在不断发展变化，大致经历从“恢复力”到“弹性”再到“韧性”的更替过程。尽管“韧性”一词作为关键词晚至 2014 年才首次出现，但经过短短几年，就成为排序第二的关键词。而“韧性城市”作为关键词更是在 2017 年后持续雄踞榜首 3 年，成为国内城市与区域语境下的韧性研究日臻繁荣的标志。

（2）从研究的空间尺度来看，国内韧性研究经历了从大尺度空间到小尺度空间的转换。从社会生态系统恢复力，到弹性城市和韧性基础设施等，其空间尺度逐渐聚焦在城市及其内部空间，更多不同种类小尺度空间的韧性研究将成为国内以区域、城市等为对象的宏观、中观尺度研究的有益补充。尤其是针对城市中最为关键的空间单元——“社区”的韧性研究，有可能在今后一段时间得到进一步扩充。最直接的例证就是当进一步把某些含义相同的关键词进行规范化合并后，原来没有排进前 25 位的“社区韧性”的排序上升到了第 14 位①。

（3）从研究领域及其热点来看，对“韧性”的研究呈现出向多学科领域发展的趋势。前期相关文章主要集中在社会生态系统的恢复力和脆弱性方面，包括针对具体灾害的韧性，如最典型、研究最多的是农业旱灾；近年来研究方向逐渐扩展到韧性城市、海绵城市、绿色基础设施等。对图中关键词进行规范化合并后，“韧性城市”仍排第 1，而“城市规划”在合并后由原来的第 10 位上升到了第 2 位，“评价”由原来的第 21 位上升到了第 4 位，而原来没有排进前 25 的“治理”排到了第 5 位。可见，“韧性城市”及其相应的规划策略、治理措施、评价方法等已经成为目前国内城市与区域语境下韧性研究的新前沿，这与国际韧性研究的总体演进趋势也大体吻合（孟海星等，2019）。接下来将分阶段对国内研究脉络进行详细梳理。

2.5.1 萌发阶段

resilience 最早在 2006 年由灾害学领域的学者引入国内，作为“脆弱性”（vulnerability）的对应概念。初期，主要是对韧性、适应性循环、扰沌等核心概念的演化进行阐述（方修琦等，2007；孙晶等，2007），对国外的研究动态进行介绍，论述韧性理论的科学价值与重要性，及其与相关概念的区别与联系（葛怡等，2010），并总结韧性评估的主要方法、特点和难点等（刘婧，2006）。国外韧性研究的四个重要领域即生态、经济、社会和工程的划分在此阶段被引入国内（蔡建明，2012）；同时，对韧性的重要概念模型也有所总结，其在主要应用领域的量化现状也得到了回顾（葛怡，2010）。在此时期，已有学者从城市应对气候变化的风险管理需求出发，将韧性城市的概念予以引介，认为我国在城市化提升阶段迫切需要加强城市气候风险管理的意识和能力（郑艳，2012）。学界也开始从演化经济地理学、复杂适应系统和政策管理等视角梳理韧性的理论内涵及其演进脉络（胡晓辉，2012）。

在概念引入后，相应的实证研究也陆续展开，较多文献集中于区域在面临水灾、旱灾、台风等自然灾害时的韧性，也有大量文献研究城市及区域生态系统、经济系统的韧性，以及城市

---

① 列出的关键词规范化合并规则为“韧性城市”与“城市韧性”“弹性城市”“城市弹性”合并，“城市规划”与“弹性规划”“城乡规划”“规划设计”“规划框架”“韧性规划”合并，“评价”与“评价指标”“评价体系”“评价方法”合并，“治理”与“管理”合并，“社区韧性”与“韧性社区”“弹性社区”合并。由于篇幅所限，未列出全部合并规则及合并后的关键词时序变化图。

适应气候变化的韧性（葛怡等，2011；聂蕊，2012；郑艳，2012）、旅游地社会生态系统的韧性等（陈娅玲等，2011；陈娅玲等，2012）。此阶段的实证研究初具模型思维，多位学者建立了基于抵抗力、恢复力和创新力的三维度模型（钟琪等，2010），基于 DEA 理论的模型（张岩等，2012），基于蒙特卡洛仿真的 GIRAFFE 模型（金书淼，2014）等，来评估区域系统、城市基础设施子系统的韧性。总体而言，相关实证研究此时仍处于起步期，主要关注城市与区域面对自然灾害与气候变化的恢复情况，这与传统的灾害学领域的脆弱性研究一脉相承，在研究视角和范式方面尚未发生质变。但已有相关学者和机构开始将灾害学和生态学中的韧性概念借鉴到常规的城市与区域研究中，如对城市经济系统的研究等（钟琪，2010），与国外韧性实证研究的初期演化路径一致。

2012 年 10 月，北京大学建筑与景观设计学院主题为“弹性城市”的国际论坛召开，这是我国学术界首次集中对韧性城市进行梳理和交流。论坛讨论了在气候变化、资源枯竭背景下，城市面对各种自然、人为灾害时，如何保持韧性的适应力，利用健康的景观基础设施满足城市居民的基本安全、生活等需求的问题。通过研讨，学界认为拥有韧性的城市应具备“完善的综合交通体系、平衡的土地利用机制、可持续的能源利用方式、健康的城市生态体系、适宜居住的城市生活环境和丰富多样的城市文化”（徐振强等，2014）。这一事件标志着国内城市与区域研究领域的学者正式关注韧性的相关理论和概念框架，并积极将其融入自身专业范畴，城市与区域韧性研究也随之进入成长阶段。

2.5.2 成长阶段

在韧性概念进入我国城市与区域研究者的视域后，基础性工作持续展开，包括对国外韧性城市研究框架、评价指标等的全面综述（李彤玥等，2014）；并开始结合我国实际进行理论反思，如探讨韧性理论对中国可持续城市化和规划创新的启示（刘丹等，2014），或是从不同的角度分析我国城市缺乏韧性的原因，提出发展对策（王祥荣等，2016）。2014 年后，韧性研究文献显著增多，一方面源于社会生态系统韧性和区域灾害韧性研究的延续，但更主要的原因在于城市与区域语境下的韧性研究大量涌现，相关理论探讨也逐渐深化。不少学者基于比较的视角来进行理论研究，如从认知角度比较工程韧性、生态韧性及演进韧性的本质区别（邵亦文等，2015；徐江等，2015），或是比较城市韧性和灾害韧性的概念和研究边界（杨敏行等，2016）。相比于前一阶段，成长阶段的理论研究基本脱离了对于国外研究的译介和借鉴，开始构建适合我国国情的理论体系，并初步尝试用于指导规划实践。如有学者提出了基于不同空间单元的城市韧性测算是理性分析韧性现状的关键方法（徐振强，2014），也有学者提出了以韧性疏导为目标的洪水规划方法（廖桂贤等，2015）。

进入成长阶段后，实证研究也随理论深入而不断丰富，既有对韧性评价指标体系的进一步探索及国内外比较研究，也有对规划理论和方法的实际运用，城市、区域及社区韧性的定量研究成为聚焦点。学者们从生态、工程、社会、综合评价以及案例对比等视角，对北京、上海、深圳、武汉、合肥、汶川等城市或区域构建了多种韧性评价指标体系，同时也与港台地区以及国际城市进行了比较研究（毕云龙等，2015；陈娜等，2016；刘江艳等，2014；孙鸿鹄，2016；谭文勇等，2014；张茜等，2014；周均清等，2014；王群等，2015；许涛等，2015；杨威，2015；王群等，2016；吴浩田等，2016；杨雅婷，2016）。此外，在城市子系统韧性研究方面也有学者进行了初步的讨论和尝试，如水系统、供水系统和综合基础设施系统等（刘健等，2015；俞孔坚等，2015；李亚等，2016），大都强调理论与实践的相互验证。

在这一时期，韧性已经成为国内城市和区域发展的重要议题。2013 年 6 月，第七届国际中国规划学会（IACP）年会以“创建中国弹性城市：规划与科学”为主题，倡导让城市韧性的不确定性具有在城市规划和治理中的优先级（徐振强，2014）。“区域弹性”“弹性城市”“弹性规划”等学术议题进一步引发了国内学者的关注和讨论（彭翀等，2015）。2015 年中国城市规划年会也设立了“风险社会与弹性城市”论坛，讨论了韧性城市建设需要综合考虑的多源风险、灾害应对中的城市安全与公共利益和生态底线、信息技术在韧性城市规划建设中的作用、全民风险意识和城市韧性文化等关键问题（翟国方等，2015）。期刊《国际城市规划》和《上海城市规划》相继于 2015、2016 年出版了韧性城市专刊，专门讨论以韧性应对城市危机的新思路，并集中介绍了国内外韧性城市领域的最新探索（刘敏等，2016）。大量的文献增长和一系列的学术事件表明，国内城市与区域韧性研究已经进入了快速成长阶段，理论研究和实践创新都日渐丰富。

2.5.3 繁荣阶段

进入 2017 年后，韧性研究在国内呈现爆发性的增长，最明显的标志就是大量综述文章的出现（李彤玥，2017；彭翀等，2017；刘丹，2018）。在前两个阶段工作的基础上，或是对城市和社区韧性国内外理论与实践继续回顾与展望，并探讨基于韧性特征的城市社区规划与设计框架（申佳可等，2017）和城市空间结构优化方法（张翰卿等，2017）等；或是从公共管理和城市治理的角度进行分析，把韧性城市当作继智慧城市之后出现的一种新的城市治理理念（陈玉梅等，2017）。同时，社会生态系统韧性研究持续深入，趋于成熟，有多位学者系统地归纳了社会生态系统韧性研究的总体特征，总结了该领域的主要研究内容及研究热点，目前正转向社会生态系统适应性治理研究（黄晓军等，2019；刘小茜等，2019；宋爽等，2019）。至此，学界基本达成共识，认为将 resilience 译作“韧性”最接近其学术概念内涵的主流认识（汪辉，2017）。学界开始将“韧性”概念进行多维度拓展，对区域经济韧性（陈梦远，2017；孙久文等，2017）、社会空间韧性（许婵，2017）、组织韧性（白雪音等，2017）等进行了理论建构和国际经验回顾；并且已有学者探索如何将韧性理论融入我国现有城市规划编制体系，如基于韧性视角来构建省域城镇空间布局（李彤玥，2018），或对城市生态规划进行优化和提升（沈清基，2018）等。

此阶段相关实证研究也与理论研究同步，有了明显拓展，韧性理论被延伸到了更广阔的研究图景中，如有学位论文从当代中国治理体系的内在制度结构分析了国家治理体系的韧性（俞秋阳，2017）。作为对既有实证的深化，众多研究呈现了从宏观的城市形态规划和微观的空间设计等方面入手提升城市多方面韧性的策略和实践（王峤等，2017），涵盖城市雨洪和水系韧性规划设计（李荷等，2019；张睿等，2019；周艺南等，2017）、三角洲城市规划（戴伟等，2017；戴伟等，2019）、海岛规划设计（王敏等，2017；陈碧琳等，2019；涂晓磊，2019）等。韧性理论在各级法定规划和相应专项规划中的应用（刘复友等，2018；乔鹏等，2018；滕五晓等，2018；韩雪原等，2019）也更加突显了实证研究的前瞻性。从研究对象范围而言，以城市为主体，纵深向上扩展到了更宏观的城市群和国家层面（白立敏等，2019；李艳，2019；彭雄亮等，2019；张明斗等，2019），向下延伸到了乡村地区，如有学者把韧性理念用于乡村复兴、乡村空间演变与重构、乡村水域环境规划等方面的实践中（丁金华等，2019；颜文涛等，2017；张甜等，2017）。值得一提的是，实证定量研究已跳出了成长阶段一般的评价指标体系方法，逐渐趋于复杂化和系统化。如对旅游地社区韧性认知及其影响因素和作用机制的测度和分析多倾向于运用社会学的方法，借助社会调研获取一手数据，再通过结构方程等模型进行定量研究（郭永锐等，2018；年四锋等，2019；王群等，2017）；而运用系统动力学方法、可计算一般均衡模型等针对社会生态系统或经济系统的韧性定量研究也有了重要的突破，实现了对未来不同政策情景下的模拟，以及对韧性减少灾害影响的幅度或恢复效率的测算等（侯彩霞等，2018；吴先华等，2018；张行等，2019；周侃等，2019）。

2017 年以来，韧性相关的学术事件频繁涌现。当年 11 月，2017 中国城市规划年会开展“城市如何韧性”的学术对话，形成了进一步的共识，如韧性城市既是一种理念，也是一种技术、一种手段，它包含了自然、经济、社会、技术、政策等方面要素；韧性城市的规划、建设、管理贯穿城乡规划体系的各个阶段且必须要有评价指标体系等（翟国方等，2018）。同年，国家自然科学基金委员会设立了“安全韧性雄安新区构建的理论方法与策略研究”项目，从顶层设计、面向自然灾害应对的防灾能力提升、安全生产风险管控与综合监管能力提升、公共卫生应急能力提升、社会安全新态势与社会治理新模式、城市基层社区公共安全风险评估机制与韧性提升、生态安全保障机制、水安全保障及其治理机制等八个方面，组织专家对安全韧性雄安构建开展研究（国家自然科学基金委员会，2019）。2018 年 5 月，《城市与减灾》杂志社、黄石市人民政府、联合国人居署、“全球 100 韧性城市”组织和中国灾害防御协会共同举办了“韧性城市建设与城市可持续发展”论坛，对国内外韧性城市研究和建设实践、城市可持续发展、减灾等问题进行了研讨。

学术期刊出版有关韧性的专刊或专栏在此期间更是层出不穷。2017 年 4 月，《城市与减灾》出版了韧性城市专刊，国内外著名专家学者对韧性城市建设的意义、理论方法及其应用实践等进行了系统阐述（罗华春，2017）。8 月和 9 月《规划师》和《现代城市研究》相继开设专栏，刊登了多篇关于韧性城市的文章，内容涉及城市的气候韧性、灾害韧性、生态韧性、经济韧性、基础设施韧性等。2018 年 2 月的《北京规划建设》专刊探讨了城市如何“韧性”而为；《中国安全生产科学技术》连续发表探讨雄安新区安全韧性的文章；12 月，《城市与建筑》专刊以“安全与韧性——新时期我国城市规划的理论与实践”为题，对城市安全发展和韧性城市规划建设做了探讨（修春亮，2018）；而《风景园林》和《景观设计学》更是在 2018、2019 连续两年开设专栏，探讨如何通过风景园林的途径使得不同尺度的建成环境具有更强的适应能力，如何实现城市生态基础设施的完整性和弹性，以及“设计生态学塑造韧性景观”“多中心治理下的韧性景观”等问题。

综上所述，截至 2019 年，国内的韧性研究空前繁荣，现阶段已经开启了从玻尔范式向巴斯德范式的转变，出现了更多的实践学者（scholar-practitioner），使得韧性研究更具时效性与针对性，逾越了“知识产生”和“知识转化”之间的鸿沟（汪辉等，2019）。

从以上研究脉络的梳理来看，我国现有的城市与区域韧性研究总体而言取得了一些成果，但也存在不足之处。首先，对于韧性的概念内涵、研究框架及其在国外的实践应用已有较为丰富和详细的介绍。近几年在学界的重视下，各学科的相关研究在数量和质量上都有所提升，影响也扩大到整个城市与区域的学术群体，并逐步渗透至一线的实践工作人员和相关的政府机构。其次，在实践探索方面，我国的韧性研究从最初的倡导呼吁为主，逐步向解决现实问题过渡，发展出了适合我国国情的韧性城市理论框架体系，进一步缩小了与国际上相关研究与实践的差距。此外，出现了少数引领性的学者及成果，如南京大学翟国方教授及其研究团队对于城市基础设施韧性的理论与实践研究等（李亚，2016；吴浩田，2016）。未来学界应该就韧性研究的关键性议题达成共识，更加广泛开展学术交流与研讨，并且要注重利用新兴媒体进行科学宣传与普及，以提高全社会的风险意识及韧性理念在政府机构和公众中的综合影响力，加快形成相关顶层设计和韧性文化。

2.6 国内外城市韧性研究评述

国内城市与区域韧性研究从最初萌发阶段的零散研究，到成长阶段的多学科展开与集体发声，发展至今，理论与实践都取得了丰富的成果。尽管无论是在学科之间或是学科内部还没有形成统一的概念内涵，但这并没有影响相关理论框架的建立和研究实践的开展。目前，韧性理论与国内规划理论的有机结合还较为鲜见，对城市与区域韧性的形成机制、影响因素等深入研究甚少，符合中国国情的指标体系、评估模型、规划方法等更是亟待创新，还有一些关键议题需要进一步厘清。

2.6.1 韧性研究的尺度

尺度是韧性研究中最为模糊和关键的问题，包括时间尺度和空间尺度。时间尺度一方面是指在灾害或扰动起作用的不同时间段，韧性的表现形式不同，受灾之前表现为能力，受灾之中表现为过程，而受灾之后则表现为结果。韧性作为能力，是指灾害或扰动发生之前的承载容量和应对资源，比如有多少应急救灾的备用物资，包括粮食储备、医疗设施和援助人员等。韧性作为过程，主要涉及急性冲击和慢性扰动过程中，承灾体作为一个系统所表现出来的团结与协作程度、对资源的利用程度、社会关爱和相互支持程度、各种组织的参与合作程度以及相关人员的价值理性与敏感性程度等。韧性作为结果，是指灾害发生之后，承灾体的恢复、更新或重组的表现，比如多样化的生计选择、对于遗产的保护与传承、对于权力和责任的清晰认识和分配、市民意识的强化等（许婵，2017）。时间尺度的另一个维度体现在韧性有短期、中期和长期的不同时间属性，短期韧性时常会和中期、长期韧性相矛盾，从而可能涉及价值判断，要审慎取舍。

空间尺度则更易于理解。由于全球经济的一体化、气候环境的整体性，城市与区域的韧性往往与大尺度的过程紧密联系，固定尺度的韧性只存在于一些特定的环境下（费璇等，2014），因此，韧性研究牵涉两个方面的空间尺度研判。首先是整体维度，即要将城市与区域置于相称的宏观背景下来考虑，如气候韧性无疑涉及全球气候环境变迁，经济韧性依附于国家乃至国际总体经济环境，雨洪韧性要求兼顾流域尺度的水生态状况，基础设施韧性则需要将整座城市或大都市区纳入研究范围。其次是过程维度，指韧性的分析单元可以跨越多个尺度，从个人、家庭到社区、城市、区域，再到国家，甚至全球，呈现动态化的多尺度空间作用。关注的尺度越宏观越能够规避系统性风险，越微观则越易于聚焦关键风险。

对于城市与区域语境下的韧性来说，区域、城市和社区是三个最重要的研究尺度，大多数的韧性议题都需要这三个尺度研究的互补。社区是建立城市与区域韧性的基石，在参与决策和分散风险方面都具有至关重要的作用。同时，社区也是人作为主体发挥能动性最有效的空间单元，社区尺度的韧性研究更有针对性，结合中观、宏观尺度的研究能更全面、深刻地展现城市与区域韧性的共性与特性。

2.6.2 韧性研究的焦点

韧性研究的焦点指需要厘清韧性的主体和对象是什么。学科视角不同，研究焦点也自然迥异：心理学研究个体和家庭的韧性，经济学研究经济系统的韧性，生态学研究生态系统以及社会生态系统的韧性，那么城市与区域语境下韧性研究的焦点是什么？是以城市或其组成部分，如基础设施作为承灾体对地震、洪涝等自然灾害的韧性？还是以城市子系统，如经济系统对于人为扰动如恐怖袭击、金融危机的韧性？韧性联盟（resilience alliance）提出城市韧性研究主要涉及城市新陈代谢、城市管治、社会动态和建成环境方面的主题。不难看出，对于城市与区域研究者而言，韧性研究的焦点应该是城市及其社会空间作为一个复杂巨系统对各种自然灾害、人为灾难、急性冲击或慢性扰动的总体韧性，既包括物质空间层面的韧性，即城市的生态环境、基础设施在受灾的前中后的性能与表现，也包括社会经济层面的韧性，即城市的各个子系统，如经济系统、文化系统、价值系统的前后一致，或是传承和进步程度。因此，地理学和城市规划学研究韧性应该重点关注城市社会空间的韧性问题，探讨如何通过空间手段实现空间正义，促进社会交往和健康，改善城市的空间结构和组织结构，以提升城市和区域在面对不确定性时的总体韧性。

城市与区域韧性研究的焦点之所以落在社会空间上，是因为社会空间的核心是人及其活动。正如生态系统的韧性来自有生命的动植物、微生物所形成的不同功能群，及其物质和能量的动态循环，人类所组成的社会空间系统的韧性的根本也在于人及其能动性，如对危险的感知和应对能力，学习、重组织与更新的能力。鲁伊斯—巴列斯特罗斯（E. Ruiz-Ballesteros）指出韧性研究中一个不能忽视的关键点即人是社会生态系统的主要决定性因素，韧性理论应该聚焦于人的行为（Ruiz-Ballesteros，2011）。詹森（M. A. Janssen）和奥斯特罗姆（E. Ostrom）同样认为理解行动者应对危机的能动性是社区韧性研究的中心议题（Janssen et al.，2006）。关注城市与区域中的人也是城市建设以人为本的重要体现，城市与区域韧性最终要实现的也是人的幸福。明确韧性研究的主体和对象的重要性在于，既要形成统一的话语体系，不至于各个学科的研究相互割裂，自说自话；也不鼓励随意跨界，各个学科都要有自己相对独立的研究领域，才能让研究更具专业性和科学性。

2.6.3　韧性研究的方法

韧性理论的价值已广为认可，但研究方法各种各样，繁而不同，有定性分析，也有定量评估，还有二者的结合。韧性的本质特征决定了对其研究需要采取定量与定性相结合的方法，以得出影响城市和区域韧性的关键因素，作为风险治理和减灾决策的依据。定性分析主要是运用访谈、问卷调查等来考察个体的感知、价值、需求和期望，更多地关注韧性的重要性以及增强韧性的途径。其优点是调研灵活、准确、深入，具有一定的说服力和可操作性；缺点是访谈结果分析较难，调研成本较高（郭永锐等，2015）。定量方面，对韧性的测度是重中之重，在城市经济韧性、基础设施韧性、洪涝灾害韧性、地震灾害韧性方面，相关的测度方法已经比较系统，但学者们对如何量化城市与区域的总体韧性仍未达成共识。相较于上述城市子系统的韧性，或是针对特定灾害的韧性，城市与区域的总体韧性包含社会、经济、生态和工程等多方面的因素，具有复杂性和不确定性，难以用定量方法做出精确的测度（费璇，2014）。但定量评估是城市与区域韧性研究具备科学性与完整性的必经之路，它对于建立城市与区域韧性的基准线，回顾城市与区域的发展历程，预测其韧性变化的方向，帮助其应对各种扰动和变化有着重要的作用（郭永锐，2015）。

目前，学界在城市与区域的韧性指标体系构建方面已经做了一些有益的尝试，主要包括建立基于主观感知的指标体系和基于客观统计数据的指标体系，但在系统边界和尺度确定、指标选取、权重分配方面随意性还比较大，尚未形成通用的综合评估模型与评估指数。对此，可以借鉴生态学领域的阈值分析、替代物（surrogate）法、实验方法等（闫海明等，2012），或经济学领域的概率方法、随机数学模型、仿真模型、模糊逻辑建模等方法测定系统韧性（孙晶，2007；吴先华，2018）。除了对现状和历史的定量评估，采用系统动力学等方法对城市和区域系统未来的韧性进行情景模拟分析也是韧性定量研究的一个重要方向。

城市与区域的韧性研究总体来说还处于奠基阶段，定性和定量方法尚需不断探索与创新。比如，定量研究指标的多样性和不确定性，以及相应数据的可获取性和质量都会对评估结果造成较大的影响；城市和社区的价值观、凝聚力等无形资产难以精确量化等也会影响韧性定量研究的系统化发展（周利敏，2016）。总之，韧性的定量研究离回答什么样的因素、在多大程度上影响韧性大小这样的问题还有一定的差距，国内研究可以在这方面进行创新。

2.6.4 韧性研究的应用

迄今为止，在国内城市与区域语境下提起韧性，都需要从概念说起，这说明它的理念并未深入人心，遑论实际的政策响应或可操作的工具化应用。韧性研究的最终目的是应用，让城市变得更有韧性，让环境变得更健康，让人的生活变得更美好，这就涉及专业人员对于韧性理论的内化，以实现对传统规划理论的反思，带来规划实践的变革；也涉及向权力讲述真理，要通过各种方式把韧性研究实体化，融入规划体制、法律体系及人的日常行为之中。

一方面，主流的传统规划思维将世界看作有序的、机械的、能够合理预测的，因而城市的未来是可以根据其过去的趋势来推断的。而韧性理论则认为世界是混乱的、复杂的、不确定的和不可预测的，变化是常态，强调“以变化为前提来解释稳定，而不是以稳定为前提来解释变化”。如此一来，规划方式面临从蓝图式规划向过程式规划的转变，规划的作用也由预测城市的未来发展转变为提高城市应对未来挑战的适应和创新能力（刘丹，2014）。另一方面，韧性思维也与传统城市研究中关于城市活力、公众参与、城市系统理论、城市问题的不确定性和模糊性的内容紧密联系，因而它实际上也是对传统规划理论的继承与再发展（邵亦文，2015）。由此可见，韧性理论在城市与区域规划实践中的运用，在宏观上表现为以不确定性为导向的规划方式（uncertainty-oriented planning）的形成，中观和微观层面则表现为对有机更新、可持续性的城市设计等原有适应性规划设计手段的继承。

目前，我国已经有北京、上海、成都、重庆、武汉、深圳、厦门、福州等城市提出了要建设韧性城市，但相应的实际行动还十分欠缺和粗浅。《上海市城市总体规划 2016—2040》从“更具活力的繁荣创新之城、更富魅力的幸福人文之城、更可持续的韧性生态之城”三个维度提出了上海发展的新策略，并且有工程技术、空间防御和社会治理等方面具体措施的建议（石婷婷，2016），是国内难得的先例。韧性城市理论的全面应用与普及需要得到行业组织的认可和接受，相较于低碳城市、生态城市、智慧城市等理念，韧性城市的行业关注度和认可度相对较低，缺乏必要的行业抓手来对其进行宣传和推广（徐振强，2014），但其常态化和主流化的应用是保障城市与区域安全的必经之路。

2.6.5 城市与区域韧性研究的机遇与挑战

随着经济社会的急速转型，和自然、人为灾害的频发，我国的城市和区域将面临各种外部扰动和内部变异，在种类、强度和持续时间等方面都具有不确定性和复杂性。无论自然灾害还是人为灾难带来的打击都可能是毁灭性的，基于工程学思维的应对手段常常是被动的，甚至是无效的，而韧性理论提供了一种主动适应变化和不确定性的新思路，对实现可持续发展的作用越发明显，加强城市与区域韧性研究具有重要的理论和实践价值。

在综述国内外现有研究的基础上，本书提出要重点关注城市与区域韧性研究的尺度、焦点、方法和应用方面的议题。要明确城市与区域韧性研究的主体和对象，识别城市与区域发展所面临的灾害和风险；借鉴相关学科的研究经验，构建科学的研究框架和评价工具；揭示其背后的影响因素和作用机制，分析其时空差异和演变特征。具体来说，未来城市与区域语境下的韧性研究可以从如下几方面深入开展：

（1）城市与区域韧性的测度方法和模型的系统化。城市与区域韧性的测度是韧性理论工具化的突破口，目前相关研究还处于起步阶段，定性描述居多，定量研究较少。定量研究也多以客观社会经济统计数据为基础，缺乏对人的主观作用的认知和评价。因此，科学合理、因地制宜地选择评价指标和模型，开发具有较高信度和效度的城市与区域韧性量表是近期韧性研究的重要方向。

（2）城市与区域韧性演变的历史路径和空间分异。以定量测度为基础就可进行横向和纵向比较，以揭示城市与区域韧性的影响因素和作用机制。各地区、各城市的自然环境资源、人文社会条件、经济发展水平等差异较大，横向比较时需要考虑这些差异的影响，在制定韧性相关的发展策略时也应该考虑这些差异。而基于时间历程的纵向分析，对于管理决策的改进具有更强的现实意义。

（3）基于城市与区域韧性的管治网络与策略。管治网络构建是城市韧性研究的主要方向之一，主要是指负责城市正常运作的相关机构、组织的网络体系（邵亦文，2015）。可以基于现有相关机构，也可成立新机构，形成多层次的管治体系，包括国家层面、城市层面和社区层面等。在国家层面需要将韧性思想纳入顶层设计，包括国民经济发展规划、国土规划、城镇体系规划和其他重大的区域发展战略。而在社区层面，需要认识到社区居民是韧性的构建主体，物质环境和公众参与等社区的合作运行机制同等重要。在策略方面，应着力于增强城市的多元性、灵活性、冗余性，以及利用大数据等新兴技术手段加强对人流、物流、信息流的动态研究，以提高城市对未知风险的预判和准备。

总之，韧性理念有助于扭转城市与区域规划中被动的、以物质环境建设为重的工程学思维，强化以公众参与、社会公平性建设为手段的主动的社会体系的营建与维护，从而全面增强城市与区域系统面临不确定性时的结构抵抗性、适应性和更新能力。

第三章　北京市核心区社会空间概况及数据方法 THREE

3.1 北京市核心区社会空间概况

3.1.1 地理位置与行政区划

北京市位于东经 115.7°—117.4°，北纬 39.4°—41.6°，总面积 16410.54km²。位于华北平原北部，毗邻渤海湾，上靠辽东半岛，下临山东半岛。2016 年，北京辖 16 个区，共 150 个街道、38 个乡和 143 个镇，建成区面积为 1420km²。伴随着改革开放的浪潮推进到 20 世纪 90 年代，整个北京的经济和社会高速发展，吸引了来自全国各地乃至全球各行业的精英（刘长岐等，2003），从而引发北京人口，尤其核心区人口的快速增长。

北京的核心区面临众多历史遗留问题和新的城市社会空间变化和挑战。作为党和国家核心中枢所在地，其发展变化引人注目，重要性不言而喻。本书选取这一区域作为研究范围，具体为 2010 年北京行政区划调整后的东城区和西城区，即原来的东城、崇文、宣武、西城四区，是北京历史文化名城保护的核心区，也是《北京市主体功能区规划》中所定位的首都功能核心区，共 32 个街道，土地面积 92.54km²（图 3-1）。

这一区域基本延承了明清时期北京的城市结构，历史文化集中，民族多样，是首都的心脏，并且在转型期经历了剧烈的变化。北京核心区的可持续发展是关乎北京实现其各项职能和目标的重要区域，但现实情况是严峻的，过去经济高速发展和房地产市场空前繁荣使得北京的核心区经历了不断的改造和更新，已经引发了一系列的社会空间问题，比如贫困居民的住房问题、旧城的历史文化保护问题、日常通勤人口造成的交通拥堵问题等。根据北京核心区的历史和现实情况，笔者认为它提供了一个适宜的社会空间及其韧性研究的对象和范围。

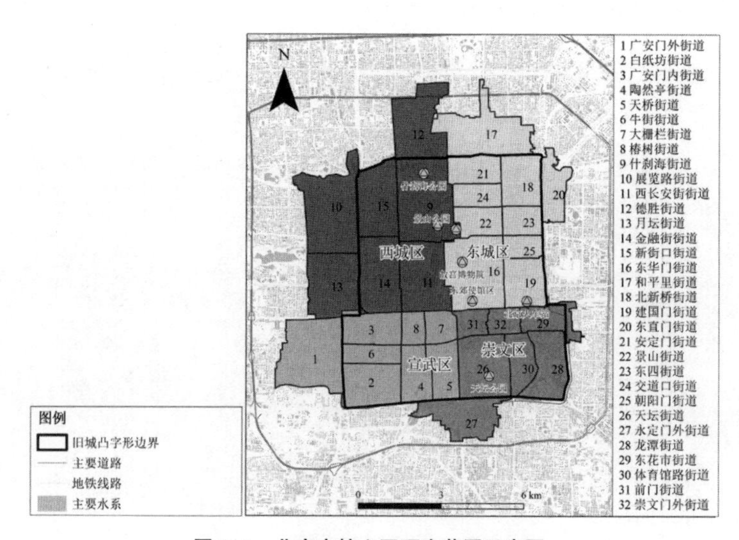

图 3-1 北京市核心区研究范围示意图

图片来源：作者自绘

3.1.2 整体的社会空间沿革

公元 1271 年,忽必烈将国号由“大蒙古国”改为“大元”,是为元朝,1272 年改中都为大都,宣布在此建都，北京初为全国首都，形态格局始有雏形。大都城初建于 1267 年，其总平面根据《周礼考工记》的原则布局，即帝都为方型，棋盘道路网，王城居中，左祖右社，前朝后市（杨吾扬，1994）。明将徐达取大都之时，曾将元大都的北墙往南移，减去约五分之二的面积，元皇城也遭摧毁，不过原先的街道模式仍应当大致保存，并将大都更名为北平。明成祖取得帝位之次年，改北平为北京，同时也开始于元皇城基址肇建新皇城。直至 1950 年，北京城的规划并无大变动（章英华，1990）。

明清老北京城分内城和外城，内城又包括皇城和紫禁城（图 3-2）。紫禁城居于最内，面积约 1.66km^2，主要建筑呈南北轴向分布，有四个城门与皇城相连。皇城围绕着紫禁城，墙有六门，周长约 10.36km，面积为 5km^2。内城为拥有九座城门的长方形，东、西与北墙各两座城门，自东向西分别是朝阳门、东直门、安定门、德胜门、西直门和阜成门；南墙三座城门，分别是宣武门、正阳门和崇文门，占地约 30.25km^2。因此，北京的内城之内，总面积在 36.91km^2 左

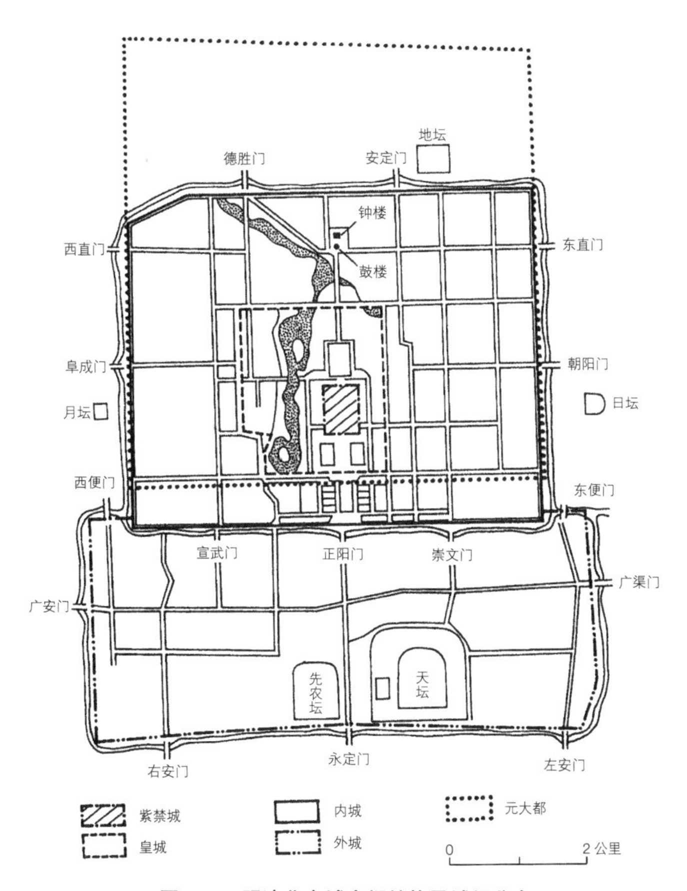

图 3-2 明清北京城空间结构及城门分布

图片来源：维基百科“北京城”

右。外城在内城之南，与内城共有南墙，外城城墙周长，约当内城的三分之二，也略如长方形，但异于内城者，它是东西长而南北短。四面城墙，共有十门，南面三座，东西各一座，北面五座，其中三座为与内城所共有。外城面积 27.19km^2 左右（章英华，1990）。于是合内外城之范围，北京面积大约 64.1km^2。

（1）封建王朝时期（1271—1912 年）

封建社会是稳定的等级社会和宗法社会。社会结构以帝王或家族为核心，以贵族、士农工商为良民，倡优皂隶为贱民的顺序组合（王均等，1999），上百年都鲜有剧烈变化。在封建王朝时期，北京核心区的社会空间结构变化主要有三点，一是元朝胡同的出现，二是明朝外城的修建，三是清朝内外城的种族分隔（田文祝，1999）。

1276 年大都城建成之后，元世祖忽必烈决定从原金中都的旧城迁移部分居民到大都。《元史·世祖本纪》载："诏旧城居民之迁京城者，以资高及居职者为先，仍定制以地八亩为一分；其或地过八亩及力不能作室者，皆不得冒据，听民作室。"迁居新城的主要是权贵和富商（韩光辉，1996）；而最小占地面积则确定了每个坊内以胡同和四合院为基础的路网结构和居住格局。元大都路网结构中占主导地位的是南北向的干道，宽约 25m，而胡同则是东西向的次要街道，沿南北干道的东西两侧平行排列（侯仁之，1979）。元朝时对胡同的宽度有明确规定：对由住宅院落连接后所形成的通道，宽 6 步（9.24m）的为胡同、12 步的为小街、24 步的为大街。明清时虽没有明确规定，但以胡同为基础的空间结构仍然保留，并且延续至今，成为北京特有的城市风貌（翁立，2004）。

1368 年，明朝取代元帝国。出于防御的需要，且鉴于城内码头、航道均已废弃并无实用，大都北城墙被南移 2.5km（杨吾扬，1994）。其后，在 1406 年开始修建新都时，又将南城墙南移 1km，以包括扩大了的皇城和新建的太庙和社稷坛，形成东西长 6650m、南北宽 5350m 的内城，最终于 1420 年建成。此后，随着经济的发展，到嘉靖、万历年间（1522—1620 年），北京城市人口接近百万，在皇城南部朝前市的基础上，前门内外开始形成新的商业贸易中心（杨吾扬，1994）。同时在元建大都时，金中都的部分居民未能进入新城而聚居于新旧城之间的空地上，明初该地仍为繁荣的商业和手工业区，人口不断增加（田文祝，1999）。嘉靖年间，为了方便管理日益增多的外城人民，朝廷于 1553 年决定加修外城，原计划是新修一整圈城墙，由于经费不足，仅向南另筑新墙扩入南郊，后来北京特有的"凸"字形城郭由此建立。外城的修建，扩大了居民的活动空间，内城的居住分异得以延展，外城主要是中下层居民（甘国辉，1986）。

清朝时北京城市空间形态变化不大，但社会结构发生了重大调整，出现了明显的民族分异，内城为八旗占据，汉人被迁居外城。清朝圈占北京内城后，内城成为旗人盘踞的大本营——一座规模巨大的"满城"，以至于在很长一段时间里，外国人称内城为 Tartar City（鞑靼城），外城为 Chinese City（汉人城），也说明了旗民内外之分（刘小萌，1998）。内城的八旗分布各有界址，王公贵族依其等级地位围绕皇城居住，以"拱卫皇居"。与内城不同的是，皇室对外城土地和房屋的控制较弱，以私有为主，形成"士大夫多居西城（宣南坊），商贾皆居城东（前门以东的长巷和草厂）”的居住格局（王均，1997）。但在清后200多年的统治期间，从事商业贸易、手工业、服务业的汉人不断流入内城，逐渐瓦解了内城旗界，到清末实现了旗界完全消除，旗、民杂居共处（刘小萌，1998）。

（2）近代过渡时期（1912—1949年）

1912年清朝末代皇帝退位，结束了中国传统封建社会中按严格的社会等级形成的社会空间结构（王均，1997）。清末民初北京维持了晚清新政以来的发展惯性，城市发展相对连续，尽管有袁世凯称帝、张勋复辟、五四运动、多次军阀战争等政治事件，市民生活和工商业运行尚能保持相对平稳。同时，北京保持着国家政治中心的地位，在政治职能的带动下，北京市政建设明显发展（王均，1997）。在内城空间结构方面，紫禁城及坛庙周围相继开发，从1923年开始，皇城的东、北、西三面墙垣被拆除，南垣而后也被拆除，皇家禁地被开放为公共空间（杨旭，1992）。在道路格局方面，紫禁城东侧南北池子和西侧南北长街，以及南面的天安门大街和北面的景山前街被打通，增加了内城的通达性。当时的北京虽然是政治文化中心，但缺乏产业工业，就业机会有限，失业和贫穷随处可见。其城市空间发展在很大程度上由外来力量推动，西方背景的标志性建筑在北京城区内呈斑块状分布，如辅仁大学、东交民巷使馆区、东单洋行区等（王均，1999）。

东交民巷使馆区经发展形成了一个城中城，集中了美、英、法等11国的使馆和官邸，以及兵营、医院、银行、饭店、俱乐部、教堂等。因其有相对完善的生活配套设施和相对安全的“孤岛”效应，吸引了大量外国侨民和本地中上阶层人士（王均，1999；王均等，2000）。使馆区形成后，其东侧的崇文门大街和北侧的王府井大街陆续建设了大批的洋行、银行、高档饭店、商场和娱乐场所，加之原东华门附近的各类商摊集中到王府井东侧的原练兵场一带，形成东安市场，由此形成以王府井为中心，由崇文门内、东单、王府井至东华门大街组成的新商业地带。此外，沿长安街在西交民巷和东交民巷还分别集中了许多中外银行，出现现代中心商务区的雏形（王均，1997）。同时由于使馆区对传统区位的占据，导致民国的外交部、内务部等新设机构被迫分散选址，机构人员的居住场所也因此无法集中，从而产生了章英华所描述的“内城不显示高阶层集居特色”（王均，1999）。由此，清末民初北京城市社会空间变化的主题便显见地展现为“帝王贵族退出城市舞台、紫禁城转化为博物馆、王府井转化为商业街”等（王均，1999）。

1928年国都南迁改变了北京城的政治经济基础，城市由首善之区落魄为寻常都市，一时间百业萧条，万民失业，北京新形成的中心商务区转向衰落（王均，1997）。而后在日军侵华期间，北京内城大量皇家和私家府邸被洗劫，贵族出逃，城市落败，屋瓦破溃，曾经的贵族聚集地日渐没落，贫民居住地日益泛滥，成批的穷苦旗人迁居至外城，同时有部分地位较高的汉人迁往内城居住（程晓曦，2012）。1945年9月民国政府接管北平后，立即进行内战部署和“劫”收资产，大量日伪时期被强占的民产被当作敌产而充“公”，严重干预了光复后有望恢复的城市发展。内战爆发后，作为华北战略中心，北京再次被纳入战争状态（王均，1997）。

民国时期的整体特征是半殖民地化的商业社会，社会结构由封闭变得开放与流动，政治动荡和平民化住区淡化了明清时期宗法化、政治化的居住格局（程晓曦，2012；王均，2000）。

在社会结构方面，前清王公贵族与旗人社会地位下降的同时，民国新贵、新兴工商业者、新式知识分子的社会经济地位上升，出现以职业地位为基础的社会分化和空间竞争（王均，1999）。土地和房产的自由买卖，使上述社会阶层的分化在空间上得以不同程度地体现。在外城，官商富户多向内城迁居，在天桥一带形成以外来流民为主的贫困阶层居住区。在内城，达官显贵和上层工商业人士相对集聚于：东城的东单、总布胡同以北至东四和西城的西四南北；破落的旗人和贫民主要集聚在城根和关厢一带；从事公务员、教员、职员等工作的中等收入阶层相对集中在中间地带（王均，1997）。

综观清朝统治结束后到中华人民共和国成立前这一时期，虽然短暂，却给北京核心区的社会空间结构带来了极大的影响。这一时期又可以 1937 年沦陷为界划分为发展时期与衰退时期。发展时期使馆区及相关的市政建设直接推动了封建帝都的社会空间改造，如王府井、东单等地的社区受使馆区影响，发展已相当西化，对城市局部的格局和观念的变化产生了一定的影响；但北京旧城内部的建筑、土地利用格局及人口分布尚未发生重大改变。而衰退时期则遭受重创，万物凋敝，成了“毫无生机、落后的、畸形的消费城市”。

以帝王为中心是北京旧城功能空间与社会空间的基本特征。城墙和院墙不仅是建筑形式上的隔离，更是社会阶层、满蒙汉民族的分界线。紫禁城、皇城、内城、外城的位置差异体现着居住者社会地位的高低。元明清王朝更迭，北京城的功能和空间却无巨变。到 20 世纪初，中国封建社会行将结束，资产阶级民主革命迅速发展。在西方侵略的鞭笞和近代文明的推动以及清末民初国家政府和市政机构的引领下，北京 200 余年的停滞终于划上了句点，开始在城市社会经济、功能与结构方面发生显著变化（王均，1999）。作为古代帝都的北京城演化为一座具有近代化市政的城市，在政治职能、工商业发展、空间结构和社会构成方面都已经与封建时期全然不同。这种变化既是继承，也有变革，既有历史脉络基础，更是现实社会经济条件的产物。

事实上，处于封建王朝时期和民国的北京城，虽有不同的时代印记，但在内部空间结构上还是具有内在的一致性和延续性，即总体上仍然受到向心和离心作用的影响，以及权力、经济和技术等方面的制约，符合区位论的相关解释。只是在长期延续的帝王专制和封建体系结束后的民国时期，传统社会中基于身份的空间分化逐渐结束，商业化和世俗化的社会机制开始出现（王均，1999）。房租地价等经济因子对人口居住选择的作用使得人口分布形成开放的特征，北京社会空间结构的变化开始同时受到地租地价与城市管理的双重作用。在市政建设的保障下，商业金融业逐渐落位于高地价区，工业和居住用地向城市边缘发展。又由于近代中国的社会动荡，生产力水平尚低，缺乏物力财力大规模地改造旧城建筑，因而新建筑尽量采取见缝插针的办法，少占土地和少拆民房，除使馆区及相邻地带之外，近代建筑区规模较小，基本保留了北京旧城的空间结构和建筑景观。因此，北京城市内部社会空间结构虽然在近代过渡时期发生了质的变化，但变幅有限，而完全进入工业化、现代化时期自然是在 1949 年之后了（王均，1997）。

（3）社会主义计划经济时期（1949—1978 年）

1949 年后，北京的经济发展和城市建设也随着新中国成立的历史进程翻开了新的篇章（葛本中，1996）。在新中国成立之后的前两年间，国民经济逐步恢复，北京以整治环境为城市建设的切入点，同时在空地或沿道路拓宽拆除部分危房的基础上，见缝插针式地兴建新建筑，旧城的绝大部分被完整地保存（田文祝，1999）。随着人口的不断增加，住房变得十分紧张，而当时城市住宅建设又缺乏稳定的投资来源，从而形成了人口密集的老城区。而外城除原有的平房区和前三门地区外，还有较多空地，在各个时期均有一定数量和规模的住宅建设，形成了外城边缘地带住宅新旧混杂的格局（杨旭，1992）。

受苏联城市规划模式的影响，北京于 20 世纪 50 年代开始了大规模的城市建设。首先，是在 1953—1957 年“一五”时期，在老城区外围集中布局了一些制造业，形成与之毗邻的新建成区（田文祝，1999）。这一时期与工业配套的住宅的建设规模较大，各项配套设施齐全，并且楼层由过去的低层提高到 4-6 层，加上这些住宅区所在街道后来又兴建了不少厂房、机关办公楼及商业服务设施，留下的空地不多，因此 50 年代以后兴建的住宅比例不高，大多以 50 年代住宅为主（杨旭，1992）。1957 年北京正式提出《北京城市建设总体规划初步方案》，坚持把北京建设成为现代化工业基地的思想，将“消费的城市变成生产的城市”，12 个集团式发展空间被分散布局在近郊，它们是工农、城乡结合的统一体（顾朝林等，1997），奠定了“分散集团”式的空间结构基础（图 3-3）。

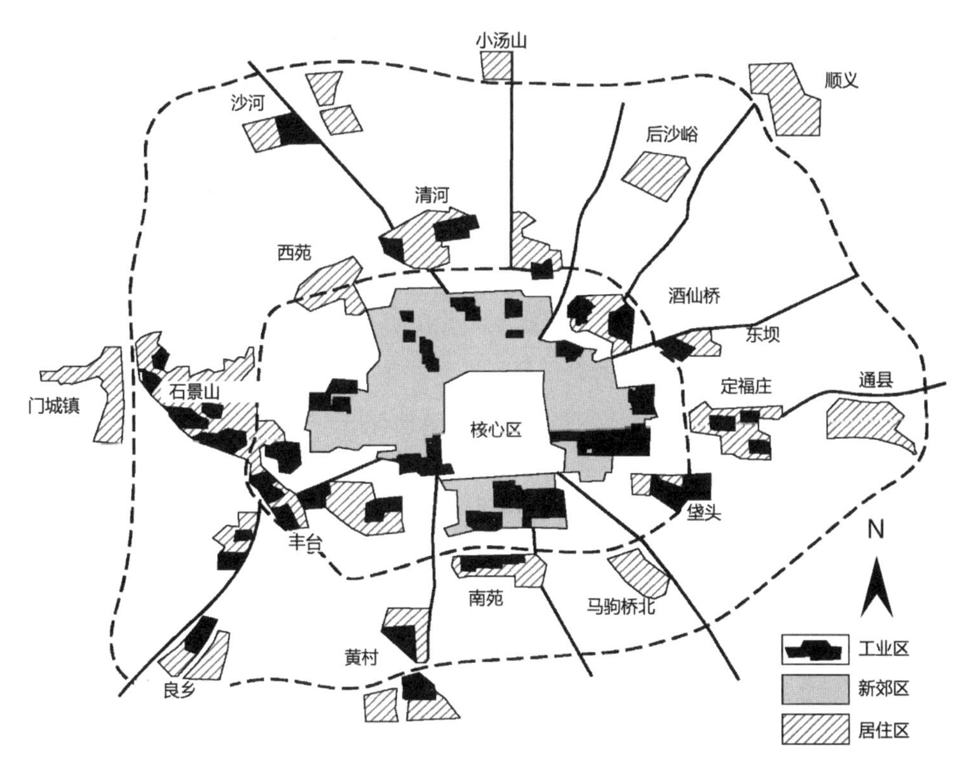

图 3-3　北京总规中的工业居住分散组团（1958）

图片来源：Gu et al.，2005

新的分散组团空间结构必然导致新的社会结构出现，这是因为新的工作岗位总是与工业发展休戚相关。这种新的社会结构可以用老城区和新的近郊区的工业居住区来概括。多数“老北京人”仍然居住在老的内城区，“新北京人”由于单位自管房的建设，大多居住在老城区外围的新建成区。另一些工作在 12 个分散组团的城市居民，或选择居住在旧城区，或居住在新建成区，或居住在分散组团内。城市居住用地和工业用地围绕老城区向外扩展，整个城市沿辐射状主要道路向城市边缘区的近郊区外向蔓延（顾朝林，1997）。

可以说，20 世纪五六十年代的住宅建设以核心区空地及核心区四周邻近地区为主，规模相对不大。之后，北京逐渐围绕已有的分散集团不断向外扩展，并对之间的城市空间不断填充。与其同时，北京市人口的年龄、职业、文化构成都发生了变化，少数民族的人口也有所增加，居民住房也由原来很普遍的平房逐渐增加了楼房的比重，配套设施也比以前更加完善。

然而，在 1966—1976 年“文化大革命”期间，城市规划一度停止执行，城市发展出现混乱现象。首先是在重生产、轻生活的思想指导下，在城区见缝插针建起 1400 多家工厂和仓库，破坏了以行政、居住为主体的旧城格局；其次是商业用地不断萎缩；最后是单位的作用增大，在旧城，单位自建住房在很大程度上破坏了旧城平缓开阔的空间格局和以胡同、四合院为主的居住特征（田文祝，1999）。

70 年代后期，为应对住房短缺，四合院的“接、推、扩”得到了推广，四合院从此异化为“大杂院”，私搭乱建十分普遍。当时，一个 300m^2 左右的中等规模四合院能容纳多达十余户居民，而旧城四合院内搭建的棚屋总面积更是达到约 200 万 m^2。这种方式虽然可以在短时间内安置大量新增人口，解政府和单位的燃眉之急，却因此造成旧城人口激增，且随之给旧城居住环境和建筑风貌带来巨大破坏（程晓曦，2012）。

总体而言，在社会主义计划经济时期，北京作为新兴的社会主义国家的首都，在城市总体布局和核心区改造方面都有较为合理的安排，体现了社会主义制度的优越性和成就感。东郊通惠河北岸工业区以机械、纺织产业为主；东郊通惠河南岸工业区和仓库区以机械、化工产业为主；南郊工业区和仓库区以化工、皮革、木材加工产业为主；西郊以机关、事业单位为主；西北郊地区以高等院校、科研单位为主，北郊地区以科研和事业单位为主；加上以北京钢厂、宣武钢厂为代表的西南郊重工业区，以及东郊的使馆区等，逐渐成形并完善（田文祝，1999）。

而在核心区内部，天安门广场被扩建，人民大会堂、北京火车站等长安街十大建筑相继落成，从而形成了城市新的东西向轴线，与原有的南北向皇城轴线交相辉映，成为这一时期北京核心区社会空间结构最重要的变化之一（杨旭，1992）。此外，在这期间，北京核心区也有其他方面的改造，包括开敞空间和道路系统等，但旧城整体棋盘式的路网格局、花园和水系还是保留得比较完整。因此，可以说北京核心区的社会空间结构在计划经济时期变化不是十分剧烈。

（4）改革开放准市场经济时期（1978—1990 年）

“文革”结束后，我国的社会经济制度开始转变，城市社会空间也相应地出现巨大的变革，北京的政治、经济、文化等各项活动得到全面的恢复和发展。1980 年，中央作出了首都建设方针的指示，1982 年 3 月正式提出《北京城市建设总体规划方案》，确定了北京作为全国政治中心和文化中心的性质，明确了改善城市环境的目标，并确定以后以居住区为组织居民生活的基本单位，以便更好地安排各项设施，方便居民生活（杨旭，1992）。在改革的背景下，《总体规划》的提出，使北京的城市面貌焕然一新，社会空间结构也迅速转变，表现在了城市用地重组和社会阶层分化等方面。

在旧城区，总体空间格局与以前相比并无大的差异，但城市功能和用地结构发生了重构。主要是按照城市规划的要求，搬迁污染扰民的工厂，限制单位自建住房，鼓励商业网点建设。逐步深化的改革开放和逐渐完善的市场机制为城市发展带来更为多元的动力。（田文祝，1999）。危旧房大规模改造的进行促进了人口与工业的外迁，旧城原有的用地模式和结构与计划经济时期相比已有了质的区别。

在整体的空间结构方面，北京形成了以朝阳门、建国门等区域为主的中央商务区，以东直门、三里屯等区域为主的外国人居住区，西北郊的研究与开发基地以及高质量居住区，东南部的新制造业区等几大区域，并从同心圆结构向沿高速公路发展的带形走廊结构转变，形成了同心圆加扇形的模式。即老城区居住着相对贫困的老北京人和新移民；东北方向的扇形区集中了新兴白领、富商等富裕阶层；东南方向的扇形区集中了无技术、低工资的普通工人；西北方向的扇形区集中了知识分子家庭等中等收入人群，而中等收入的技术工人则集中居住在西南部。总之，城市的西部为中等收入家庭集中区，东北部为高收入家庭集中区，东南部为低收入家庭集中区（顾朝林，1997）。

在改革的新形势下，北京市的经济、文化活动更加活跃与繁荣。随着工业、商业、文化和教育等各项事业的发展，北京市人口的职业构成和经济收入都有了显著的变化。计划生育政策的实施改变了以往的人口年龄结构，教育事业的发展使集中了全国大量高等院校的北京市吸收了大批高校毕业生，人口的文化素质大大提高。在居民住房方面，虽然从新中国成立以来进行了大量的住房建设，并且建设的规模逐渐加大，配套设施也日趋完善，但由于过去过分强调生产，忽视生活，住房建设拖欠太多，以及北京人口规模的膨胀，住房紧张，成为北京市发展的一个巨大障碍（杨旭，1992）。与此同时，房地产市场的初步发展使得城市空间迅速向郊区拓展，服务业与高技术产业的发展也促进了这一过程，与之相伴而生的是贫富两极人口的郊区化。

总之，随着国际国内形势的变化，尤其是改革开放后国内城市经济和建设的繁荣，北京已从封建帝王之都转变成了现代化的人民首都，城市空间规模和人口规模都迅速扩展，而人口构成及其社会经济特征也经历了巨大的改变和分化。而在之后的转型期，北京的社会空间结构变化趋势更加复杂，亟待进一步的深入研究。

3.1.3 核心区研究价值所在

从前述的整体社会空间沿革不难看出，北京的核心区从元朝至今都是政治核心所在，同时也是建城区的主要范围，它历史悠久，新旧混杂，有代表"传统式街坊社区"的四合院，也有代表"单一式单位社区"的大量国家机关单位大院；有新中国成立初期兴建的筒子楼，也有大量新建的高档公寓，人口稠密，社会结构复杂。而此间尚未改造的旧城居住区堪称老北京的缩影，这里有许多传统家庭，规模一般较大，多为老少三代同室而居，保留了较为纯正的北京方言、习俗和文化（顾朝林等,2003）。它就像是生态学研究中的一个中观的社会生态系统：宏观上，它受到全市域、全国甚至来自全球的政治、经济环境影响；微观层面，它又与核心区的大量社区的集体意识和福利相关。它的尺度与国外研究韧性的社区尺度相当，因此是研究韧性、研究社会空间、研究社会空间韧性的较好的空间单元。

在时间上，1990 年以前的相关研究已经比较成熟，1990 年开始正好是一个新的普查年份，也是改革开放相匹配的时间节点。20 世纪 90 年代房地产开发被确定为中国经济新一轮增长的引擎，原来的工矿用地用于房地产及商业开发，资本从制造业流向房地产业，中产阶层出现，中国城市进入“消费革命”时期（Davis，2000；魏立华，2005）。另外，1990 年北京市政府编制了旧城改造规划，正式拉开了旧城改造的大幕，北京核心区的社会空间也有了新的特征和趋势，因此本书基于功能重要性、人口多样性和变化剧烈性选择 1990-2010 年的北京核心区作为研究对象。

（1）功能重要性

北京有 3000 年建城史和 800 年建都史，历史悠久，文化底蕴深厚。作为六朝古都，它不仅于金、元、明、清历朝延续和发展了传统国都的特色，且在新中国成立后亦代表了“国家主流的发展方向”，成为“全国典范”“首善之区”，体现了中国人的世界观（薛凤旋等，2014）。同时，北京也是世界城市发展史上的一个奇迹，其中轴对称的城市布局规整肃穆，皇家建筑气势恢宏，路网结构四通八达，在世界城市中独树一帜（Pahl，1975；吴春，2010）。今天的北京是几千年封建社会影响下的中国城市的典型代表，也是我国高速工业化与城市化历程的缩影，更是我国跻身世界强国之林，实现中华民族伟大复兴的龙头和象征。剖析北京，可以洞察全国其他城市相似的社会空间变化过程。

北京的核心区集中了故宫、天坛两大世界物质文化遗产和众多的自然和人文胜迹，同时集聚了国家的主要行政机构，是首都功能的核心区，是整个国家政治和文化的心脏。在过去大规模的旧城改造过程中，北京核心区集中了经济、政治、社会、文化等多方面的矛盾（Pahl，1975；吴春，2010）。历史与现实赋予重任的同时，北京核心区在旧城整体保护、社会空间复杂化的当下，要实现好自己多方面的功能，面临着重重困难和挑战。

（2）人口多样性

北京是我国第一个齐聚 56 个民族的城市。根据既有研究，大城市社会空间分异最严重的地方多为城市中心区，这里不仅有很多历史遗留的贫困人口，也因其经济活力而吸引了不少的外来人口，往往鱼龙混杂，三教九流无所不有。北京也不例外，北京的核心区历来就是满族、回族等少数民族的聚居区，而在近代因其政治、经济的中心性又吸引了不少的外籍官员、跨国公司高管等外籍人士居住。而且北京核心区的教育、医疗资源优渥，吸引了全市乃至全国的大量人口。上述种种都构成了北京核心区人口的多样性，从而也造成了其社会空间的多样性，如何从这纷繁复杂的人口组成中，找出些许空间分布规律，包括空间依赖性、空间异质性等，对于加强核心区的人口管理，提高核心区的人口生活质量来说是大有裨益的。

（3）变化剧烈性

北京核心区的改造大体可分为四个阶段：以救急救危发展、解危解困并举（1949—1973年）；政府出资，有选择地小规模改建（1974—1984）；总结探索，政府补贴，结合房改搞危改（1985—1989）；政策扶持，“以区为主”“四个结合”，全面铺开（1990至今）。纵观四个时期，90年代以来的改造影响最大。1990年，北京市决定加快改造危旧房的步伐（林坚等，1997），成立了市危旧房改造领导小组，出台一系列优惠政策。第一批纳入全市危旧房改造范围的有37个项目。到1992年北京市正式施行土地有偿使用制度后，级差地租收益才使得房地产开发有利可图。1993年，北京市公布基准地价，危旧房改造区的区位价值更是突显出来。随着土地有偿使用制度的实施，从1992年开始的全国性房地产热也在北京逐渐升温，北京市的大规模危旧房改造也全面展开（谢东晓，2006）。截至1996年底，全市先后动工改造危改小区114片，拆除危旧房屋329万m^2，动迁居民11.3万户，安置居民8.4万户，累计开复工面积1020万m^2，竣工面积516万m^2，竣工危改片28片（林坚，1997）。“四普”到“五普”期间，核心区的常住人口从109.2万减至88.2万，10年间减少了21万人。进入21世纪，北京又出台一系列新的加快核心区改造的办法①，通过红线外加大市政投资、减免土地出让金和税费等多种形式，又掀起核心区大规模改造的高潮。时至今日，北京核心区在经历了近20年大规模的改造后，社会空间，包括物质环境、人口结构、经济水平和文化氛围都随之发生了巨大的变化，其背后的机制值得深入研究。总之，北京市核心区功能显要，人口纷杂，社会空间变化剧烈，面临诸多风险与挑战，研究价值颇高。

3.1.4 不同尺度的研究进展

北京有着特殊的政治和文化地位，历来就是城市社会空间研究的焦点城市（姚华松，2007）。一般认为，元大都的规划与《考工记》中理想的城市规划最为符合，其空间布局形成一个中心点和南北走向的中央轴线。皇城位于城中心，居住区被分成50个街区围绕皇城分布（顾朝林，1997）。明代略有改动，但仍保留了其核心的空间结构，基本上是以紫禁城和皇城为核心的规划（Wright，1997）。明朝之后的500多年间，北京的城池，除了外城的添加外，皇城、紫禁城和内城的基本结构没什么变动。到清朝时，满汉分化，社会和民族空间分异明显，北京保持这种社会空间直至清末。而清朝的许多衙署建筑，到了民国功能或稍有改变，构造仍维持原状（章英华，1990）。

历史学家李洵通过对史料的分析和考证，对公元十六七世纪（明朝）的北京城市结构进行了开创性研究，认为当时的北京是中国封建社会晚期典型的贵族消费城市，仰给于江南经济，成为封建专制主义统治的中枢，在人口结构方面以外来人口居多，北京城内的社会阶层可分为“戚畹、勋爵、京官、内外乡绅、举监生员、土著、流寓、商贾”等等，而宦官和长随跟班构成

① 《关于印发北京市加快城市危旧房改造实施办法（试行）的通知》（京政办发〔2000〕19号）。

了16世纪以来北京社会阶层结构中明显的特点，另外还有大批的无业流浪人口。商贾分南商和西贾，明代的宣武门一带成为“南商之薮”，而阜成门一带则是“西贾之派”（图3-4）。商业是以专供封建贵族官僚享用的商业为主，而以供应百万以上市民生活的服务性行为为辅（李洵，1988）。

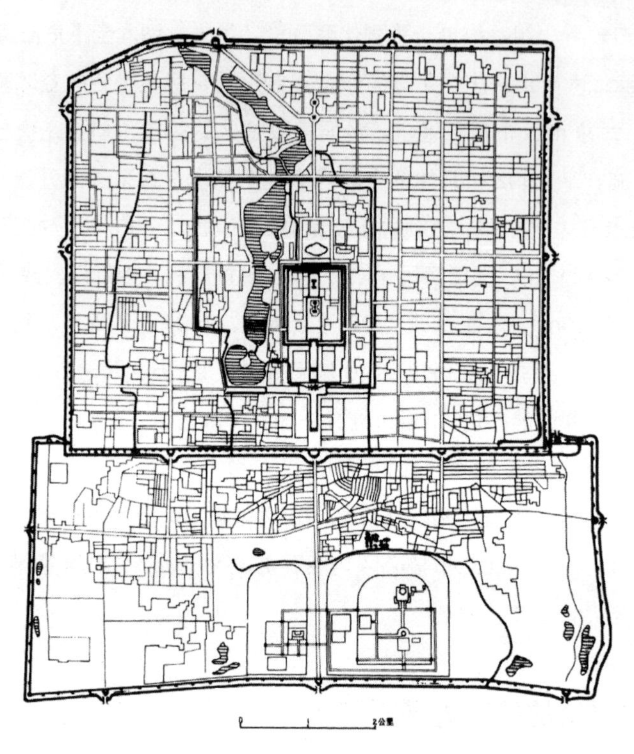

图3–4 明清北京城道路网络

图片来源：Hou，1986

清军入关后，将内城汉人尽驱外城，腾出内城安置八旗官兵。皇帝占据紫禁城，贵族与八旗占据内城，拱卫禁城，北京内城无异于一座戒备森严的军事大本营。地位低下的汉族官员和广大平民被迫迁居到外城前三门外（王均，2000）。而在之后260多年里，内城居民的分布格局经历了深刻变化：首先是八旗间的居址逐渐模糊而消失；其次是越来越多的民人涌入内城而导致旗人与民人混居（刘小萌，1998）。赵世瑜和周尚意指出明清时期北京城市在空间上有一些新的特点出现，主要体现在商业空间、居住空间和社会生活与人际交往空间等方面（赵世瑜等，2001）。

我国台湾学者章英华在对北京20世纪初的内部社会空间结构进行研究时发现，“由于官吏、工商业者、无技术劳工等的低隔离状态，使得北京虽有内外城的行政和商业的对比，并未显示明显的阶层隔离现象”（章英华，1990）。而基于相同的史料，王均等人却认为近代北京城市中的社会阶层与人群混杂居住与相互分离的作用力都是客观存在的，导致特征演化的方向却是从满汉畛域的鲜明分化转向由社会地位引导的分化，在转化过程中出现混杂现象也是城市演化的必然（王均，2000）。

顾朝林等对北京20世纪的社会空间变化进行过系统总结，认为北京受欧洲工业化和技术革命的影响较晚，社会空间结构的传统基本完整地保留了下来。顾朝林认为，从清朝末年到新中国成立初，北京最显著的变化在于：一是天安门广场东南方向以大使馆、银行、饭店和驻军等为表现的外国人居住区，二是城区内部零散分布的教堂、学校和医院。1957年中国实施社会主义改造，提出变“消费性城市”为“生产性城市”的口号。在最早的两个五年计划期内（1953—1962），12个工业—居住区被布局在近郊区，北京的社会空间结构才从内城区扩大到近郊区（顾朝林，1997）。对于北京进入现代社会以后的社会空间研究随着相关资料的丰富而日益丰满，主要包括宏观、中观和微观三个层面。宏观层面重点研究社会区划分，城市总体的社会空间结构及演变、人口郊区化及居住用地扩张；微观层面主要集中在内城少数民族的研究，还包括城市新空间如国际移民社区和产业园区等的研究；中观层面的研究主要集中在旧城改造、非正式地域群体及其空间分布等（表3-1）。

现代北京宏观、中观和微观层面的社会空间研究概览 **表3-1**

尺度	主要研究者	主要研究内容
宏观	顾朝林、田文祝、薛凤旋（Victor F. S. Sit）、沈建法（Jianafa Shen）、王法辉、刘贵利、刘长岐、王宏伟、吴春、湛东升等	社会空间分异与极化及其动力机制、社会空间结构演化历程、社会空间结构的影响因素（Gu，2001；顾朝林，1997a；顾朝林，1997b）；北京城市居住空间的扩展与结构演化及其动力机制（田文祝，1999；刘长岐，2003）；基于人口普查等数据进行社会因子生态分析，划分社会区（Sit，1999）；社会区的演变和郊区化解读及其结构演化机制和社会空间分异的干预（冯健等，2003；冯健，2005；冯健等，2008）；改革开放时期北京重大的城市社会空间结构变化，如内城的更新与改造、城市边缘区的快速扩张和圈层发展等（Gu et al.，2003）；北京市中心区和近郊区的人口分布状况和居住用地的空间分布变化，及人口郊区化与居住用地的空间扩展之间的相互作用机制（刘长岐，2003；王宏伟，2003）；社会空间重构的社会变化和社会影响，社会空间重构方式与效果模型（吴春，2010）；不同社会属性居民的居住和就业空间分布（湛东升等，2013）
中观	吴良镛、林坚、谭英、项飚、马润潮、胡兆量、孟延春、宋迎昌、胡秀红、刘海泳、千庆兰、张景秋等	旧城改造相关问题，如整体保护、危旧房改造工作的难点、居民角度的居住区改造方式等（吴良镛，1982；项飚，1996，林坚，1997；谭英，1997；谭英，1998）；农村进城务工人员聚居区研究，如浙江村等（胡兆量，1997；孟延春等，1997；Ma et al.，1998；Xiang，1999；千庆兰等，2003）；外来人口空间集聚的特点、形成机制及其对城市发展的影响，相应的调控对策思路等（宋迎昌等，1997）；北京城市新富裕阶层的组成、生活水平、生活方式和空间分布及产生机制（胡秀红，1998）；北京流动人口聚落的形态结构与功能，形成和演化以及在城市空间内的分布、迁移和扩散的一般规律（刘海泳等，1999）；对公共开敞空间布局及社会空间分异现象的研究（张景秋等，2007）
微观	吴缚龙、王战和、冯健、穆晓燕、周尚意、良警宇、杨贺、李铁立、周一星、高成、柴彦威等	在经济全球化和地方机制的背景下对国际移民住区的研究（Wu et al.，2004）；对城市新空间如高新技术产业园区、大型门禁社区等的研究（王战和，2006；冯健等，2008；冯健等，2012；穆晓燕等，2013）；对少数民族聚居区的产生、发展、更新演变影响因素、社会空间结构、变迁模式等的研究（周尚意，1997；周尚意等，2002；良警宇，2003；杨贺，2004；高成，2006）；基础设施建设对于城市社会空间的影响（周尚意等，2003）；居民的居住需求、择居和迁居行为研究（李铁立，1997；周一星等，2000；冯健等，2004）；老年人日常购物行为的空间特征（柴彦威，2005）

（1）宏观层面

薛凤旋基于北京市 1985 年住房调查和 1990 年人口普查的数据，对 1990 年北京的社会区进行了划分。其研究以 96 个人口普查区为范围，选取了人口密度、住房条件和配套设施水平等 89 个变量，通过因子生态分析得到 7 个主因子，并划分出 7 种主要社会区，包括内城贫民区（inner-city slum）、东部城市扩展区（east city extension）、近郊居住区（suburban housing sectors）、专业人士区（professional complexes）、郊区老工业区（suburban old industrial quarters）、文化区（cultural area）、临时社区（temporary communites）（图 3-5）。研究认为 20 世纪 90 年代北京城市社会空间分异程度相对较轻，不仅低于西方城市，也低于 20 世纪 70 年代的前东欧城市，并尝试阐释了其背后的形成机制主要是计划经济体制下的住房供给系统及其原有社会结构的影响。

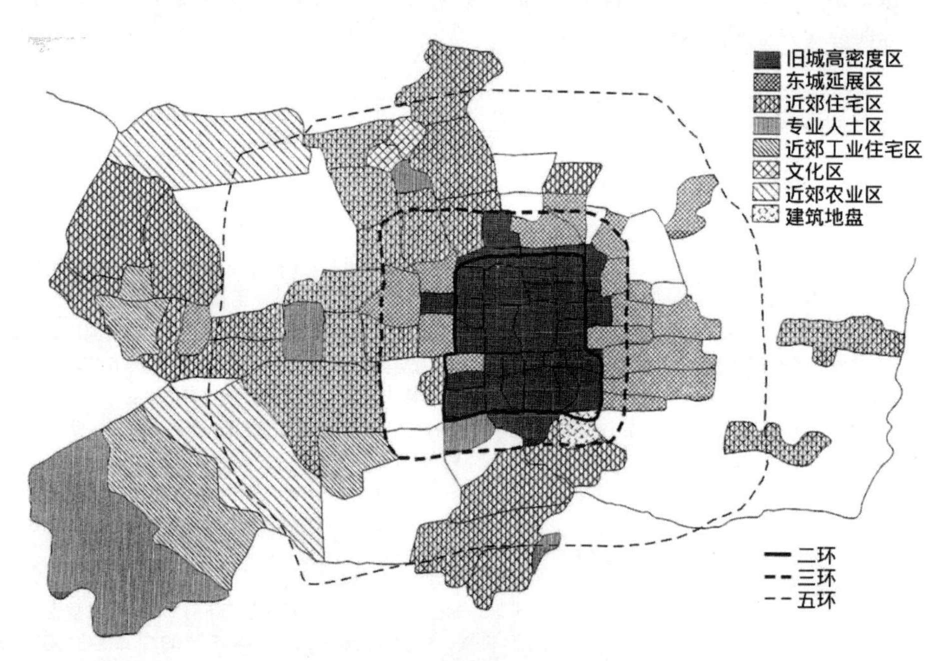

图 3–5　1990 年北京的社会区分析图

图片来源：Sit，1999

冯健和周一星基于“三普”和“五普”的人口数据，对北京都市区 20 世纪 80 年代至 21 世纪初的社会区演变和郊区化进行了更全面的因子分析及解读，得出了 2000 年北京都市区的社会空间结构模型（图 3-6），最后从三个尺度提出了一种城市社会空间结构演化的交叉式网络机制（冯健，2003；冯健，2008）。他们的研究结果表明：经过 20 年的发展，北京都市区社会空间结构的主因子有一定的变化，到 2000 年的时候出现了少数民族和外来人口等新的主因子（冯健，2003）。而在城市社会空间的结构模式方面，1982 年北京的社会空间结构模式相对简单，基本呈同心圆，到 2000 年时则综合了同心圆、扇形和多核心的结构要素。而后在对北京社会空间分异的进一步研究中，冯健分析了北京居民就业和居住收入的空间分异，提出要正视北京的社会空间分异，通过城市规划等手段积极干预，防止城市社会空间的过度分异（冯健，2005）。

顾朝林和沈建法对改革开放时期北京重大的城市社会空间结构变化进行了讨论，包括内城的更新与改造（图 3-7）、城市边缘区的快速扩张和圈层发展等（Gu et al.，2003）。他们发现与改革开放前的社会主义城市化模式不同的是，北京所经历的是一个偏离常规的城市变化路径，与西方城市和其他发展中国家有更多相似之处，城市蔓延和空间隔离与社会极化，以及农村移民大量涌入等现象并存。顾朝林、王法辉、刘贵利基于 1998 年北京街道一级调查数据，以北京城 8 区 109 个街道为研究范围，进行了转型期北京城市社会区的研究。结果表明社会经济状况和民族状况的影响开始显现，但与西方不同，在形成新社会空间结构中起决定性作用的仍是土地利用强度，与家庭状况相关的流动人口状况也表现出强劲的影响（顾朝林，2003）。

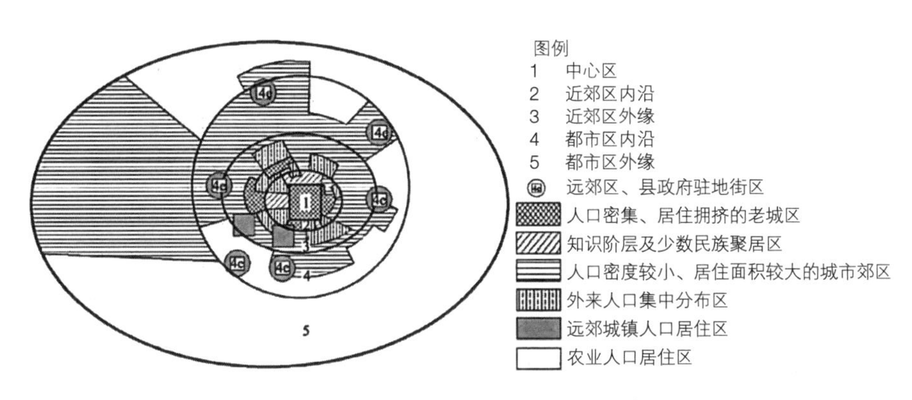

图 3-6　2000 年北京都市区的社会空间结构模型

图片来源：冯健，2003

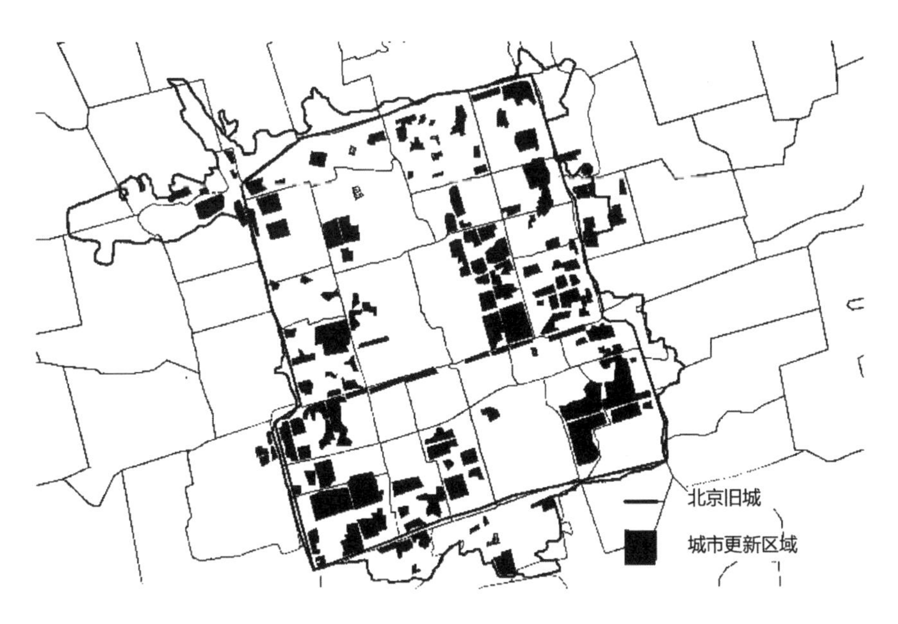

图 3-7　北京内城更新区域示意图

图片来源：Gu et al.，2003

（2）中观层面

关于北京中观层面的社会空间研究较多针对旧城改造及其相关问题。吴良镛先生最早于1982年对此进行了总体性的论述（吴良镛，1982）。他指出，在旧城进行建新时要注意历史延续性，保存和发展文化古城的特色，使得新旧交辉；旧北京城是一个整体，对其的保护应从整体着眼，分级分片区别对待，要推行“建筑高度分区”，保留空地和水面、控制建筑密度，把若干点、几条街、几个区认真控制好，探索和创造新的北京地方建筑风格。

此后，林坚等回顾和总结了中华人民共和国成立以来北京危旧房改造历程和转型时期危改工作特点的转变和难点所在，提出了推进当时北京危旧房改造工作的几点建议，包括及早制定适应客观形势要求的全市危旧房改造总体战略；逐步建立适应市场经济发展要求的危改建设体系；加大危改与房改、地改结合的力度，尽快修订有关拆迁办法；加强调查研究，进一步完善危改的特殊政策；突出重点，适当倾斜，加快最危最破地区的改造进程；坚持市政先行，探索共同出资、共享利益、共担风险的基础设施投资机制（林坚，1997）。在同一时期，谭英以城市社会学为视角，从居民角度对北京旧城居住区的改造方式进行了研究。论文通过大量的理论研究和社会调查，系统分析了北京旧城居住区改造现有方式所引起的居民大规模外迁对社会稳定造成危害的原因，以及旧城居民对于改善居住条件的多样化的需要和改造在解决城市住房问题方面的意义。作者提出旧城中心区的改造首先应采取分层次的改造方式，有选择地改造部分危破平房住宅的同时，保留和整治部分平房住宅，以在市中心提供标准多样化的住宅存量，满足不同家庭的需要；其次，在改造过程中需要深入研究低收入家庭的住房供应和分配问题，避免改造过程中利益的不合理分配和国有资产的流失；再次，结合新区的物质环境建设和社区建设，将改造搬迁过程作为一项综合的社会工程；最后，建立有效的参与途径，推动多层次的居民参与，以取得良好的社会效益。论文总结提出，就整个改造计划而言，做好科学的宏观组织和管理是保证改造取得良好的效果、经济上的效率和利益分配上的公正性的关键所在（谭英，1997；谭英，1998）。

在20世纪90年代中后期，随着改革开放的深入，农村向城市移民的规模越来越大，北京也不例外，在北京开始出现了流动人口聚居的城中村现象。Ma，J.VC. Laurence和项飚较早地对北京的农村进城务工人员聚居区进行了研究（项飚，1996；Ma et al.，1998），指出了在北京当时主要有丰台区大红门生产和批发衣服的“浙江村”、海淀区甘家口、魏公村从事餐饮业的“新疆村”、朝阳区东风乡从事废品收购的“河南村”、海淀区蓝旗营和西五道口从事贩卖蔬菜和废品收购的“安徽村”等，强调了地缘、血缘和业缘关系在他们聚集时所起的作用（图3-8）。作者详细分析了“浙江村”的发展过程，将其分为早期形成（1980—1984）、中期扩张（1985—1989）和晚期稳定阶段（1990以后），指出了农村进城务工人员聚居区的出现主要是城乡收入差距和中国在20世纪80年代迁移政策放松的作用。项飚在对“浙江村”的研究中认为，在城市中自发形成的外来人口聚居区已经形成一个新的社会空间。这种新的社会空间对中国社会的变迁有着丰富的意含，这一空间的形成过程是“传统网络的市场化”（项飚，1996）。作者认为，从这一点上看，中国的改革已经从“国家内调整”过程过渡到“国家与非国家”两个空间进行磨合的阶段，今后改革中的冲突将比以前要大要多，政府应该更大力度地调整社会管理方式和整合方式，以适应经济体制的变化和社会现实的变迁（Xiang，1999）。

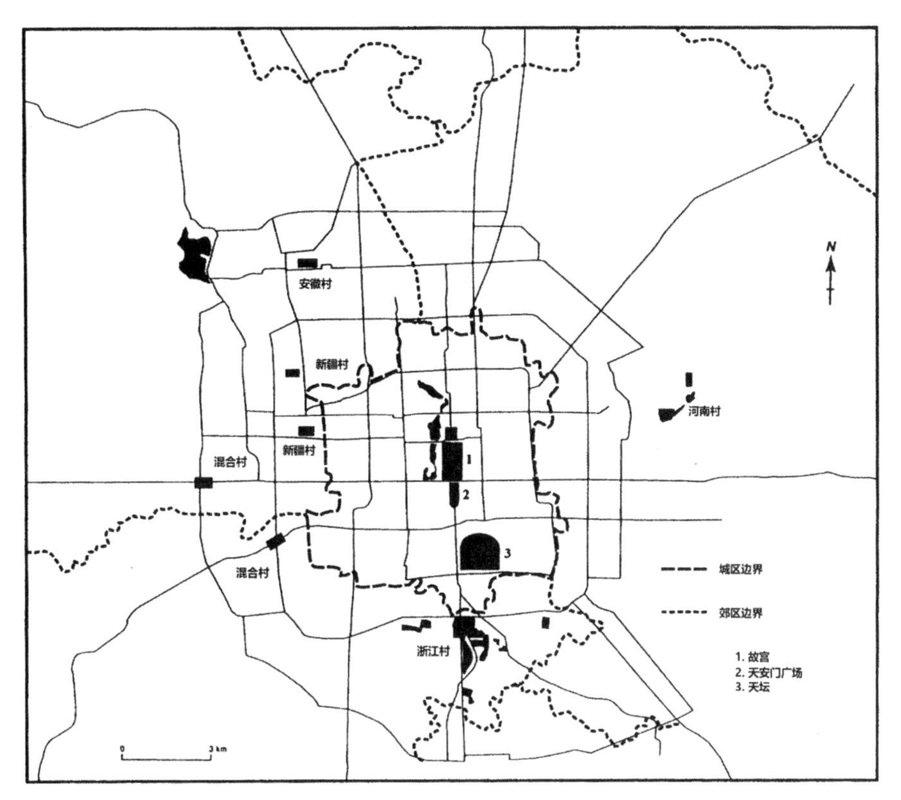

图 3-8　20 世纪 90 年代北京主要的农村进城务工人员聚居区分布图

图片来源：Ma et al.，1998

胡兆量把北京的“浙江村”看作一种异地城镇化模式，其最重要的特征是由不同层次的亲缘和地缘编织的社会关系网络（图 3-9）。在我国当时相对封闭的社会体制下，浙江村自成社区，相当于有中国特色的移民社区（胡兆量，1997）。孟延春也提出，“浙江村”在方言、地域、族居等多种因素的作用下，按照县、乡（镇）、村等地域来源关系构成了不同层次的多极地域结构，形成了一个“低层次自我服务与外向型服装加工相结合的开放系统”（孟延春，1997）。宋迎昌等从宏观分析和微观调查相结合的角度探讨了北京外来人口空间集聚的特点、形成机制及其对城市发展的影响，并提出了相应的调控对策思路，研究认为北京城区工业和居住区的近域扩散是外来人口在城乡结合部聚居的主导因素（宋迎昌，1997）。

胡秀红在大量调查的基础上，对北京城市新富裕阶层的组成、生活水平、生活方式和空间分布进行了分析研究，剖析了城市富裕阶层产生的机制，发现他们的消费倾向、家庭观念、生活价值取向、明显的物化特征与其他阶层迥然不同；探讨了富裕阶层的产生对北京的城市社会结构、经济结构、空间结构和生态环境的影响（胡秀红，1998）。刘海泳等概括总结了北京流动人口聚落的形态结构与功能，探讨了它们的形成和演化以及在城市空间内的分布、迁移和扩散的一般规律（刘海泳，1999）。千庆兰等以北京的“浙江村”和广州石牌地区为例，对我国大城市流动人口聚居区进行了初步研究，分析了聚居区的类型特点、区位选择、形成机制等（千庆兰，2003）。

张景秋等采用问卷调查法和实地调查法，对北京核心区的公共开敞空间布局及社会空间分异现象进行相应分析。调查结果显示，北京核心区的公共开敞空间具有沿交通干道集中布局、西密东疏及各个城区分布不均等特点。作者指出，北京核心区内具有不同社会属性的人群在利用公共开敞空间时在空间上存在较为明显的差异（张景秋，2007）。

综上可以看出，中观层次的研究主要包括旧城改造及其相关问题、非正式地域性群体及其空间分异、特定城市次区域及特定社会阶层的社会空间结构等内容。

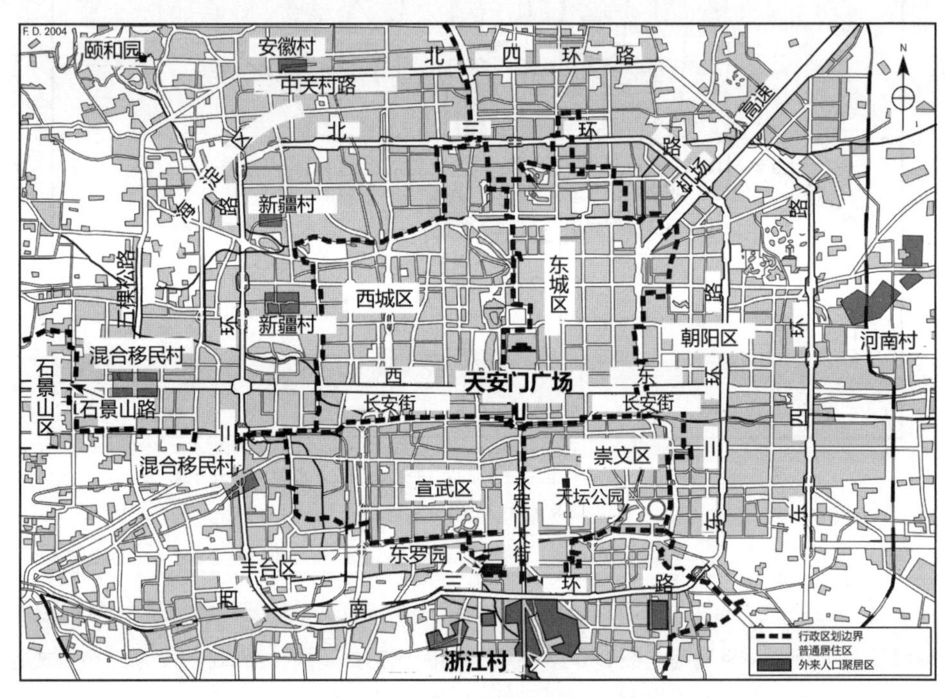

图 3-9　北京“浙江村”及其他典型外来人口聚集区分布图

图片来源：Xiang，2005

（3）微观层面

冯健等基于质性研究和深度访谈对中关村高校周边居住区的社会空间特征及其形成机制进行了研究，提炼了中关村高校周边居住区的社会空间结构模型，发现这一地区的社会空间经历了从“同质性”向“异质性”转变的发展阶段，呈现高流动性、松散社会网络的特征（冯健，2008）。穆晓燕和王扬在大量问卷调查的基础上，对北京三个近 20 年发展起来的巨型社区天通苑、回龙观、望京进行了社区居民的构成特征、变化特征以及不同收入居民的迁移意愿及居民满意度的分析，描述了社区的演替趋势和重构过程（穆晓燕，2013）。

除国内流动人口外，还有部分对国际移民住区的研究，如吴缚龙和克莱尔·韦伯（Klaire Webber）在经济全球化和地方机制的背景下探讨了北京“外籍门禁社区”的兴起。随着中国的对外开放，北京作为首都见证了外商直接投资和跨国公司分支部门的涌现，随之而来的外籍人士的居住需求不能在体制内得到解决而只能通过新兴的商品市场满足（图 3-10）。在北京，“外籍门禁社区”主要集中在东北部，代表了北京新富阶层的居住区位，对社会主义时期的相对均质的社会空间分布产生了影响，引发了关于社会空间极化、隔离和全球化城市的新空间秩序的思考（Wu et al.，2004），但此类研究尚处于起步阶段。王战和以北京中关村等为例研究了高新技术产业开发区与城市内在的经济、社会、政治联系及其在城市空间结构上的表现，从而揭示了高新区建设发展与城市空间结构演变的互动关系与作用机理（王战和，2006）。中关村的区位随着城市的发展而不断变化，成为由城市边缘布局向内部布局变化的一个典型。

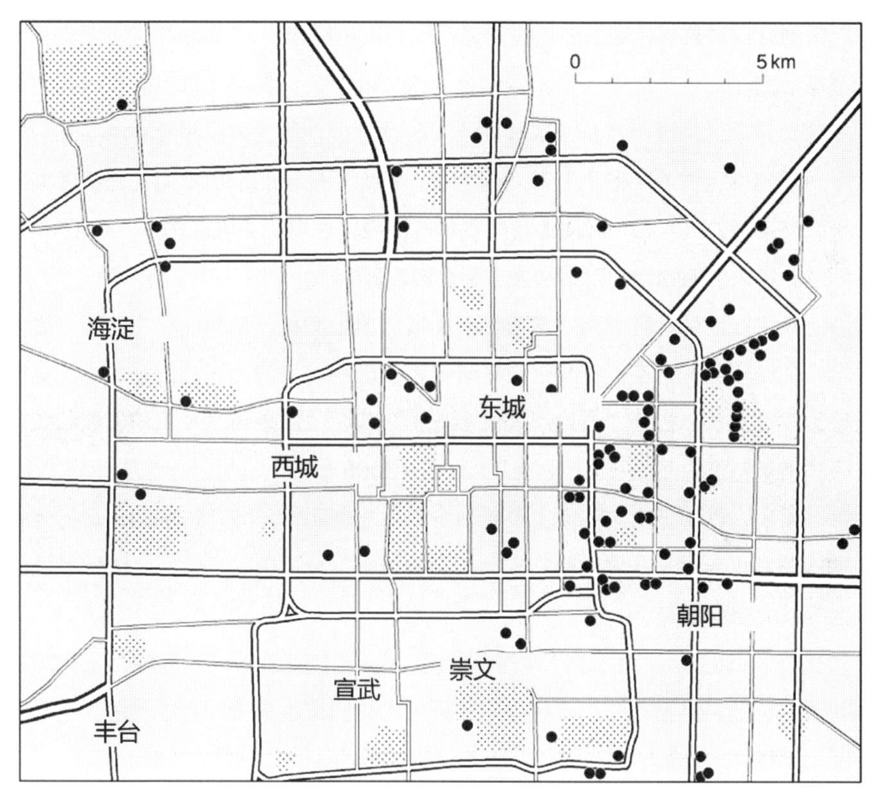

图 3-10　北京主要外籍住房项目分布图（阴影区为城市绿地）

图片来源：Wu et al.，2004

周尚意从北京牛街回族聚居区入手，分析了它的生长点、所属的文化区类型及它的区内中心位置，从政治、经济和文化三方面分析了它偏离城市主体民族核心地区的原因，并指出牛街作为具有宗教、行政双重机能的回族聚居区，是“形散而神不散”的机能文化区，有着人口、商业、宗教方面重合的重要意义（周尚意，1997）。周尚意以北京马甸回族社区为例讨论了城市交通干线发展对少数民族社区演变的影响（周尚意，2002）。周尚意等以北京德外大街改造工程为例讨论了交通廊道对城市社会空间的侵入作用，提出在城市大型交通廊道建设中，应该注意保持城市居民生活基本单元在适应实体空间变化上存在的差异性（周尚意，2003）。

李铁立对北京市居民的居住需求和居住选址行为进行了调查分析，研究表明居住区位是仅次于住房面积的第二重要因素（李铁立，1997）。周一星等利用千份北京居民迁居的问卷调查资料，详细分析了迁居户迁居的空间特征以及迁居者的社会经济属性，进一步证实了中国当前的人口郊区化是工薪阶层的被动外迁。他的研究指出，中青年已婚的核心家庭是北京市迁居户的主体，户主主要从事第三产业（周一星，2000）。冯健等研究了居住郊区化进程中北京城市居民的迁居行为、第二住宅与季节性郊区化，以及包括通勤、出行和购物行为等在内的相关空间行为（冯健，2004）。

良警宇和杨贺等对北京牛街回族聚居区（Jamaat）进行了研究。杨贺对其产生和发展、更新过程中的居住和商业发展等重点问题进行了分析（杨贺，2004）。良警宇对其从相对独立的封闭寺坊社区到开放性象征社区的变迁模式进行了分析（良警宇，2003）。

柴彦威等研究了北京市老年人日常购物行为的空间特征，发现北京市老年人购物活动随距离衰减的规律比较规则，进一步从微观和实证的角度分析了居住区位因素对老年人购物空间的影响。文中对于特殊区位的小区也有专门的分析，例如，处于北京历史文化保护区的前海北沿小区，由于城市规划的限制和小区周边自然水体的围绕，使得商业设施都分布在相对较远位置，从而使该地区老年人的购物空间范围加大（柴彦威，2005）。

高成以北京牛街回族社区和西安鼓楼历史街区为典型案例，从时间和空间两个维度对回民社区的社会文化结构和城市空间结构进行了研究，发现都市中的回民社区都具有历史街区和危旧房改造区的双重身份，提出了通过“公民参与”“自建”“团地再生”旅游发展和城市地下空间利用等模式来对都市中回民社区“再生”（高成，2006）。

综上可以看出，微观层次的研究主要包括少数民族聚居区、城市内部的迁居行为和特殊人群的行为空间等，也包括一些城市新空间，如高新技术产业园区、开发区、国际移民住区和大型门禁社区的社会空间研究。

总体而言，北京的社会空间研究对各个尺度、各类城市空间、各种城市人群都有所涉及，实证和理论研究都非常丰富，有从宏观理论分析为主转为微观调查为主的趋势。但对于中观尺度的社会空间结构、人口实际分布和公共服务设施的影响等研究不足。

3.2 数据资料概述

3.2.1 分街道人口数据

进行社会空间研究最基础的数据资料是城市人口的各种统计特征。在这方面，我国最为详细和准确的资料是人口普查资料，它包括人口的年龄构成、职业构成、文化构成、民族构成、家庭状况等方面的内容，但作为人口的十分重要的社会经济特征的家庭收入和住房条件在早期的人口普查资料中却没有。另一方面，社会空间研究要求把人口统计数据进行空间化，目前（对外公布的）最基本的人口统计数据单元是街道，虽然在有关的数据资料中有居委会一级的数据，但是数据过于概略，且居委会的空间划分的公开资料不易获取，因此，以居委会为单位组合社会区的思想无法在地图上落实，只能以按行政界线划分的街道办事处所辖范围来近似表示社会区。

北京市第四次人口普查资料分手工汇总和机器汇总两种，手工汇总资料的优点在于其中部分数据有到居委会这一尺度，缺点是所包含的内容较少，缺少人口的年龄、职业构成等；公开发行的机器汇总资料，则在内容上比较全面，但是对应的地区单元只分到街道。

本书主要利用了纸质版1990年的机器汇总资料，包括《北京市崇文区1990年人口普查资料（电子计算机汇总）》《北京市东城区1990年第四次人口普查资料（电子计算机汇总）》《北京市西城区1990年第四次人口普查资料（电子计算机汇总）》和《北京市宣武区1990年第四次人口普查资料（电子计算机汇总）》，并结合了手工汇总资料里的民族部分数据（包括《北京市崇文区第四次人口普查手工汇总资料》《北京市东城区第四次人口普查手工汇总资料》《北京市西城区第四次人口普查手工汇总资料》《北京市宣武区第四次人口普查手工汇总资料》），电子化后构成1990年的分街道人口普查数据基础资料。2000年，北京的核心区中，四区还未合并，因而分别利用了当时纸质版的北京市东城区、崇文区、西城区、宣武区人口普查资料，进行电子化和数据整合后形成2000年的分街道人口普查数据基础资料。2010年，行政区划进行了调整，四区合为两区，主要利用了纸质版的《北京市东城区2010年人口普查资料》和《北京市西城区2010年人口普查资料》筛选整理出2010年的分街道人口普查数据基础资料。

从三个普查年份的常住人口总数上来看，北京市核心区人口在不断减少，尤其是“四普”到“五普”期间人口减少较多。1990—2000年，北京市核心区的总人口由233.7万减少到211.5万，减少了22.2万，人口密度由26607人/km^{2}降到24079人/km^2（刘长岐，2003）。而在“五普”到“六普”期间北京核心区又增加了4万人左右，所以核心区从“四普”到“六普”期间总共减少了约18.2万人。核心区人口的减少在“凸”字型范围内最明显，增加的常住人口大部分集中在核心区的外围，比如最高的广安门外街道和德胜门街道，分别增加了8.8万和3.5万人；而人口减少最多的是金融街道，1990—2010年共减少5.5万人。总体而言，前10年核心区常住人口减少得多，后10年变化平稳（图3-11）。

图3-11　1990、2000和2010年北京市核心区分街道常住人口密度

图片来源：作者自绘

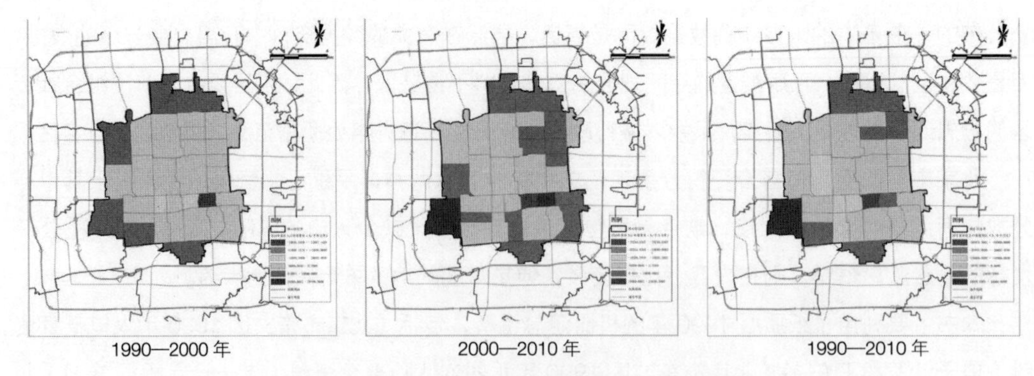

图 3-12　1990—2010 年北京市常住人口密度变化

图片来源：作者自绘

但是，从分街道的常住人口密度来看，核心区的不同区域表现出不同的人口变化趋势（图 3-12）。20 年间，总体上表现出东北角和西南角的常住人口密度在增加，东北角人口增加的街道包括德胜街道、和平里街道、北新桥街道和交道口街道；而西南角人口增加的街道包括广安门外街道、白纸坊街道和永定门外街道。而核心区的中间部分除崇文门外街道外，人口全都减少，其中前门街道减少得最多，其次是金融街街道、椿树街道、大栅栏街道和陶然亭街道。

核心区人口密度变化除了在空间上分异外，在时间上也存在着阶段性。1990—2000 年，核心区中部人口密度全部减少，而西部、北部和南部外围的人口密度却在增加，减少最多的是崇文门外街道；2000—2010 年，西南部和东部外围的人口密度在增加，中部也有部分街道的人口在回流，包括牛街街道、天桥街道、交道口街道、景山街道、东四街道、朝阳门街道和北新桥街道等，而崇文门外街道则变成了人口密度增加最多的街道，其次是西南角的广安门外街道。

3.2.2　土地利用数据

本书所采用的北京市核心区的建设用地分类数据为作者自行采集和绘制，具体的绘制方法为根据百度、腾讯和谷歌地图自制，时间为 2015 年；在 ArcGIS 中以多边形及其用地属性存在，主要包括 R 居住用地、A1 行政办公用地、A3 教育科研用地、A5 医疗卫生用地、A9 宗教设施用地、B 商业服务设施用地、S 道路与交通设施用地、U 公用设施用地和 G 绿地与广场用地等类别。要想获得与人口普查年份相匹配的历史土地利用数据比较困难，因此，本书假设在 2010—2015 年期间，核心区的用地属性，尤其是居住用地变化不大，使得人口统计数据与土地利用数据在时间节点上近似匹配，以此进行人口数据空间化的相关研究。

3.2.3　主要公共服务设施分布数据

在城市内部对人口分布影响最大的几类公共服务设施主要包括医疗设施、教育设施、游憩设施等，结合数据的可获取性，本书也主要分析这几类公共服务设施的可达性对北京核心区社会

图 3–13　北京市核心区土地利用图

图片来源：作者自绘

空间的影响（图 3-13）。本书采用的公共服务设施分布数据主要来自北京市政务数据资源网[①]。

其中医疗设施截取了位于核心区的医疗机构（不含军队医疗机构），结合来自《北京卫生年鉴 2014》所收录的北京 2013 年主要医疗卫生机构服务能力的相关数据，最终确定了二级医院 22 个和三级医院 18 个，共 40 个医疗服务设施要素点（图 7-3）。

教育设施则截取了位于核心区的基础教育机构，结合《东城区教育事业基本情况》和《西城区教育事业基本情况》相应年份的数据，最终确定了小学 135 所、中学 88 所，共 223 个教育服务设施要素点（图 7-4 和表 7-4、表 7-5）。

① www.bjdata.gov.cn. 医院归属类别在医疗健康——医疗机构——综合专科医院，包含二级医院和三级医院；学校归属类别在教育科研——教育机构——基础，包含小学和中学；公园绿地归属类别在旅游住宿——景点——公园广场，包含森林公园、郊野公园和注册公园，本书因研究范围所致，只包含了注册公园，其中永定门公园分别位于东西城区的两部分合为一个公园。

游憩设施数据则截取了位于核心区的48个注册公园，并收集和计算了其包括分类、占地面积和入口个数的数据。分类主要分为收费公园和免费公园，收费公园的入口数据通过高德API抓取其POI获得，分类编号为070306，生活服务下的售票处中的公园售票处；而免费公园入口数据则通过百度地图的坐标拾取系统提取免费公园固定入口的坐标，并采集开放公园可进入点（即公园内部道路与外部城市道路交汇点）的坐标，通过坐标转换获取，共制备了276个公园入口点要素数据（图7-5）；公园名称及相应属性如表7-7所示。

3.2.4 道路网络数据

本书通过融合多重数据来源如Open Street Map、北京市政务数据资源网等获取北京市域范围内的道路数据。共包括五级道路系统，从高到低，依次为高速公路、城市快速环路、城市主干路、城市次干路和支路。本书没有考虑地铁，一方面是由于地铁网络与路面道路网络是两个独立的系统，路面路网系统可以独立于地铁运行。而地铁网络复杂，每条线路的运行速度都不一样，而地铁口与换乘站的数据也处于不停的变动中。如果将地铁纳入考虑，运算将变得十分复杂。另一方面，本研究的范围是北京核心区，尺度较小，而地铁更多的是服务长距离通勤的人口，在核心区内部交通作用相对弱化。尤其是本书所要研究的城市公共服务设施医院、学校和公园绿地均为服务范围相对有限的公共设施，选择地铁出行的人口相对较少。

3.3 研究方法

3.3.1 因子生态分析

因子生态分析的概念最初是由心理学家Chales spearman于1904年提出，之后在社会区分析的基础上，城市社会空间的因子生态分析由北美地理学家贝尔和凡·阿斯多（Van Arsdol）创立。贝尔利用1940年洛杉矶和旧金山街区6方面人口属性数据采用因子分析方法归纳出社会经济状况、家庭状况和种族状况是上述两城市社会空间分异的主要因子（Bell，1955）；阿斯多采用因子分析对美国10个大城市1950年的街区单元人口数据进行分析，得出与贝尔一致的结论（Van Arsdol et al.，1958）。得益于计算机技术的发展，这种多元统计分析方法逐渐广泛应用于城市社会空间分析。

因子生态分析是因子分析和聚类分析的结合，主要采用因子分析、主成分分析和对应分析等多元分析方法，对基于人口普查或其他社会经济数据中城市内部每个统计小区的社会、经济、文化、居住和人口等与社会空间相关的大量数据进行定量分析，判定各因子得分并以此为依据进行聚类分析和归纳，划分社会空间类型。因子生态分析的目的有两个：一是揭示城市社会空间中的主要作用因子（或称为主因子）；二是揭示这些主因子的空间作用特点（或称为空间作用模型）（虞蔚，1986），据此解释城市社会空间的实质。

（1）因子分析

因子分析（facotr analysis）主要用于变量约减，从一些错综复杂的变量中提取出少数几个综合因子（何晓群，2008）。其作用在于两方面：一是借此发现一些潜变量，从而简化事物的结构，为研究对象的分析带来方便；二是消除变量之间的多重共线性，以用于后续的回归分析（王法辉，2009）。

因子分析的前提条件是观测变量之间存在较强的相关关系，通常采用KMO（Kaiser-Meyer-Olkin measure of sampling adequancy）来帮助判断观测数据是否适合做因子分析。当KMO值越接近1，越适合做因子分析；反之，当KMO值越接近0，越不适合做因子分析（郭志刚，1999；余建英等，2003）。较为严谨的标准是以0.7为界，KMO＞0则可以认为适合做因子分析。

主因子个数的确定是因子分析较为关键的步骤。最常用的方法是根据特征值来判断公因子的重要性，从而决定选择多少个公因子。因为标准化变量的方差为1，任何特征值小于1的公因子都比原始变量的方差还小，也就是说这个公因子蕴含的信息还不如原始变量大，从而没有起到变量约减的作用（王法辉，2009），因而通常会提取特征值大于或等于1的公因子作为主因子，放弃特征值小于1的公因子。此外，还会参考特征值与公因子之间的碎石图来决定主因子的个数，通常将曲线变平开始的前一个点认为是提取的最大因子数（郭志刚，1999）。保留的因子是否有意义且易于解释，是确定提取主因子个数时的主要标准。在现有的城市社会空间因子生态分析研究成果中，所选取的主因子累计方差贡献率一般在70%左右（顾朝林，2003）。

因子载荷是因子分析中最重要的一个统计量，它反映了原始变量与公因子之间关系的强弱。原始变量信息往往平均分散于多个因子中，根据初始因子解往往很难解释因子的意义。因此需要进行坐标旋转，旋转并不影响对数据的拟合程度，但可以使变量在某一个因子上载荷最大，而在其他因子上载荷较小，从而简化因子结构，使得到的主因子更简单和易于解释。此后，可以根据因子中载荷大的变量的组合情况对各主因子进行命名。因子旋转包括正交旋转（orthogonal rotation）和斜交旋转（oblique rotation）两种旋转方式，正交旋转得到彼此不相关的因子，而斜交旋转允许因子间存在一定程度的相关。其中正交旋转又包括方差最大法（varimax）、四次方最大法（quartimax）和等量最大法（equimax）三种旋转方法，方差最大法使因子载荷平方的方差最大，从而极化因子载荷，在社会研究中应用最为广泛（郭志刚，1999；王法辉，2009）。

（2）聚类分析

聚类分析也被称为群组分析或点群分析，是研究多要素事物分类问题的数量方法。其基本原理：按照某些指标（如相似性或差异性），根据样本自身的属性，通过用数学方法定量地确定它们之间的亲疏关系，并按亲疏程度进行聚类（徐建华，1994）。在社会区分析研究中，聚类分析用于对因子分析的结果进行归类（即主因子得分不同的各地区），以划分不同类型的社会区（王法辉，2009）。

聚类分析分为 R 型聚类和 Q 型聚类两种，前者用来对变量进行分类，常以相似系数作为分类依据；而后者则是用来对样本进行分类，常以距离作为分类依据。聚类分析可分为四个主要步骤，分别为：①选择适宜的聚类变量。②计算对象间相似性。③选定聚类方法，确定类数。④验证解释聚类结果（郭志刚，1999）。

在众多聚类方法中，层次聚类法和迭代聚类法是应用最广泛的两种。其中，层次聚类法（Hierarchical Cluster Procedures）是通过计算类与类之间的距离（或相似系数）来进行分类的一种方法。常用的距离（或相似系数）有：欧几里得距离、绝对距离、闵可夫斯基距离、Pearson 相关系数、Sonsine 相似度、夹角余弦等。"属性距离"的计算是层次聚类法中的核心问题，其常见的计算方法包括：平均联结法（average linkage）、离差平方和法（ward's method）、最短距离法（single linkage）、最长距离法（complete linkage）、重心法（centroid），其中平均联结法和离差平方和法是分类效果较好的方法（郭志刚，1999；宣国富，2010），广泛应用于社会科学领域中。

3.3.2 空间统计分析

空间统计分析是揭示空间依赖性和空间异质性的一系列分析方法和技术，主要包含全局和局部两个层面，是 GIS 研究的前沿领域之一（马荣华等，2007）。全局空间自相关指数主要用于尝试识别总体空间模式；而局部空间关联指标（LISA）则对识别空间聚类（spatial cluster）、"热点"和"冷点"（hot spots and cold spots）、区分空间异质性非常有效（Boots et al.，2000）。运用空间统计分析方法可以更为精确地反映城市社会空间的依赖性和异质性特征，以便更好地理解社会空间的形成机制（宣国富，2010）。

（1）空间权重矩阵

空间权重矩阵是进行探索性空间数据分析和空间自相关检验的前提和基础，主要目的是用来定义空间对象的相互邻接关系，表达空间单元间潜在的相互作用，它是空间统计学与传统统计学的一个重要区别（沈体雁等，2010）。空间权重包括了线性相邻、"车"相邻（rook contiguity）、"象"相邻（bishop contiguity）和"后"相邻（queen contiguity）等多种定义方法，按照惯例一般以主对角线为 0 的对称矩阵来表达空间邻近关系，n 个位置的空间邻近关系矩阵为

$$w=\begin{pmatrix} w_{11} & w_{12} & \mathrm{L} & w_{1n} \\ w_{21} & w_{22} & \mathrm{L} & w_{2n} \\ \mathrm{M} & \mathrm{M} & \mathrm{O} & \mathrm{M} \\ w_{n1} & w_{n2} & \mathrm{L} & w_{nn} \end{pmatrix} \tag{3-1}$$

式中，矩阵元素 w_{ij} 表示空间单元 i 与空间单元 j 之间的邻接关系。当空间单元相邻时，空间权

重矩阵的元素 $w_{ij}=1$，其他情况下 $w_{ij}=0$。若取线性相邻为权重定义标准，则 w_{ij} 表达式如式（3-2）所示。

$$w_{ij}=\begin{cases}1 & \text{单元}i\text{和单元}j\text{有公共边}\\0 & \text{单元}i\text{和单元}j\text{没有公共边}\end{cases} \tag{3-2}$$

此外，还可依据空间单元距离的远近来定义权重矩阵，如佩斯（Pace）提出的有限距离的设定（Pace et al.，1997）。令 d_{ij} 表示两个空间单元之间的欧氏距离，d_{maxi} 表示最大空间自相关距离，对于单元 i 若：$d_{ij} \leqslant d_{maxi}$，则 $w_{ij}=1$，否则 $w_{ij}=0$，如式（3-3）所示。

$$w_{ij}=\begin{cases}1 & \text{单元}i\text{和单元}j\text{的距离小于}d_{maxi}\text{时}\\0 & \text{其他}\end{cases} \tag{3-3}$$

式中 $i \neq j$。此外，安塞林（Anselin）还提出了负指数距离（Anselin，1988），设定 $w=\exp(-\beta d_{ij})$，式中 d_{ij} 表示两个空间单元之间的欧氏距离，β 为预先设定的参数（马荣华等，2002；沈体雁，2010）。

（2）全局空间自相关

全局空间自相关用于检验整个研究区域整体上的空间关联与空间差异程度，判断相互邻近的空间单元的空间作用特征是正相关、负相关，还是相互独立的（王法辉，2009）。测度全局空间自相关的指标和方法很多，主要包括连接统计（Join-count Statistic）、Moran's I 指数、Geary's C 和 Getis's G 等。其中，Moran's I 指数由莫兰（Moran）于 1948 年提出，是最早应用于全局聚类检验的方法，反映的是空间邻接或邻近的区域单元属性值的相似程度（Moran，1948），其计算公式为：

$$I=\frac{n\sum_{i=1}^{n}\sum_{j=1}^{n}w_{ij}(x_i-\bar{x})(x_j-\bar{x})}{\sum_{i=1}^{n}\sum_{j=1}^{n}w_{ij}\sum_{i=1}^{n}(x_i-\bar{x})^2}，\text{其中}（i\neq j） \tag{3-4}$$

其中，n 为空间单元总数，x_i 为空间单元 i 的属性值，$\bar{x}=\frac{1}{n}\sum_{i=1}^{n}x_i$ 为空间单元属性的平均值，w_{ij} 为空间权重矩阵中的元素，代表空间单元 i 和空间单元 j 之间的影响程度。

需要对空间自相关计算结果进行显著性检验。通常，空间单元是否存在显著的空间自相关可以通过空间自相关指数的标准化统计量（Z 值）来检验，Z 值的计算公式为（Anselin，1988）：

$$Z(I)=\frac{I-E(I)}{\sqrt{VAR(I)}} \tag{3-5}$$

其中，I为空间自相关指数，$E(I)$ 为 Moran's I的理论期望值，$VAR(I)$ 是 Moran's I的理论方差。$VAR(I)$ 和 $E(I)$ 在近似正态分布假设、随机分布假设和条件随机排列三种前提下的计算方法有所不同。

在近似正态分布假设下，Moran's I的期望和方差分别为：

$$E_n(I)=-\frac{1}{n-1} \tag{3-6}$$

$$VAR_n(I)=\frac{n^2w_1-nw_2+3w_0^2}{w_0(n^2+1)}-E_n^2(I) \tag{3-7}$$

在随机分布假设下：

$$E_R(I)=-\frac{1}{n-1} \tag{3-8}$$

$$VAR_R(I)=\frac{n[(n^2-3n+3)w_1-nw_2+3w_0^2]-k_2[(n^2-n)w_1-2nw_2+6w_0^2]}{w_0^2(n-1)(n-2)(n-3)}-E_R^2(I) \tag{3-9}$$

其中

$$k_2=\frac{n\sum_{i=1}^{n}(x_i-\bar{x})^4}{\left[\sum_{i=1}^{n}(x_i-\bar{x})^2\right]^2}，\quad w_0=\sum_{i=1}^{n}\sum_{j=1}^{n}w_{ij}$$

$$w_1=\frac{1}{2}\sum_{i=1}^{n}\sum_{j=1}^{n}(w_{ij}+w_{ji})^2，\quad w_2=\sum_{i=1}^{n}(w_{ig}+w_{gi})^2$$

式中：w_{ig} 和 w_{gi} 分别为权重矩阵中 i 行和 j 列之和。

条件随机排列方法假设观测值可以等概率地出现在任何位置之中，通过对观测值在所有空间单元内进行若干次（如 999 次、9999 次等）随机重排序，每次计算得出不同的 I 统计量值，最后得到 I 的均值和方差，从而计算显著性检验统计量（张学良，2007）。

由标准化 Z 值的 P 值检验来确定显著性水平，如果 P 值大于给定的显著性水平 α，则接受零假设，否则拒绝零假设（鲁凤，2004）。在实际应用中，通常将 Z 值与选取显著性水平 $\alpha=0.05$ 下的双侧检验临界值 ±1.96 进行比较，来判断空间自相关的显著性。

Moran' s I 指数可以看作观测值与其空间滞后之间的相关系数。变量 x 的空间滞后定义为：

$$x_{i,-1}=\sum_j w_{ij}x_j/\sum_j w_{ij} \tag{3-10}$$

其中，w_{ij} 是空间权重，x_i 和 x_j 分别是区域 i 和区域 j 的属性。因此，Moran' s I 指数的取值范围在 [−1，1] 之间。因此，在给定的显著性水平下，Moran' s I 值越大，空间自相关性越强，空间上集聚分布的趋势越明显。当 Moran's I 越接近 1 时，表明具有相似的属性集聚在一起；当 Moran's I 越接近 −1 时，表明具有相异的属性集聚在一起；当 Moran's I 接近 0 时，意味着属性是独立随机分布的，即不存在空间自相关（图 3-14）。

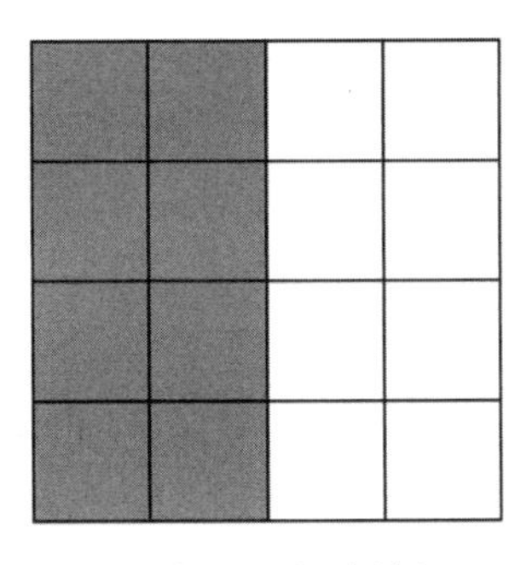

Moran's I > 0（正相关）

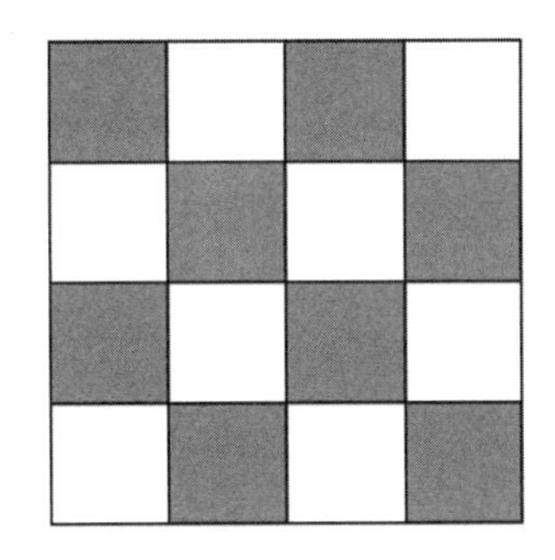

Moran's I < 0（负相关）

图 3-14　空间自相关正负结果示意图

图片来源：刘湘南，2005

（3）局部空间自相关

局部空间统计用以揭示观测值的高值或低值的局部空间聚集，即被全局评估掩盖了的局部反常性或不稳定性。局部空间自相关测度主要包括格蒂斯（Getis）和奥德（Ord）提出的 G 统计量（Getis，1994；Getis et al.，1992）、安塞林提出的由一系列局部空间关联指数构成的 LISA 统计量及其相关的 Moran 散点图和散点地图等（Anselin，1995；Anselin，1996）。

■ Moran 散点图

Moran 散点图实际上是在二维坐标系中展示变量与其空间滞后的线性关系（图 3-15），横坐标为原始变量的标准化值 z，纵坐标为其标准化值的空间滞后向量 w_z。一般用来研究局部空间不稳定，识别局部空间关联类型。全局 Moran's I 指数可以看作是 w_z 对于 z 的线性回归系数，在散点图中对应回归线的斜率。

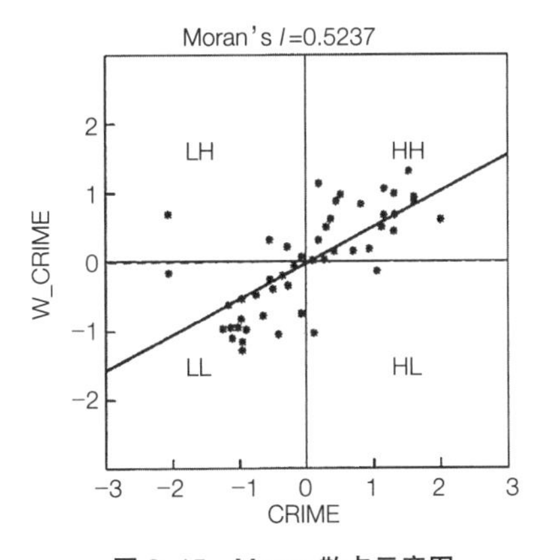

图 3-15　Moran 散点示意图

图片来源：作者自绘

4 种局部空间关联类型分别对应 Moran 散点图的 4 个象限：第一象限（HH）和第三象限（LL）表示相似的值发生集聚（高高或低低），对应正的空间关联形式；第二象限（LH）和第四象限（HL）表示不相似的值发生集聚（低高或高低），对应负的空间关联形式，区域具有异质性。Moran 散点图的优势在于表达形象易于理解，并且可以通过象限的划分进一步识别空间关联的具体方式。

对全局 Moran's I 指数具有强烈影响的空间单元或离群值可以标准回归诊断为基础识别出来。由于散点图中的变量使用的是标准化后的数值，也使得不同变量和不同时间的散点图具有可比性，从而可以通过散点图的比较来分析不同变量的空间格局差异及其时间变化（Anselin，1995；Le Gallo et al.，2003）。将 Moran 散点图的四个象限对应的空间关联类型用专题地图的形式表示，则形成 Moran 散点地图（宣国富，2010）。

■ 局部空间关联指标——LISA

局部空间关联指标（local indicators of spatial association，LISA）由安塞林提出（Anselin，1995；Le Gallo et al.，2003），包括 Local Gamman、Local Moran's I 和 Local Geary C 等。作为局部空间关联指标，需要满足两个条件：①每个空间单元的 LISA 值都指示了该单元周围显著相似的空间单元的集聚程度；②所有空间单元的 LISA 值总和与相应的全局相关指标成比例。

在此仅介绍 Local Moran's I 的计算和检验方法以及其相关的统计含义。Local Moran's I 的定义为：

$$I_i=z_i\sum_{j=1}^{n}w_{ij}z_j\text{，其中}i\neq j \tag{3-11}$$

式中，z_i 和 z_j 分别为空间单元 i 和单元 j 上观测值的标准化值；为了便于解释，w_{ij} 通常取行标准化的空间权重，此时 $\sum_{j=1}^{n}w_{ij}=1$。

与全局空间自相关的 Moran's I 的检验类似，条件随机或排列是一种可行的对 Local Moran's I 进行检验的替代方法。条件随机方法通过将位置 i 的观测值固定，对其他位置的观测值进行若干次随机排列试验，可得到 I_i 的一个伪显著性水平（pseudo significance）p 值（宣国富，2010）。当两个空间单元的邻域部分相同时，局部统计量存在着相关，这就使得基于正态分布假设的检验变得更为复杂，这实际上属于多重统计比较，可以遵循邦费罗尼（Bonferroni）标准进行判断（张学良，2007）。当总体显著性水平设定为 α 时，空间单元数为 n，则各个空间单元的显著性水平为 α/n，但是当 n 相当大时，采取此标准可能过于保守（Anselin，1995；Le Gallo et al.，2003）。

在给定的显著性水平下，当 I_i 显著小于 0 时，空间单元 i 与其相邻区域存在负空间自相关，即非相似值的空间聚集；当 I_i 显著大于 0 时，表明空间单元 i 与其邻近区域存在正空间自相关，即相似值（高高或低低）的空间聚集。

LISA 统计量可以识别重要的局部空间集聚（即“热点”和“冷点”地区），并且可以指示局部的一系列空间不稳定（或非典型地区），揭示空间离群值，这与莫兰散点图的功能相似

（Anselin，1995；Le Gallo et al.，2003）。然而，Local Moran’s *I* 无法确定具体是高值集聚还是低值集聚，需要通过将莫兰散点图与 LISA 显著性水平相结合的 LISA 显著性地图来指示 LISA 显著性水平和空间相关类型（宣国富，2010）。

3.3.3 人口数据空间化

人口数据空间化是目前国内研究人口非均匀分布的主流方法。基于人口空间分布模型，离散化人口统计数据，发掘并展现隐含的空间信息，以便模拟人口地理分布（柏中强等，2013）。

我国最主要的人口数据来源于每 10 年一次的全国人口普查，以严谨的统计学理论和方法作为支撑，以基本的行政区划单元逐级统计、汇总而来，具有权威、系统、规范等特点（胡云锋等，2011）。但这一数据时空分辨率低，即更新周期长，也难以在空间上精确表达，因而不便于空间运算和分析，难以对其空间特征进行模拟和预测。而作为人口学、经济学、地理学等多个学科研究重点的人口分布研究的基础就是要将抽象的人口统计数据落实到具体的地理空间上，以从不同的空间尺度模拟人口的空间分布状况和动态变迁过程。20 世纪 90 年代以来，随着地理信息系统技术（GIS）和遥感技术（RS）应用的逐渐广泛和深入，人口数据空间化得以实现（Geoghegan et al.，1998；蒋耒文，2002）。

在宏观尺度上，人口数据的空间化主要通过利用遥感获取的土地利用 / 覆盖数据和其他地理因子估计人口数据，从 DMSP-OLS 夜间灯光数据反演人口数据，以及从遥感获取的光谱特征中直接反演人口数据等，在数据来源、技术手段和方法体系上已经非常成熟。国内外这方面的重要项目包括 GPW、UNEP/GRID、LandScan 等（王雪梅等，2004）。基于地理信息系统技术和遥感技术的人口数据空间化方法主要又可细分为土地利用类型法、多源信息融合法和基于像元特征的空间化方法等（柏中强，2013）。土地利用既受自然条件的影响，也与人类生产生活等社会经济活动密切相关，是进行人口数据空间化的最重要的参照要素。利用土地利用数据进行人口数据空间化，包括单独地使用土地利用数据，以及将土地利用数据和其他地理因子数据，如数字高程、交通基础设施、河流水系等结合起来的方法（廖顺宝等，2003），适用于人尺度的人口分布研究，不适用于城市内部人口空间结构的研究。

在中观尺度上，各种人口分布的密度模型得到了很充分的发展，主要包括异速生长模型和距离衰减模型两类。异速生长模型认为，在区域城市化进程中，城市人口密度与建设用地之间通常存在异速生长关系和分形几何结构（陈彦光，2000）。距离衰减模型描绘了城市人口密度从中心向外围递减的趋势。模型参数包括了城市影响范围（城市区半径）、城市中心区的人口密度等，如基于高斯分布的 Smeed 模型（Smeed，1963）、负指数模型（Bracken et al.，1989）、基于重量—质量—距离理论的重量人口分布模型等（Wang et al.，1996）。这些模型对城市总体人口的分布做出了很好的概括。

而在微观尺度上，即在城市街区尺度的人口分布的研究相对较少，一方面是因为受到统计口径、数据可获得性的影响，城市街区尺度的人口分布研究相比于大尺度的人口分布研究更难进行。微观尺度的人口数据空间化对时空分辨率有着更高的精度要求，一般情况下很难实现。另一方面，城市内部人口分布的相关问题并不是先前一段时间人口分布研究的重点所在。而如今，随着全世界城市化进程的发展，大城市城市病的凸显，资源环境问题、交通拥堵问题、城市内部贫困问题，以及各种自然、人为的城市灾害问题都使得对于城市内部更为细致的人口分布研究成为当务之急（柏中强，2013）。再者，城市高精度电子地图甚至三维地图的广泛应用、ICT 技术的发展、基于位置服务（LBS）的兴起，移动轨迹、手机信令等新型即时性数据的可获得性也都为城市内部的人口分布研究提供了便捷的技术手段，甚至是革命性的研究方法和范式。

但是，基于数据可获得性、方法成熟性等多方面的考虑，传统的空间化方法在现阶段仍有一定的适用性，如格网化的空间化方法。人口数据格网化是指在现代对地观测、地理信息空间分析与模拟、高精度电子地图等技术的支撑下，将以行政区划为单元的统计型人口数据按照一定规则分配到地理格网上的过程。

3.3.4 网络分析

实体化的网络在自然环境和建成环境中无处不在，如水系网络、道路网络、通信网络等。而模型化的网络是对实体网络的抽象，按照几何形态，空间实体被抽象为点、线、面要素，按一定的拓扑关系彼此连接而成。基本的模型化网络主要有：中心、链接、节点和阻碍（Oh et al.，2007）（图 3-16）。链接具有长度、方向等属性，节点是链接的交汇处，可控制链接之间的流交换，而阻碍则会阻止链接之间的流交换。

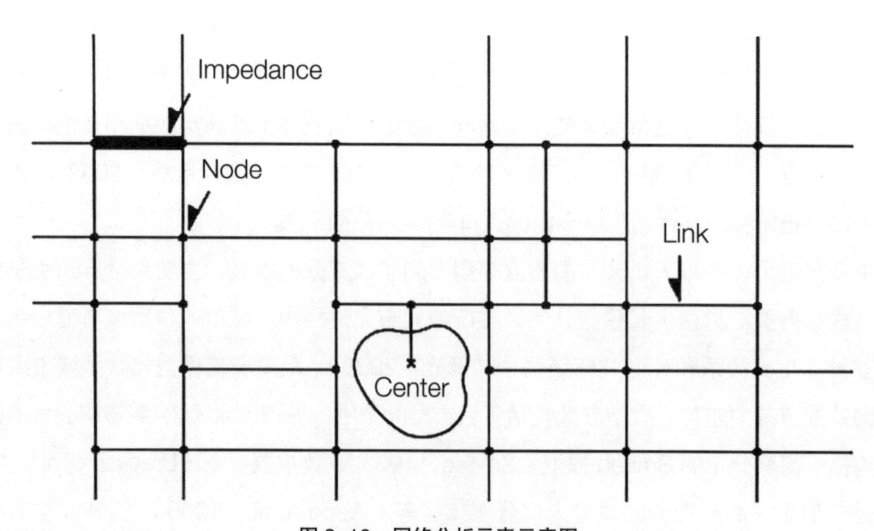

图 3-16 网络分析元素示意图

图片来源：Oh et al.，2007

网络分析的根本目标就是研究、筹划一项网络工程如何安排，并使其运行效果最佳。它是依据网络拓扑关系，通过考察网络元素的空间及属性特征，以数学理论模型为基础，对网络的结构和性能进行多方面研究的一种分析计算（傅晓婷，2010）。网络分析是为了研究资源在网络中的流动和分配状况，以实现最短路径的寻找、网络中心的服务区生成、资源的最佳分配和网络本身的结构优化等目标。网络分析的本质是一种空间分析方法（汤国安等，2006）。网络分析的方法依目标而定，下面仅以服务区生成为例简单说明。

对于城市道路网络，计算按照某种交通方式从网络的某个中心沿城市路网行进一段距离后，各个行进终点所围合形成的范围即为网络中心服务区（高骆秋，2010）。即：对于给定的地理网络 $D(V, E, c)$（其中，V 表示节点的集合，E 表示链接的集合，c 表示某个中心），C_w 表示中心的阻值，r 表示任何节点到中心（v_i，v_c）的一条路径，W_{ij} 表示网络链接 e_{ij} 的费用，r_{ic} 表示该路径的费用，中心的服务范围定义为（不考虑供需大小）（龚洁晖等，1998）：

$$F=\{v_i\,|\,r_{ic}\leqslant c_w, v_i\in r\}\cup\{e_{ij}\,|\,r_{ic}+w_{ij}\leqslant c_w, v_i\in r\} \qquad (3\text{-}12)$$

从中心出发的任意路径费用不能超过中心的阻值，即中心的阻值 c_w 可理解为从中心沿某一路径分配的总费用的最大值。

中心服务范围指服务中心在给定的时间（或距离）内能够到达的区域，描述了服务中心的可达性。确定中心服务范围的基本思想是求出服务费用不超过中心阻值的路径，这些路径的网络节点和链接的集合就构成了该中心的服务范围。主要步骤为：①计算最大邻接节点数；②构造邻接节点矩阵和初始矩阵；③确定中心服务范围（广度优先搜索算法）（龚洁晖，1998）。

现阶段实现网络分析，应用最广的工具是 ArcGIS。ArcGIS 的网络分析分为两类：传输网络（network analyst）和设施网络（utility network analyst）。传输网络分析作为 GIS 最主要的扩展模块之一，在国内外已被广泛应用于城市设施的可达性和服务公平性评价。其主要的功能包括寻找最短路径、最近设施点、生成设施服务区和 OD 成本矩阵，计算车辆配送线路和位置分配等。其中的服务区生成功能可以计算出设施的服务面积和服务人口，更能准确地反映城市公共设施的服务状况。

3.4 技术路线

本书以地理信息系统（ArcGIS 10.2）为基本计算和可视化工具，结合 SPSS、GeoDa 等社会经济统计和空间统计软件，以北京市核心区三次人口普查分街道数据、到街道的核心区行政区划图、北京市核心区土地利用矢量数据库、重要公共设施分布数据、道路交通网络数据、各年份各城区各街道的相关社会经济统计数据为主要数据基础，研究分析北京市核心区的社会空间变化，并构建韧性指标体系对其进行评价。

第一，以北京市核心区 1990 年、2000 年和 2010 年三次人口普查分街道数据为基础，综合文献选定研究变量，利用 SPSS 软件对所选变量进行因子分析和聚类分析，并通过 GIS 空间关联，将得到的三个年份的各主因子得分以专题地图的形式进行可视化表达。同时根据聚类结果划分三个年份北京市核心区的社会空间类型，也通过 GIS 进行可视化展示，分析其结构特征和演变趋势，并分别与同时期的其他研究进行比较分析，进一步总结其演变的动力机制。以上为本书第 4 章主要内容。

第二，在第 4 章因子分析结果的基础上，从全局和局部两个层面对北京市核心区社会空间主因子的空间依赖性和异质性进行空间统计分析，主要用到 GeoDa 软件和 ArcGIS 的空间统计模块，相关指标和方法包括 Moran's *I* 指数、Moran 散点图和 LISA 等，以对三个年份各社会空间主因子的空间依赖程度、局部空间关联类型、"热点" 和 "冷点" 区域等格局特征进行详细解读。以上为本书第 5 章主要内容。

第三，将北京市 2010 年分街道的人口普查数据与自行制备的核心区居住用地数据进行空间关联，通过网格化的方法实现人口数据的空间化，据此分析不同尺度下的人口密度特征，并基于地统计学插值对核心区的人口密度分布进行模拟，分析其各向异性的特征，以及基于典型属性人口（老年人口、外来人口、少数民族人口、学龄人口等）的密度分布模拟，并与前两章社会空间分析的结果进行比较分析，对核心区的人口疏解策略提出建议。以上为本书第 6 章主要内容。

第四，基于第 6 章空间化的人口数据，和北京市核心区的道路交通数据，以及主要公共服务设施的分布数据（医疗设施、教育设施、公园绿地）及其服务属性数据，对北京市核心区的主要公共服务设施的可达性和公平性进行了分析。主要采用了两步移动搜寻法（2SFCA）和 ArcGIS 的网络分析模块，以及曼—惠特尼秩和检验等方法和工具，并以其结果与社会空间分析结果进行比较分析，讨论了主要公共设施分布对于城市社会空间结构的影响。以上为本书第 7 章主要内容。

第五，基于数据的可靠性、连续性、可获得性等原则，在国内外文献综述的基础上构建了北京市核心区社会空间韧性评价的指标体系，包括经济、人口、制度、社会资本、生态、工程、网络和形态八个面向，并对核心区三个年份进行实证分析，探讨了核心区社会空间韧性的演变趋势和适应模式。本研究总体的技术路线如图 3-17 所示。

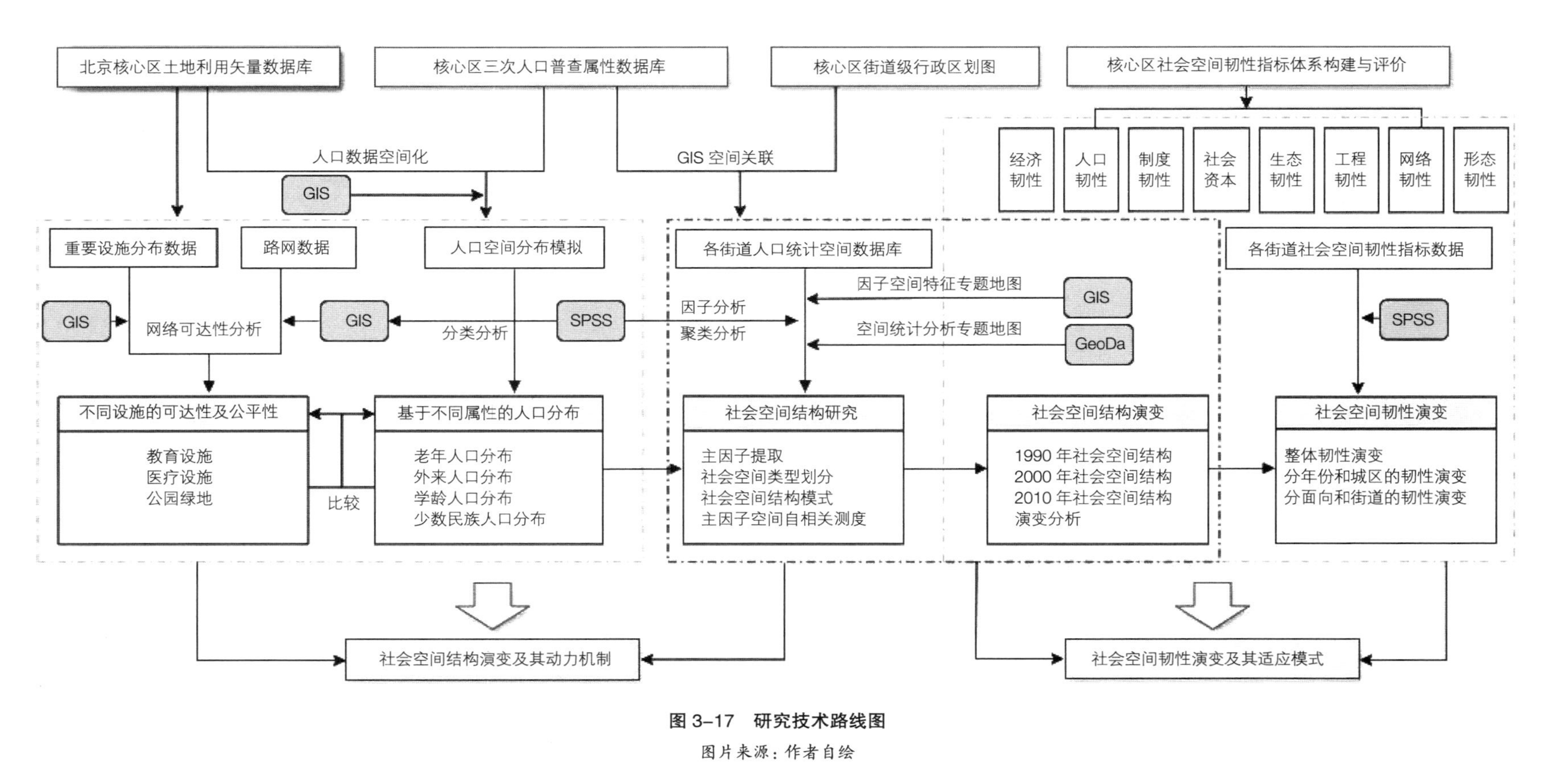

图 3-17 研究技术路线图

图片来源：作者自绘

第四章　北京市核心区社会空间结构演变及其动力机制 FOUR

本章以北京市核心区为研究范围，以1990年第四次人口普查、2000年第五次人口普查和2010年第六次人口普查的分街道数据为基础，运用因子分析和聚类分析的方法进行三个时间断面的城市社会空间研究，并借鉴章英华、薛凤旋、顾朝林、冯健、周一星等对北京市城市社会空间的研究成果，以之为参照，进行城市社会空间的纵向演变分析和横向比较研究。

从1990年到2010年的20年间，北京市核心区的行政区划有较大的调整。首先，在2004年，西城区的10个街道调整为7个（表4-1）。因此在进行相关数据处理时，需要进行合并和拆分，如1990年“四普”和2000“五普”并没有什刹海街道的相关数据，则由原新街口街道和厂桥街道计算得来。2010年7月，北京核心区再一次进行了行政区划调整，东城区和崇文区合并，仍称“东城区”，西城区与宣武区合并，仍称“西城区”。由于相关数据仍按原区划进行统计，此次合并对研究数据处理影响不大，能够保持数据可比性。

2004年北京市西城区行政区划调整一览表 **表4-1**

原街道名	现街道名	区划变更内容
德外街道	德胜街道	保持原界线不变
二龙路街道/丰盛街道	金融街街道	两个街道合并为一个街道
阜外街道/展览路街道	展览路街道	两个街道合并为一个街道
新街口街道/厂桥街道	什刹海街道	将新街口北大街以东的新街口街道办事处辖区与厂桥街道办事处合并
福绥境/新街口街道	新街口街道	将新街口北大街以西的新街口街道办事处辖区与福绥境街道办事处合并

根据北京市核心区三个普查年份的分街道的人口数据，对所选变量进行主成分分析，样本量为32，而因子分析一般要求样本量为变量数的10—25倍，本研究实际情况无法达到此要求，只能选择尽量浓缩变量，使变量数小于样本数，基本满足因子分析的要求。本研究根据文献综述中既有相关研究的变量设置，以及本研究的研究内容和目的共选择了一般统计指标、户口类型、教育程度、职业类别等方面24—26个变量。具体来说，本研究一方面是借鉴西方研究的经验，在表征社会经济地位、家庭状况和民族这三大方面全都覆盖到。由于我国的人口普查一直没有公布住户收入，社会经济地位则用教育程度与职业大类结构，也包括“五普”和“六普”新添加的住房权属来代表。家庭状况方面，包括年龄、性别、户口类型、家庭户规模等变量；而在民族方面，北京自清朝以来一直是少数民族皇朝的国都，而在地理位置上也很接近内蒙古和东北这些少数民族分布较多的地区，因此，相比于我国其他大城市，民族变量对于北京社会空间分异的影响较大（薛凤旋，2014），研究中主要包括了在北京分布较多的满族、回族和蒙古族人口数量作为民族相关的变量。

4.1 基于“四普”的核心区社会空间结构分析

4.1.1 主因子提取

在对原始数据进行合并整理与计算的基础上，研究构建了 1990 年社会空间因子分析基础数据。在利用 SPSS 进行因子分析之前，先对原始数据矩阵做相关分析，并进行 KMO 测度，数据矩阵的大部分相关系数大于 0.3，KMO 值为 0.713，大于 0.7，Bartlett 球形度检验的近似卡方值为 1603.263，统计检验显著，基本符合因子分析的要求。用主成分法提取主因子，根据特征值大于 1 的原则，共提取 5 个主因子，累计方差贡献率达 87.298%，能够较好地反映北京市核心区社会空间分异的基本特征（表 4-2）。

基于主成分法的因子分析的目的在于在众多相互关联的人口和社会经济因素中，找出能够集中反映城市社会空间分异特征的基本特征量，而忽略掉一些次要的信息（祝俊明，1995）。基于主成分分析的各主因子得分图可以清晰地反映各主因子对城市社会空间分异的影响。

1990 年社会空间主因子特征根及方差贡献率　　表 4-2

主因子	初始特征值			提取平方和载荷			旋转平方和载荷		
	合计	方差的 %	累积 %	合计	方差的 %	累积 %	合计	方差的 %	累积 %
1	14.422	60.091	60.091	14.422	60.091	60.091	6.163	25.679	25.679
2	2.272	9.469	69.560	2.272	9.469	69.560	6.155	25.647	51.325
3	1.847	7.696	77.256	1.847	7.696	77.256	4.437	18.487	69.812
4	1.255	5.228	82.484	1.255	5.228	82.484	2.675	11.145	80.957
5	1.155	4.814	87.298	1.155	4.814	87.298	1.522	6.341	87.298

提取方法：主成分分析。

在因了含义不是十分清晰的情况下，尝试对原始因子载荷矩阵进行旋转，比较多种旋转方法后，选择效果最好的等量最大法（equimax）进行旋转。等量最大法结合了四次方极大值法和方差最大法，并将 V 和 Q 的加权平均值作为简化原则，通过最大化式（公式 4-1）求得最终的因子解。权数 γ 等于 m/2，和因子数有关，当因子数为 2 时，等量最大法旋转结果等于方差最大法（varimax）的结果（郭志刚，1999）。

$$E=\sum_{j=1}^{m}\sum_{i=1}^{k}b_{ij}^{4}-\gamma\sum_{j=1}^{m}\left(\sum_{i=1}^{k}b_{ij}^{2}\right)^{2}/k \quad (4\text{-}1)$$

载荷矩阵旋转后，原始变量的信息在 5 个主因子上有较为均匀的分布，经过 16 次迭代完成收敛过程，旋转后的因子载荷矩阵（表 4-3）得以呈现。旋转后 3 个主因子的累计方差贡献率仍为 87.298%，反映了原始变量的主要信息，基本能解释北京核心区社会空间的形成。这 5

个主因子可以视为24个原始变量的组合变量，并且可以根据其对24个原始变量的载荷大小来确定因子所代表的意义。载荷矩阵值大，则代表主因子与这一原始变量的相关关系大，在对形成社会空间的主因子命名时依据其与原始变量的相关程度的大小进行（本书以 ±0.550 作为划分相关程度大与小的标准）。所有变量中，仅有6岁以上人口中中专教育程度人口数量这一变量在主因子中体现得不明显。

1990年北京核心区社会空间主因子载荷矩阵 **表4-3**

变量类型	变量名称	各主因子载荷				
		1	2	3	4	5
一般统计指标	常住人口密度（人/km^2）	−0.304	−0.046	−0.231	−0.325	−0.679
	平均家庭户规模（人/户）	−0.119	0.101	−0.366	0.368	0.638
	性别比（女=100）	−0.257	−0.012	0.045	0.824	0.069
	育龄妇女有存活子女人数	0.692	0.593	0.340	0.201	0.013
	60岁以上人口数量	0.601	0.601	0.466	0.089	−0.086
户口类型	常住户籍人口数量	0.651	0.617	0.362	0.234	−0.004
	常住外来人口数量	0.419	0.514	0.620	0.226	0.066
学历构成	6岁及以上人口中小学及以下教育程度的人口数量	0.834	0.411	0.318	0.116	−0.017
	6岁及以上人口中初中教育程度人口数量	0.774	0.403	0.395	0.239	−0.050
	6岁及以上人口中高中教育程度人口数量	0.708	0.503	0.420	0.215	−0.010
	6岁及以上人口中中专教育程度人口数量	0.500	0.021	−0.413	−0.264	0.409
	6岁及以上人口中大学专科教育程度人口数量	0.254	0.849	0.344	0.256	0.045
	6岁及以上人口中大学本科教育程度人口数量	0.054	0.885	0.282	0.293	0.086
职业结构	国家机关、党群组织、企业、事业单位负责人数量	0.389	0.813	0.277	0.256	0.055
	各类专业、技术人员数量	0.286	0.833	0.343	0.271	0.040
	办事人员和有关人员数量	0.243	0.629	0.519	0.410	0.033
	商业、服务性工作人员数量	0.807	0.401	0.353	0.183	0.006
	农、林、牧、渔劳动者数量	0.657	−0.058	0.336	0.337	0.054
	生产工人、运输工人及有关人员数量	0.856	0.301	0.242	0.199	0.043
少数民族构成	满族人口数量	0.215	0.161	0.904	0.087	0.034
	回族人口数量	0.219	0.072	−0.136	0.230	−0.658
	蒙古族人口数量	0.084	0.349	0.857	0.171	0.086
迁入人口来源	由本市其他县、区迁入的人口数量	0.449	0.225	0.021	0.731	0.073
	由外省迁入的人口数量	0.166	0.698	0.516	0.380	−0.002

4.1.2 因子空间特征

（1）工薪阶层人口

第 1 主因子的特征值是 14.422，方差贡献率达 25.679%，主要反映了 9 个变量的信息。该主因子与育龄妇女有存活子女人数，60 岁以上人口数量，常住户籍人口数量，6 岁及以上人口中小学、初中、高中教育程度人口数量，商业、服务性工作人员数量，农、林、牧、渔劳动者数量，生产工人、运输工人及有关人员数量有较强的正相关关系。

从因子载荷上看，主因子 1 总体上反映了本地的工薪阶层人口，包括教育程度为高中及以下的人口，也覆盖了以商业、服务业工作人员，农、林、牧、渔劳动者，生产工人、运输工人为主的大量的普通工人。同时主因子 1 也与常住户籍人口数量有较强的正相关关系，因此，将其命名为工薪阶层人口。

图 4-1　1990 年第 1 主因子（工薪阶层人口）得分分布

图片来源：作者自绘

从第 1 主因子的得分分布图（图 4-1）可以看出，在 1990 年，北京核心区工薪阶层人口因子得分较高的前四分之一的街道依次是广安门外街道、永定门外街道、新街口街道、展览路街道、金融街街道、什刹海街道、广安门内街道和天坛街道；工薪阶层人口因子得分较低的后四分之一的街道依次是东华门街道、月坛街道、东四街道、椿树街道、景山街道、朝阳门街道、东直门街道和交道口街道。

（2）中产阶层人口

第 2 主因子的特征值是 2.272，方差贡献率达 25.647%，主要反映了 9 个变量的信息。该主因子与育龄妇女有存活子女人数、60 岁以上人口数量，常住户籍人口数量，6 岁及以上人口中大学专科及本科教育程度人口数量，国家机关、党群组织、企业、事业单位负责人数量，各类专业、技术人员数量，办事人员和有关人员数量，由外省迁入的人口数量有较强的正相关关系。

从因子载荷上看，主因子 2 总体上反映了受教育程度较高的知识分子人口，也覆盖了管理人员、处于需要一定知识和技能的岗位的人口。同时，主因子 2 与常住户籍人口数量有较强的正相关关系。从受教育程度变量和职业变量可以看出，主因子 2 所代表的人口属于社会经济地位较高的人口，因此，将其命名为中产阶层人口。

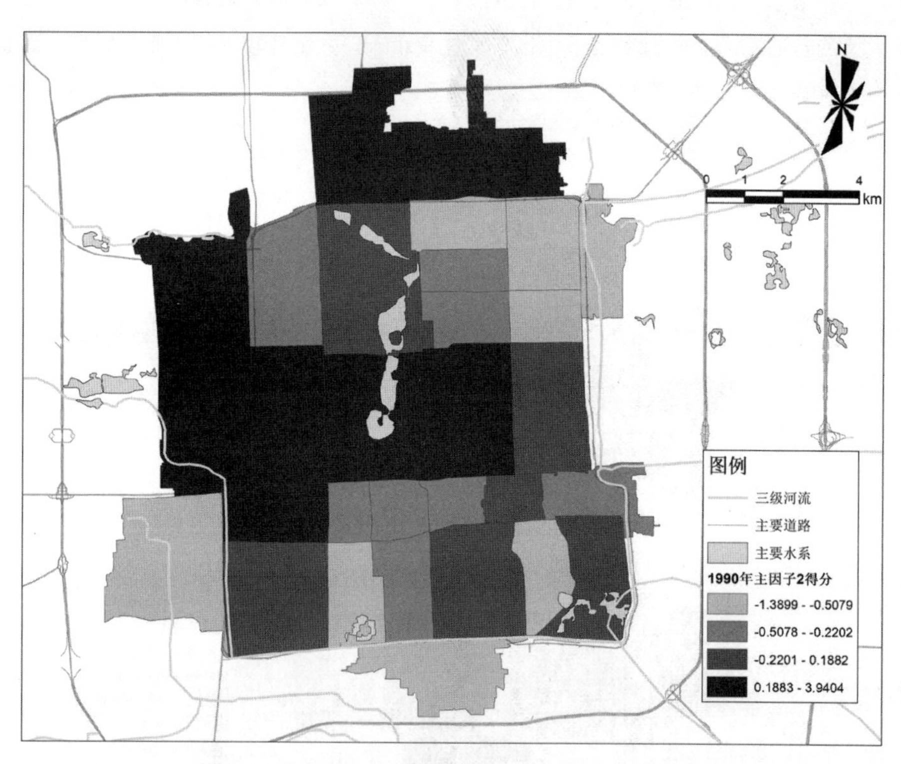

图 4-2　1990 年第 2 主因子（中产阶层人口）得分分布

图片来源：作者自绘

从第 2 主因子的得分分布图（图 4-2）可以看出，在 1990 年，北京核心区中产阶层人口因子得分较高的前四分之一的街道依次是月坛街道、展览路街道、和平里街道、金融街街道、广安门内街道、德胜街道、东华门街道和西长安街街道；得分较低的后四分之一的街道依次是安定门街道、永定门外街道、体育馆路街道、陶然亭街道、东四街道、北新桥街道、广安门外街道和东直门街道。《宣武区第四次人口普查综合分析报告》指出，“牛街和广内两个街道的文化水平较高，主要原因是这两个街道的科研单位、中央、市属单位的宿舍较多”。这两个街道第 2 主因子的得分分别为 0.2412 和 0.8413，位于第 10 位和第 5 位，与描述基本相符，但并不是特别靠前的原因可能是外省迁入人口的变量影响了它们的总体排名。月坛街道在第 2 主因子上的得分高，主要是因为其拥有最多的从外省迁入的人口，达到了 9900 人；而牛街从外省迁入的人口只有 2778 人，广安门内街道也只有 3492 人，从而拉低了第 2 主因子的得分。

（3）相对边缘人口

第 3 主因子的特征值是 1.847，方差贡献率为 18.487%，主要反映了 3 个变量的信息。该主因子与常住外来人口数量，满族人口和蒙古族人口数量有较强的正相关关系。从因子载荷上看，主因子 3 总体上反映了满、蒙少数民族人口和外来人口，而少数民族人口和外来人口在一定程度上都处于相对边缘化的地位，因此将其命名为相对边缘人口。

图 4-3　1990 年第 3 主因子（相对边缘人口）得分分布

图片来源：作者自绘

从图 4-3 可以看出，1990 年，相对边缘人口因子得分较高的前四分之一的街道依次是什刹海街道、新街口街道、东直门街道、金融街街道、北新桥街道、景山街道、西长安街街道和展览路街道；得分较低的后四分之一街道依次是陶然亭街道、白纸坊街道、龙潭街道、崇文门外街道、天坛街道、东花市街道、永定门外街道和牛街街道。从图 4-3 可以看出，1990 年，相对边缘人口得分较高的街道主要分布在原东城区和西城区，即老北京的内城，北京核心区的北部，而在南部原宣武区和崇文区则分布较少。

（4）本地迁移人口

第 4 主因子的特征值是 1.255，方差贡献率为 11.145%，主要反映了两个变量的信息。该主因子与性别比和由本市其他县、区迁入的人口数量有较强的正相关关系。从因子载荷上看，主因子 4 总体上反映了男性人口和本地迁移人口，因此将其命名为本地迁移人口。

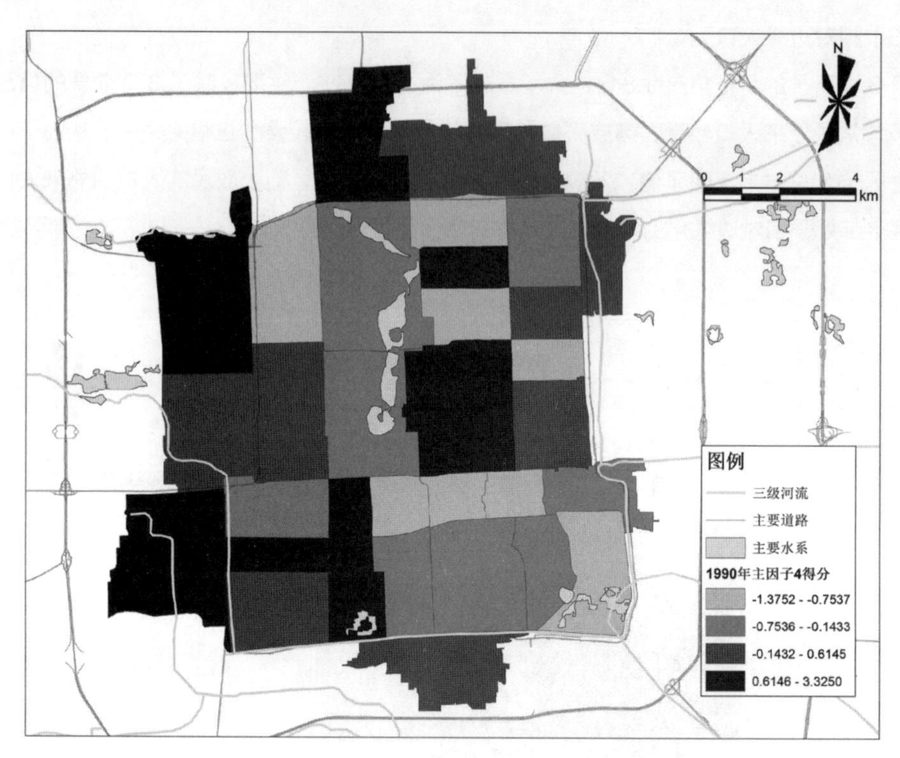

图 4–4　1990 年第 4 主因子（本地迁移人口）得分分布

图片来源：作者自绘

从第 4 主因子的得分分布图可以看出，在 1990 年，北京核心区本地迁移人口因子得分较高的前四分之一的街道依次是东华门街道、广安门外街道、陶然亭街道、椿树街道、交道口街道、展览路街道、牛街街道和德胜街道；本地迁移人口因子得分较低的后四分之一的街道依次是安定门街道、朝阳门街道、龙潭街道、新街口街道、景山街道、大栅栏街道、前门街道和崇文门外街道。

这与 20 世纪 30 年代的状况相比发生了很大的变化。在相关研究中，北京内外城是男性居多之地，并且外城中北部的各区，即前三门地区（现在的椿树街道、大栅栏街道、前门街道、崇文门外街道等地）都应是男性比例高之地，并且此种分布是与官吏比率成反比，而与商人比率成正比（章英华，1990）。而从图 4-4 中可以看到，除椿树街道外，大栅栏街道、前门街道和崇文门外街道的男性人口比例在整个核心区处于偏低的水平。可以部分地推测其跟新中国成立后女性的社会地位提高，更多地进入劳动力市场有关。

（5）特殊民族人口

第 5 主因子的特征值是 1.155，方差贡献率为 6.341%，主要反映了 3 个变量的信息。该主因子与常住人口密度以及回族人口数量有较强的负相关关系，而与平均家庭户规模有较强的正相关关系。从因子载荷上看，主因子 5 总体上反映了人口密度、回族人口。因子得分越低，代表人口密度越高，回族人口越多，同时家庭户规模越小。因此，将其命名为特殊民族人口。

图 4–5　1990 年第 5 主因子（特殊民族人口）得分分布

图片来源：作者自绘

从第 5 主因子的得分分布图（图 4-5）可以看出，在 1990 年，北京核心区特殊民族人口因子得分较高的前四分之一的街道依次是天坛街道、龙潭街道、东华门街道、永定门外街道、东直门街道、和平里街道、东花市街道和体育馆路街道；得分较低的后四分之一的街道依次是陶然亭街道、新街口街道、前门街道、金融街街道、大栅栏街道、广安门内街道、椿树街道和牛街街道。

牛街街道在第 5 主因子上得分最低，表明其回族人口较多，常住人口密度较大，这与现实情况是符合的。同时可以看出，第 5 主因子得分低的街道，即回族人口多的街道以牛街为核心源向北和向东进行扩散，主要集中在原宣武区和原西城区，以及原崇文区的少量街道，而在原东城区分布较少；并且总体上来说，东城区的常住人口密度在 1990 年小于西城区。

4.1.3　社会空间类型划分

在提取完主因子后，就可对因子分析的结果进行聚类以划分社会空间类型。其具体方法是构建 1990 年的 5 个主因子在各个街道单元上的得分矩阵，选用分层聚类法（Hierarchical Cluster）和平方欧氏距离的距离测度，采用离差平方和法（Ward’s Method）计算类与类之间的距离，并画出树状聚类图。其优点是能够客观地反映样本之间以及类与类之间的异同，并合理地对空间样本进行分类（祝俊明，1995）。根据树状聚类图，可以判断 1990 年北京市核心区的社会空间类型分为 6 类比较适宜（表 4-4）。再计算各类社会空间在每一个主因子上得分的均值及方均值，参照因子分析的结果将这 6 类社会空间分别命名为：相对边缘人口聚居区、产业工人聚居区、回族人口聚居区、工薪阶层人口聚居区、高密度人口混居区和中产阶层人口聚居区。

1990 年北京核心区社会空间类型特征判别表 **表 4-4**

类别	街道数目	项目	主因子 1	主因子 2	主因子 3	主因子 4	主因子 5
第 1 类	13	均值	−0.66951	−0.45225	0.17935	−0.53361	0.03049
		方均值	0.85811	0.34592	0.53038	0.72668	0.29553
第 2 类	8	均值	0.52135	0.10586	−0.72957	−0.07896	0.83525
		方均值	0.59137	0.40616	0.78831	0.29207	0.98955
第 3 类	3	均值	−0.49668	−0.33758	−0.87097	0.97723	−1.79600
		方均值	0.53305	0.19168	0.95575	0.99388	4.40991
第 4 类	2	均值	0.57497	−0.55408	−0.09354	2.62254	0.61717
		方均值	2.37678	0.99019	0.05881	7.37114	1.09145
第 5 类	5	均值	1.19928	0.64256	1.24750	−0.09643	−0.69771
		方均值	1.49973	1.03425	2.96181	0.29537	0.70224
第 6 类	1	均值	−1.12351	3.94045	0.06750	−0.12608	0.56382
		方均值	1.26227	15.52715	0.00456	0.01590	0.31789

（1）相对边缘人口聚居区

此类社会空间在第 1 主因子（工薪阶层人口）和第 4 主因子（本地迁移人口）的得分方均值及均值最突出，其中均值为负，而在主因子 3（相对边缘人口）上也较为突出，且均值为正，共包括 13 个街道，为天桥街道、大栅栏街道、西长安街街道、北新桥街道、东直门街道、安定门街道、景山街道、东四街道、交道口街道、朝阳门街道、体育馆路街道、前门街道、崇文门外街道。

第 1 主因子主要反映本地工薪阶层人口，均值为负，表示分布的并非本地工薪阶层人口。第 4 主因子主要反映男性人口和本地迁移人口，均值为负，表示此区域男性人口分布并不占优势，且分布的并不以本地的迁移人口为主。第 3 主因子主要反映少数民族人口和外来人口等相对边缘人口，因此将此区命名为相对边缘人口聚居区，包括明清以来北京人口最稠密的前三门（崇文门、前门、宣武门）地区。

（2）产业工人聚居区

此类社会空间在第 5 主因子（特殊民族人口）的得分方均值及均值最突出，且都为正；而在主因子 3（相对边缘人口）上也较为突出，且均值为负，共包括 8 个街道，为白纸坊街道、德胜街道、和平里街道、建国门街道、天坛街道、永定门外街道、龙潭街道、东花市街道。

第 5 主因子主要反映人口密度和回族人口，均值为正则表示人口密度较低，回族人口较少，且平均家庭户规模较大。第 3 主因子主要反映少数民族人口和外来人口等弱势人口，均值为负，则表示相对边缘人口较少，而主要是本地较为稳定的人口，结合 1990 年左右北京的城市建设实际，将此区命名为产业工人聚居区。这一区域与杨旭对北京 1990 年的社会空间研究中的城外区（50 年代住宅区）大体一致，也与其第 4 主因子 60 年代房屋比重得分高的街道一致，其主要特点是 70 年代与 50 年代房屋的比重比较高，而 1949 年前所建房屋的比例均低于 7%，也就是说该社会区的住宅大都为 1949 年以后兴建（杨旭，1992）。

（3）回族人口聚居区

此类社会空间在第 5 主因子（特殊民族人口）的得分方均值及均值最突出，且都为负；而在主因子 4（本地迁移人口）上也较为突出，且均值为正，共包括 3 个街道，为陶然亭街道、牛街街道和椿树街道。

第 5 主因子主要反映人口密度和回族人口，均值为负则表示人口密度较高，回族人口较多，且平均家庭户规模较小。第 4 主因子主要反映男性人口和本地迁移人口，均值为正，则表示男性人口和本地迁移人口较多，因此将此区命名为回族人口聚居区。

（4）工薪阶层人口聚居区

此类社会空间第 4 主因子（本地迁移人口）的得分方均值及均值最突出，且均值为正；并在第 1 主因子（工薪阶层人口）得分方均值及均值也较为突出，且均值为正，包括广安门外街道和东华门街道两个街道。

第 4 主因子得分为正表明此区男性人口和本地迁移人口相对较多，且第 1 主因子为正表明工薪阶层人口较多，因此将此区命名为工薪阶层人口聚居区。

（5）高密度人口混居区

此类社会空间在第 3 主因子（相对边缘人口）的得分方均值及均值最突出，其中均值为正，且在第 1 主因子（工薪阶层人口）和第 2 主因子（中产阶层人口）得分方均值及均值也较为突出，且均值为正，共包括 5 个街道，为广安门内街道、什刹海街道、展览路街道、金融街街道和新街口街道。

第 3 主因子主要反映少数民族人口和外来人口等相对边缘人口，均值为正，则表示相对边缘人口较多；第 1 主因子为正表明工薪阶层人口较多；第 2 主因子为正表明中产阶层人口较多，且该区在第 5 主因子（特殊民族人口）的均值为负，表明人口密度较高，因此将此区命名为高密度人口混居区。

（6）中产阶层人口聚居区

此类社会空间在第 2 主因子（中产阶层人口）的得分方均值及均值最突出，且都为正，且在第 1 主因子（工薪阶层人口）得分方均值及均值也较为突出，且均值为负，只有月坛街道。第 2 主因子为正表明中产阶层人口较多，第 1 主因子为负表明工薪阶层人口较少，因此将此区命名为中产阶层人口聚居区。

从图 4-6 可以看出，1990 年北京市核心区所包含的社会空间类型较多，空间分布也较复杂，各类社会空间所包含的街道数量也大相径庭。

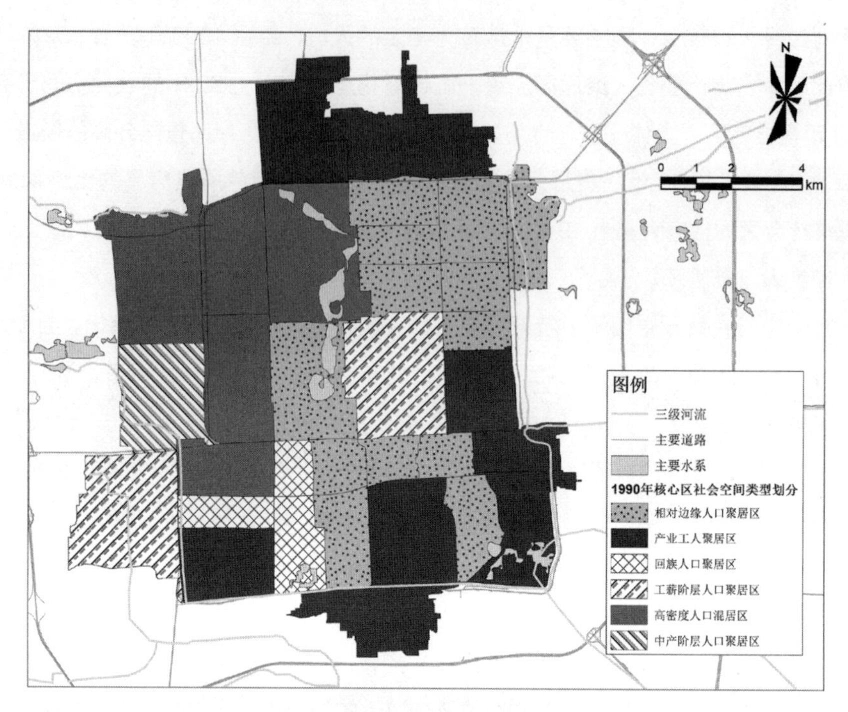

图 4–6　1990 年北京核心区社会空间类型划分

图片来源：作者自绘

4.1.4　社会空间结构模式

基于图 4-6 的 6 种社会空间类型的分布和组合特征，尝试对 1990 年北京核心区的社会空间结构模式进行总结。它与西方典型的同心圆、扇形分布的社会空间类型分布有着较大的区别。一方面是由于本书的分析尺度相比于一般意义上的社会空间类型分析要小，更深入大都市核心区内部，所以并没有在总体上表现出同心圆或者扇形等典型的社会空间分布形态；另一方面是由于北京的核心区历史上就有严格的空间划分，从明清时期的老北京城就有空间等级、界线明确、形制规整的分割。新中国成立后的城市建设在很大程度上遵循了保留原有历史文化遗产的原则，所以社会空间类型也相应地呈现出比较规整的划分。总体来说，1990 年北京核心区的社会空间结构呈现由内到外的板块层递镶嵌的结构（图 4-7）。

以东华门街道为中心，其西南方向和东北方向邻接相对边缘人口聚居的板块，西北角邻接混居人口板块，而在外围的东南方向、正北方向和西南角再外接优势人口聚居的板块。总体而言，在 1990 年，西城区相比东城区拥有更多的高素质人口。这与事实也是相符的。1990 年普查时，东城区在业人口从行业构成看，工业的比重最大，占 30.94%，东城区多数在业人口在物质生产部门和商业服务部门，而科研、卫生体育和金融等部门比重较低。基于同样的数据，薛凤旋和杨旭对 1990 年北京宏观尺度的社会空间进行了研究，本书在此与之进行对比分析。

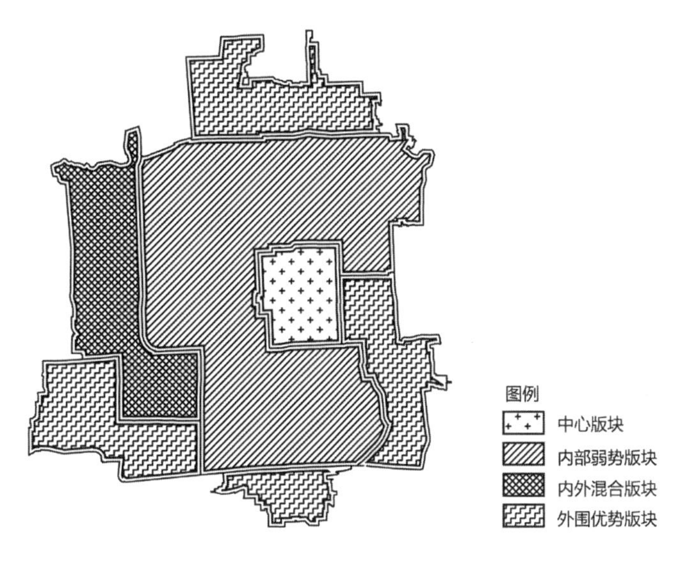

图 4-7　1990 年北京核心区社会空间结构模式图

图片来源：作者自绘

薛凤旋对 20 世纪 90 年代的北京核心区的描述是："总体来说，它几乎在 1949 年前已是建成区，并在此后只经历了很小规模的重建。区内大部分是古老的砖木结构，而且多是明清时代遗下的平房。人均居住面积很小，而住房亦少有现代化的设备。它亦是个老年人口比例大的地区，从其较高的死亡率反映出来。除了住房环境差外，北京市的缺房户亦多集中在这里。在就业方面，商业、饮食业及仓储比重较大，和一般其他市中心地区一致。"作者认为这是一个高密度和居住环境恶劣的核心，"但与西方世界的内城相比，这个社会区住民的社会经济状况是较混杂的，而不是西方的以较低收入和较低教育人士为主"（薛凤旋，2014）。总而言之，旧住房的公有化、土地利用的中央规划，以及将住宅和就业放在一起的原则是 1990 年北京社会空间类型形成的主因，其情况与同期的上海和广州大体一致（Sit，1995）。

对比薛凤旋对北京同一时期所做的宏观尺度的社会空间分析（图 3-5 和图 4-8），本研究中北京核心区的中观层面的社会空间类型划分有所不同，不再是统一标签的"旧城高密度区"或"内城贫民窟"。核心区西部的展览路街道、月坛街道和广安门内街道以及北边的和平里街道在宏观尺度的研究中被划为近郊住宅区（实指工业配套住宅区），被描述为"住房设备较佳，层数较多"（薛凤旋，2014），而实际上各自之间也有区别。

薛的研究认为"由于1988年前，住房由单位分配，工作在毕业时由国家分配，这使种族（民族）因素不起作用，特别是北京市人口在 1949 年后急促增长，将清末的民族情况冲得很淡"。而本研究中的第 3 主因子弱势人口主要反映了满族、蒙古族人口，其得分值前二分之一的街道基本上位于北京内城，可以看出历史民族分异情况在持续作用。元朝大都城墙内，大多是蒙古贵族和官僚，平民基本上被赶到了金中都的范围；而清朝八旗子弟住进内城，汉人再次出城，这都是北京民族人口分异的底色。从 1990 年社会空间分析的情况来看，这一底色只是在表面化除了，而以一种潜在的结构影响着北京核心区的社会空间分异。并且第 5 主因子人口密度与回族人口的存在及其得分分布也反驳了民族因素不起作用的观点（薛凤旋，2014），表明分析尺度的不同，社会空间因子的表现也会有所不同，在宏观上并不明显的因子在微观分析时却表现出来了。

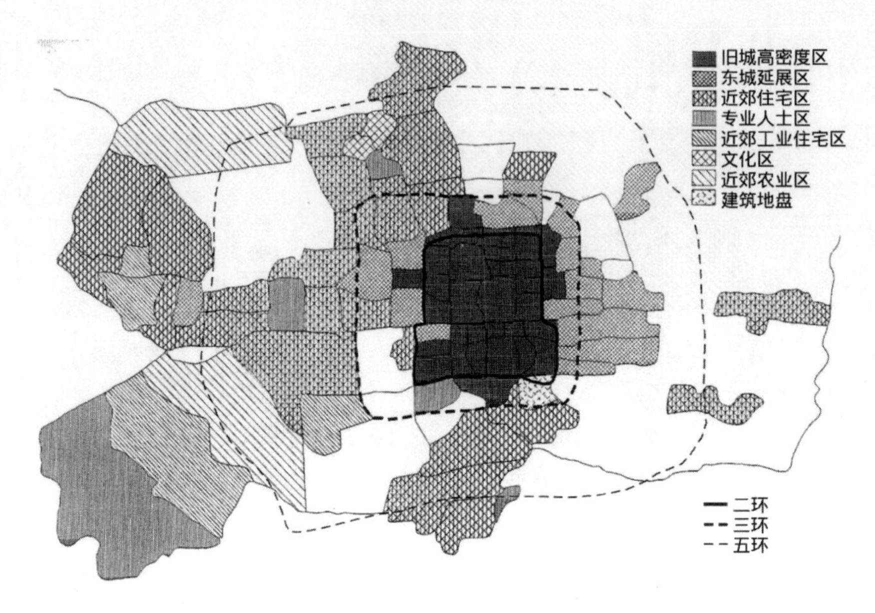

图 4–8　1990 年北京的社会区分析图

图片来源：薛凤旋，2014

杨旭基于同时期数据，以 1990 年北京城八区的 75 个街道为研究范围，共选取了 11 类 29 个变量对北京进行了社会空间研究。得到了旧住房比重、高等文化程度的人口比重、70 年代房屋比重、60 年代房屋比重四个主因子，以及居住拥挤的老城区、50 年代的住宅区、新旧住宅混杂区、文教区、智力密集区和边缘稀疏区六个社会区类型，（图 4-9）。本研究范围中的德胜街道、和平里街道、展览路街道、白纸坊街道、天坛街道和龙潭街道被划为了城外区（50 年代住宅区），月坛街道被划为了文教区，广安门外街道和永定门外街道被划为了边缘区，东华门街道、东直门街道、东花市街道、体育馆路街道、天桥街道、陶然亭街道、广安门内街道和牛街街道被划为了混杂区，而其余街道则都被划为了老城区（杨旭，1992）。

作者对于老城区的特征描述是人口密度大，居住拥挤；住宅陈旧，设备简陋，大部分街道的住宅 50% 以上均为 1949 年前建造；少数民族人口比重大，这一区域大多数街道蒙古族人口的比例在 2% 以上，满族人口的比例在 20% 以上，而回族人口的比例也在 20% 以上，这些少数民族绝大多数在 1949 年前即在北京定居。作者对于新旧住宅混杂区的描述是该区各个时期所建房屋的比例之间不悬殊，也就是说，这一地区的房屋是新旧混杂的，低于老城区，却高于老城区周围的 50 年代住宅区，该社会区的另一个特征是文化程度偏低。作者对于边缘稀疏区的特征描述是人口密度较低，文化程度也较低。

杨的研究中第 2 主因子高等文化程度的人口得分较高的是新街口街道、金融街街道、什刹海街道、东华门街道、朝阳门街道、安定街道和北新桥街道。但这一因子与蒙古族人口比重以及平房比例也有较强的正相关关系，所以与本书的研究结果有所出入（图 4-2）。本书作者认为杨的第 2 主因子将高等文化人口和蒙古族人口等其他变量混淆了，因此其分布的可信度不大。但杨的研究中老城区分布了较多的少数民族人口与本研究中弱势人口因子的分布特征相符，此外月坛街道作为单独的文教区被划分出来也与本文将其单独划为知识分子聚居区相符。

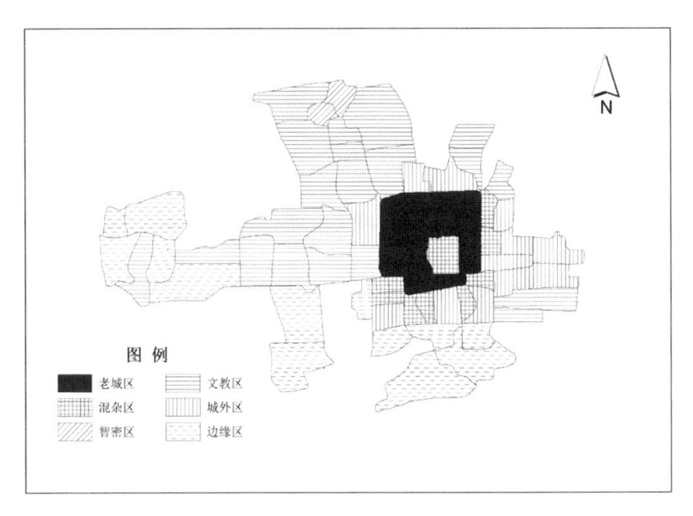

图 4–9　1990 年北京的社会区分布图

图片来源：杨旭，1992

总体而言，杨旭的研究（75 个街道、29 个变量）相比薛凤旋的研究（96 个人口统计小区、89 个变量）对于北京核心区的社会空间划分要更细致，这与研究范围和变量选择都有一定的关系。但是前者对于核心区社会空间的概括仍然过于笼统。本书进一步与研究范围更接近但研究时段却相对较远的章英华所做的对北京内外城 20 世纪 30 年代的社会空间研究进行比较分析。作者将当时的北京内外城共分为四种社会区，第一是中心商业地带，户量大，男性比率高，青壮年人口比率高；第二是外城边缘地带，户量小，男性比率高，青壮年人口比率高；第三是内城商业地带，户量大，男女均等，青壮年人口比率高；第四是内城一般居住地带，中等的户量，较低的性别比和青壮年人口比率（章英华，1990）。同时侯仁之先生的学生王均也从历史地理的视角对近代北京城内部的空间结构进行了研究，得出了与章英华近似的结论（王均，1997）（图 4-10）。

比较分析发现，本研究中的第 3 主因子弱势人口的得分分布与章英华对 20 世纪 30 年代北京的描述有几分相似："1918—1931 年，内城所占贫民的比率增加了，由 1918 的 59.87% 变成了 1931 年的 69.86%。这些增加主要是在偏北的三区"（章英华，1990），大致对应今天的北新桥街道、东四街道、安定门街道、交道口街道、新街口街道和什刹海街道北部这一区域，说明这一区域经历了半个世纪仍然保留了历史的印迹。而当时贫民分布最多的"外城的右三（大致在今天广安门外街道和牛街街道）、左三（今东花市街道）和左四（龙潭街道）"，经过新中国成立后的住宅建设已经化贫为富，实现了人口阶层的更替。这种区别主要源于北京的旧城建设历史。在新中国刚成立后的20世纪50年代，主要的空间过程乃对旧城的挤压，之后是在城区的边缘小区的建设，以容纳为政治和行政中心服务的雇员及其家属。其结果是旧城的居住环境下降，而老的近郊住宅区形成（Sit，1995）。50年代末和60年代，北京走上大规模工业化之路，这个发展在空间上采用了“分散集团”的布局。住房由单位按国家标准分配，以及住房和工业发展结合，导致在内城下风位的近郊地区形成了众多的近郊工业住宅区。1978年后的改革开放及对现代化和消费主义的注重，导致北京住房的新一轮变化。在空间反映上，自1990年出现的大量高层大厦和大型屋村（Sit，1995），也主要集中在旧城外围。因此，章的研究发现的当时北京内外城存在的显著的政治与非政治性质对比，如内城占有72.5%的公务人员，外城仅占27.5%，在1990年不复存在。

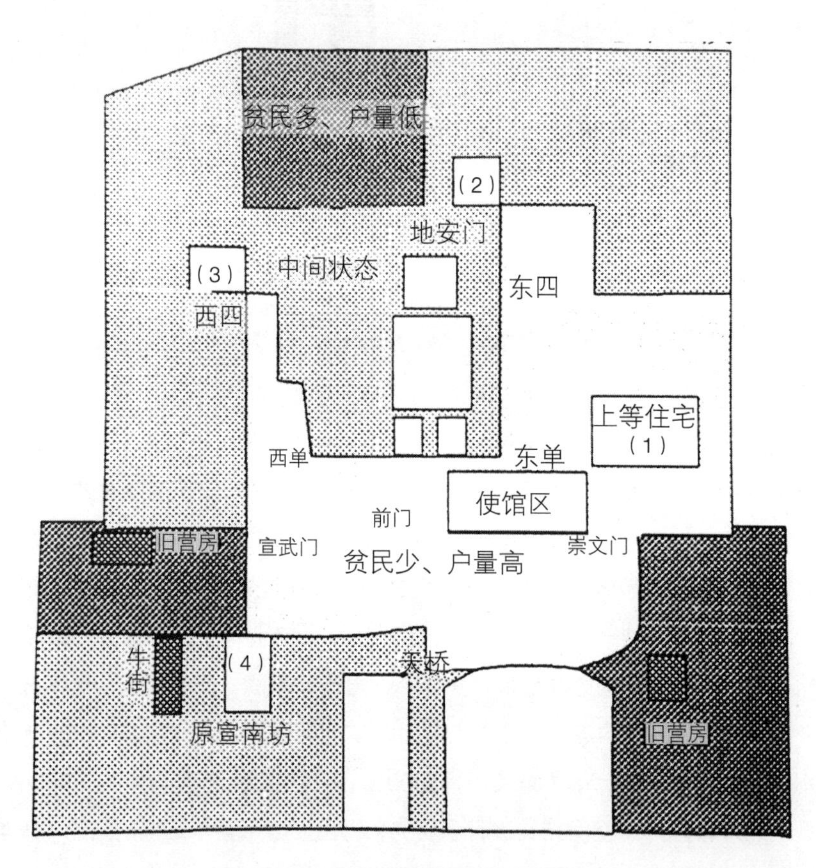

图4-10　近代北京城市社会空间示意图

图片来源：王均，1997

总体而言，北京核心区1990年的社会空间格局受历史和文化因素的影响很大。作为多朝政权的核心所在，社会空间格局千年难变，只有在王朝更迭之时，人口构成进行了大的置换。20世纪20年代，中央政府南迁，许多官员不再居住在北京，因此内城多出不少房舍，可以容纳移入者。来自东北和河北由日本侵略所造成的流民易于在内城觅得栖身之所。空出的四合院，往往可以分割而分居着数户贫穷、甚至中等之家（章英华，1990），这种情况到了1990年仍是显见的。如民族因子潜在地存在，弱势人口的聚居区和20世纪二三十年代的流民移入区在空间范围仍然重叠，不同的是容纳了更多新的乡城移民人口。

在1990年，市场货币化供应住房的力量还没有显现出来，居民的居住流动受限，当时的社会空间分异主要取决于个人所在的单位在住房分配链上的位置。因而有部分社会空间分异不是体现在宏观的水平结构上，而是体现在垂直结构上，即有某种程度的社会分异会在同一幢公寓内显示，而不是在分街或分区上出现。但是，随着我国住房商品化改革的推进，住房市场进一步开放，居民根据自己的支付能力自行从市场上购买或租赁住房从而实现自主择居的情况越来越普遍，居住流动性加大。北京核心区作为全国政治文化中心的核心，将显示出越来越强的虹吸作用，成为居住吸引力的高地，从而使得在水平结构上出现更明显的分异，如社会精英阶层在核心区的集聚，这在后两个年份的分析中将一见分晓。

4.2 基于“五普”的核心区社会空间结构分析

4.2.1 主因子提取

在对原始数据进行合并整理与计算的基础上，研究构建了2000年社会空间因子分析基础数据。在利用SPSS进行因子分析之前，先对原始数据矩阵做相关分析，并进行KMO测度，发现数据矩阵的大部分相关系数大于0.3，KMO值为0.707，大于0.7，Bartlett球形度检验的近似卡方值为1872.701，检验统计显著，基本符合因子分析的要求[①]。在提取主因子时，选择了主成分法，强制提取了5个主因子，累计方差贡献率达91.979%，能够较好地反映北京市核心区社会空间分异的基本特征（表4-5）。

2000年社会空间主因子特征根及方差贡献率 **表4-5**

主因子	初始特征值			提取平方和载荷			旋转平方和载荷		
	合计	方差的%	累积%	合计	方差的%	累积%	合计	方差的%	累积%
1	17.167	66.025	66.025	17.167	66.025	66.025	6.713	25.820	25.820
2	2.513	9.667	75.692	2.513	9.667	75.692	5.381	20.694	46.514
3	2.192	8.432	84.124	2.192	8.432	84.124	5.191	19.965	66.480
4	1.154	4.437	88.560	1.154	4.437	88.560	3.358	12.916	79.395
5	0.889	3.418	91.979	0.889	3.418	91.979	3.272	12.583	91.979

提取方法：主成分分析。

① 本研究因为样本量为33，而因子分析一般要求样本量为变量数的10—25倍，本文实际情况无法达到此要求，只能选择尽量浓缩变量，使变量数小于样本数，基本满足因子分析的要求。本研究根据文献综述中已有相关研究的变量设置，以及本研究的研究内容和研究假设共选择了一般统计指标，户口类型、教育程度、职业类别、民族构成、住房来源等方面共26个变量。

在因子含义不是十分清晰的情况下，尝试对原始因子载荷矩阵进行旋转，比较多种旋转方法后，选择效果最好的等量最大法进行旋转。并且，为了和其他年份进行横向比较，以及因子的含义更清晰化，按照强制提取的方法共提取了5个因子，除了第5主因子外，其余因子的特征根都大于1。

载荷矩阵旋转后，原始变量的信息在5个主因子上有较为均匀的分布，经过23次迭代完成收敛过程，旋转后的因子载荷矩阵得以呈现（表4-6）。旋转后5个主因子的累计方差贡献率仍为91.979%，反映了原始变量的主要信息，基本能解释北京核心区社会空间的形成。这5个主因子可被视为26个原始变量的组合变量，并且可以根据其对26个原始变量的载荷大小确定因子所代表的意义。载荷矩阵值大，则代表主因子与这一原始变量的相关关系大，在对形成社会空间的主因子命名时依据其与原始变量的相关程度的大小进行（本文以0.550作为划分相关程度大与小的标准）。

2000年北京核心区社会空间主因子载荷矩阵 表4-6

变量类型	变量名称	各主因子载荷				
		1	2	3	4	5
一般统计指标	常住人口密度（人/km^2）	0.157	−0.284	−0.074	0.496	−0.635
	平均家庭户规模（人/户）	0.033	−0.265	−0.264	0.120	0.876
	性别比（女=100）	−0.043	0.269	−0.115	0.779	−0.044
	育龄妇女有存活子女人数	0.484	0.607	0.400	0.322	0.331
	60岁以上人口数量	0.633	0.531	0.337	0.257	0.354
户口类型	常住户籍人口数量	0.593	0.506	0.452	0.229	0.340
	常住外来人口数量	0.503	0.541	0.427	0.322	0.330
学历构成	6岁及以上人口中小学及以下教育程度的人口数量	0.347	0.654	0.488	0.292	0.316
	6岁及以上人口中初中教育程度人口数量	0.390	0.599	0.549	0.289	0.305
	6岁及以上人口中高中教育程度人口数量	0.417	0.586	0.557	0.237	0.320
	6岁及以上人口中中专教育程度人口数量	0.331	0.690	0.378	0.451	0.065
	6岁及以上人口中大学专科教育程度人口数量	0.744	0.398	0.307	0.222	0.367
	6岁及以上人口中大学本科教育程度人口数量	0.850	0.257	0.210	0.189	0.325
	6岁及以上人口中研究生教育程度人口数量	0.841	0.271	0.205	0.148	0.312
职业结构	国家机关、党群组织、企业、事业单位负责人数量	0.744	0.361	0.231	0.219	0.297
	各类专业、技术人员数量	0.714	0.425	0.277	0.276	0.372
	办事人员和有关人员数量	0.693	0.366	0.366	0.235	0.362
	商业、服务性工作人员数量	0.368	0.642	0.502	0.241	0.290
	农、林、牧、渔、水利业生产人员数量	−0.033	0.560	−0.263	0.454	0.166
	生产工人、运输工人及有关人员数量	0.260	0.619	0.403	0.479	0.280
少数民族构成	满族人口数量	0.421	0.158	0.762	0.049	0.355
	回族人口数量	0.048	−0.078	0.148	0.897	0.105
	蒙古族人口数量	0.603	0.117	0.677	0.056	0.327
住户来源构成	自建住房户数	−0.301	−0.063	0.884	0.048	−0.264
	买房家庭户数	0.697	0.454	0.053	0.378	0.372
	租房家庭户数	0.200	0.497	0.821	−0.017	0.060

相比于 1990 年，2000 年的变量中在学历构成上多出了一个 6 岁以上人口中研究生教育程度人口数量，并且新增加了家庭户住房来源这样一组变量，包括自建住房户数、买房家庭户数和租房家庭户数，而 1990 年关于迁入人口来源的变量不再包括在 2000 年的变量中。2000 年选择的所有变量中，仅有户口类型中的常住外来人口数量这一变量在主因子中体现得不明显。

4.2.2 因子空间特征

（1）中产阶层人口

第 1 主因子的特征值是 17.167，方差贡献率达 25.820%，主要反映了 10 个变量的信息。该主因子与 60 岁以上人口数量，常住户籍人口数量，6 岁及以上人口中大学专科、本科、研究生教育程度人口数量，国家机关、党群组织、企业、事业单位负责人数量，各类专业、技术人员数量，办事人员和有关人员数量，蒙古族人口数量，买房家庭户数有较强的正相关关系。

从因子载荷上看，主因子 1 总体上反映了中产阶层人口，包括教育程度为大学专科、本科和研究生的人口，也覆盖了国家机关、党群组织、企业、事业单位负责人数量，各类专业、技术人员，办事人员和有关人员。同时该因子也反映了蒙古族人口和买房一族，总体上是有一定社会经济地位的人口，因此将该因子命名为中产阶层人口。

从图 4-11 可以看出，在 2000 年，北京核心区中产阶层人口因子得分较高的前四分之一的街道依次是月坛街道、展览路街道、和平里街道、德胜街道、椿树街道、金融街街道、东华门街道和前门街道；得分较低的后四分之一街道依次是安定门街道、白纸坊街道、牛街街道、龙潭街道、北新桥街道、陶然亭街道、天坛街道和永定门外街道。

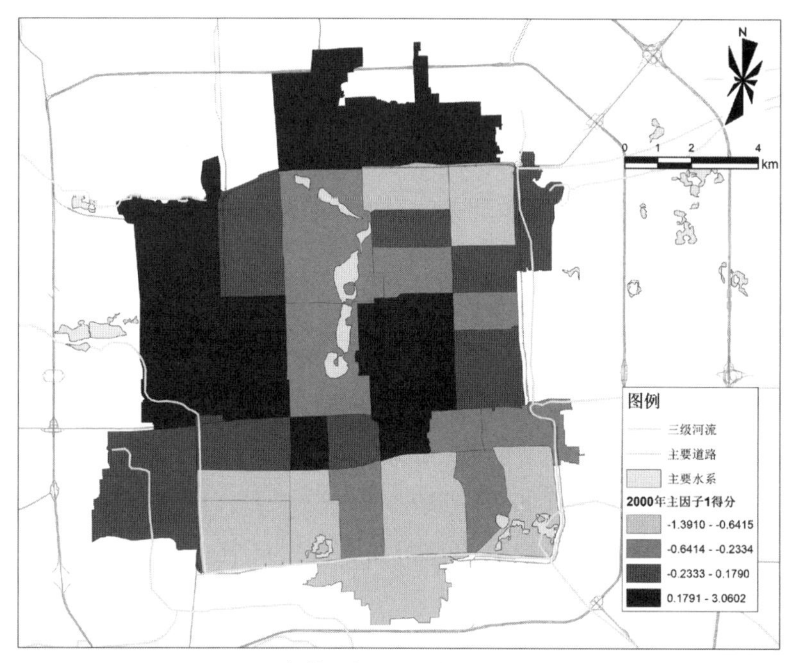

图 4-11　2000 年第 1 主因子（中产阶层人口）得分分布

图片来源：作者自绘

（2）工薪阶层人口

第 2 主因子的特征值是 2.513，方差贡献率达 20.694%，主要反映了 8 个变量的信息。该主因子与育龄妇女有存活子女人数，6 岁及以上人口中小学及以下教育程度的人口数量，6 岁及以上人口中初中、高中、中专教育程度人口数量，商业、服务性工作人员数量，农、林、牧、渔和水利业生产人员数量，以及生产工人、运输工人及有关人员数量有较强的正相关关系。

从因子载荷上看，主因子 2 总体上反映了工薪阶层人口，包括教育程度为大专以下的人口，也覆盖了以商业、服务业工作人员，农、林、牧、渔和水利业生产人员，生产工人、运输工人为主的大量的普通工人，因此将其命名为工薪阶层人口。

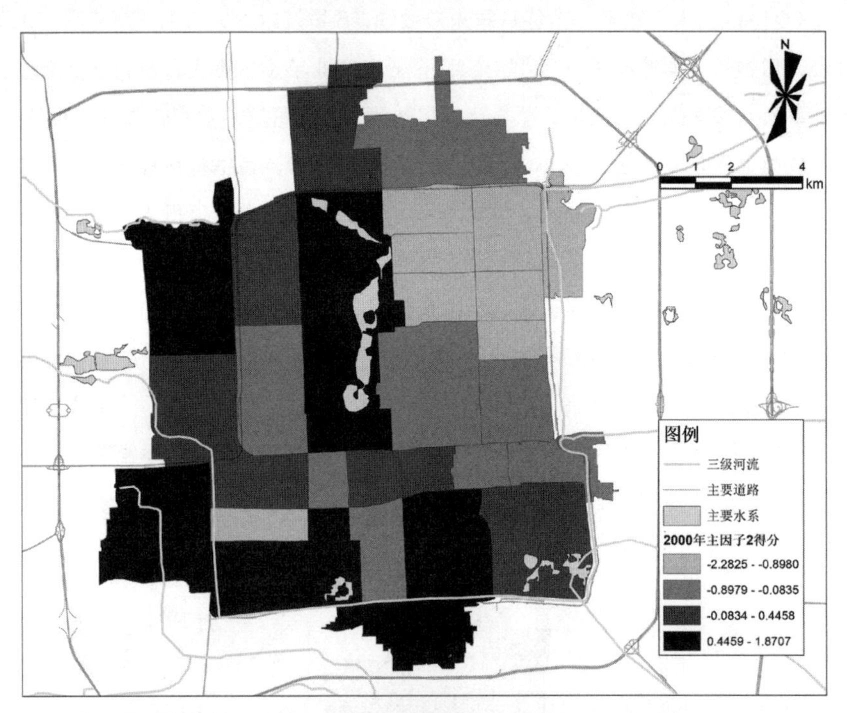

图 4–12　2000 年第 2 主因子（工薪阶层人口）得分分布

图片来源：作者自绘

从第 2 主因子的得分分布图可以看出，在 2000 年，北京核心区工薪阶层人口因子得分较高的前四分之一的街道依次是广安门外街道、白纸坊街道、永定门外街道、天坛街道、展览路街道、陶然亭街道、西长安街街道和什刹海街道；得分较低的后四分之一街道依次是东直门街道、交道口街道、景山街道、东四街道、北新桥街道、安定门街道、朝阳门街道和牛街街道。从图 4-12 可以看出，2000 年北京市核心区的工薪阶层人口分布总体上是西城多于东城，南部多于北部。即原西城区、宣武区和崇文区都有数量较多的工薪阶层人口分布，而原东城区的工薪阶层人口分布较少。

（3）相对边缘人口

第 3 主因子的特征值是 2.192，方差贡献率为 19.965%，主要反映了 4 个变量的信息。该主因子与满族人口数量、蒙古族人口数量、自建住房户数和租房家庭户数有较强的正相关关系。

从因子载荷上看，主因子 3 总体上反映了满、蒙少数民族人口和非购房人口，而少数民族人口和没有购房的人口在一定程度上都处于社会中相对边缘的地位，因此将其命名为相对边缘人口。

从第 3 主因子的得分分布图可以看出，在 2000 年，北京相对边缘人口因子得分较高的前四分之一的街道依次是新街口街道、什刹海街道、北新桥街道、金融街街道、永定门外街道、西长安街街道、安定门街道和广安门内街道；得分较低的后四分之一的街道依次是朝阳门街道、龙潭街道、天坛街道、陶然亭街道、东直门街道、崇文门外街道、体育馆路街道和白纸坊街道（图 4-13）。

与 1990 年同被命名为相对边缘人口的第 3 主因子相比，2000 年的相对边缘人口因子由于加入了住房来源变量而不再局限于核心区北部，有沿城墙分布的态势。老北京的一种观点认为，城根、墙根一带住的都是穷人，实际上包括城门外的关厢地带也常常聚集了社会经济地位较低的人口，这在 2000 年相对边缘人口因子分布中得到了证实。

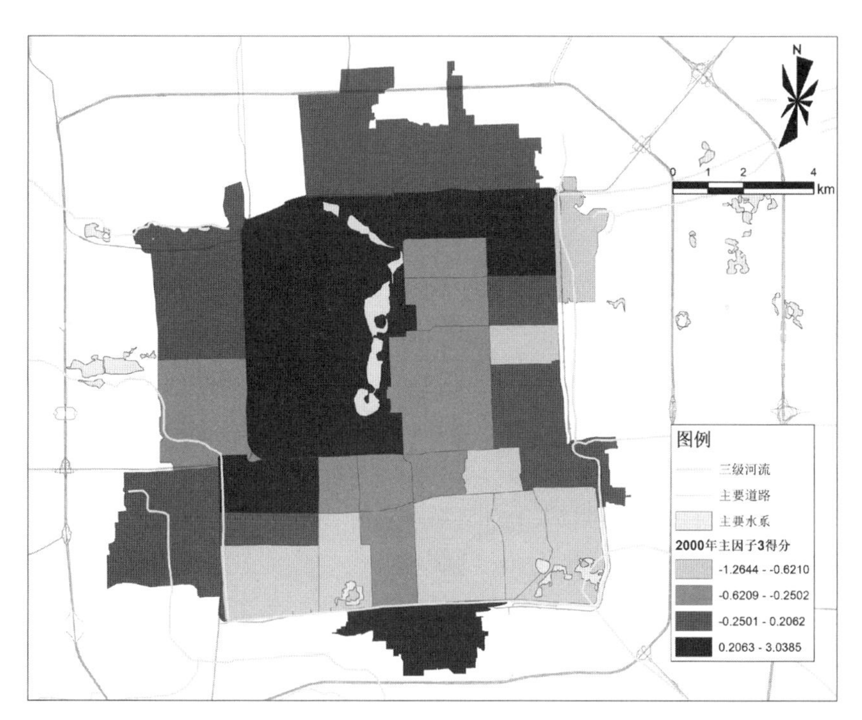

图 4-13　2000 年第 3 主因子（相对边缘人口）得分分布

图片来源：作者自绘

（4）特殊民族人口

第 4 主因子的特征值是 1.154，方差贡献率为 12.916%，主要反映了两个变量的信息。该主因子与性别比以及回族人口数量呈较强的正相关关系。

从因子载荷上看，主因子 4 总体上反映了男性人口和回族人口，因此将其命名为特殊民族人口。

从第 4 主因子的得分分布图可以看出，在 2000 年，北京核心区特殊民族人口因子得分较高的前四分之一的街道依次是牛街街道、白纸坊街道、广安门外街道、德胜街道、广安门内街道、月坛街道、永定门外街道和展览路街道；得分较低的后四分之一的街道依次是崇文门外街道、建国门街道、景山街道、龙潭街道、和平里街道、天坛街道、西长安街街道和东华门街道（图 4-14）。

2000 年的主因子特殊民族人口与 1990 年的主因子 5 特殊民族人口呈现出大致相同的分布，同时也与北京核心区的清真寺分布高度契合。北京核心区主要有 6 个清真寺，包括牛街清真寺（牛街街道）、笤帚胡同清真寺（前门街道）、花市清真寺（崇文门外街道）、东四清真寺（东四街道）、锦什坊街清真寺（清真普寿寺，金融街街道）和三里河清真寺（月坛街道），这些清真寺所在的区域附近的街道往往也是回族人口密度较高的地区。

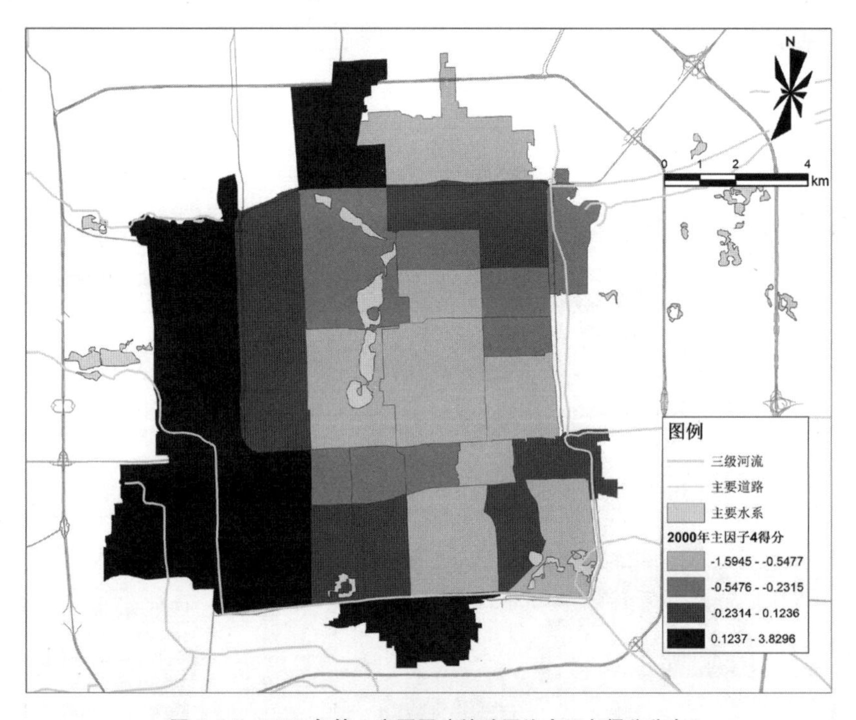

图 4-14 2000 年第 4 主因子（特殊民族人口）得分分布

图片来源：作者自绘

（5）低密大户人口

第 5 主因子的特征值是 0.889，方差贡献率为 12.583%，主要反映了两个变量的信息。该主因子与常住人口密度呈较强的负相关关系，与平均家庭户规模呈较强的正相关关系。

从因子载荷上看，主因子 5 总体上反映了常住人口密度，得分较高，则常住人口密度越低；同时，主因子 4 也反映了家庭户规模，得分越高，则家庭户规模越大，因此将其命名为低密大户人口。

从第 5 主因子的得分分布图（图 4-15）可以看出，在 2000 年，北京核心区低密大户人口因子得分较高的前四分之一的街道依次是东华门街道、和平里街道、东直门街道、北新桥街道、龙潭街道、天坛街道、白纸坊街道和广安门外街道；得分较低的后四分之一的街道依次是体育馆路街道、广安门内街道、西长安街街道、新街口街道、崇文门外街道、椿树街道、大栅栏街道和前门街道。

2000 年的主因子 5 低密大户人口与 1990 年的主因子 5 特殊民族人口呈现出大致相同的分布，总体看来，这两个年份的常住人口密度都是东城区小于西城区。和 1990 年相比，广安门外街道和白纸坊街道是新增的常住人口密度较大的街道；而东花市街道、体育馆路街道人口密度有所下降，与图 3-12 基本一致。

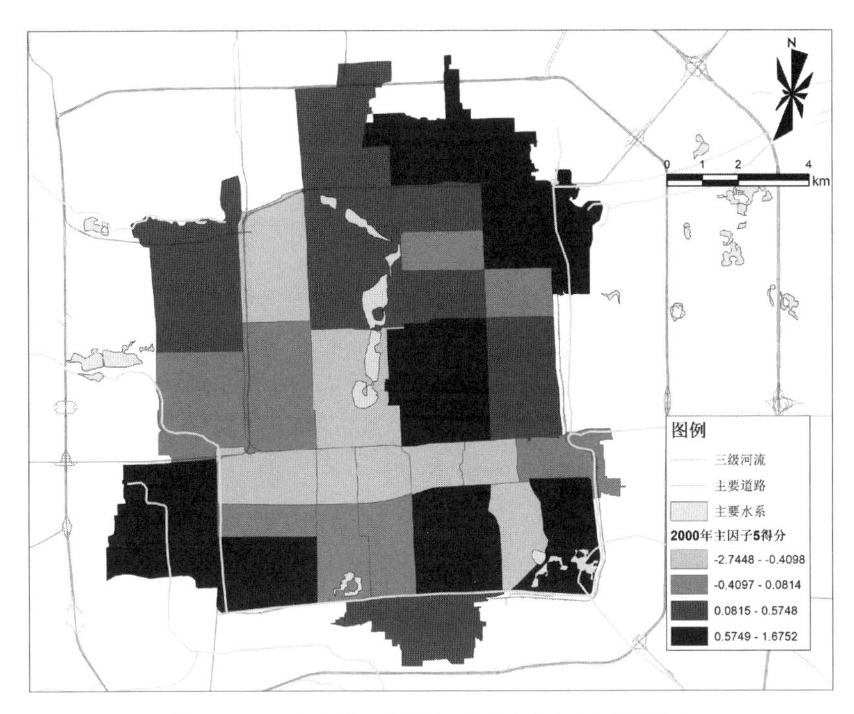

图 4–15　2000 年第 5 主因子（低密大户人口）得分分布

图片来源：作者自绘

4.2.3　社会空间类型划分

在提取完主因子后，就可对因子分析的结果进行聚类以划分社会空间类型。具体方法是构建 2000 年的 5 个主因子在各个街道单元上的得分矩阵，选用分层聚类法（Hierarchical Cluster）和平方欧氏距离的距离测度，采用离差平方和法（Ward's Method）计算类与类之间的距离，并画出树状聚类图。根据树状聚类图，可以判断 2000 年北京市核心区的社会空间类型分为 6 类比较适宜（表 4-7）。再计算各社会空间类型在每一个主因子上得分的均值及方均值，参照因子分析的结果将这 6 种社会空间类型分别命名为：中产阶层聚居区、工薪阶层人口聚居区、高密度人口混居区、相对边缘人口聚居区、中产阶层人口与工薪阶层人口混居区，以及回族人口聚居区。

2000 年北京核心区社会空间类型特征判别表　　表 4-7

类别	街道数目	项目	主因子 1	主因子 2	主因子 3	主因子 4	主因子 5
第 1 类	9	均值	0.11417	−0.87721	−0.28312	−0.58862	0.56796
		方均值	0.54374	0.87723	0.18776	0.52078	0.73631
第 2 类	9	均值	−0.75405	0.54847	−0.44475	−0.31558	−0.04334
		方均值	0.68651	0.72789	0.51949	0.38056	0.34103
第 3 类	3	均值	0.35454	−0.06072	−0.39006	−0.37065	−2.38324
		方均值	0.19512	0.25445	0.16220	0.14291	5.81745
第 4 类	4	均值	−0.18320	−0.13410	2.26011	−0.16430	0.06965
		方均值	0.32797	0.43845	5.50987	0.04285	0.47591
第 5 类	6	均值	1.01962	0.99328	−0.19499	1.01290	0.35644
		方均值	2.92581	1.47112	0.34773	1.27037	0.32465
第 6 类	4	均值	−0.68969	−2.28254	−0.14949	3.82957	0.01091
		方均值	0.47567	5.20999	0.02235	14.66561	0.00012

（1）中产阶层人口聚居区

此类社会空间在第 2 主因子（工薪阶层人口）的得分方均值及均值最突出，其中均值为负；同时也在第 5 主因子（低密大户人口）的得分方均值及均值较为突出，且均值为正。共包括 9 个街道，为安定门街道、朝阳门街道、东华门街道、东四街道、东直门街道、和平里街道、建国门街道、交道口街道和景山街道。

主因子 2 主要反映了工薪阶层人口，均值为负，说明此区并不主要是工薪阶层人口；而主因子 5 主要反映人口密度与家庭户规模，均值为正，说明此区人口密度较低，家庭户规模较大（主因子 5 与常住人口密度呈负相关关系，与平均家庭户规模呈正相关关系），因此将此区命名为中产阶层人口聚居区。

（2）工薪阶层人口聚居区

此类社会空间在第 2 主因子（工薪阶层人口）的得分方均值及均值最突出，其中均值为正；同时也在第 1 主因子（中产阶层人口）的得分方均值及均值较为突出，且均值为负。共包括 9 个街道，为崇文门外街道、东花市街道、龙潭街道、陶然亭街道、体育馆路街道、天桥街道、天坛街道、西长安街街道和永定门外街道。

主因子 2 主要反映了工薪阶层人口，均值为正，说明此区以工薪阶层人口的分布为主；而主因子 1 主要反映中产阶层人口，均值为负，说明此区中产阶层人口较少，因此将此区命名为工薪阶层人口聚居区。

（3）高密度人口混居区

此类社会空间在第 5 主因子（低密大户人口）的得分方均值及均值最突出，且均值为负；

在第 2 主因子（工薪阶层人口）的得分方均值及均值较为突出，其中均值也为负。共包括 3 个街道，为椿树街道、大栅栏街道和前门街道。

主因子 5 主要反映人口密度与家庭户规模，均值为负，说明此区人口密度较高，家庭户规模较小；主因子 2 主要反映了工薪阶层人口，均值为负，说明此区并不主要是工薪阶层人口，因此将此区命名为高密度人口混居区。

（4）相对边缘人口聚居区

此类社会空间在第 3 主因子（相对边缘人口）的得分方均值及均值最突出，且均值为正。包括北新桥街道、金融街街道、什刹海街道和新街口街道，共 4 个街道。

主因子 3 主要反映了相对边缘人口，均值为正，说明此区分布了较多的相对边缘人口，因此将其命名为相对边缘人口聚居区。

（5）中产阶层与工薪阶层人口混居区

此类社会空间在第 1 主因子（中产阶层人口）的得分方均值及均值最突出，且均值为正；在第 2 主因子（工薪阶层人口）的得分方均值及均值也较为突出，其中均值为正。共包括 6 个街道，为白纸坊街道、德胜门街道、广安门内街道、广安门外街道、月坛街道、展览路街道。

主因子 1 主要反映中产阶层人口，均值为正，说明此区中产阶层人口较多；主因子 2 主要反映了工薪阶层人口，均值为正，说明此区工薪阶层人口也较多，因此将此区命名为中产阶层与工薪阶层人口混居区。

（6）回族人口聚居区

此类社会空间在第 4 主因子（特殊民族人口）的得分方均值及均值最突出，且都为正，表明男性比例较高，回族人口较多，只包括牛街街道，因此将其命名为回族人口聚居区。

对比图 4-6 和图 4-16 可以发现，1990 年的社会空间类型划分中相对边缘人口聚居区大部分到2000年都改变了社会空间类型，只有北新桥街道在两个年份都被划为相对边缘人口聚居区。尤其是1990年老东城区的大部分相对边缘人口聚居区到2000年都变成了中产阶层人口聚居区，初步显现出了大规模旧城改造对北京核心区人口的过滤作用，形成了核心区绅士化的现象。其主要原因是核心区由于级差地租的影响住房价格高，在拆迁改造过程中原住户很少能承受改造后高额的房价，不得不外迁到近郊区甚至远郊区相对便宜的安置房中，而新建的高级公寓则被有经济能力的人口占据。

而 2000 的新街口街道、金融街街道和什刹海街道成了新的相对边缘人口聚居区，最有可能的原因是新增加的家庭户住房来源变量将这几个街道大量的非购房人口识别出来了，据此可以对 1990 年北京核心区的社会空间类型划分进行相应的修正，以更为贴近现实情况。

4.2.4 社会空间结构模式

基于图 4-16 的 6 种社会空间类型的分布和组合特征，尝试对 2000 年北京核心区的社会空间结构模式进行总结，它总体上呈扇形分布。2000 年北京核心区的社会空间结构模式可分为四大扇区：东部分南北，东北扇区为老的东城区，主要居住着社会经济地位较高的优势人口，东南扇区为以原崇文区为主，主要居住着工薪阶层人口；西部分内外，内部的西北扇区以老西城区为主，主要居住着相对边缘人口，外部的西南扇区以宣武区为主，包括西城区在二环外的部分，是中产阶层人口和工薪阶层人口的混居区（图 4-17）。

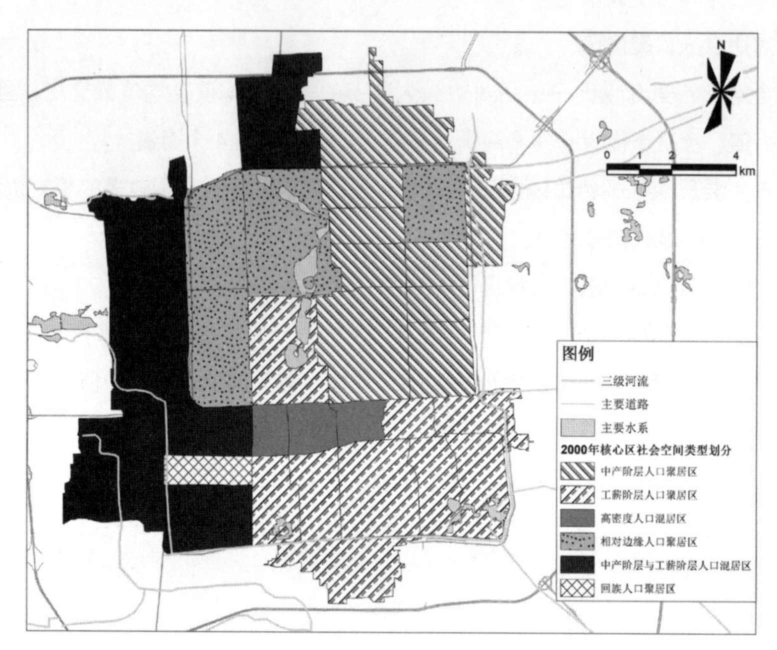

图 4-16　2000 年北京核心区社会空间类型划分

图片来源：作者自绘

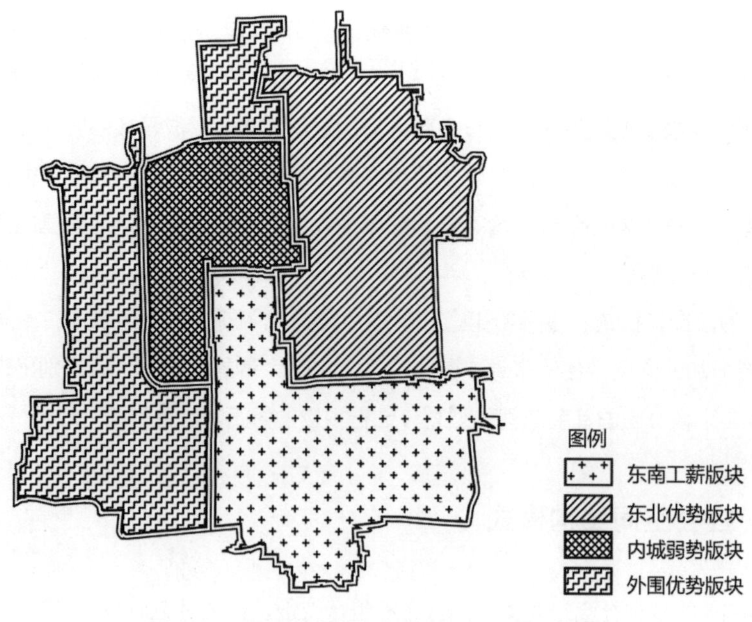

图 4-17　2000 年北京核心区社会空间结构模式图

图片来源：作者自绘

顾朝林等利用 1998 年北京城八区 109 个街道的调查数据进行了社会区分析，与本研究此部分的分析时点较为接近，因而可进行对比研究。他们选取了 15 类 32 个变量，提取出土地利用强度、家庭状况、社会经济状况和民族状况 4 个主因子，划分出了 9 个社会区，包括远郊中等密度中等收入区、近郊中等密度低收入区、远郊高流动人口制造业区、内城高密度区、远郊低密度低收入区、内城最高密度区、远郊少数民族与流动人口集聚区、内城高收入区和内城少数民族与流动人口集聚区（顾朝林，2003）（图 4-18）。其中，内城高密度区“位于西城、宣武、崇文和三环以外部分老居住区，属于北京市区的旧城区和中心商务区，发展历史悠久，它除尚保留部分四合院和部分早期简陋的单元楼以外，由大批翻建的高层居住小区和公寓楼等充填，人口稠密。该区由于工作单位和商业网点云集，办公业发达，高层办公楼密度很高”。内城最高密度区“位于内城东北角，王府井—东单商业中心位于该区，也是国外驻华使馆、机构和外资银行、外企公司、高档饭店等集中分布的地区，集中居住了一批高收入阶层，环境条件良好”。内城高收入区“位于宣武区的大栅栏和天桥，历史上是北京贫困阶层聚集卖艺、传统饮食、手工艺的地区，最近以刻字、电器、食品为主的轻工业聚集到大栅栏等地，字画古玩等销售地，相当一部分人在最近几年的商品经济浪潮中狠挣了一笔，成为北京城内高收入区，也与整体经济衰退的宣武区形成鲜明的对照”。内城少数民族与流动人口集聚区“为宣武区的牛街，历史上的回民聚居区”。

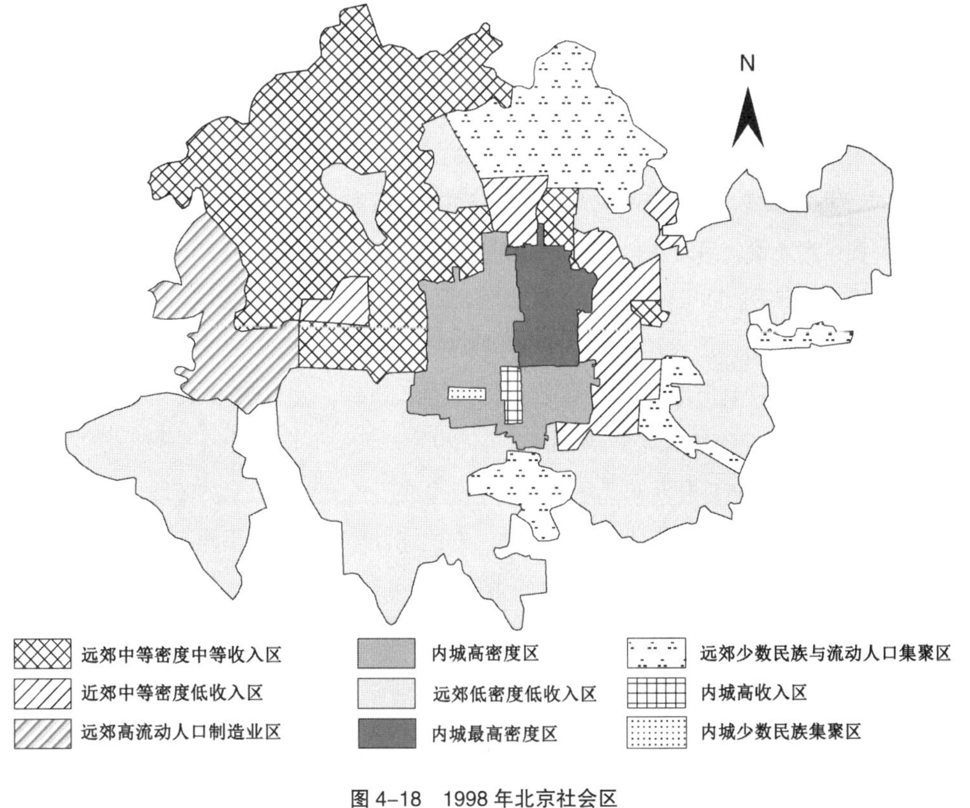

图 4-18　1998 年北京社会区

图片来源：Gu et al.，2005

比较图 4-16 和图 4-18 可以发现，二者都把老东城区划为了一个社会空间类型，在 1998 的社会区划分中它被划为了内城最高密度区，在 2000 年本研究的社会空间类型划分中它被划为中产阶层人口聚居区，其实际的常住人口密度相对较低。前者的密度包括了事业单位的聚集度、人口密度、就业率、办公业及商业网点密集度等内容，其实是指综合的土地利用强度；而后者的密度主要是指常住人口密度，所以二者在高低的判断上有所区别。但相同的是，二者都判断在这一时期，在东城区居住的是一些社会经济地位较高的人口，如“企业老板、文体明星和多国使馆人员等高收入群体，他们可以支付高档居住小区、豪华别墅、繁华区的高级公寓等”（顾朝林，2003）。这一方面是由于改革开放，商品经济活跃，使得“一部分人先富了起来”，另一方面也有历史沿袭。

清末震钧的《天咫偶闻》卷十记载，“京师有谚云‘东富西贵’[①]，盖贵人多住西城，而仓库皆在东城”，指出了权贵居住在内城的西城，而仓库、商贾在内城的东城之布局。按照阶级与行业，内城形成了一定程度的居住分异，自乾隆以来，清帝常居圆明园，在朝中任职的权贵多选择在内城的西城建宅，而内城的东城因近通惠河，水运商业便利，则多为富商豪贾的居所（程晓曦，2012）。这种因居民社会属性不同而导致的居住空间分异现象在 2000 年左右的社会空间类型划分中还明显地存在，但“贵人”的身份有了变化。但是 2000 年老东城区的北新桥街道作为一个例外被识别了出来，它与东城区的其他街道在居住人口属性上有所不同，被划为了相对边缘人口聚居区，这与实际情况也是相符的。二者都把牛街街道作为回族人口的聚居区识别出来了。

但是 1998 所识别的内城高收入区，即宣武区的大栅栏和天桥街道在 2000 年的社会区中却没有表现出来，可能是这两个街道的人口由于旧城改造而大幅度减少，造成了人均年收入的增长，使其在包括人均年收入和人口自然增长率的主因子 3 上表现出较高的得分。

20 世纪的最后 10 年是中国社会和经济转型的 10 年，也是中国城市社会空间结构巨变的 10 年。城市土地有偿使用，住房福利分配到市场供给的转变成为中国城市社会空间分异的重要推动力量。在土地无偿使用时期，旧城改造需要巨额资金，而国家资金有限，旧城改造部门只能捧着金饭碗去当乞丐。而在城市土地推向市场之后，这种状况发生了改变。1990 年北京市政府编制了旧城改造规划，正式开启了旧城的大规模改造，主要涉及中心商务区的规划及实施、原有商业区的改造、工业用地的外迁和旧城居民区的改造等。仅 1993 年，北京全市土地有偿出让的金额就超过 10 亿元（冀光恒，1994）。

建国门至朝阳门、东二环至东三环之间，以及阜成门和复兴门之间的区域逐渐形成东西两个中心商务区。金融街东侧原有大片旧式平房，在这一过程中被夷为平地。北京核心区原有的三大商业中心中，西单、王府井都进行了大规模的扩建和改造，而东单、西四、新街口、北新桥、菜市口、珠市口等商业中心也被陆续重建（顾朝林，1997）。以崇文区沙子口北京一轻总公司、建国门外南侧占地约 50 公顷的北京第一机床厂为代表的大批工业企业也在土地资产效益显化

① 以皇城为中心，“东”是指朝阳门、东直门一带，那里聚集着许多富商，他们先是靠运河后是靠洋务大把大把地赚银子，至今那里还遗留着一些带“仓”的地名。“西”是指什刹三海一带，那里历来是王府的首选，后海北岸有光绪、宣统的潜龙邸，南岸有和珅的宅院、后来的恭王府。

的推动下迁出了核心区。还有大量位于核心区外围的占地大、产出率低、污染严重的工厂在和居住功能的竞争中败北，继续外迁。北京站的改造等也引发了核心区人口的大量外迁（田文祝，1999）。在核心区的所有改造类型中，影响最大的当属危旧住房的改造。1991 年，北京核心区共有 80.4 万居民居住在近 850 万 m^2 的危旧房中（表 4-8）。

1991 年北京市核心区危旧房数量及其分布 **表 4-8**

城区	片数	占地面积（ha）	危旧房面积（m^2）	居住人数（万人）
东城区	41	380	1790000	19.55
西城区	35	498	2570000	23.21
崇文区	23	274	1520000	13.10
宣武区	48	426	2580000	24.17

资料来源：冀光恒，1994。

1992 年 11 月 8 日，北京市政府颁布了《关于外商投资开发经营房地产的若干规定》，正式对外开放房地产市场，房地产随即成为北京市外商投资的重要领域。1992-1997 年，北京批准的外资房地产企业投资总额达 141.32 亿美元，占全市批准三资企业投资总额的 47.05 %（周立云，1998）。根据北京市政府政策研究室的调查，1990-1997 年底，北京市核心区的危改总投入 170.55 亿元，其中外商投资 116.18 亿元，占危改总投资的 68%（表 4-9）。同期全市危改总投入为 223 亿元，核心区外商投资占全市投资总额的二分之一（罗亚辉等，1998）。外资已经成为重构北京市核心区社会空间的重要因素（田文祝，1999）。

1990-1997 年北京市核心区利用外资危改情况统计表（单位：亿元 / 万平方米） **表 4-9**

城区	完成投资	其中外商投资	外商投资占比（%）	竣工面积
东城区	80.63	48.97	60.7	301.6
西城区	27.65	23.31	84.3	29.6
崇文区	38.55	31.08	80.6	2.67
宣武区	23.72	12.82	54.1	6.1
合　计	170.55	116.18	68.1	339.97

资料来源：罗亚辉等，1998。

但是外资在核心区内选择具体的投资区位和项目时，会考虑多方面的因素，在危旧房改造项目上主要是考虑拆迁安置的成本。从表 4-9 可以看出，核心区的危旧房改造体量有着巨大的差异，东城远超其他三区，西城比南城两区也多出许多，崇文和宣武完全处于劣势。北京市人民政府研究室所作的关于宣武区危旧房改造情况的调查报告指出，由于历史原因，宣武区人口稠密，危旧房多，市政基础设施差（谭英，1997），外资要对宣武区的危旧房进行改造显然要比其他区花费更多的成本，这使得外商的投资意愿大大降低。可以看出，外商参与并主导核心区的危旧房改造时的区位选择是造成 2000 年北京核心区社会空间结构呈扇形化的主要原因。

另一方面，回迁率的差别也使得各区表现出不同的社会构成。开发商发现将居民外迁，在改造区新建商业、办公建筑和高档住宅比让居民以优惠价买房回迁的安置方式经济效益好得多。于是在政策鼓励疏散人口的背景下，大部分改造区都尽量提高非住宅用地所占的比例，用于建设购物中心、写字楼、金融商业建筑和高档公寓等回报率高的项目，普通住宅大幅减少（谭英，1997）。而在余下的居住用地上，开发公司往往以原住户的人口、面积和经济条件限制居民回迁，减少回迁住宅，尽可能多地建设商品住宅，结果导致改造地区原有中低收入家庭被商品住宅的买主所取代，使得改造区居民回迁率从危改初期部分危改区的100%、90%下降到20%甚至更少。所有动迁居民的回迁率，宣武区为50%，崇文区为30%，东城区为25%，西城区因大型公建多，居民回迁率更低。东城因为回迁率低，且高档公寓建设量大，表现出最明显的绅士化趋势。

4.3 基于“六普”的核心区社会空间结构分析

4.3.1 主因子提取

在对原始数据进行合并整理与计算的基础上，研究构建了2010年社会空间因子分析基础数据。在利用SPSS进行因子分析之前，先对原始数据矩阵做相关分析，并进行KMO测度，发现数据矩阵的大部分相关系数大于0.3，KMO值为0.729，大于0.7，Bartlett球形度检验的近似卡方值为1664.131，检验统计显著，符合因子分析的要求[①]。在提取主因子时，选择了主成分法，按照强制提取的原则，共提取了5个主因子，累计方差贡献率达91.192%，能够较好地反映北京市核心区社会空间分异的基本特征（表4-10）。

2010年社会空间主因子特征根及方差贡献率 **表4-10**

主因子	初始特征值			提取平方和载荷			旋转平方和载荷		
	合计	方差的%	累积%	合计	方差的%	累积%	合计	方差的%	累积%
1	16.383	68.264	68.264	16.383	68.264	68.264	5.915	24.644	24.644
2	2.139	8.911	77.175	2.139	8.911	77.175	5.040	20.999	45.643
3	1.542	6.424	83.599	1.542	6.424	83.599	4.062	16.924	62.567
4	1.090	4.541	88.140	1.090	4.541	88.140	3.956	16.484	79.051
5	0.732	3.052	91.192	0.732	3.052	91.192	2.914	12.141	91.192

提取方法：主成分分析。

在因子含义不是十分清晰的情况下，尝试对原始因子载荷矩阵进行旋转，比较多种旋转方法后，选择效果最好的等量最大法进行旋转；并且为了和其他年份进行横向比较，以及因子的

① 本研究共选择了一般统计指标，户口类型、教育程度、职业类别、民族构成、住房来源等方面共24个变量。

含义更清晰化，按照强制提取的方法共提取了5个因子，除了第5主因子外，其余因子的特征根都大于1。

载荷矩阵旋转后，原始变量的信息在5个主因子上有较为均匀的分布，经过23次迭代完成收敛过程，旋转后的因子载荷矩阵（表4-11）得以呈现。旋转后5个主因子的累计方差贡献率仍为91.192%，反映了原始变量的主要信息，基本能解释北京核心区社会空间的形成。这5个主因子可被视为24个原始变量的组合变量，并且可以根据其对24个原始变量的载荷大小来确定因子所代表的意义。载荷矩阵值大，则代表主因子与这一原始变量的相关关系大，在对形成社会空间的主因子命名时依据其与原始变量的相关程度的大小进行（本文以0.550作为划分相关程度大与小的标准）。

2010年北京核心区社会空间主因子载荷矩阵 **表4-11**

变量类型	变量名称	各主因子载荷				
		1	2	3	4	5
一般统计指标	常住人口密度（人/km^2）	−0.200	−0.091	0.021	0.229	0.801
	平均家庭户规模（人/户）	0.375	0.121	0.137	−0.854	−0.215
	性别比（女=100）	0.353	0.076	−0.897	0.098	−0.182
	育龄妇女有存活子女人数	0.499	0.470	0.481	0.432	0.305
	60岁以上人口数量	0.600	0.370	0.511	0.334	0.306
户口类型	常住户籍人口数量	0.606	0.524	0.413	0.230	0.273
	常住外来人口数量	0.505	0.355	0.405	0.542	0.281
学历构成	6岁及以上人口中小学及以下教育程度的人口数量	0.446	0.577	0.494	0.355	0.251
	6岁及以上人口中初中教育程度人口数量	0.448	0.671	0.387	0.328	0.161
	6岁及以上人口中高中教育程度人口数量	0.478	0.606	0.407	0.336	0.297
	6岁及以上人口中大学专科教育程度人口数量	0.588	0.382	0.469	0.401	0.331
	6岁及以上人口中大学本科教育程度人口数量	0.688	0.226	0.389	0.450	0.317
	6岁及以上人口中研究生教育程度人口数量	0.734	0.144	0.296	0.466	0.283
职业结构	国家机关、党群组织、企业、事业单位负责人数量	0.594	0.239	0.300	0.277	0.002
	各类专业、技术人员数量	0.583	0.267	0.455	0.497	0.337
	办事人员和有关人员数量	0.651	0.274	0.395	0.476	0.332
	商业、服务性工作人员数量	0.388	0.602	0.405	0.455	0.208
	生产工人、运输工人及有关人员数量	0.326	0.609	0.449	0.372	0.284
少数民族构成	满族人口数量	0.446	0.619	0.346	0.359	0.273
	回族人口数量	0.061	0.045	0.108	−0.038	0.858
	蒙古族人口数量	0.574	0.417	0.299	0.482	0.320
住户来源构成	自建住房户数	−0.347	0.776	−0.178	−0.246	−0.081
	买房家庭户数	0.601	0.059	0.515	0.461	0.334
	租房家庭户数	0.067	0.884	0.242	0.249	0.083

相比于2000年，2010年的变量中在学历构成上少了一个6岁以上人口中中专教育程度人口数量，因为2010年的人口普查中将其合并在了高中人口中。此外，由于北京市核心区的城市化水平较高，农、林、牧、渔、水利业生产人员数量较小，零值较多，对于分析结果有较大影响，故在做因子分析时将其排除在外。其他变量与2000年一样。2010年所选择的所有变量中，育龄妇女有存活子女人数和常住外来人口数量这两个变量在主因子中体现得不明显。综合来看，在三个年份中，主因子反映了几乎全部变量的信息。

4.3.2 因子空间特征

（1）中产阶层人口

第1主因子的特征值是16.383，方差贡献率达24.644%，主要反映了10个变量的信息。该主因子与60岁以上人口数量，常住户籍人口数量，6岁以上学历在大学专科及以上教育程度的人口数量，国家机关、党群组织、企业、事业单位负责人数量，各类专业、技术人员数量，办事人员和有关人员数量，蒙古族人口数量，家庭户买房户数有较强的正相关关系。

从因子载荷上看，主因子1总体上反映了高社会经济地位人口的分布。尤其是从受教育程度和职业结构两组变量中可以看出，主因子1与受教育程度高的变量及社会地位较高的职业类型有较强的正向相关关系，因此将这一主因子命名为中产阶层人口。

第1主因子得分较高的街区主要分布在北京核心区“凸”字形结构外围的西部和北部，此外还包括城中的天坛和东华门街道。得分较高的前四分之一的街道依次是金融街街道、月坛街道、德胜街道、广安门外街道、展览路街道、东华门街道、和平里街道和天坛街道；得分较低的后四分之一的街道依次是东四街道、东花市街道、安定门街道、景山街道、崇文门外街道、天桥街道、什刹海街道和大栅栏街道（图4-19）。

（2）工薪阶层人口

第2主因子的特征值是2.139，方差贡献率达20.999%，主要反映了8个变量的信息。该主因子与6岁以上学历在大学专科以下教育程度的人口数量，商业、服务性工作人员数量、生产工人、运输工人及有关人员数量，满族人口数量，自建住房户数、租房家庭户数有较强的正相关关系。

从因子载荷上看，主因子2总体上反映了工薪阶层人口，包括文化程度较低的人口，和职业经济地位较低的人口等，故将这一主因子命名为工薪阶层人口。

从第2主因子的得分分布图可以看出，在2010年，北京核心区的工薪阶层人口和相对边缘人口因子得分较高的前四分之一的街道依次是什刹海街道、新街口街道、北新桥街道、永定门外街道、广安门外街道、交道口街道、展览路街道和西长安街街道；得分较低的后四分之一的街道依次是椿树街道、朝阳门街道、牛街街道、前门街道、龙潭街道、东直门街道、东花市街道和崇文门外街道。由于2010年的相对边缘人口与工薪阶层人口构成一个因子，它的分布并不像1990年和2000年那样有比较明显的空间特征，但基本分布态势仍与前两次相似，西北多而东南少（图 4-20）。

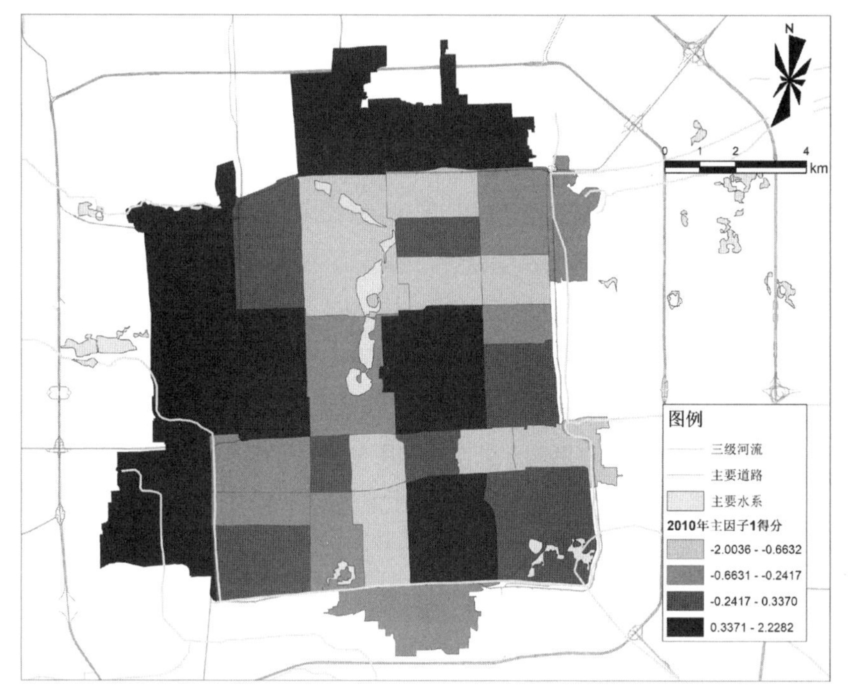

图 4-19　2010 年第 1 主因子（中产阶层人口）得分分布

图片来源：作者自绘

图 4-20　2010 年第 2 主因子（工薪阶层人口）得分分布

图片来源：作者自绘

（3）女性人口

第 3 主因子的特征值是 1.542，方差贡献率是 16.924%，主要反映了 1 个变量的信息，即性别比，与之呈较强的负相关关系，故将此因子命名为女性人口。

第 3 主因子得分较高的前四分之一街道依次是和平里街道、龙潭街道、广安门外街道、白纸坊街道、天坛街道、展览路街道、月坛街道和德胜街道；得分较低的后四分之一街道依次是西长安街街道、大栅栏街道、牛街街道、建国门街道、前门街道、交道口街道、椿树街道和金融街街道。2010 年第 3 主因子得分较低的街道表示女性人口较少而男性人口较多。从图 4-21 可以看出，2010 年男性人口多的街道集中分布在核心区的中间，即北京内城与外城相接处。这是北京传统的商业繁华地带，雇佣的男性劳动力人口多，因而在性别比上占优势。在章英华对北京 20 世纪 30 年代的分析中曾指出："就性比例而言，北京显系男性居多之地……整体说来，外城各区都高于内城各区，内城中则是北低南高。性比例的分布与几个职业团体以及商店和作坊的分布相关。1910 年时，性比例与官吏比率成反比，却与商人比率成正比。1935 年时，性比例与工人、商人、商店、作坊比率亦均达显著相关……商店与作坊的雇佣男性工作人员，当是高性比例之源"（章英华，1990）。从空间分布上看，2010 年的这一主因子的空间分布显示出一定的历史继承性。

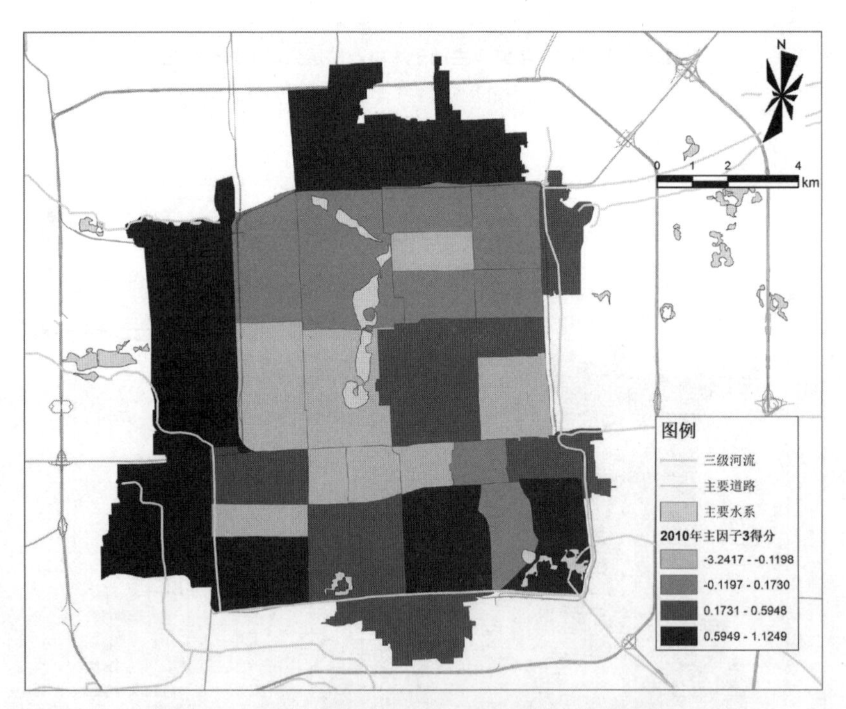

图 4-21　2010 年第 3 主因子（女性人口）得分分布

图片来源：作者自绘

（4）家庭户规模

第 4 主因子的特征值是 1.090，方差贡献率是 16.484%，主要反映了 1 个变量的信息，该因子与平均家庭户规模呈较强的正相关关系，故将此因子命名为家庭户规模。

如图 4-22 所示，第 4 主因子得分较高的前四分之一街道依次是广安门外街道、大栅栏街道、东花市街道、椿树街道、崇文门外街道、和平里街道、东直门街道和什刹海街道；得分较低的后分之一街道依次是朝阳门街道、东四街道、安定门街道、北新桥街道、牛街街道、体育馆路街道、东华门街道和天坛街道。

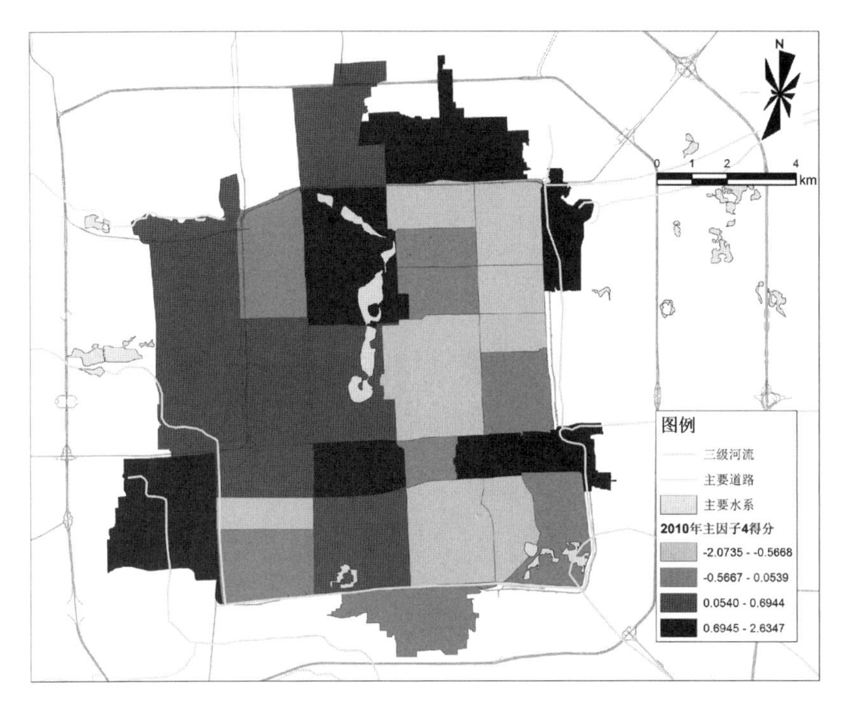

图 4-22　2010 年第 4 主因子（家庭户规模）得分分布

图片来源：作者自绘

在近代的北京城，家庭户的规模包括仆役、学徒等寄宿人口，而纳妾现象也增加了富裕家庭的户量，户量越大表明家庭经济条件越好（王均，1997）。因此，当时的北京呈现的是内外城中心区的户量较大，大致对应今天的东华门、西长安街、椿树、大栅栏、前门区域。而从 1990 年主因子 5、2000 年主因子 5 和 2010 年主因子 4 的分布来看，家庭户规模大的人口主要分布于和平里、东直门、崇文门外、广安门外和什刹海等街道，与近代有较大的区别，这与 70 年代开始实行的计划生育政策分不开。大多数家庭，尤其是在体制内工作的家庭受政策所限，只能生育一个孩子，造成家庭户规模骤减；而少量低收入人群反而因为重男轻女、多子多福的生育观念影响，以及受政策限制较少而拥有较大的家庭户规模。家庭户规模与家庭社会经济条件的相关关系由正转负。

（5）特殊民族人口

第 5 主因子的特征值是 0.732，方差贡献率是 12.141%，主要反映了两个变量的信息，该因子与常住人口密度、回族人口数量呈较强的正相关关系，故将此因子命名为特殊民族人口。

第 5 主因子得分较高的前四分之一街道依次是牛街街道、广安门外街道、白纸坊街道、崇文门外街道、德胜街道、北新桥街道、交道口街道和广安门内街道；得分较低的后四分之一街道依次是金融街街道、陶然亭街道、东直门街道、天坛街道、龙潭街道、东华门街道、前门街道、西长安街街道。这与核心区的实际情况基本相符，牛街向来是回族人口聚集的地方，周围街道在其扩散影响下也有较多的回族人口分布。

2010 年的主因子 5 与 1990 年的主因子 5 都与回族人口数量相关，方向相反，但 1990 人口密度较高、回族人口较多的金融街街道、前门街道、陶然亭街道到 2010 年变成了回族人口不多的街道；而 2010 年新增了白纸坊街道、东花市街道、崇文门外街道、德胜街道、北新桥街道和交道口街道等新的回族人口聚集的街道。这很大程度上与北京的旧城改造相关，旧城原有的低收入民族人口在改造过程中被迫迁出，转移到附近的回族人口聚居区，从而形成了新的分布格局。从图 4-23 也可以看出，回族人口的分布与清真寺的分布有较高的一致性。

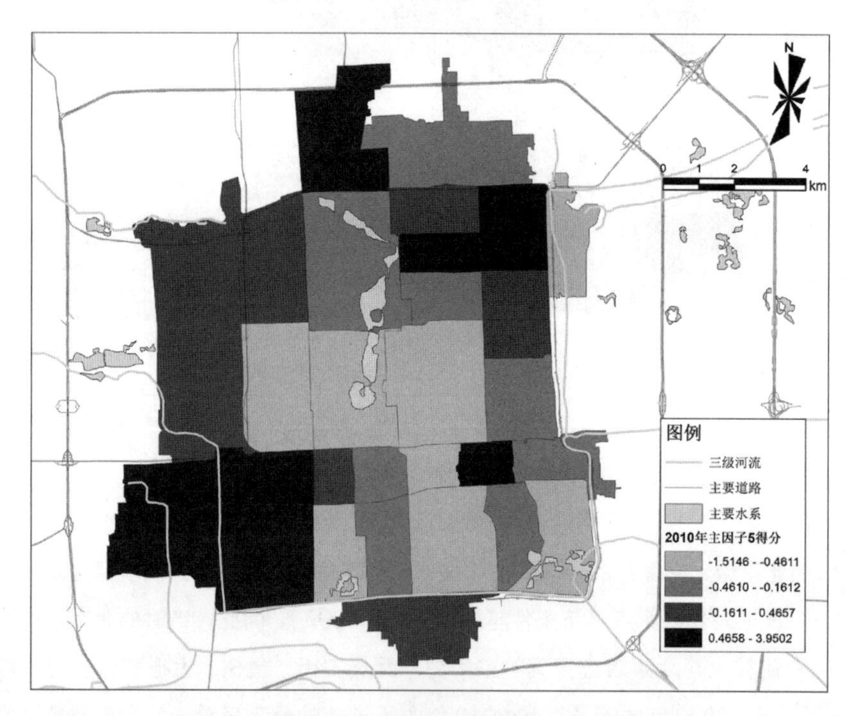

图 4-23　2010 年第 5 主因子（特殊民族人口）得分分布

图片来源：作者自绘

4.3.3　社会空间类型划分

在提取完主因子后，就可对因子分析的结果进行聚类以划分社会空间类型。具体方法是构建 2010 年的 5 个主因子在各个街道单元上的得分矩阵，选用分层聚类法和平方欧氏距离的距离测度，采用离差平方和法计算类与类之间的距离，并画出树状聚类图。根据树状聚类图，可以判断 2010 年北京市核心区的社会空间类型分为 6 类比较适宜（表 4-12）。再计算各社会空间类型在每一个主因子上得分的均值及方均值，参照因子分析的结果将这 6 类社会空间分别命名为：中产阶层人口聚居区、相对边缘人口聚居区、权贵阶层人口聚居区、工薪阶层人口聚居区、资本阶层人口聚居区和回族人口聚居区。

2010 年北京核心区社会空间类型特征判别表 **表 4-12**

类别	街道数目	项目	主因子 1	主因子 2	主因子 3	主因子 4	主因子 5
第 1 类	5	均值	1.49299	0.08415	0.88666	0.92349	0.44942
		方均值	2.25474	0.30102	0.80682	1.62639	0.49634
第 2 类	4	均值	−0.45232	1.98646	0.18221	−0.18623	0.02699
		方均值	0.52272	4.52578	0.09895	0.46096	0.20418
第 3 类	2	均值	0.99612	−0.24831	0.70515	−2.07027	−1.10234
		方均值	1.12567	0.06222	0.52453	4.28601	1.21790
第 4 类	15	均值	−0.63507	−0.41131	0.26181	0.07462	−0.17138
		方均值	0.67044	0.54354	0.17600	0.61092	0.48995
第 5 类	5	均值	0.47204	−0.15220	−1.97001	0.10124	−0.30600
		方均值	1.01902	0.44641	4.49186	0.28906	0.46243
第 6 类	1	均值	−0.48204	−0.93926	−0.64947	−1.35760	3.95024
		方均值	0.23236	0.88221	0.42181	1.84308	15.60440

（1）中产阶层人口聚居区

此类社会空间在第 1 主因子（中产阶层人口）的得分方均值及均值最突出，且为正。该区在第 4 主因子（家庭户规模）的得分方均值及均值也较为突出，且也为正。主要包括 5 个街道，为德胜门街道、广安门外街道、和平里街道、月坛街道和展览路街道。第 1 主因子主要反映中产阶层人口，均值为正，说明该区中产阶层人口较多；第 4 主因子主要反映家庭户规模，均值为正，说明家庭户规模较大，因而将其命名为中产阶层人口聚居区。

（2）相对边缘人口聚居区

此类社会空间在第 2 主因子（相对边缘人口）的得分方均值及均值最突出，且为正；在第 1 主因子（中产阶层人口）的得分方均值及均值也较为突出，且也为负。主要包括北新桥街道、什刹海街道、新街口街道、永定门外街道。第 2 主因子主要反映了相对边缘人口，均值为正，说明相对边缘人口较多，故将其命名为相对边缘人口聚居区。

（3）权贵阶层人口聚居区

此类社会空间在第 4 主因子（家庭户规模）的得分方均值及均值最突出，且为负；该区在第 5 主因子（回族人口）的得分方均值及均值也较为突出，且为负；在第 1 主因子（中产阶层人口）的得分方均值及均值也较为突出，且均值为正。共包括两个街道，为东华门街道和天坛街道。第 4 主因子主要反映了家庭户规模，均值为负，说明家庭户规模较小；第 5 主因子主要反映了回族人口，均值为正，说明该区回族人口较少。由于该区两个街道分别是故宫和天坛所在地，周边居住的人口大多拥有较高的权力地位和经济地位，因此将其命名为权贵阶层人口聚居区。

（4）工薪阶层人口聚居区

此类社会空间第1主因子（中产阶层人口）的得分方均值及均值最突出，且为负；在第4主因子（家庭户规模）的得分方均值及均值也较为突出，且均值为正。且该区共包括15个街道，为安定门街道、白纸坊街道、朝阳门街道、崇文门外街道、大栅栏街道、东花市街道、东四街道、东直门街道、广安门内街道、景山街道、龙潭街道、陶然亭街道、体育馆路街道、天桥街道和西长安街街道。

第4主因子主要反映了家庭户规模，均值为正，说明家庭户规模较大；第1主因子主要反映了中产阶层人口，均值为负，说明该区分布的主要人口并不是中产阶层人口，因此将其命名为工薪阶层人口聚居区。

（5）资本阶层人口聚居区

此类社会空间在第3主因子（女性人口）的得分方均值及均值最突出，为负；在第1主因子（中产阶层人口）的得分方均值及均值也较为突出，且均值为正。包括椿树街道、建国门街道、交道口街道、金融街街道和前门街道，共5个街道。

第3主因子主要反映了女性人口，均值为负，说明该区分布的女性人口占比较小；第1主因子主要反映了中产阶层人口，均值为正，说明该区有一定的中产阶层人口；由于该区在第2主因子的均值也为负，说明该区分布主要不是工薪阶层人口，综合考虑将其命名为资本阶层人口聚居区。

（6）回族人口聚居区

此类社会空间在第5主因子（特殊民族人口）的得分方均值及均值最突出，且都为正，表明回族人口较多，只包括牛街街道，故将其命名为回族人口聚居区。

对比图4-16和图4-24可以发现，2010年北京核心区的社会空间类型相对于2000年异质性更加明显。在相对边缘人口聚居区方面，金融街街道成功地从2000年的相对边缘人口聚居区变成了2010年的资本阶层人口聚居区，而永定门外街道变成了新的相对边缘人口聚居区。同时，2000年的高密度人口混居区，也就是椿树街道和前门街道到2010年也都被划为了资本阶层人口聚居区。2010年，中产阶层集中分布在北京“凸”字形结构外围的西部和北部。

相比于2000年，金融街街道、椿树街道和前门街道表现出了明显的绅士化倾向，旧城改造的过滤效应体现出来了。改造前家庭经济水平不高的原住户被以家庭人口、居住面积、周转方式、经济条件等限制被排除在了回迁人群之外，改造区的回迁住宅往往要比商品住宅少得多，使得改造地区原有中低收入家庭被商品住宅的买主所取代，结果导致旧城原有传统式街坊社区高度的社会混合性被彻底破坏了，原社区居民被“过滤”成了有能力购买商品住宅的资本阶层。

而另一方面，这些资本阶层的迁入，将核心区原有的优势人口比了下去，体现在2000年东城区的中产阶层人口聚居区大部分在2010年变成了工薪阶层聚居区。本研究认为这一种“相对过滤”，即同一社会空间类型的人口本身社会经济属性在前后时点变化不大，但因为后一个时点的横向比较产生了相对意义上的贫困，即从“绝对贫困”到“相对富裕”再到“相对贫困”的一个过程，而上一种过滤则可称之为“绝对过滤”。

图 4-24　2010 年北京核心区社会空间划分

图片来源：作者自绘

4.3.4　社会空间结构模式

根据图 4-24 的 6 类社会空间的分布和组成，试图分析 2010 年北京核心区的社会空间结构模式。2010 年北京核心区的社会空间结构已经比较混杂，扇形结构不复存在，一方面是由于大规模的旧城改造使得内城的绅士化倾向明显，另一方面贫困人口在核心区的滞留也造成社会空间极化对比严重。在 2010 年的社会空间结构模式中可以看到城墙内外社会空间区别明显（图 4-25）。

可以看出北京核心区的中心地带再次被权贵阶层和资本阶层占据，向心集聚的作用强大。这与西方城市所出现的富裕阶层先郊区化迁移，再通过入侵演替的过程重新占领城市中心地带的绅士化过程有所不同。北京的富裕阶层大多把郊区住宅当作第二住宅（田文祝，1999），从没有离开过核心区，其绅士化的过程是通过将核心区的低收入人群以旧城改造途径疏散出去而实现的。但这一绅士化过程并不是一蹴而就的，有一定的时序性，比如交道口街道和建国门街道是在 1990—2000 年就绅士化了，而金融街街道、椿树街道和前门街道则是在 2000—2010 年才逐渐绅士化的。

总体而言，北京核心区三个年份的社会空间类型划分揭示了其社会空间分异继承性、阶段性的特征，以及社会空间绅士化、分异严重化的发展趋势。下文将从社会空间主因子变化、类型变化和结构演替三方面对核心区的社会空间演变进行详细剖析。

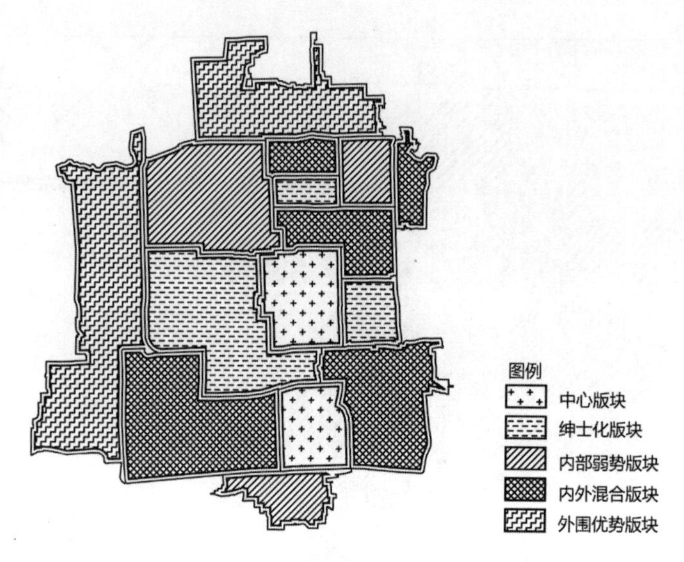

图 4-25　2010 年北京核心区社会空间结构模式图

图片来源：作者自绘

4.4　核心区社会空间演变的动力机制

1990 年、2000 年和 2010 年的北京核心区社会空间因子分析及社会空间类型划分，由于数据本身的原因，在变量定义（主要是户口类型变量因几次普查对于常住人口定义的不同而有所区别）和选择等方面存在一定的差异，使得研究结果的可比性受到了影响，特别是 1990 年的研究没有包括住房情况的相关变量，使得其对社会空间结构的展示与实际情况有一定的差距，也对社会空间演变趋势的判读造成了一定的影响。

另外，北京核心区行政区划的调整也给这几次普查结果所呈现的社会空间分异带来了混淆。但这三个时段研究结果的比较仍具有一定的意义。首先，它们选择的数据都是人口普查数据，数据本身的质量和连续性较好，而总体的空间划分上的一致性也较高。以下从社会空间的主因子变化，社会空间的类型变化和社会空间的结构演替三方面对三个年份的研究结果进行历时性的比较分析。

4.4.1　社会空间主因子变化

总体而言，社会空间主因子具有一定的继承性，社会经济地位相关的因子，如教育程度和职业构成在三个年份都表现出相当的重要性；同样，人口密度的作用在三个年份都不可忽略。同时北京核心区历来就是各族人口杂居之处，民族因子作用的存在理所当然。此外，性别比例和家庭户规模等家庭状况相关的变量也表现出了一定的作用。至此，西方研究中三类影响社会空间分异的经典要素——社会经济状况、家庭状况和种族（民族）状况在本研究中都得到了体现。其中，社会经济状况和民族状况的影响较为明显，而家庭状况的因子杂糅在一起，没有表现出较为明显的空间特征。三个年份社会空间主因子的变化并不十分明显，一定程度上与所选变量的数量有限有关。

西方既有研究通常认为社会空间在社会经济状况因子的影响下呈扇形结构，在家庭状况因子影响下呈同心圆结构，而在民族状况影响下呈多核心结构。以北京核心区三个年份的社会空间类型划分来看，情况有所不同。首先，在 1990 年，北京仍处于计划经济体制的影响下，其社会空间分异主要受到历史因素、土地功能和住房分配制度的影响，社会经济状况因子的作用较弱；到 2000 年，在市场经济影响下，社会经济状况因子开始发挥主要作用，社会空间的扇形结构较为明显；再到 2010 年，社会经济状况因子的影响又转而弱化，社会空间结构及其影响因素进一步复杂化。我国从 20 世纪 70 年代开始就实行计划生育政策，使得家庭户规模变量本身的差异较小，因而对社会空间结构的影响也相对较小，三个年份相较而言，仅在 2000 年表现出了较为明显的家庭户规模因子的同心圆结构。而从民族状况因子的影响来看，仅在 2010 年的回族人口因子上表现出了较明显的多核心特征。

4.4.2 社会空间类型变化

中产阶层人口聚居区是三个普查年份都存在的社会空间类型。在 1990 年，只有西城区的月坛街道被划为中产阶层人口聚居区，而实际情况是大量中产阶层人口与工薪阶层人口一起混居在核心区的西部，也就是 1990 年社会空间类型中的高密度人口混居区，包括展览路街道、什刹海街道、新街口街道、广安门内街道和金融街街道。到 2000 年，这种混居的状况同样存在，主要包括和平里街道、展览路街道、月坛街道、广安门内街道和白纸坊街道。到 2010 年，中产阶层人口全都分布在北京核心区“凸”字形外围的西部和北部，整体呈现向外迁移的趋势（图 4-26）。

工薪阶层人口聚居区也存在于三个普查年份的社会空间类型划分中。1990 年的本地工薪阶层人口聚居区只包括东华门和广安门外两个街道；而 2000 年的工薪阶层人口聚居区则以原崇文区为主要区域；到 2010 年工薪阶层人口聚居区分散在北京旧城的东北角、西南角和东南角。可以看出，工薪阶层人口在核心区的分布有微弱的逐渐向外扩散的趋势，这从另一个侧面表明了 90 年代以来北京内城的缓慢绅士化过程。同时，从社会空间类型的变化中可以看出，在核心四区中，东城区率先获得了发展的机会，西城区紧随其后，而崇文区和宣武区相对滞后（图 4-27）。

图 4-26　1990 和 2000 年北京核心区社会空间类型对比图

图片来源：作者自绘

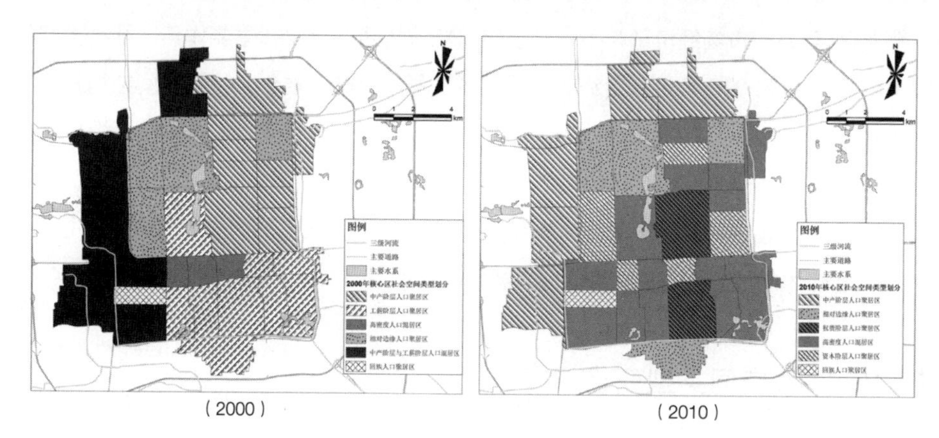

图 4-27　2000 和 2010 年北京核心区社会空间类型对比图

图片来源：作者自绘

4.4.3　社会空间结构演替

北京核心区的社会空间结构从 1990 年较为明显的同心圆结构，到 2000 年的扇形结构，再到 2010 年复杂的多核心结构，社会空间结构模式的总体变化趋势是复杂化和碎片化（图 4-28）。

1990 年北京核心区的圈层结构在别的研究中也得到了印证。胡兆量先生利用 1990 年"四普"分街道的人口普查数据对北京核心区的圈层结构进行了划分（图 4-29），核心区被分为三个圈层：围绕天安门的 8 个街道为第一层；原城墙内，即二环路内 19 个街道为第二层；而原城墙外 8 个街道，相当于旧城的关厢一带，形成第三层。这 8 个街道大都是 1949 年后陆续建成的，街道布局、建筑风貌、人口密度与城墙内有很大差别（胡兆量等，1994）。前两个圈层也就是北京旧城的人口在"三普"到"四普"期间是减少的，而第三圈层的人口呈上升趋势。

和胡先生的划分不同，本研究 1990 年的社会空间结构中第一圈层只包括东华门街道，而建国门、金融街、西长安街、前门、崇文门外、大栅栏、椿树街道都划到了第二圈层；而第二圈层中的广安门内、牛街、白纸坊和东花市、龙潭、建国门街道都划到了第三圈层。这种区别主要在于，胡先生主要是按照这些街道在“三普”到“四普”期间人口的增减来划分的，与本研究的常住人口密度变量有一定的相关性，而本研究还包括了其他变量，使得核心区 1990 的同心圆结构有所区别。

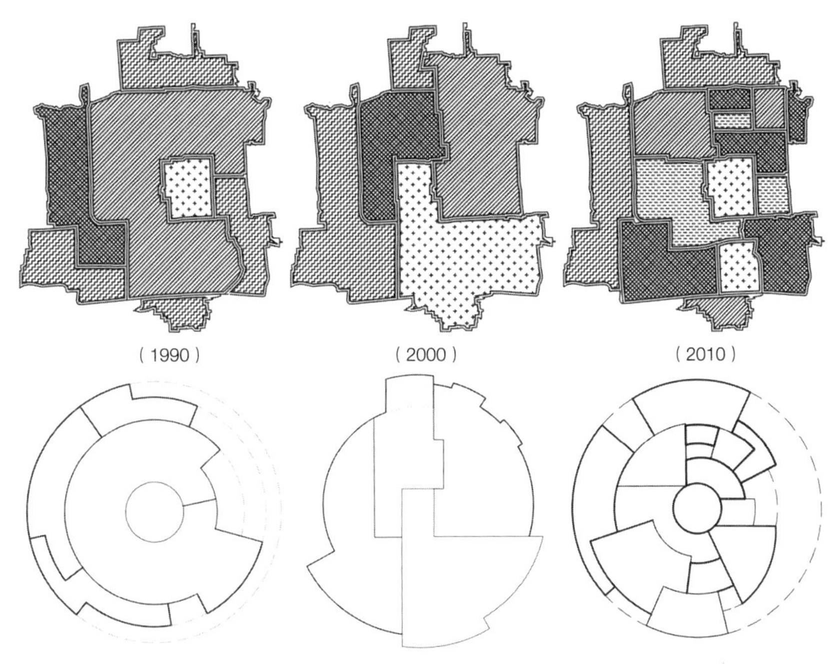

图 4-28 北京核心区社会空间结构模式演变

图片来源：作者自绘

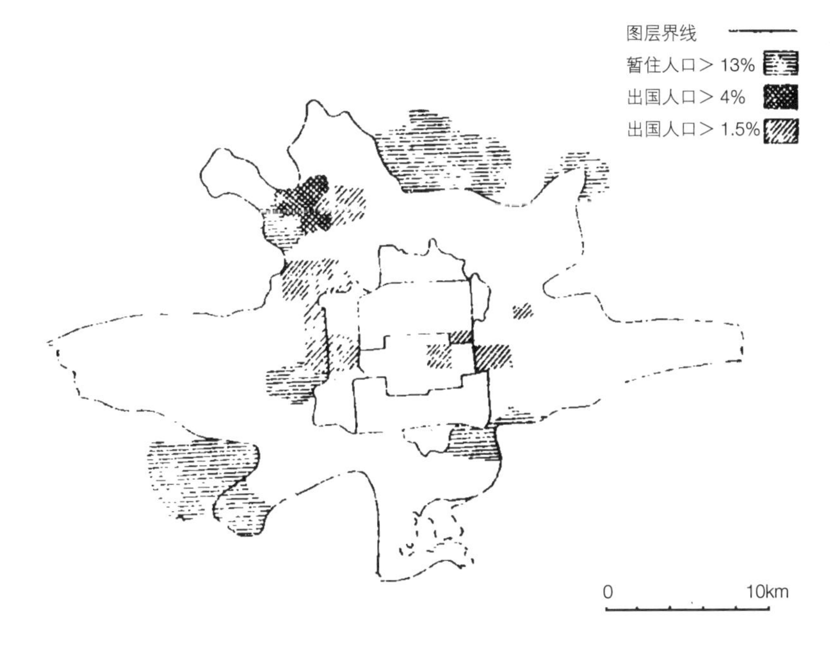

图 4-29 1990 年“四普”时期北京人口圈层图

图片来源：胡兆量，1994

从1990年的同心圆结构到2000年的扇形结构，可以说20世纪的最后10年，北京核心区的社会空间经历了质的变化，原有几千年的封建等级结构在市场经济的浪潮下化为乌有。这种扇形结构的形成在很大程度上受到旧城改造过程中资本，尤其是外资区位选择的影响。比如90年代北京的外商直接投资就存在明显的不平衡分布，崇文和宣武是两个衰落的扇区，而东西城则形成新的城市经济繁荣的扇区（顾朝林，1997）。

北京市核心区1990年展现的是计划经济时期的社会空间结构，继承了封建王朝时期的等级秩序，但并不是从内而外地递减，而是先减后增，内城由于历史遗留的影响保留了大量低收入人群。而核心区外围由于规划安排，建设成本相对较低等原因得到了建设的先机。2000年市场经济的影响抬头，在对外开放的大环境下，房地产市场的繁荣使得资本建构空间的力量明显地表现出来，核心区各扇区差异巨大。东城区由于历史积淀、使馆区分布等多种原因受到资本的青睐，率先进行了绅士化的改造；西城区在金融街等重要建设项目的带动下紧随其后；而崇文区和宣武区因为人口混杂、密度较高、改造难度大而在改造进程上落后于北部两区，却幸运地保留住了重要的文化生态空间。

到2010年，各种影响深化，旧城大规模改造的结果显现出来，城市内部社会空间不断重组，分异加剧，核心区的社会空间结构模式也趋于复杂，但复杂中又不难看出一种重回同心圆结构的趋势，对比图4-28中右图和图4-29可以隐约窥见这种趋势。尤其是最近，随着通州城市副中心的落成，雄安新区的规划和建设也在紧锣密鼓地进行，北京进一步推出多项疏散和引导人口的措施，中央政务区呼之欲出，核心区即将迎来新时期的等级化结构，其社会空间的变化也会吸引更多平民和研究者的关注。

总之，北京市核心区社会空间结构模式从1990年的同心圆结构，向2000年的扇形结构，再到2010年的多核心结构的演化，反映了其历史继承性的存在，社会规划的约束，住房政策、土地制度、户籍管理改革的推动，以及国际层面影响显现，其社会空间类型逐渐多元化，结构逐渐复杂化，随着分异的加剧，矛盾也逐渐深化。下文将对其动力机制做进一步分析。

4.4.4 分异与演变的动力机制

如上所述，北京市核心区的社会空间分异与演变受到多种因素的影响和制约，其中历史沿袭、社会规划、住房政策及国际影响是四个最主要的方面。城市发展的历史过程形成了北京核心区的空间结构和基本格局；社会规划，包括国家的总体经济规划和具体城市规划及土地规划对不同历史时期的城市发展起着导向作用；住房政策及分配制度制约了居民迁居的空间过程；而国际影响在更大尺度上决定着社会空间演变的宏观趋向。这四个因素交互影响、共同作用，形成了北京核心区的社会空间结构。

（1）历史沿袭奠定分异结构基础

城市的现状格局总是带有历史的痕迹（祝俊明，1995）。城市在不同的历史时期往往具有不同的经济结构、不同的土地利用方式和不同的居住景观特征。随着历史的演进，后一个时期的特征都会掩盖前一个时期的特征，但这种掩盖并不是百分之百的全覆盖，而是一种继承性的发展，多多少少都会保留历史的印迹。于是，一个时间节点的社会空间分异表象往往掺杂了多个历史时期的社会空间沉淀的斑驳底色。

历史因素对北京核心区社会空间结构的影响主要体现在三方面。首先是整体的结构，如1990年所展现出来的同心圆结构和2000年的扇形结构都明显地受到历史作用的影响。北京在长期的历史发展过程中形成了等级森严、结构分明的空间特征。如在清代，人口按社会等级分布，皇帝居住在城市中心的紫禁城，王爷及其他皇族人士形成第二环，满族大臣及将领形成第三环，汉族的大臣及将领则居住在外罗城（Sit，1995）。此时，等级和民族是城市社会空间分异的主要原因。这些历史因素通过各种方式不同程度地在北京核心区得以保留，比如现在的权力中心仍然是在核心区最中央的中南海和故宫片区。而故宫外围的一些高档四合院也是经济实力最强的阶层所居住的地方。这种同心圆结构虽然没有直接的空间表现，其体现的社会阶层含义却是被普遍认同的。2000年的扇形结构形成的直接动因是资本对房地产开发不同区位选择的作用结果，但实际也与各个扇区的历史地位有着千丝万缕的联系。南部扇区（外城，原宣武区和原崇文区）与北部扇区（内城，原东城区和西城区）在形态上截然不同。前者系自发为主，而后者有严格规划，二者有城郊之地和城围之地、行政之地和行商之地的区别（章英华，1990）。前者相比于后者人口构成和用地结构都相对复杂，房地产开发的难度也相对较大，从而在吸引资本投入方面有着较大的差异。而在原来的内城，皇城与其南的中央官署区构成了相当庞大的政府建筑地带，正好将内城截然分成东西两半，通达不畅，“东富西贵”，各有特色，也为之后的东西差异奠定了基础。

历史因素影响还体现在民族因子的持续作用，以及商业空间的继承和延续方面。北京核心区的三大商场、五大庙市在今日也是繁华之地，民族人口分布的历史继承性也极强。

（2）社会规划形塑演变阶段特征

在实行市场经济的西方城市，土地价值或经济租值被认为是城市社会空间结构的主因。在社会主义城市，中央计划决定了经济活动及消费服务的提供，因而城市的内部结构与政府规划密切关联，尤其是在社会主义之下发展的新城市以及在旧城市重建的内城（Sit，1995）。这里所说的中央计划是指国民经济与社会发展规划，它是众多社会规划中的一种，其他还包括城市总体规划、土地利用规划在内的多种规划都会对城市内部的社会空间结构产生重要的影响。由于这类社会规划往往是分阶段制定和实施的，其阶段性的变化也使得对城市社会空间结构的影响带有一定的时段特征。北京自1950年成立都市计划委员会后的60多年里，由市政府正式组织编制的城市总体规划共有6个版本，其中的3个得到了国务院的正式批复。六版总体规划大致可分为两个阶段，1953年、1957年、1958年的总体规划是在全国工业化的背景下编制的，1982年、1992年、2004年的总体规划则是在改革开放的大背景下出台的（和朝东等，2014）。

受苏联“社会主义城市规划是国民经济计划的延续”思想的影响，“一五”时期以工业发展为纲的中央计划使得北京被定位为“一个现代化的工业基地和科学技术中心”，城市布局里优先考虑工业区的位置，居住配套等其他设施基本围绕工业区展开。1953 年的《改建与扩建北京市规划草案》由于北京市和国家计委意见不统一，未获中央批复，但在此基础上提出的《北京市第一期城市建设计划要点》指导了“一五”期间的城市建设，之后的 1957、1958 年两版总规指导了“二五”期间的城市建设。

在城区的工业区基本布局完毕的情况下，1957 年的《北京城市建设总体规划初步方案》又提出“子母城、卫星镇”发展思路，奠定了北京“分散集团”式的空间结构基础。《方案》中“城区改建”和“居民区建设”各成一章，这对于核心区的影响在于，较为完整地保护了旧城原有的空间格局。但在“文革”期间，由于规划的停滞，内城建设杂乱无章，工厂和仓库与居住区混在一起，而四合院的私搭乱建也被默许，给生产和生活都带来了极大的不便，也为四合院后来的保护与改造埋下了隐患。在计划经济时期，人们选择住房的自由度不大，因而北京的社会空间结构在很大程度上是由规划等机构的决策决定的，而不是自然形成的，如城市总体规划就在核心区社会空间类型的形成方面发挥了重要作用（杨旭，1992）。

1978 年以后，改革开放的宏观政策确立了我国的社会主义市场经济体制，北京以居住区为主的大规模的城市建设开始出现，但由于核心区可供住宅建设的用地较少，对核心区的实际社会空间格局影响并不大。随着向市场经济转型以及改革的深入，各类政府计划、规划所承担的使命也在发生变化，对于社会空间的决定性作用开始减弱。

1982 年的《北京城市建设总体规划方案》是改革开放后的第一版总规，与“六五”计划密切联系，弥补了“文革”期间的规划缺位，对之前的过度工业化思路进行了纠偏，在城市性质中去掉了“经济中心”的表述，开始重视城市环境建设，并提出“旧城改造”，将其单独成章，从“落实经济计划”发展到“全面统筹城市发展”。危旧房改造大规模进行，人口和工业外迁，旧城的城市功能和用地结构发生了重构。在 1990 年《城镇国有土地出让和转让条例》颁布后，城市土地使用进入双轨三式阶段，双轨包括行政划拨和有偿使用，三式则包括协议、拍卖和招标。多元化的市场主体逐渐成为城市建设的主导力量，不同利益群体对城市空间资源的争夺加剧（和朝东，2014），核心区由于天然的地理区位优势更是成为各方争夺的焦点。而城市总体规划在这一时期适应市场的弹性加强，而约束建设的刚性减弱也造成了核心区大拆大建项目的盛行，旧城整体的社会空间格局在这一时期变化剧烈。

1992 年的《北京城市总体规划（1991—2010）》对北京城市性质的表述有了新的变化，是“伟大社会主义中国的首都、全国的政治中心和文化中心、世界著名的古都和现代国际城市”（董光器，2010），立足点从国家迈向了世界，并提出了大力发展“高新技术产业和第三产业”为主的“首都经济”发展思路（和朝东，2014），明确了规划建设北京商务中心区（CBD）的目标，这对核心区，尤其是西城的社会空间结构带来了巨大的变化。商务中心区的发展带来了大规模的建设，对于原有的低端产业人口起到了向外疏解的作用，但同时又吸引了新的高端人口，从而形成了人口的主动过滤，完成了社会阶层的演替。进入新世纪后，北京的发展建设也迈入了新台阶。2001 年，北京获得了 2008 年夏季奥运会的举办权，城市发展速度突然加快，人口规模迅速扩张，于是提出修改总体规划（董光器等，2016）。2004 年的《北京城市总体规划（2004—

2020)》确立了“全面协调可持续发展”的目标，将“中心城调整优化”“历史文化名城保护”单独成章，加上《北京旧城25片历史文化保护区保护规划》等的编制，基本确立了核心区的发展基调，大拆大建的历史暂时告一段落。

2012年北京市第十一次党代会上正式提出要将通州打造为城市副中心（谢天成，2015），这意味着原位于核心区内大量的北京市党政机关和市属行政事业单位将要迁出，其相应的公共服务资源也要一并配套，在空间实体层面和人口社会构成层面，核心区又会发生新一轮的演替，这超出了本书研究的时段，但可以预见2020年新的人口普查数据一定会有所体现。2017年4月1日，中共中央、国务院决定在河北省保定市雄县、容城、安新及周边区域设立国家级新区，这是继深圳经济特区和上海浦东新区之后又一具有全国意义的新区。雄安新区的设立对于仍位于核心区的一些重要企业，包括国有企业和民营机构都产生了新的吸引力，也会使得核心区的社会空间结构产生新的变化。在2017年9月发布的《北京城市总体规划（2016—2035）》中，核心区提出了要“两减一增一控”，即降低人口密度和建设密度，增加绿地和水域，加强建筑高度控制。而对于老城区则明确提出原则上不再拓宽道路，不再拆除胡同四合院，还要建立街巷长制。同时核心区也要疏解腾退商品交易市场，疏解大型医疗机构和一般性制造业等，核心区的社会空间结构将会如何变化，令人期待。

（3）住房政策形成分异直接表现

住房是城市社会空间结构形成发展的最基本要素，对住房性质的不同认识及采取的相应政策是制约社会空间结构形成发展的内在动因。新中国成立后，我国城市的住房政策主要经历了公有住房和私有住房并行阶段（1949—1956年），私有住房的社会主义改造阶段（1956—1965年），住房大规模公有化阶段（1966—1976年），多渠道筹资建房、允许私人拥有住房阶段（1978—1991年）（田文祝，1999），以及大规模市场化供应的商品房开发阶段（1992至今）。其中，1978年后住房产权的私有化是我国城镇住房观念和政策上最重要的改变，也是其后一系列住房制度改革政策的基础。

中华人民共和国成立后至改革开放前，国家通过住房公有化、低租金使用、统一的投资体制和平等的规划设计等方式，使先前存在的城市社会空间分化逐步缩小。在住房福利分配制度下，由于住房紧缺和严格控制，居民没有选择住房的自由，而只能依靠单位实现住房的获取。因此，以单位为基础的住房建设和分配体制成为当时我国城市社会空间结构形成和发展的决定性因素。在这一背景下，城市社会空间结构存在着高度的一致性，居住空间主要随着就业空间的扩展而展开，并通过单位的新建与扩建来实现（田文祝，1999）。居民住房消费水平的差异主要取决于不同类型的“单位组织”获得国家投资和房地产资源的可能性。

因此，对于1990年的北京而言，私人房屋市场尚未发展起来，住房全赖中央及地方和企业分配。而住房的福利分配导致了其类型、面积和其他标准上的划一，以及居于其中的人口的社会成分的同质，使北京的居住空间分异程度更少于1970—1980年代的东欧城市（薛凤旋，2014）。可以看到，新中国成立后新建的居住区中，居民社会构成差异不大，与西方资本主义国家所表现出来的社会分异的空间结构有着显著的不同。但由于向心作用的存在，这一时期北京旧城居民搬迁的意愿和能力都较弱，核心区的同心圆结构明显，旧城依然保留着与新中国成立前差异不大的空间特征。

在计划经济时期，政府的影响是如此之大，使社会空间分异或社会区成为政府政策的代名词或其结果。社会阶层的分异并不是以市场为媒介，以经济为主因，以个人的选择和爱好为次因，而是国家政策通过政府或单位的分配来落实的。这背后起作用的是社会主义的基本精神，一个平等的没有阶级的社会。政府通过土地的拥有及住房的分配以执行这个信念（Sit，1995）。但个人的政治地位以及所属单位对房屋分配的影响力也在一定程度上决定了个体的居住区位和条件。在1978年以后的经济体制改革过程中，减轻单位的社会负担成为一项重要内容；同时，由于住房投资主体由国家转移到单位，住房制度改革却从另一个角度强化了单位的功能。单位在城市社会空间结构发展演变过程中仍起着重要作用（田文祝，1999）。市场经济的力量打破了改造时期基于规划设计的社会主义平等原则，1990年后的北京核心区更多地通过个人对于住房区位的选择而向西方大城市社会分异的过程靠近，其分异的程度也越来越严重。

（4）国际影响决定演变宏观趋向

北京社会空间演变的国际影响最早来自清末民初的使馆区建设，工业化技术引进、日伪时期的北京计画等，之后苏联城市专家直接参与北京城市总体规划，而后国际化程度加深，外商直接投资的区位选择，1990年亚运会和2008年奥运会等重大国际事件都极大地影响了北京及其核心区的空间格局和社会构成。在改革开放之后，北京的国际化程度越来越高，自身定位中也提出了“现代国际城市”的目标，其传统的制造业中心的功能发生了转变，慢慢向服务业和高技术产业过渡。在此过程中，国际资本的介入成为推动城市社会空间极化的重要动力源泉（顾朝林，1997）。而在2000年以后，北京城市功能去工业化态势显著，高级服务业发展迅速，第一产业和制造业就业比重大幅下降，开始向“创意城市”“后工业城市”迈进（于涛方等，2008），全球化力量的影响正决定着北京核心区社会空间结构演变的宏观趋向。

全球化进程现已成为影响城市发展的主要力量之一，全球化的理论对于城市变化过程的解释力也越来越强。有学者认为街区尺度的城市空间演变都会无时无刻地受到全球化的影响（Giddens，2001）。北京核心区身处全球化整体语境之下，是全球系统的一部分，其自身复杂的社会空间也是全球经济格局演变、人口聚集和重组的结果（程晓曦，2011）。第三产业化是全球化过程中最不能忽视的力量，第三产业中的生产者服务业正在成为世界城市的发展趋势。这种现象的快速发展源于制造业与服务业的利润差距，去工业化（de-industrialization）导致城市社会空间变迁（程晓曦，2011）。大城市尤其是特大城市的中心区越来越从部门专门化（sectoral specialization）走向功能专门化（functional specilization）（duranton et al.，2005），一方面制造业和传统服务部门不断向郊区、边缘区和次级城市中心扩散，另一方面生产服务业，如总部、金融、信息、保险、咨询等则不断向大城市的核心区集聚。30年间，北京第三产业生产总值百分比从1990年的38.8%上升到2000年的58.31%，而到2010年更是占到了75.1%。相关研究和数据表明北京核心区的服务业方面的专门化程度很高，在城市功能格局方面可以谓之“高级服务型”（于涛方，2008）。全球化过程在北京核心区的作用使其就业格局和居住空间分异都发生了重大变化。高技术、高薪酬人员和低技术、低收入人员在就业空间上集聚而分化，后者为前者服务而难免要依附于前者在空间上存在；而在居住空间上两类群体又是隔离而分异的，前者比后者更有能力占有好的区位和居住环境。

总之，全球化导致了“地区或场所间”不平等（territorial or interplace inequality）、不均衡格局加剧，同时也导致了“人与人之间的不平等”（inter-personal inequality）或者是“社会收入分配的不平等”，使得富人更富，穷人更穷（于涛方等，2009）。这在北京这样的全球城市的核心区体现得尤为明显。在这里，一方面高等级服务业具有显著的拉动作用，吸引资本和高素质人才的集聚；另一方面去工业化的力量使得原有的低技术工人无处栖身，使得城市社会空间格局发生重大转变。

4.5 小结

我国传统计划体制下的住房消费是由国家组织的“集体消费”，住房作为公共物品，由国家依据行政原则进行统建统配（吴缚龙，1994），基于住房形成的社会空间结构也表现出明显的以单位为基本单元的行政同质性。因此，我国改革开放前的城市混合了苏联和东欧的社会主义城市特征、中国传统的儒家城市文化，以及第三世界城市的落后经济发展的冷酷现实，形成了它们在城市社会空间分异形态上独树一帜（Sit，1995）。改革开放以后，市场经济的作用占据了主导地位，社会经济全面转型，城市社会空间分异明显，呈现复杂化的结构特征。

本章运用因子生态分析和聚类分析的方法对1990—2010年北京核心区的社会空间进行了实证研究。以1990年、2000年、2010年第四、五、六次分街道人口普查数据为基础的研究结果表明，转型期北京市核心区社会空间结构经历了从同心圆结构到扇形结构，再到多核心结构的演变，形成社会空间的因子主要包括工薪阶层人口、中产阶层人口、相对边缘人口、特殊民族人口等，主因子变化不大，相应的社会空间类型也具有继承性，但社会空间类型的空间分布则各不相同。西方传统社会空间研究中的三大变量，即社会经济地位、家庭状况及种族（民族），在中观尺度的北京核心区的研究也基本得到了佐证。以受教育程度和职业类别为度量的社会经济地位因子的作用强大；而作为多民族集中地区的北京的民族因子也持续表现出影响；然而，相对来说，家庭状况相关的因子在本次研究中并没有显示出明显的作用。

影响北京核心区社会空间分异与演变的主要因素包括历史沿袭、社会规划、住房政策及国际影响。北京传统的社会空间结构反映了中国古老的城市规划理念和封建社会的等级制度，它是北京核心区空间分异的底色，在皇权制消逝后仍长久地影响着社会空间的发展。新中国成立后到改革开放前，住房的单位分配制度对北京核心区的社会空间构成起着决定作用，国家经济计划、城市总体规划和土地利用规划等对社会空间不同时期的特征产生了重要影响。改革开放后的40多年间，城市住房政策的变化、功能的转变和土地使用制度的变化，成为社会空间分异的主要动力，资本在房地产市场的集中使得社会空间变化剧烈而分异日益严重。并且，在新的全球化趋势和国际环境的影响下，城市社会空间结构朝着更复杂的方向发展。当下的北京发展国际大都市的定位越来越明确，并以各种手段和理由疏解与首都核心功能无关的产业及人口。在强化世界城市地位的过程中，政府官员似乎认为生产者服务业发展了，低端服务业就会弱化，而他们没有意识到的是城市繁华和暴富与社会隔离和贫困常常是相伴而生的，所谓的“高端”经济与“低端”经济、精英与贫民、本地人与外来人口也是相互依存的（薛凤旋，2014）。盲目地赶人而回避与社会空间分异相伴而生的贫困和不公平等问题，会带来一系列难以预料的连锁反应。

第五章　北京市核心区社会空间主因子空间自相关测度 FIVE

运用因子生态和聚类分析的方法进行社会空间结构的研究是非常主流的研究方法，其优点在于能直观、清晰而明确地展现社会的人口属性构成及其空间分布，但其缺点也非常明显。一是对于地理学所关注的重点问题，即空间的作用没有给出应有的体现，也就是说在前一章所揭示的影响北京核心区社会空间结构的各个主因子之间是否存在空间依赖性和空间异质性尚不可知。其次，社会空间类型的划分只是一种现象研究的思路，并不能解释这种空间形式是怎么形成的。如果要解释这一形式形成的过程，还需要详细分析城市中的其他结构性的因素。因此，本书第五章就尝试应用空间统计分析的方法回答第一个问题，而在第 6 章和第 7 章则试图通过空间化的人口分布和基于公共服务设施可达性的社会空间分析来探究其他可能存在的影响社会空间的结构性因素。

5.1 空间数据的空间依赖性与异质性

涉及人类活动的信息中超过 80% 是空间信息，其空间位置可由地理坐标确定（应龙根等，2005），而地理学就是研究这些带有空间信息的事物和现象的分布规律和形成机制的，对于地理事物和现象的空间相互作用的研究奠定了地理学作为一门科学独立于其他学科存在发展的基础(应龙根,2005)。地理学研究的基础是既具有自身属性特征又具有外部空间信息的空间数据，外部空间信息除了绝对位置外，还包括地理要素之间的相对关系，如距离、方位、邻接关系和拓扑关系等。

通常认为，空间数据最基本的特性是空间依赖性和空间异质性（朱会义等，2004）。托布勒（Tobler）提出的地理学第一定律指出：空间上距离相近的地理事物的相似性比距离远的事物相似性大（Tobler，1970），它所反映的就是空间数据的空间依赖性（spatial dependence，或叫空间相关）。几乎所有的空间数据都具有空间依赖性特征（Goodchild et al.，1992）。空间依赖性是空间相互作用的必然结果，主要包括三种类型，即空间自相关、空间异相关与空间秩相关。空间自相关是同一种地理要素的空间分布的相关性，空间异相关是不同地理要素空间分布的相关性（周国法，1998）。

空间依赖的含义可以表述为：在空间的某一位置 i 处，某个变量的值与其相邻位置 j 上的观测值相关，可写成公式：

$$y_i = f(y_j),\ i=1,\ 2,\ \cdots,\ n,\ j \neq i \qquad (5\text{-}1)$$

空间依赖性产生的情况主要有两种，一种是由于各个空间单元的变量受到在地域分布上具有某种连续性的空间过程影响而产生空间依赖性，这是空间依赖性产生的最根本的原因（应龙根，2005）。这些空间过程包括空间相互作用、空间扩散等，它们使得某一空间单元的变量取值可由空间系统中其他空间单元上的变量取值决定或部分决定。另一种是由测量误差产生的空间依赖。在实际工作中收集的数据经常是经过整合的，这可能产生事物的作用范围与观测范围不一致的问题，直接导致测量误差的出现，并且某空间单元上的测量误差可能与其邻近空间单元上的测量误差有联系，产生测量误差的空间溢出，从而产生空间依赖性（宣国富，2010）。

空间异质性（spatial heterogeneity）是空间数据的第二个特性，是指各个空间单元上的变量取值随着空间位置的不同而发生变化（Anselin，1990），即变量的取值是位置的函数。可以将变量和自变量的函数关系作如下表示：

$$y_i = f(X_i \beta_i + \varepsilon_i) \tag{5-2}$$

式中，y_i 是位置 i 处的因变量，X_i 表示和参数 β_i 相关联的解释变量；ε_i 为随机误差项，i 表示在空间位置 i=1，2，…，n 处的观测数据。空间数据有别于其他数据的本质特征就在于空间依赖性和空间异质性，它们是地理空间过程分析不可或缺的视角。

5.2 城市社会空间的依赖性与异质性

国内基于空间统计对人文地理过程的依赖性与异质性分析主要集中在宏观尺度上，比如对区域经济格局的分析（陈斐等，2002；梁艳平等，2003；刘旭华等，2004；吴玉鸣等，2004；孟斌等，2005；蒲英霞等，2005；鲁凤等，2007），对人口流动、增长和分布等的分析（朱传耿等，2001；刘德钦等，2002；吕安民等，2002；刘峰等，2004），对区域城镇群体空间、城镇用地空间扩展问题的研究等（徐建刚等，1996；马晓冬等，2004；储金龙等，2006）。而对于城市内部问题的研究较少，主要包括房地产价格方面的研究等（孟斌等，2005）。按照本研究对社会空间的定义，城市社会空间以物质环境为基础，是人类活动的产物，也是典型的地理过程，因而具有依赖性和异质性，运用空间统计分析方法研究城市社会空间的分布格局具有较强的理论基础和现实意义。

相近的社会群体由于在个人利益、兴趣爱好、价值观念和生活方式等方面具有相似性而相互依赖，表现出共生关系，在空间上也倾向于集聚在一起，具有显著的空间依赖性；而不同的社会群体之间由于在社区利益、价值观念和生活方式等方面存在差异和冲突，在对城市空间资源利用上表现出竞争甚至冲突关系，在空间分布上呈现出相互隔离的倾向（宣国富，2010）。于是，不同的人群通过占有不同的生产和生活空间、不同的空间行为和取向，形成阶层分化的社会结构，并将其投射到自然存在的空间上，形成“物以类聚，人以群分”的社会现象，并结合城市内部不同区域原有的自然环境、发展历史和区位条件，在城市地域上形成马赛克一般的分区或镶嵌（王均，1997），使得城市社会空间呈现出依赖性和异质性特征。

5.3 各主因子的全局空间自相关测度

此部分运用全局 Moran's *I* 指数来检测社会空间主因子在总体上是否存在空间集聚特征，并用其标准化的统计量 Z 值及其显著性水平来对集聚程度进行检验。主要利用 ArcGIS 的空间统计模块（spatial statistics tools）进行空间统计分析，以各街道单元是否邻接为标准构造空间权重矩阵[①]，以各街道单元主因子得分为观测值，计算得到形成北京市核心区社会空间的主因子的全局空间自相关指数 Moran's *I* 值及其检验统计量（宣国富，2010）。

5.3.1 1990 年主因子全局空间自相关测度

对 1990 年北京市核心区的 5 个社会空间主因子进行随机分布检验，由表 5-1 可以看出，5 个主因子中，第 2 主因子中产阶层人口、第 3 主因子相对边缘人口和第 5 主因子特殊民族人口的 P 值小于 0.01，表明这三个因子的 Moran's *I* 值通过了显著性检验，三个因子都有 99% 以上的可能性是空间集聚的。且这几个主因子的 Moran's *I* 值都为正，表明其存在显著的空间正相关特征，表现出明显的空间依赖性，即这三个主因子都是值高的空间单元相互集聚，值低的空间单元也相互集聚。第 1 主因子工薪阶层人口的 P 值大于 0.01 而小于 0.1，说明其有 90% 的可能性是空间集聚的，也是有一定的空间正相关特征。而第 4 主因子本地迁移人口的 Z 值远小于 α（=0.05）显著水平下的双侧检验临界值 1.96，则不能拒绝零假设，表示其在空间上没有明显的集聚效应，和随机分布没有明显的区别。也就是说，在 1990 年，北京核心区工薪阶层人口、中产阶层人口、相对边缘人口以及特殊民族人口都是分别集聚分布的，而本地迁移人口则是随机分布的。

1990 年各社会空间主因子全局自相关指数及其检验统计量 **表 5-1**

主因子名称	全局自相关指数			检验统计量	
	Moran's *I*	E（*I*）	VAR（*I*）	Z-Score	P-Value
工薪阶层人口	0.148131	−0.032258	0.011556	1.678053	0.093337
中产阶层人口	0.210253	−0.032258	0.008751	2.592474	0.009529
相对边缘人口	0.540366	−0.032258	0.010988	5.462760	0.000000
本地迁移人口	−0.051357	−0.032258	0.010341	−0.187814	0.851023
特殊民族人口	0.277739	−0.032258	0.010493	3.026294	0.002476

① 在 Conceptualization of Spatial Relationships 时选择 CONTIGUITY_EDGES_CORNERS 标准，相当于 Geoda 里的 1 阶 Queen 方法，距离选择欧氏距离，执行列标准化。

5.3.2 2000 年主因子全局空间自相关测度

对 2000 年北京市核心区的 5 个社会空间主因子进行随机分布检验，由表 5-2 可以看出，第 1 主因子中产阶层人口、第 3 主因子相对边缘人口和第 4 主因子特殊民族人口的 P 值小于 0.01，表明这三个因子的 Moran's *I* 值通过了显著性检验，三个因子都有 99% 以上的可能性是空间集聚的。且这几个主因子的 Moran's *I* 值都为正，表明其存在显著的空间正相关特征，表现出明显的空间依赖性，即这三个主因子都是值高的空间单元相互集聚，值低的空间单元也相互集聚。第 2 主因子工薪阶层人口的 P 值大于 0.01 而小于 0.05，说明其有 95% 的可能性是空间集聚的，也是有一定的空间正相关特征。而第 5 主因子低密大户人口的 P 值大于 0.01 小于 0.1，说明其有 90% 的可能性是空间集聚的，也有一定的空间正相关特征。也就是说，在 2000 年，北京核心区中产阶层人口、工薪阶层人口、相对边缘人口以及特殊民族人口都是分别集聚分布的，低密大户人口也存在一定的集聚分布特征。

2000 年各社会空间主因子全局自相关指数及其检验统计量 **表 5-2**

主因子名称	全局自相关指数			检验统计量	
	Moran's *I*	E（*I*）	VARN（*I*）	Z-Score	P-Value
中产阶层人口	0.300386	−0.032258	0.010297	3.278195	0.001045
工薪阶层人口	0.212667	−0.032258	0.011393	2.294607	0.021756
相对边缘人口	0.249497	−0.032258	0.010211	2.788256	0.005299
特殊民族人口	0.394502	−0.032258	0.009138	4.464423	0.000008
低密大户人口	0.164862	−0.032258	0.010690	1.906519	0.056583

5.3.3 2010 年主因子全局空间自相关测度

对 2010 年北京市核心区的 5 个社会空间主因子进行随机分布检验，由表 5-3 可以看出，第 1 主因子中产阶层人口、第 3 主因子女性人口和第 4 主因子家庭户规模的 P 值大于 0.1，Z 值远小于 α（=0.05）显著水平下的双侧检验临界值 1.96，则不能拒绝零假设，表现其在空间上没有明显的集聚效应，和随机分布没有明显的区别。而第 2 主因子工薪阶层人口的 P 值大于 0.05 小于 0.1，说明其有 90% 的可能性是空间集聚的，也有一定的空间正相关特征。第 5 主因子特殊民族人口的 P 值小于 0.01，表明这一主因子的 Moran's *I* 值通过了 0.01 置信水平上的显著性检验，有 99% 的可能性是空间集聚的，且是显著的正相关。也就是说，在 2010 年，北京核心区工薪阶层人口和特殊民族人口是分别集聚分布的，而中产阶层人口、女性人口和家庭户规模大的人口则是随机分布的。

2010 年各社会空间主因子全局自相关指数及其检验统计量　　表 5-3

主因子名称	全局自相关指数			检验统计量	
	Moran's *I*	E (*I*)	VARN (*I*)	Z-Score	P-Value
中产阶层人口	0.097861	−0.032258	0.011349	1.221404	0.221933
工薪阶层人口	0.140462	−0.032258	0.010407	1.693083	0.09044
女性人口	0.006237	−0.032258	0.010184	0.381447	0.702872
家庭户规模	−0.028703	−0.032258	0.010995	0.033905	0.972953
特殊民族人口	0.23055	−0.032258	0.008845	2.79448	0.005198

5.3.4　核心区主因子全局自相关特征小结

从表 5-1、表 5-2 和表 5-3 可以看出，北京市核心区三个普查年份的大部分社会空间主因子在宏观上存在着空间集聚的效应，且这些主因子全部都是正相关，即高值与高值集聚，低值与低值集聚。其中，1990 的因子有显著空间正相关的，也有近似随机分布（不存在明显空间依赖性）的因子；2000 年的因子全部表现出一定的空间正相关性，而 2010 年的因子的集聚程度较“四普”“五普”来说不是很显著，但也表现出一定的空间依赖性，并且也有因子显示出近似随机分布。

可以看出，三个年份的社会空间主因子中，空间自相关强度最大的是 1990 年的第 3 主因子相对边缘人口，其次是 2000 年的第 4 主因子特殊民族人口，第三是 2000 年的第 1 主因子中产阶层人口。从三个年份都存在的工薪阶层、中产阶层和特殊民族人口主因子来看，除 2010 年的中产阶层人口外都显示出了较高的空间正相关性，说明 2010 年社会空间异质性增加（图 5-1）。

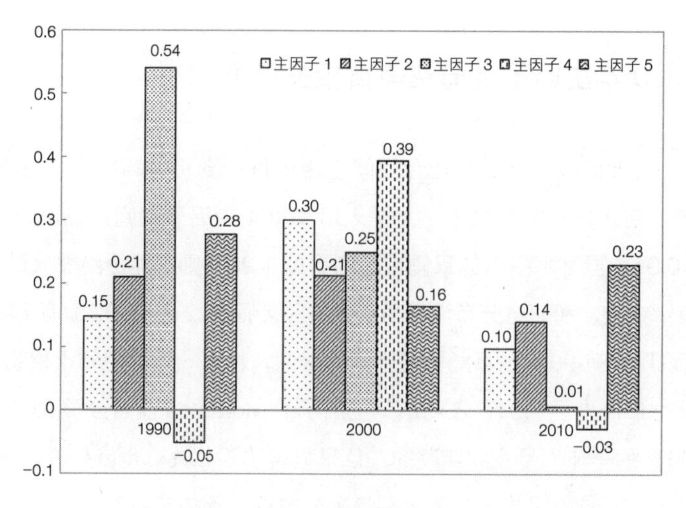

图 5-1　1990、2000 和 2010 年核心区社会空间主因子全局空间自相关 Moran's *I*

图片来源：作者自绘

5.4 各主因子的局部空间自相关测度

全局自相关指标是基于空间稳定性或空间同质性假设的，但这在现实情况中是几乎不可能的，因此通常还需要一定的局部指标来探测被单一的全局指标所掩盖掉的局部状态的不稳定性。局部指标会计算相邻空间单元在某一属性上的相关程度。在全局自相关分析的基础上，本研究此部分选用了局部空间自相关的 LISA 统计量结合 Moran 散点图、散点地图来进一步分析北京市核心区三个普查年份社会空间主因子的局部空间关联特征。

根据 Moran 散点图可以直观地判断某一个空间单元所属的局部关联类型，但无法在相应的显著性水平上说明其关联特征是否具有统计意义，因而还需要引入 LISA（local indicators of spatial analysis）进行局部关联指标分析，来识别社会空间主因子在空间分布上的“热点”（hot spots）和“冷点”（cold spots）“空间离群值”（spatial outliers）等典型和非典型区域。本部分的局部空间自相关分析借助 GeoDa 软件实现。首先需要创建空间权重文件，本研究选择的是基于邻接（contiguity）关系的空间权重，选择 Queen contiguity，即以共边或共点为邻接，设置邻接阶数为一阶邻接。再基于空间权重文件选择单变量的局部空间自相关指数即 Univariate Local Moran's *I* 值来看所选主因子的局部空间自相关性，选择 999 次迭代得到 Local Moran's *I* 值的伪显著水平 P 值，将其与空间关联类型相结合，得到各因子的局部空间关联聚类图（宣国富，2010）。

5.4.1 1990 年主因子局部空间自相关测度

（1）1990 年主因子 1 工薪阶层人口

由图 5-2 可知，1990 年北京核心区的社会空间主因子 1 工薪阶层人口因子的 Moran 散点图呈现出一定的空间集聚特征，大部分点都分布在回归线附近。第一象限（HH）所包含的散点数比较多，说明工薪阶层人口集中的街道较多。第三象限（LL）包含的散点数也比较多，说明工薪阶层人口分布少的街道在空间上有集聚效应，且数量较多。第四象限（HL）也有一定数量的散点，表明存在一定数量的工薪阶层人口比重较高的街道被工薪阶层人口比重较低的街道包围。第二象限（LH）也有一定数量的散点，表明存在一定数量的工薪阶层人口比重较低的街道被工薪阶层人口比重较高的街道包围的现象。

由图 5-2 可知，1990 年北京核心区的工薪阶层人口主要分布在西部和南部，而东北部较少，也就是原东城区拥有最少的工薪阶层人口。工薪阶层人口因子在空间上存在显著的集聚，“热点”和“冷点”地区都十分突出。热点地区的街道有 1 个，为新街口街道（在 5% 的置信水平上显著），占研究区域街道总数的 3.1%；这一类型区域因子得分呈现“HH”型集聚，为工薪阶层人口集中的“热点”地区。冷点地区的街区单元数有 3 个，分别为景山街道（在 5% 的置信水平上显著)、东四街道(在0.1%的置信水平上显著)、朝阳门街道(在5%的置信水平上显著),约占研究区域街区总数的9.4%;因子得分呈现“LL”型集聚,表明这几个街区的工薪阶层人口分布较少。月坛街道和北新桥街道呈现负的局部空间自相关。月坛街道(LH型集聚,在1%的置信水平上显著)分布的国家机关部委比较多,如国家发改委、财政部、广播电视总局、全国总工会等,拥有较多的知识分子人口,从而使其工薪阶层人口占比明显低于周围街道;而北新桥街道(HL型集聚,在1%的置信水平上显著)是典型的平房集中分布区,以工薪阶层人口为主,其工薪阶层人口的占比明显高于周围街道。

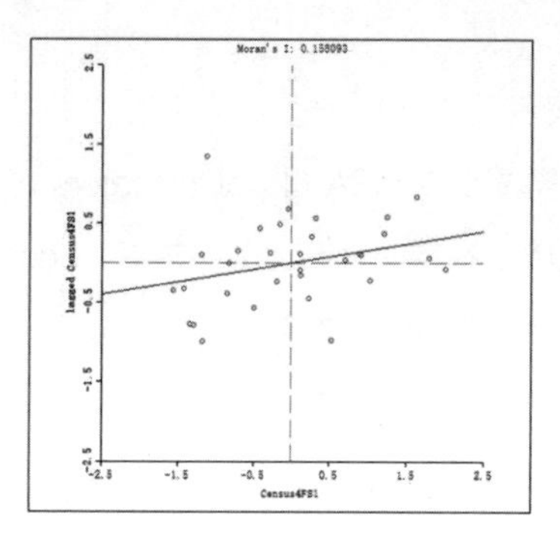

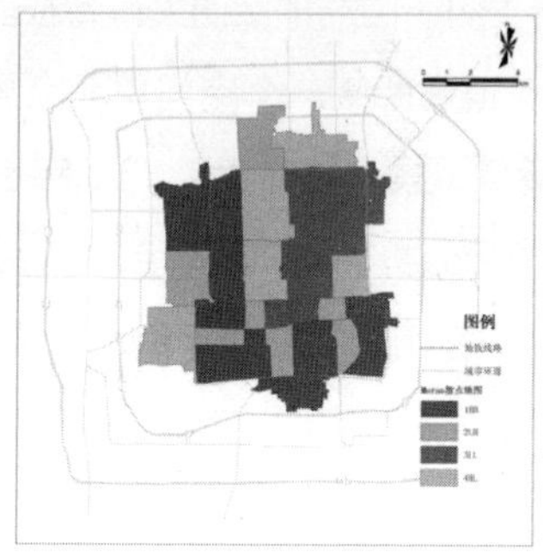

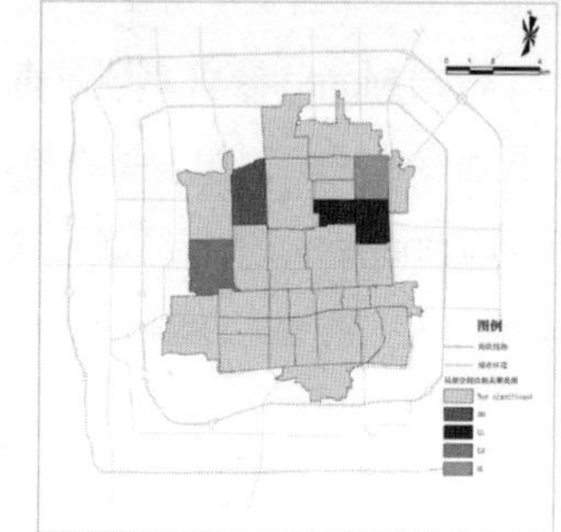

图5-2 1990年主因子1 Moran散点图、散点地图和局部空间关联聚类图

图片来源:作者自绘

(2)1990年主因子2中产阶层人口

由图5-3可知,1990年北京核心区的社会空间主因子2中产阶层人口因子的Moran散点图呈现出较强的空间集聚特征,散点较为集中地分布在回归线附近。第一象限(HH)所包含的散点数较多,说明中产阶层人口比重较高且集中分布的街区较多。第三象限(LL)包含的散点数比较多,但大部分都集中在原点附近,说明中产阶层人口比重较低且集中分布的街道数量也较多。第二象限(LH)也有少量的散点,表明存在少量的中产阶层人口比重较低的街区被中产阶层人口比重较高的街区包围的现象。第四象限(HL)也有一定的散点分布,表明存在中产阶层人口比重较高的街区被比重较低的街区包围的现象。

由图5-3可知,1990年北京核心区的中产阶层人口主要分布在西部,也就是原西城区,也再一次印证了“东富西贵”的说法。而原东城区的北部以及原崇文区形成了两个比较明显的中产阶层人口分布的洼地。

中产阶层人口因子在空间上存在显著的集聚,“热点”和“冷点”地区都十分突出。热点地区的街道单元数为3个,分别为展览路街道和月坛街道(在5%的置信水平上显著),以及金融街街道(在1%的置信水平上显著),约占研究区域街区总数的9.4%;这一类型区域因子得分呈现“HH”型集聚,为中产阶层人口集中的“热点”地区。冷点地区的街区单元数仅有1个,为东直门街道(在5%的置信水平上显著),占研究区域街区总数的3.1%;因子得分呈现“LL”型集聚,表明这一街道的中产阶层人口分布较少。但是东直门街道位于研究区域的边界上,存在一定的边界效应。如果将东直门街道外围中心区的街道也纳入研究范围，其结果可能会不一样。

另有广安门外街道呈 LH 型集聚（在 5% 的置信水平上显著），表明其中产阶层人口的分布比周围的街道明显要低。无论是哪一种类型的集聚，都表明在这些街道主因子 2 中产阶层人口因子分布的空间依赖性是显著的，而且以高高集聚最为明显。

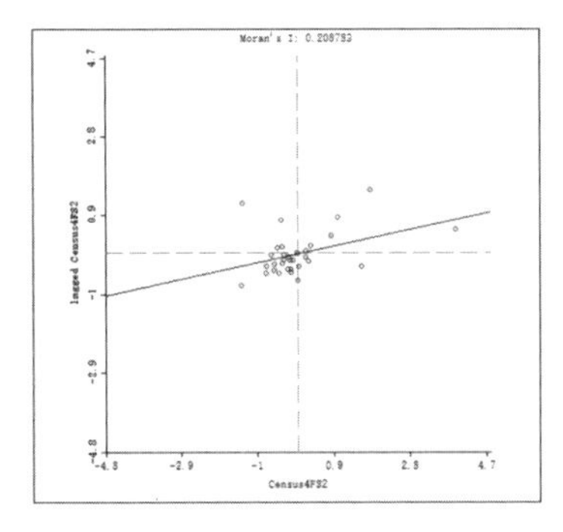
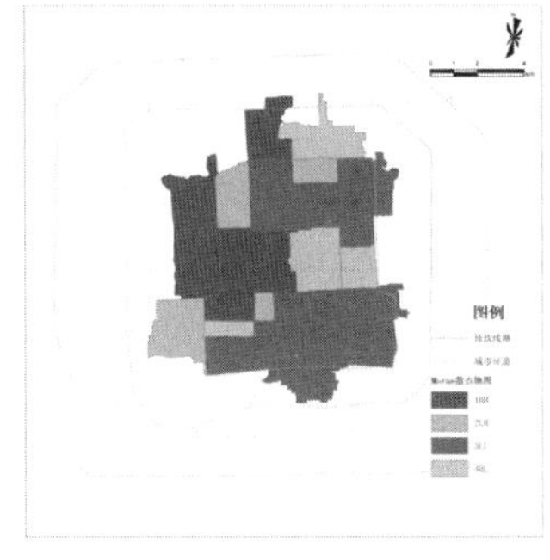
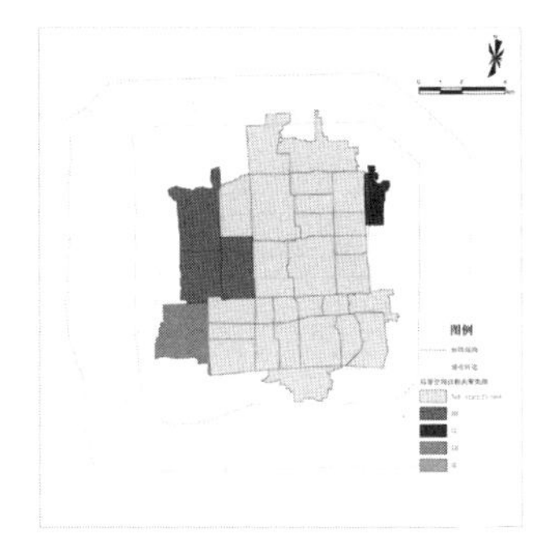

图 5-3　1990 年主因子 2 Moran 散点图、散点地图和局部空间关联聚类图

图片来源：作者自绘

（3）1990 年主因子 3 相对边缘人口

由图 5-4 可知，1990 年北京核心区的社会空间主因子 3 相对边缘人口的 Moran 散点图呈现出非常强的空间集聚特征，大部分散点分布在回归线附近，且大部分的散点都分布于第一象限和第三象限，第二象限和第四象限基本没有散点分布。第一象限(HH)所包含的散点数比较多，说明相对边缘人口比重高且集中分布的街道较多；第三象限（LL）包含的散点数比较多，说明相对边缘人口比重较低且集中分布的街道数量也较多。第二象限（LH）有一个散点分布，说明有一个街道的相对边缘人口比重较低，而其周围街道的相对边缘人口比重较高（和平里街道）；第四象限（HL）没有散点分布，表明基本不存在相对边缘人口比重较高的街区被比重较低的街区包围的现象。

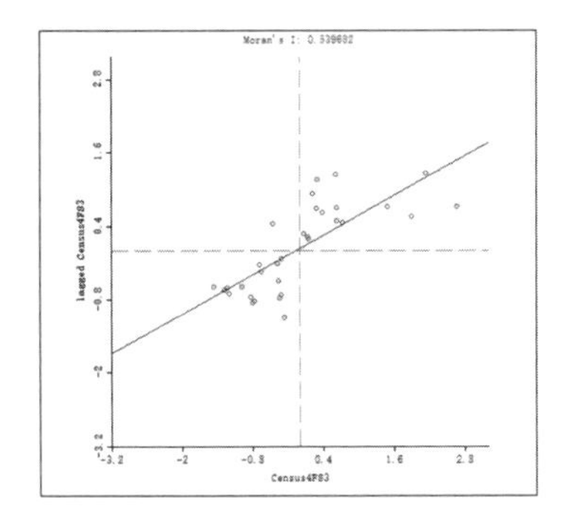
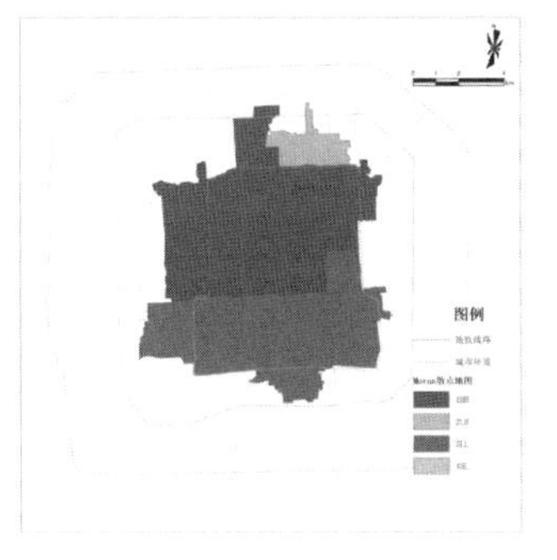
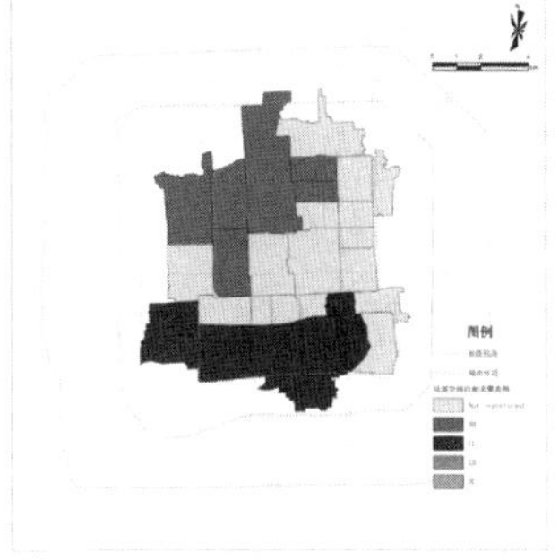

图 5-4　1990 年主因子 3 Moran 散点图、散点地图和局部空间关联聚类图

图片来源：作者自绘

由图 5-4 可知，1990 年北京核心区的相对边缘人口因子几乎是以北京旧的内城和外城的城墙（今地铁二号线南段）为界，把核心区一分为二，北部为相对边缘人口集中分布的地区，而南部则是相对边缘人口分布较少的地区。这在前文也有论述，1990 年的相对边缘人口因子主要反映了满族、蒙古族人口，而这两类少数民族人口由于历史的原因多集中在北京的内城，外城分布较少，这在 1990 年主因子 3 中明显地再现出来了，说明历史作用对于社会空间结构的持续影响。内城只有建国门街道一个例外，被划分为 LL 型集聚，它在民国属内一区，但受外城商业和邻近的使馆区影响较大。

相对边缘人口因子在空间上存在非常明显的集聚，“热点”和“冷点”地区都较多，其中热点街区有 7 个，分别是什刹海街道（在 0.1% 的置信水平上显著）、新街口街道、金融街街道（在 1% 的置信水平上显著），展览路街道、德胜街道、安定门街道和交道口街道（在 5% 的置信水平上显著），约占研究区域街区总数的 21.9%；这一类型区域因子得分呈现“HH”型集聚，为相对边缘人口集中的“热点”地区。冷点街道有 9 个，包括体育馆路街道（在 0.1% 的置信水平上显著）、陶然亭街道和天桥街道（在 1% 的置信水平上显著）、广安门外街道、牛街街道、白纸坊街道、崇文门外街道、天坛街道和永定门外街道（在 5% 的置信水平上显著），占研究区域街区总数的 28.1%；因子得分呈现“LL”型集聚，表明这些街道的相对边缘人口分布较少。

（4）1990 年主因子 4 本地迁移人口

由图 5-5 可知，1990 年北京核心区的社会空间主因子 4 本地迁移人口的 Moran 散点图呈现出非常弱的负的空间自相关（其 Local Moran's *I* 值为负，且接近零），大部分散点分布在回归线两侧较远的位置。第一象限（HH）所包含的散点数比较少，说明男性人口与本地迁移人口比重高且集中分布的街道并不是很多。第三象限（LL）包含的散点数也较少，说明男性人口与本地迁移人口比重较低的街道数量也不是很多。第二象限（LH）的散点数量较多，表明存在较多的男性人口与本地迁移人口比重较低的街区被比重较高的街区包围的现象。第四象限（HL）也有一定数量的散点，表明存在男性人口与本地迁移人口比重较高的街区被比重较低的街区包围的现象。

由图 5-5 可知，1990 年北京核心区的男性人口与本地迁移人口在原宣武区分布较多，在原崇文区分布较少，而在原东城区和原西城区基本属于随机分布的状态。

在全局自相关分析时，主因子 4 就表现不显著。由图 5-5 可知，男性人口与本地迁移人口因子在空间上不存在显著的集聚，“热点”和“冷点”地区都相对较少。热点地区有两个，分别是牛街街道和白纸坊街道（在 5% 的置信水平上显著），约占研究区域街区总数的 6.25%；冷点街区有三个，分别是天坛街道（在 1% 的置信水平上显著）、体育馆路街道和东花市街道（在 5% 的置信水平上显著），约占研究区域街区总数的 9.38%。

另有广安门内街道呈 LH 型集聚（在 5% 的置信水平上显著），表明其男性人口和本地迁移人口比周围街道少；东华门街道呈 HL 型集聚（在 1% 的置信水平上显著），表明其男性人口和本地迁移人口比周围街道多。

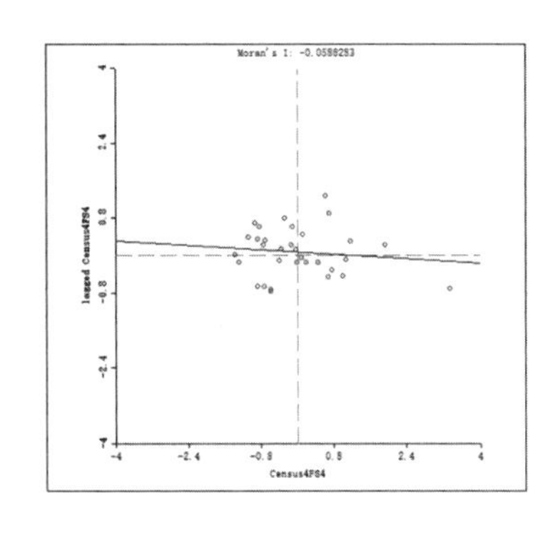
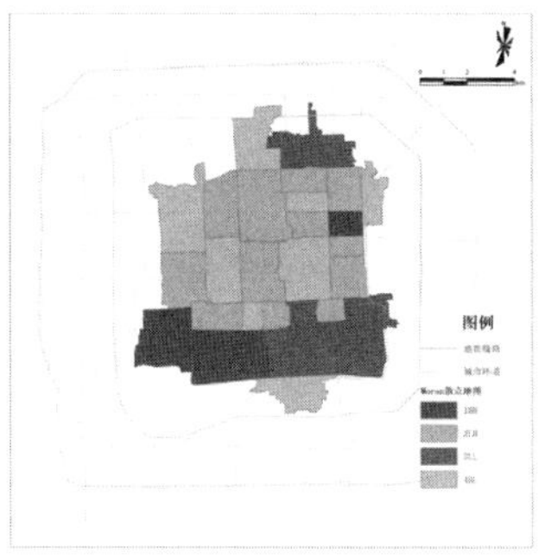
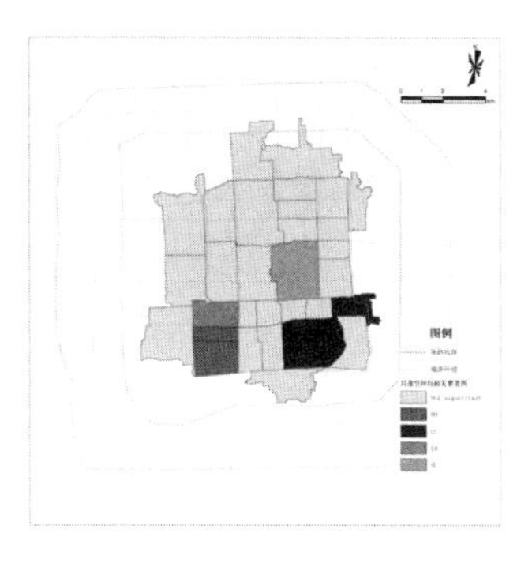

图 5-5　1990 年主因子 4 Moran 散点图、散点地图和局部空间关联聚类图

图片来源：作者自绘

（5）1990 年主因子 5 特殊民族人口

由图 5-6 可知，1990 年北京核心区的社会空间主因子 5 特殊民族人口的 Moran 散点图呈现出较强的空间集聚特征，大部分散点分布在回归线附近。第一象限（HH）所包含的散点数比较多，说明回族人口比重低，人口密度低且集中分布的街道很多（主因子 5 与回族人口和人口密度呈负相关关系）。第三象限（LL）包含的散点数比较多，说明人口密度高、回族人口比重较高，且集中分布的街道数量较多。第二象限（LH）和第四象限（HL）有一定的散点分布，表明存在回族人口比重高、人口密度高的街区被回族人口比重低、人口密度低的街区包围的现象；也存在回族人口比重低、人口密度低的街区被回族人口比重高、人口密度高的街区包围的现象。

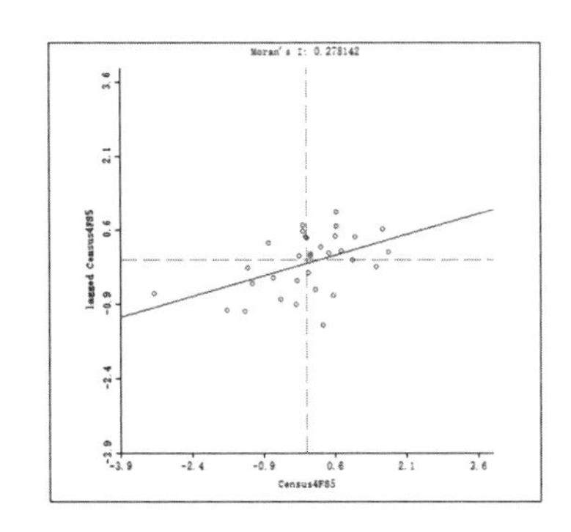

图 5-6　1990 年主因子 5 Moran 散点图、散点地图和局部空间关联聚类图

图片来源：作者自绘

由图 5-6 可知，1990 年北京核心区人口密度较高的街道和回族人口较多的街道多集中在西城区（主因子 5 与人口密度和回族人口呈负相关关系），而东城区常住人口密度偏低，回族人口分布较少。

人口密度与回族人口因子在空间上存在显著的集聚，“热点”地区较少而“冷点”地区较多。热点街区为体育馆路街道（在 1% 的置信水平上显著），说明体育馆路附近是一个明显的常住人口密度低值区和回族人口较少的区域。而冷点地区共包括 5 个街道，分别是广安门内街道和椿树街道（在 0.1% 的置信水平上显著）、牛街街道（在 1% 的置信水平上显著），以及广安门外街道和陶然亭街道（在 5% 的置信水平上显著），约占研究区域街区总数的 12.5%，说明这几个街道是明显的常住人口密度高值区和回族人口聚集区。另有崇文门外街道呈 LH 型集聚（在 5% 的置信水平上显著），说明其常住人口密度和回族人口数量要明显高于周围街道；白纸坊街道呈 HL 型集聚（在 5% 的置信水平上显著），说明其常住人口密度和回族人口数量要明显低于周围街道。

5.4.2 2000 年主因子局部空间自相关测度

（1）2000 年主因子 1 中产阶层人口

由图 5-7 可知，2000 年北京核心区的社会空间主因子 1 中产阶层人口因子的 Moran 散点图呈现出较强的空间集聚特征，散点较为集中地分布在回归线附近。第一象限（HH）包含的散点数较多，说明中产阶层人口比重较高且集中分布的街区较多。第三象限（LL）包含的散点数也比较多，说明中产阶层人口比重较低且集中分布的街道数量也较多。第二象限（LH）和第四象限（HL）有一定的散点分布，表明存在中产阶层人口比重较低的街区被比重较高的街区包围的现象，也存在中产阶层人口比重较高的街区被比重较低的街区包围的现象。

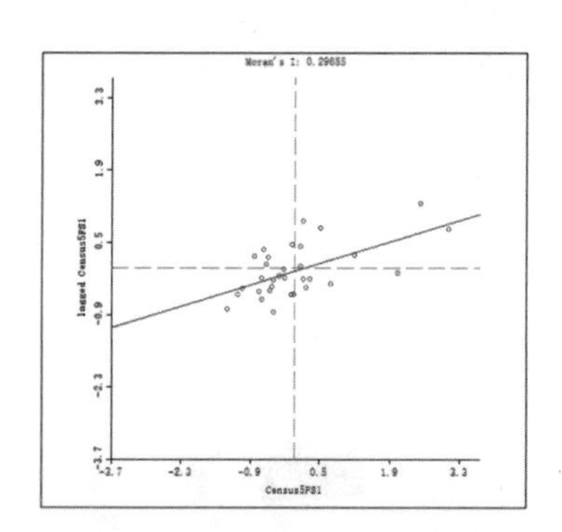

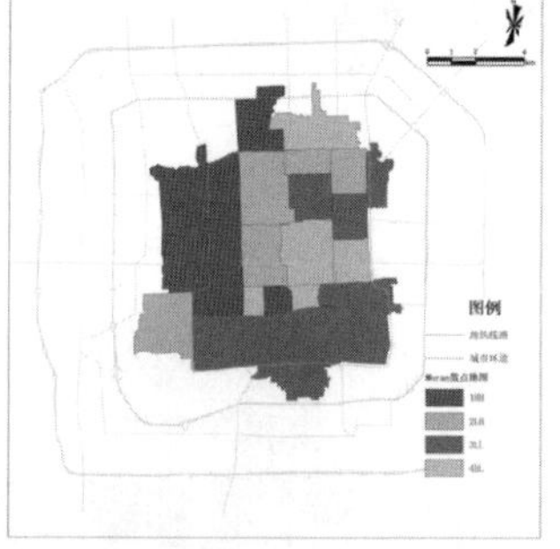

图 5–7 2000 年主因子 1 Moran 散点图、散点地图和局部空间关联聚类图

图片来源：作者自绘

由图 5-7 可知，2000 年北京核心区的中产阶层人口仍主要分布于原西城区，南部的原宣武区和原崇文区中产阶层人口分布较少；原东城区相比于 1990 年，中产阶层人口的集聚程度有所增加。

中产阶层人口因子在空间上存在显著的集聚，“热点”和“冷点”地区都十分突出。热点地区的街区单元数有 4 个，分别为展览路街道、月坛街道、什刹海街道和金融街街道，都在 5% 的置信水平上显著，占研究区域街区总数的 12.5%；这一类型区域因子得分呈现“HH”型集聚，为中产阶层人口集中的热点地区。冷点地区的街区单元数有两个，分别为体育馆路街道和永定门外街道，都在 1% 的置信水平上显著，约占研究区域街区总数的 6.3%；因子得分呈现“LL”

型集聚，表明这几个街区的中产阶层人口普遍分布较少。此因子不存在 LH 和 HL 型的集聚。

（2）2000 年主因子 2 工薪阶层人口

由图 5-8 可知，2000 年北京核心区的社会空间主因子 2 工薪阶层人口因子的 Moran 散点图呈现出一定的空间集聚特征，散点较为集中地分布在回归线的两侧。第一象限（HH）包含较多的散点数，说明有较多工薪阶层人口集中分布的街道。第三象限（LL）包含的散点数也比较多，说明工薪阶层人口比重较低且集中分布的街道数量也较多。第二象限（LH）有一定的散点分布，表明存在工薪阶层人口比重较低的街道被比重较高的街道包围的现象，但牛街街道是一个明显的离群值。第四象限（HL）有少量散点分布，表明存在工薪阶层人口比重较高的街道被比重较低的街道包围的现象。

由图 5-8 可知，2000 年北京核心区的工薪阶层人口因子呈现出较为明显的圈层分布，东北部分布得最少而西南部分布得最多。也就是说原东城区是工薪阶层人口最少的地区，而原宣武区和原崇文区则集中了较多的工薪阶层人口。

工薪阶层人口因子在空间上存在显著的集聚，“冷点”地区较为突出，“热点”地区相对较少。热点地区街区单元只有 1 个，为月坛街道（在 5% 的置信水平上显著），这一类型区域因子得分呈现“HH”型集聚，是工薪阶层人口集中分布的地区。冷点地区的街区单元数有 5 个，分别为东四街道（在 1% 的置信水平上显著）、交道口、景山、北新桥和朝阳门街道（在 5% 的置信水平上显著），占研究区域街区总数的 15.6%；因子得分呈现“LL”型集聚，表明这几个街道工薪阶层人口普遍分布较少。另有牛街街道呈 LH 型集聚（在 5% 的置信水平上显著），是一个明显的离群值，表明其工薪阶层人口的分布要明显少于周围的街道。

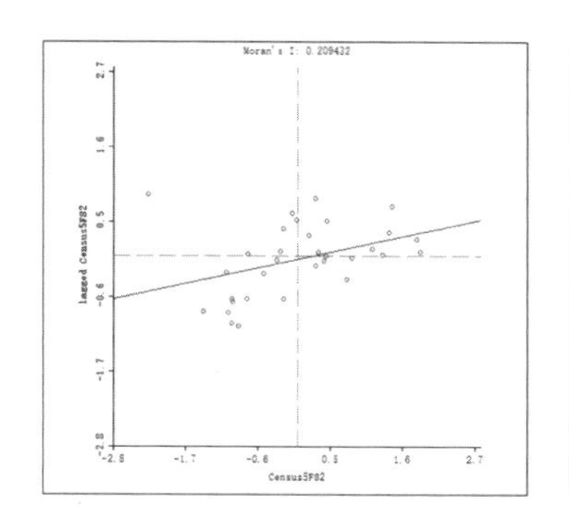

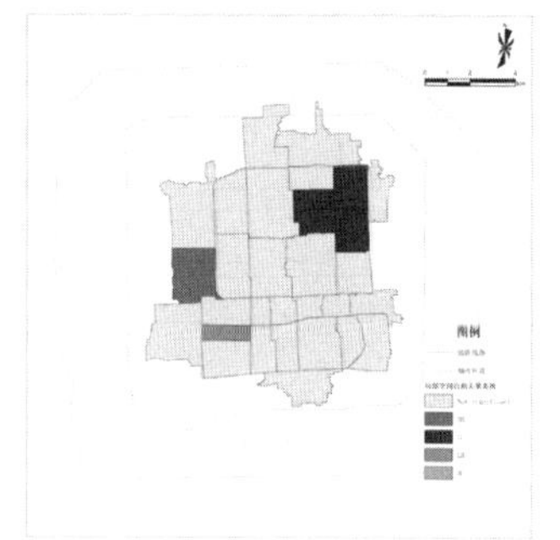

图 5-8　2000 年主因子 2 Moran 散点图、散点地图和局部空间关联聚类图

图片来源：作者自绘

（3）2000 年主因子 3 相对边缘人口

由图 5-9 可知，2000 年北京核心区的社会空间主因子 3 相对边缘人口的 Moran 散点图呈现出十分明显的空间集聚特征，散点主要集中分布在回归线附近。第一象限（HH）包含的散点数比较多，说明相对边缘人口比重高且集中的街道比较多。第三象限（LL）包含的散点数也比较多，说明相对边缘人口比重低且集中分布的街道数量也较多。第二象限（LH）也有一定数量的散点，表明存在一定数量的相对边缘人口比重较低的街道被比重较高的街道包围的现象。第四象限（HL）也有一定数量的散点分布，表明存在相对边缘人口比重较高的街道被比重较低的街道包围的现象。

由图 5-9 可知，2000 年北京核心区的相对边缘人口因子分布态势与 1990 年相比出现了一些变化，即不再以内外城城墙为界，而是以核心区东北向西南角的对角线为分割，其西北方向为相对边缘人口集中分布的区域，东南方向为相对边缘人口较少分布的区域。一方面，2000 年的相对边缘人口因子反映了非购房人口，在核心区的外围（西南角和东北角），新建的住房多为私人所有，从而与 1990 的分布有所不同；另一方面，核心区由于大规模旧城改造在部分区域一定程度上被绅士化了，也是这一变化的重要原因，如东城区的交道口街道和景山街道等。

相对边缘人口因子在空间上存在显著的集聚，“热点”和“冷点”地区都十分突出。热点地区的街区单元数为 6 个，分别为新街口街道、金融街街道和德胜街道（在 1% 的置信水平上显著）、展览路街道、什刹海街道和安定门街道（在 5% 的置信水平上显著），占研究区域街道总数的 18.8%；这一类型区域因子得分呈现“HH”型集聚，为相对边缘人口集中分布地区。冷点地区的街区单元数有 4 个，分别为建国门街道、崇文门外街道、东花市街道和天坛街道，都在 5% 的置信水平上显著，占研究区域街道总数的 12.5%；因子得分呈现“LL”型集聚，表明有较多数量的街道相对边缘人口分布较少。另有交道口街道呈 LH 型集聚（在 5% 的置信水平上显著），永定门外街道呈 HL 型集聚（在 1% 的置信水平上显著），表明交道口街道的相对边缘人口分布明显少于周围街区，而永定门外街道的相对边缘人口分布明显高于周围街道。

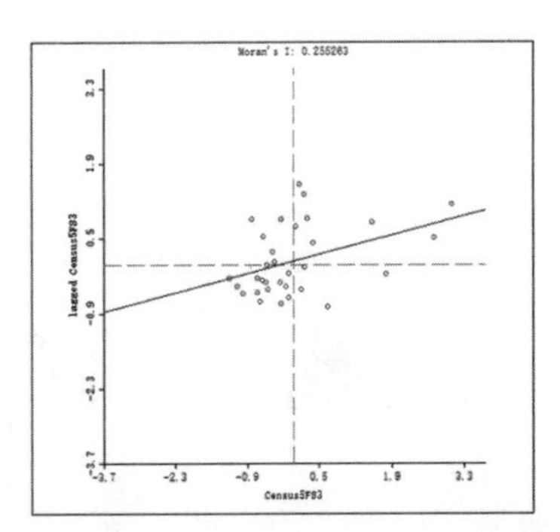

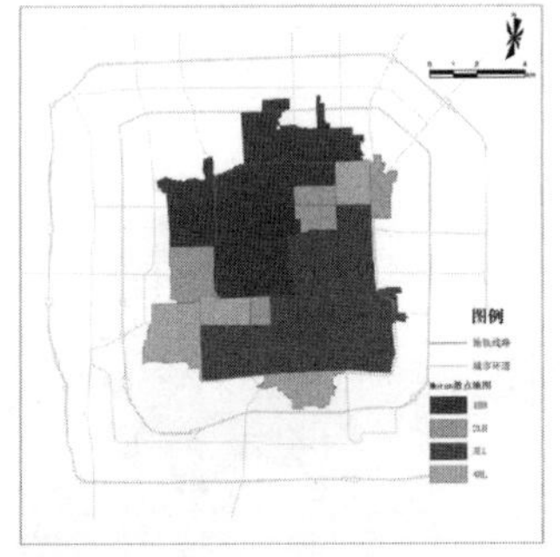

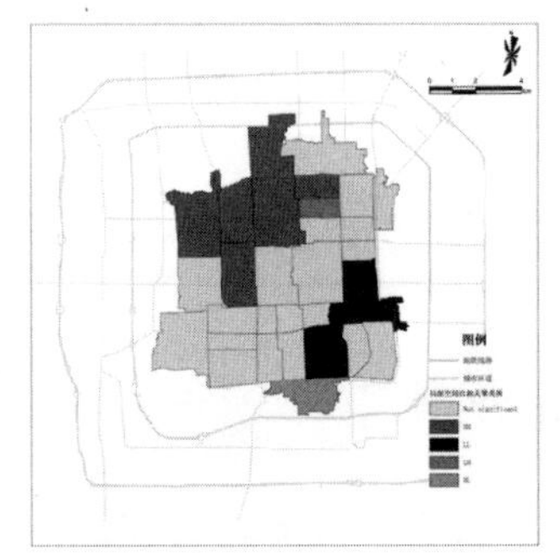

图 5-9　2000 年主因子 3 Moran 散点图、散点地图和局部空间关联聚类图

图片来源：作者自绘

（4）2000 年主因子 4 特殊民族人口

由图 5-10 可知，2000 年北京核心区的社会空间主因子 4 特殊民族人口的 Moran 散点图呈现出十分明显的空间集聚特征，散点主要集中分布在回归线附近。第一象限（HH）包含的散点数比较多，说明男性人口与回族人口比重高且集中分布的街道比较多。第三象限（LL）包含的散点数最多，说明男性人口与回族人口比重低且集中分布的街道数量也最多。第二象限（LH）和第四象限（HL）分别有一定数量的散点分布，表明存在男性人口与回族人口比重低的街道被男性人口与回族人口比重高的街道包围的现象；也存在男性人口与回族人口比重高的街道被比重低的街道包围的现象。

由图 5-10 可知，2000 年北京核心区的男性人口和回族人口在西部有较多的分布，而在东部分布较少。特殊民族人口因子在空间上存在显著的集聚，“热点”和“冷点”地区都十分突出。热点地区的街道单元数为 5 个，分别为广安门外街道（在 0.1% 的置信水平上显著）、牛街街道、白纸坊街道和陶然亭街道（在 1% 的置信水平上显著）、广安门内街道（在 5% 的置信水平上显著），占研究区域街道总数的 15.6%；这一类型区域因子得分呈现“HH”型集聚，为男性人口与回族人口集中的热点地区。冷点地区的街道单元数有 9 个，分别为东华门街道和前门街道（在 1% 的置信水平上显著）、西长安街街道、大栅栏街道、景山街道、东四街道、朝阳门街道、建国门街道和崇文门外街道（在 5% 的置信水平上显著），占研究区域街道总数的 28.1%；因子得分呈现“LL”型集聚，表明有较多数量的街区男性人口与回族人口比重较低。此因子不存在 HL 及 LH 型集聚。主因子 4 因为男性人口和回族人口因子混在一起，较难区分这种集聚效应实际上反映的哪一个因子。按其集聚的空间形态来看，应该更多的是与回族人口相关，而根据 1990 年情况来看，男性人口更多的是随机分布，并没有明显的集聚效应。

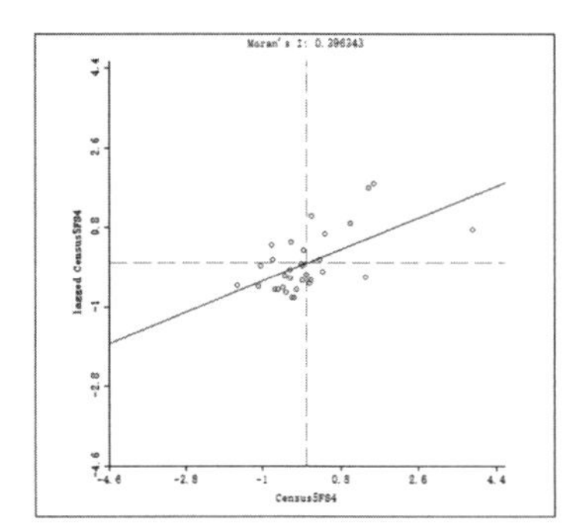
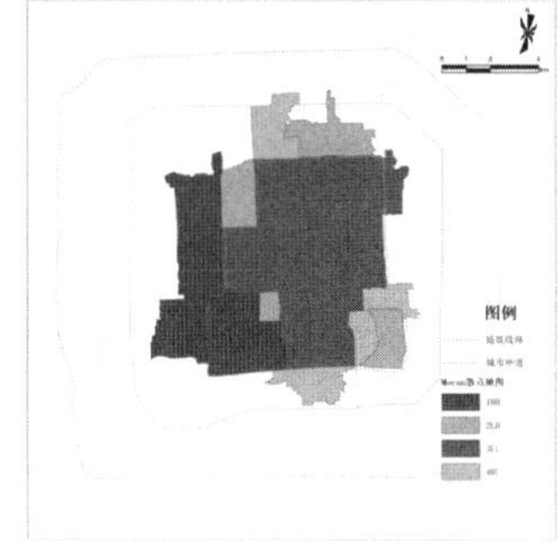
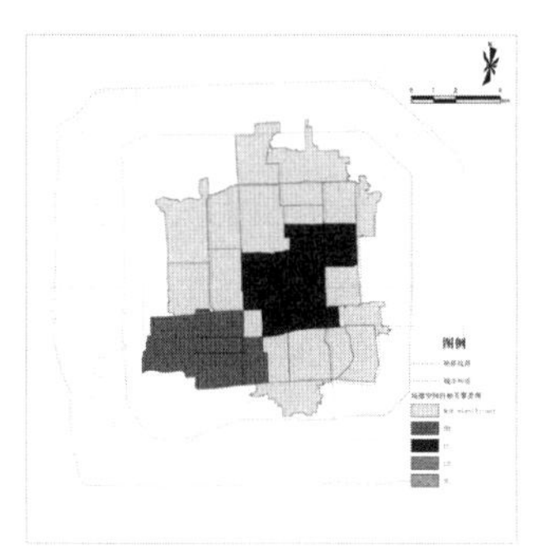

图 5-10　2000 年主因子 4 Moran 散点图、散点地图和局部空间关联聚类图

图片来源：作者自绘

（5）2000 年主因子 5 低密大户人口

由图 5-11 可知，2000 年北京核心区的社会空间主因子 5 低密大户人口的 Moran 散点图呈现出一定的空间集聚特征，散点主要集中分布在回归线两侧。第一象限（HH）包含的散点数比较多，说明人口密度低与家庭户规模大的街区比较多（第 5 因子与人口密度呈负相关，与家庭户规模呈正相关）。第三象限（LL）包含的散点数也比较多，说明人口密度高与家庭户规模小的街道数量较多且集中分布。第二象限（LH）有一定数量的散点，表明存在一定数量的人口密度高、家庭户规模小的街道被人口密度低、家庭户规模大的街道包围的现象。第四象限（HL）也有一定数量的散点，表明存在一定数量的人口密度低、家庭户规模大的街道被人口密度高、家庭户规模小的街道包围的现象。

由图 5-11 可知，2000 年北京核心区主因子 5 低密大户人口与 1990 年主因子 5 特殊民族人口的分布有所不同。在排除了回族人口分布的影响后，可以看出核心区人口密度较低，家庭户规模较大的区域是在东北角与西南角，与 2000 的相对边缘因子的分布态势互补。说明这些家庭户规模较大、人口密度较低的区域，即核心区的东北隅和西南隅相比东南隅与西北隅，人口的社会经济地位明显要高。

低密大户人口因子在空间上存在一定的集聚态势，没有“热点”地区，而“冷点”地区比较突出。冷点地区的街道单元数有 4 个，分别为西长安街街道（在 1% 的置信水平上显著）、椿树街道和大栅栏街道（在 5% 的置信水平上显著），以及天桥街道（在 0.1% 的置信水平上显著），占研究区域街区总数的 12.5%；因子得分呈现“LL”型集聚，表明这些街道的人口密度较高且家庭户规模较小。另有东华门街道和天坛街道呈 HL 型集聚（在 5% 的置信水平上显著），表明这两个街道的人口密度明显小于周围街道（家庭户规模明显大于周围街道），它们因为有故宫和天坛等大型公共区域的存在，人口密度偏低易于解释；而东四街道呈 LH 型集聚（在 1% 的置信水平上显著），表明其人口密度明显高于周围街道（家庭户规模明显小于周围街道）。

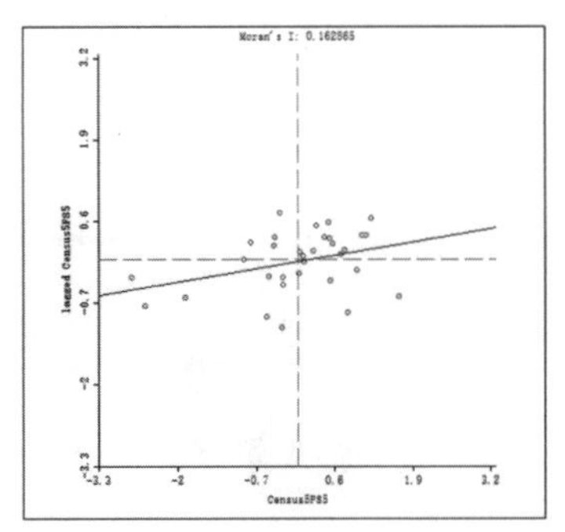

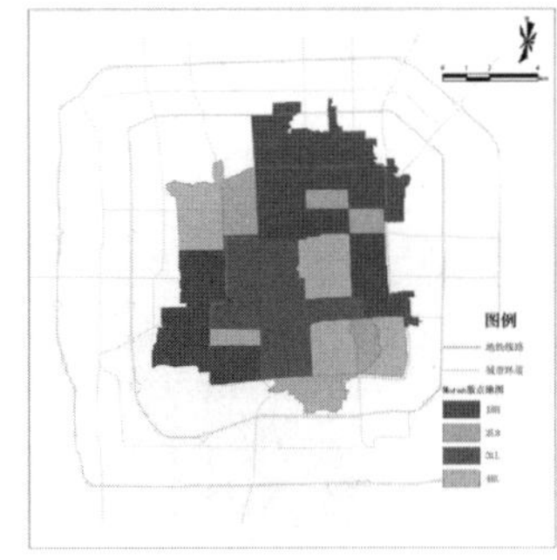
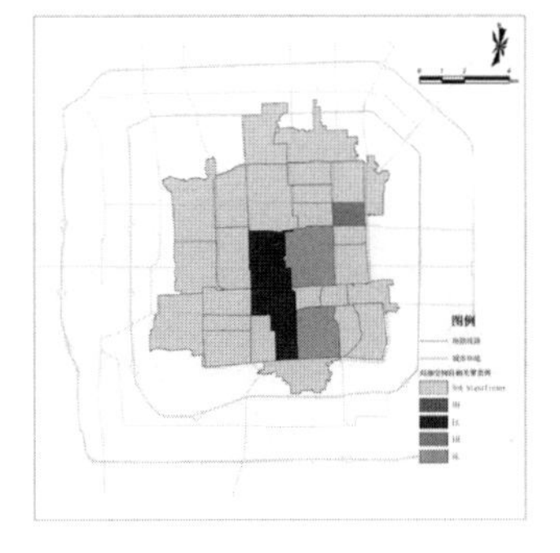

图 5-11　2000 年主因子 5 Moran 散点图、散点地图和局部空间关联聚类图

图片来源：作者自绘

5.4.3　2010 年主因子局部空间自相关测度

（1）2010 年主因子 1 中产阶层人口

由图 5-12 可知，2010 年北京核心区的社会空间主因子 1 中产阶层人口因子的 Moran 散点图不存在明显的集聚特征，大部分散点分布在回归线两侧较远处。第一象限（HH）有一定的散点数分布，说明中产阶层人口在一定数量的街道集中分布。第三象限（LL）的散点数分布较多，说明中产阶层人口比重较低且集中分布的街道较多。第二象限（LH）也有少量的散点，表明存在少量的中产阶层人口比重较低的街道被比重较高的街道包围的现象。第四象限（HL）也有少量的散点，表明存在少量的中产阶层人口比重较高的街道被比重较低的街道包围的现象。

由图 5-12 可知，2010 年北京核心区的中产阶层人口还是主要分布在西部，不同于前两次的是，西南部也就是原宣武区的中产阶层人口相对增多，而东南部也就是原崇文区则还是中产阶层人口分布较少的地区。

中产阶层人口因子在空间上存在一定的集聚，“热点”地区比较突出。热点地区一共包括3个街道，分别为展览路街道和月坛街道（在1%的置信水平上显著），还有新街口街道（在5%的置信水平上显著），占研究区域街区总数的9.4%；这一类型区域因子得分呈现“HH”型集聚，为中产阶层人口集中分布地区。冷点地区只包括交道口街道，在5%的置信水平上显著；因子得分呈现“LL”型集聚，表明这一地区中产阶层人口分布较少。另有广安门内街道呈LH型集聚（在5%的置信水平上显著），表明其中产阶层人口分布明显低于周围街道。而东华门街道和东直门街道呈HL型集聚（在1%的置信水平上显著），表明其中产阶层人口分布明显高于周围街道。东华门街道因其居中的重要区位，历来居住的都是有较高社会经济地位的人口。比如其中的南池子社区就有国管局宿舍、最高人民法院宿舍、几处军产和独门独院的高干住宅。

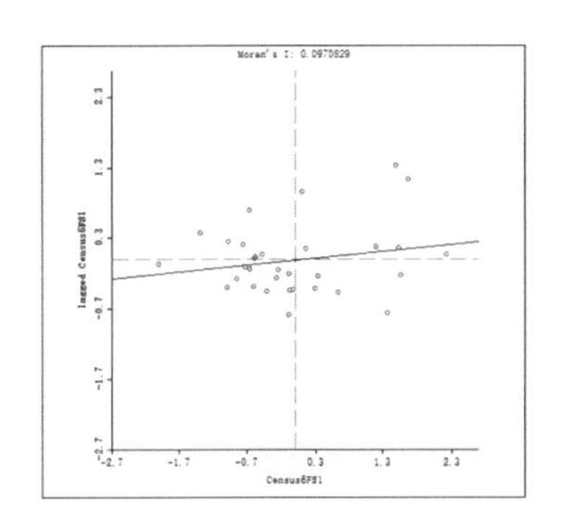
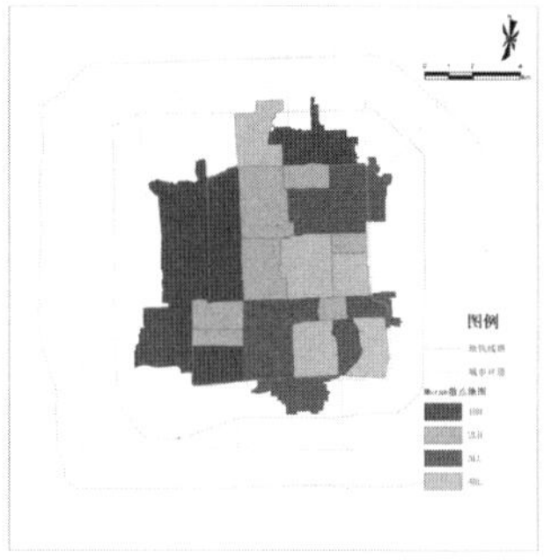

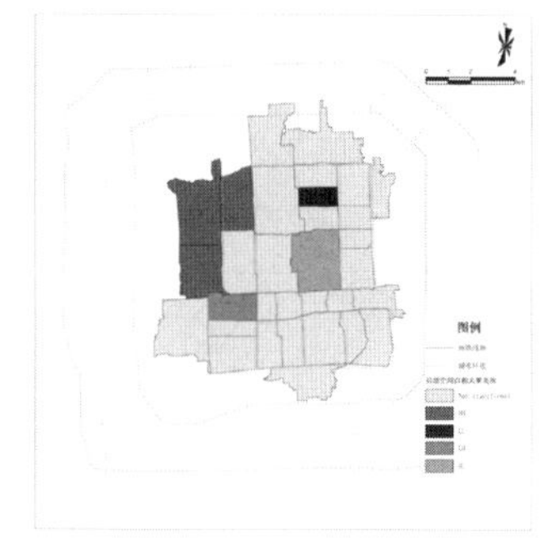

图5-12　2010年主因子1 Moran散点图、散点地图和局部空间关联聚类图

图片来源：作者自绘

（2）2010年主因子2工薪阶层人口

由图5-13可知，2010年北京核心区的社会空间主因子2工薪阶层人口的Moran散点图呈现出一定的空间集聚特征，散点较为集中地分布在回归线附近及两侧。第一象限（HH）包含的散点数比较多，说明工薪阶层人口集中的街道较多。第三象限（LL）也包含较多的散点，说明存在较多工薪阶层人口比重较低且集中分布的街道。第二象限（LH）包含了一定的散点，表明存在工薪阶层人口比重较低的街道被比重较高的街道包围的现象。第四象限（HL）也有一定数量的散点，表明存在工薪阶层人口比重较高的街道被比重较低的街道包围的现象。

由图5-13可知，2010年北京核心区的工薪阶层人口分布与2000年的相对边缘人口分布具有非常一致的态势。大体上也是以核心区东北向西南角的对角线为分割，其西北方向为工薪阶层人口和相对边缘人口集中分布的区域，东南方向为工薪阶层人口和相对边缘人口较少分布的区域。但是相比于2000年，变化较大的一是核心区二环外的北部工薪阶层人口和相对边缘人口的分布有所减少，且原宣武区的工薪阶层人口和相对边缘人口也有所减少。

工薪阶层人口与相对边缘人口在空间上存在一定的集聚特征，“热点”和“冷点”地区都有。热点地区的街道单元数共4个，分别为新街口街道、金融街街道、安定门街道和交道口街道，都在5%的置信水平上显著，占研究区域街区总数的12.5%；这一类型区域因子得分呈现

"HH"型集聚，为工薪阶层人口与相对边缘人口集中分布的地区。冷点地区的街区单元数只有1个，即东花市街道（在0.1%的置信水平上显著）；因子得分呈现"LL"型集聚，表明这一街道工薪阶层人口与相对边缘人口比重较低。另有德胜街道呈LH型集聚（在5%的置信水平上显著），表明其工薪阶层人口与相对边缘人口分布明显低于周围街道。而建国门街道呈HL型集聚（在0.1%的置信水平上显著），表明其工薪阶层人口与相对边缘人口明显高于周围街道。可能的原因是建国门街道是北京站所在之地，大量外地来京务工人口（从职业分类上被划分为工薪阶层人口）在此聚集，从而造成建国门街道的工薪阶层人口和相对边缘人口分布较为集中。

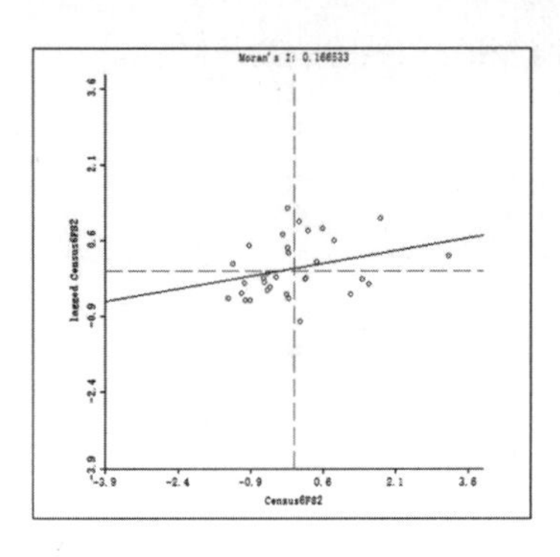

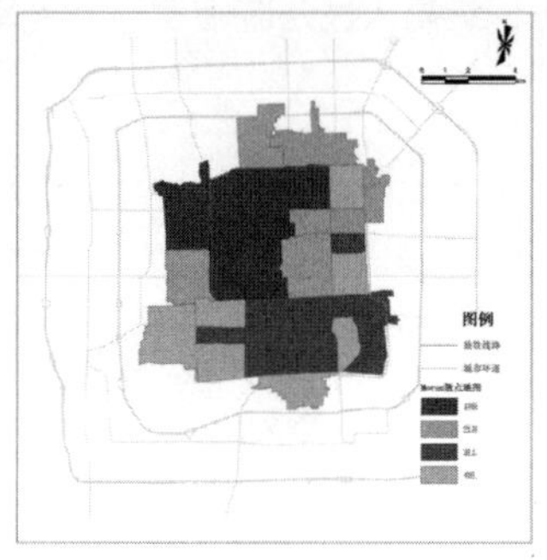

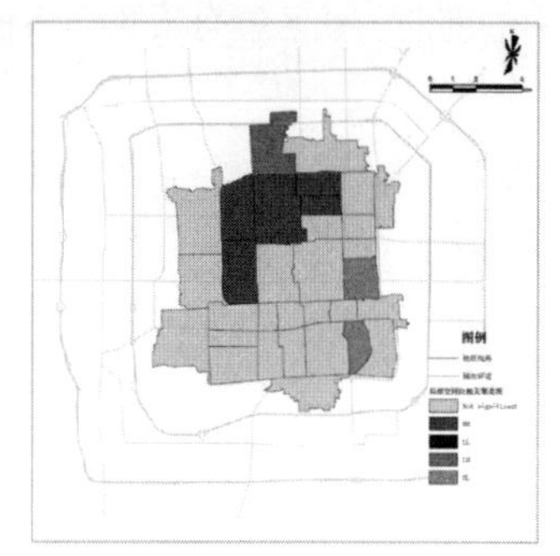

图5-13　2010年主因子2 Moran散点图、散点地图和局部空间关联聚类图

图片来源：作者自绘

（3）2010年主因子3女性人口

由图5-14可知，2010年北京核心区的社会空间主因子女性人口因子的Moran散点图不存在明显的集聚特征，大部分散点分布在回归线两侧较远处。第一象限（HH）包含的散点数比较多，说明女性人口集中的街道较多。第三象限（LL）包含的散点数比较少，说明女性人口比重较低且集中分布的街道数量较少。第二象限（LH）和第四象限（HL）都存在一定的散点，表明存在女性人口比重较低的街道被比重较高的街道包围的现象，也存在女性人口比重较高的街道被比重较低的街道包围的现象。

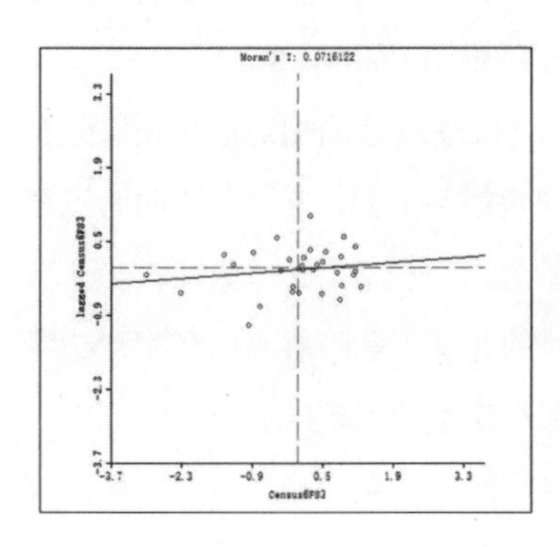

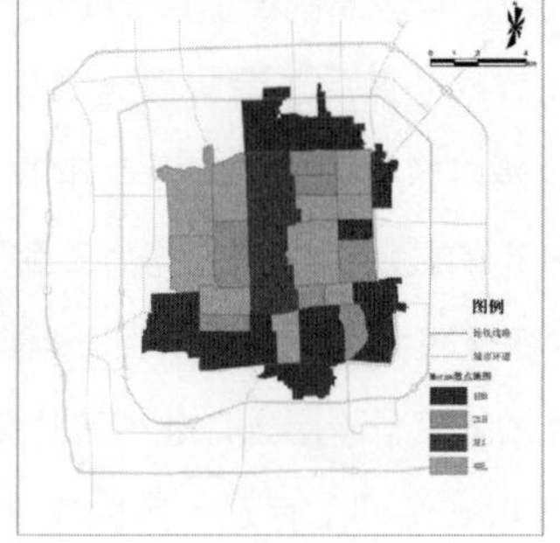

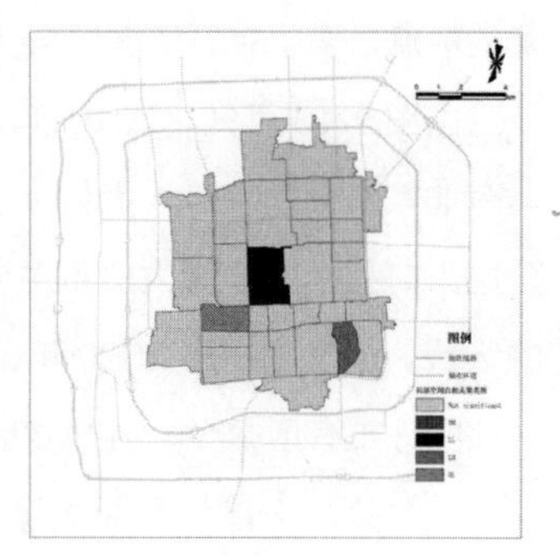

图5-14　2010年主因子3 Moran散点图、散点地图和局部空间关联聚类图

图片来源：作者自绘

由图 5-14 可知，2010 年北京核心区的女性人口因子在核心区外围分布较为集中，但在西北方向分布较少。

女性人口因子在空间上不存在明显的集聚，没有“热点”地区，仅有少量的“冷点”地区。冷点地区的街区单元数仅有 1 个，为西长安街街道（在 1% 的置信水平上显著），因子得分呈现“LL”型集聚，表明这一街道的女性人口分布较少。另有体育馆路街道呈 LH 型集聚，表明这一街道的女性人口分布明显少于周围街道；广安门内街道呈 HL 型集聚，表明这一街道的女性人口分布明显多于周围街道。

（4）2010 年主因子 4 家庭户规模

由图 5-15 可知，2010 年北京核心区的社会空间主因子 4 家庭户规模的 Moran 散点图不存在明显的集聚特征，大部分散点分布在回归线两侧较远处。第一象限（HH）包含一定的散点数，说明有一定的家庭户规模大的街道集中分布。第三象限（LL）包含的散点数比较多，说明家庭户规模小的街道数量也较多。第二象限（LH）散点较少，表明存在一定的平均家庭户规模小的街道被平均家庭户规模大的街道包围的现象。第四象限（HL）也有少量的散点，表明存在一些平均家庭户规模大的街道被平均家庭户规模小的街道包围的现象。

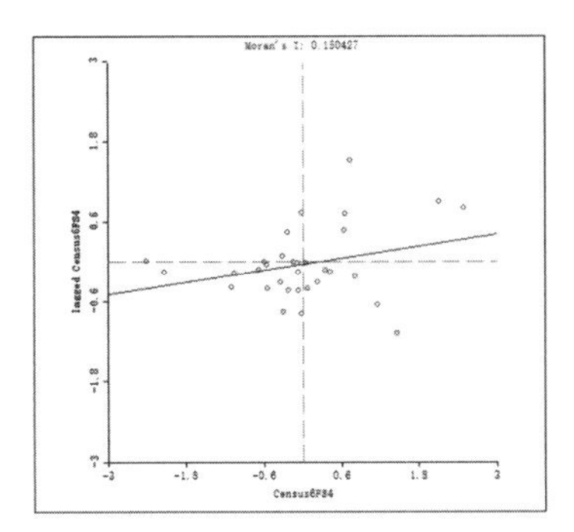

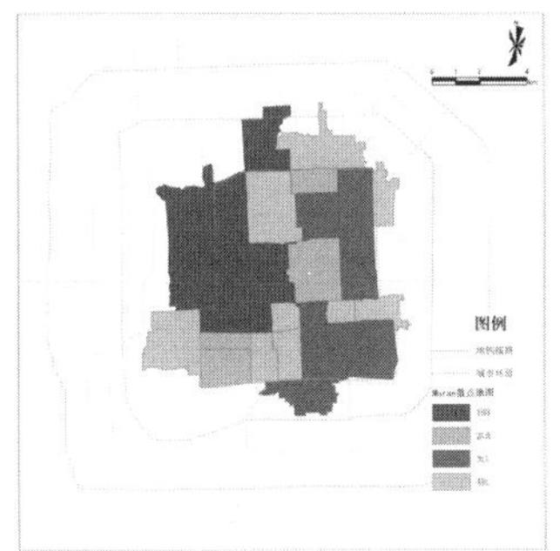

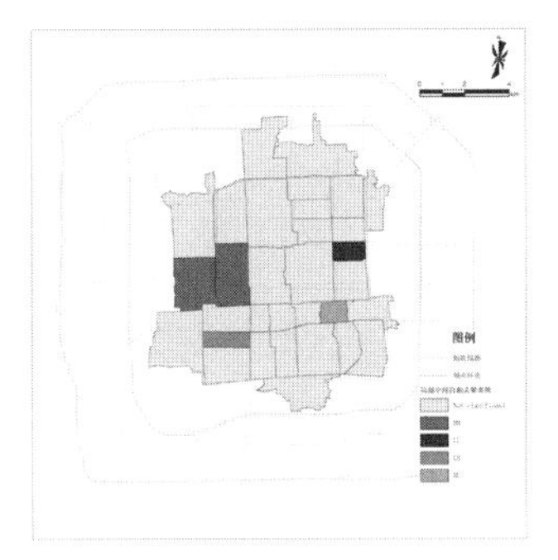

图 5-15　2010 年主因子 4 Moran 散点图、散点地图和局部空间关联聚类图

图片来源：作者自绘

由图 5-15 可知，2010 年北京核心区的家庭户规模因子的分布与 1990 年的第 5 因子，以及 2000 年的第 5 因子相比，有了较大的变化。1990 年和 2000 年都表现出在核心区的东北隅是家庭户规模大的人口集中分布的地方，而到 2010 年，家庭户规模大的人口集中分布的地方变成了西北隅。主要原因在于，70 年代开始实行计划生育政策后，家庭户规模与家庭的社会经济条件逐渐呈负相关，越是贫困的家庭养育的孩子数量越多，而这些社会经济地位相对较低的人口，如工薪阶层人口和相对边缘人口一般拥有的家庭户规模比中产阶层大。2010 年左右，这种局势发生了一定的变化，有相应经济能力的人口逐渐倾向于多生育孩子，社会就业的多样化也使得政策的限制作用越来越小，从而表现出家庭户规模因子与中产阶层人口因子呈现出较相似的特征。而随着“双独二孩”“单独二孩”和全面放开二胎等生育政策的变化，家庭户规模因子对于社会空间结构的影响将会产生更大的效用。

家庭户规模因子有一定的集聚效应，“热点”地区比较突出而“冷点”地区较少。热点地区的街道单元数一共有 2 个，分别为月坛街道和金融街街道（在 5% 的置信水平上显著）；这一类型区域因子得分呈现“HH”型集聚，为家庭户规模大的热点地区。冷点地区的街道单元数仅有 1 个，为朝阳门街道（在 5% 的置信水平上显著），因子得分呈现“LL”型集聚，表明这一街道的平均家庭户规模较小。另有牛街街道呈 LH 型集聚（在 5% 的置信水平上显著），表明其平均家庭户规模明显低于周围街道；崇文门外街道呈 HL 型集聚（在 1% 的置信水平上显著），表明这一街道的平均家庭户规模明显高于周围街道。

（5）2010 年主因子 5 特殊民族人口

由图 5-16 可知，2010 年北京核心区的社会空间主因子 5 特殊民族人口的 Moran 散点图呈现出较强的空间集聚特征，大部分散点集中在回归线附近。第一象限（HH）包含的散点数比较多，说明回族人口比重大的街道较多。第三象限（LL）包含的散点数最多，说明回族人口比重小的街道数量也最多。第二象限（LH）散点较少，表明存在一定的回族人口比重小的街道被回族人口比重大的街道包围的现象。第四象限（HL）也有一定数量的散点，表明存在一些回族人口比重大的街道被回族人口比重小的街道包围的现象。

由图 5-16 可知，2010 年北京核心区的回族人口的分布与 1990 年的第 5 因子，以及 2000 年的第 4 因子相比，并没有太大的变化，回族人口一贯主要集在于以牛街为中心的核心区的西南隅。但其总体的分布有收缩的趋势，1990 年呈“十”字型的延伸在核心区的西部，2000 年则从西城区撤出了旧城，2010 年又向南收缩，基本退出了西城区而仅主要集聚在原宣武区。此外，2010 年在东城区的交道口街道区域形成了新的回族人口聚居区。相信如果从市域范围来看，也会在核心区之外发现更多新形成的回族人口聚居区，也从侧面证实了核心区的绅士化过程使得相对边缘的民族人口逐渐向外迁移，从而形成了新的民族人口分布格局。

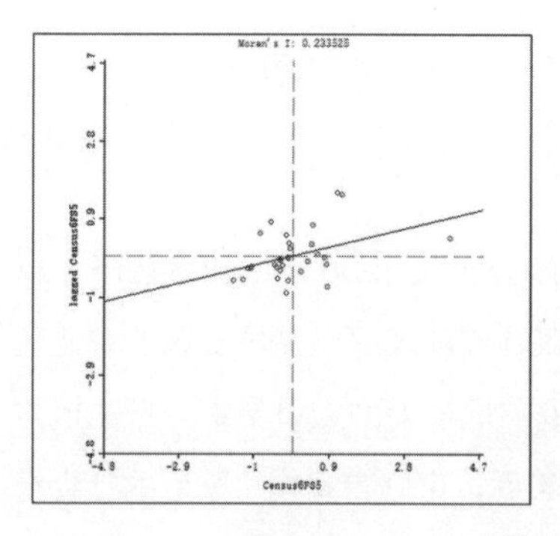
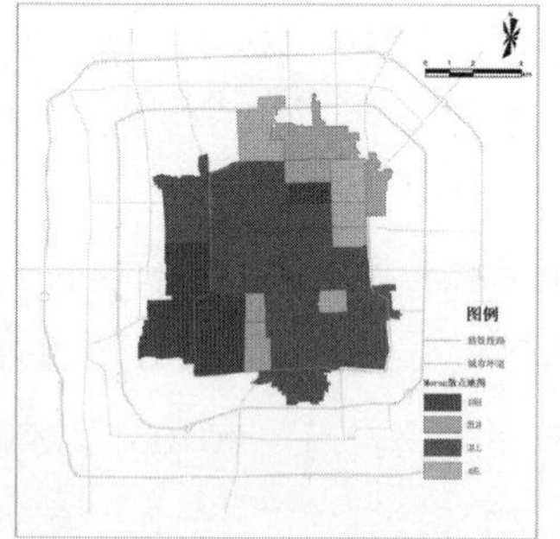

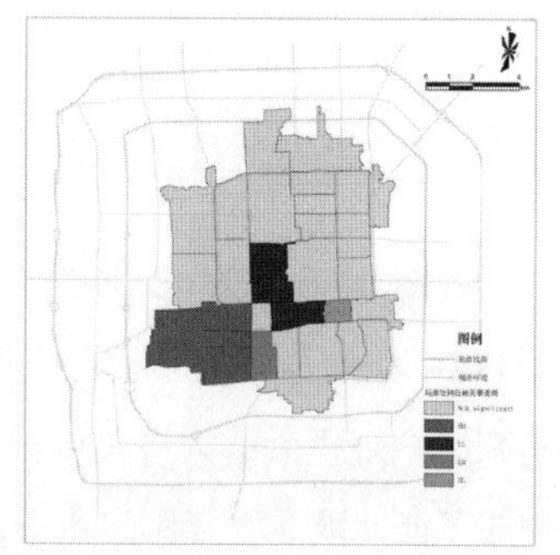

图 5-16　2010 年主因子 5 Moran 散点图、散点地图和局部空间关联聚类图

图片来源：作者自绘

特殊民族人口因子在空间上存在较为明显的集聚，“热点”地区比较突出且“冷点”地区也比较突出。热点地区的街区单元数一共有 4 个，分别为广安门外街道和牛街街道（在 1% 的置信水平上显著）、广安门内街道和白纸坊街道（在 5% 的置信水平上显著），占研究区域街区总数的 12.5%；这一类型区域因子得分呈现“HH”型集聚，为回族人口比重大的热点地区。冷点地区的街区单元也有 4 个，为西长安街街道、前门街道、天桥街道（在 5% 的置信水平上显著），以及大栅栏街道（在 0.1% 的置信水平上显著），因子得分呈现“LL”型集聚，表明这些街道的回族人口分布较少。另有陶然亭街道呈 LH 型集聚（在 5% 的置信水平上显著），表明其回族人口分布较少；崇文门外街道呈 HL 型集聚（在 1% 的置信水平上显著），表明其回族人口分布较多。

5.4.4 核心区主因子局部自相关特征小结

比较三个普查年份各社会空间主因子的局部空间自相关指标可以发现，“同质集聚、异质隔离”特征最明显的是 1990 年主因子 3 相对边缘人口，其次是 2000 年主因子 4 特殊民族人口，再次是 2000 年主因子 1 中产阶层人口，其 Local Moran's *I* 值分别为 0.53968，0.39634 和 0.29685（表 5-4）。而 Local Moran's *I* 值最接近 0，近似随机分布的是 2010 年的主因子 3 女性人口，其 Local Moran's *I* 值为 0.00568；其次是 2010 年主因子 4 家庭户规模和 1990 年主因子 4 本地迁移人口，二者的 Local Moran's *I* 分别为 −0.03106 和 −0.05883。

1990、2000、2010 年北京核心区社会空间主因子局部空间自相关统计值　　表 5-4

各年份社会空间主因子	1990 年	2000 年	2010 年
主因子 1 Local Moran' *I* 值	0.15809	0.29685	0.09708
主因子 2 Local Moran' *I* 值	0.20878	0.20943	0.13944
主因子 3 Local Moran' *I* 值	0.53968	0.25526	0.00568
主因子 4 Local Moran' *I* 值	−0.05883	0.39634	−0.03106
主因子 5 Local Moran' *I* 值	0.27814	0.16287	0.23353

对 1990 年各主因子（除随机分布的主因子 4 外）的 Moran 散点图进行叠置分析，可以发现一个很有意思的现象：西城区的展览路街道和金融街街道在各个主因子上都表现出明显的高高集聚特征（将主因子 5 进行反向表示）。也就是说这两个街道是工薪阶层人口集聚之处，也是中产阶层人口集聚之处，同时也是相对边缘人口集聚之处，并且其人口密度高，回族人口也较多。这可以看作一种空间异相关的表现，也说明在城市社会空间中，除了“同质集聚、异质隔离”的特征外，还有“求同存异、相伴相生”的现象存在。

而对 2000 年各主因子的 Moran 散点图同样进行叠置分析，发现上述情况不存在，但是出现了朝阳门街道在各个主因子上都表现为 LL 型集聚（将主因子 5 进行反向表示），说明朝阳门街道在大量的办公职能聚集下，居住人口活力较低。2010 年的分析发现展览路街道与 1990 年的情况类似，也在多数主因子上都表现为 HH 型集聚，而前门街道在各主因子上都表现为 LL 型集聚。显然，到后 10 年，崇文区的旧城改造进入快速通道，使得相应街道居住人口活力偏低。以前门街道为代表，在后期的旧城改造中，大量的本地人口被迫迁出，与之相依附的服务人口也进一步减少，使得街区的整体社会空间韧性降低，沦为功能单一的商业区，丧失了原有的文化特征和社会空间功能。

三个年份社会空间主因子的局部空间自相关分析表明，各主因子在局部空间上有着与全局分析大致相同的空间依赖模式，其“热点”和“冷点”地区也较为客观地反映了典型社会空间类型的中心所在。总体上，对于1990—2010年的北京核心区而言，相对边缘人口因子、特殊民族人口因子、工薪阶层人口因子表现出了较强的空间依赖性，说明相应的民族、社会经济地位等因素对社会空间的形成作用较大。

城市结构是有机的整体而不是机械的镶嵌，各种成分的相互分离与混杂依存是事物发展的两个方面。社会各个阶层不可能脱离其他阶层而孤立存在（王均，1997）。因而，城市空间的功能也应该在适当的条件下相互混合。北京近代历史上形成的西单、王府井、前门等主要商业区，是北京城市繁荣历史的象征和记忆，而这些区域最明显的社会特征就是混杂居住。社会上层是这些地段聚合的主导因子，社会下层对上层的服务依附产生了叠加效应，使得城市呈繁荣之态。而从1990—2010年的趋势来看，北京核心区的社会空间分异加剧，想要延续此种繁荣可能会遭遇困境。

5.5 相关问题的讨论

空间依赖性和空间异质性是空间事物和现象的基本特征。空间统计分析为揭示空间依赖性和空间异质性提供了有效的方法。城市社会空间的形成及其自身表现出的特征，使其在城市内部的分布格局也具有显著的空间依赖性和空间异质性，运用空间统计分析方法进行城市社会空间研究具有必要性和可行性（宣国富，2010）。

本章是在第4章的基础上进行的，对第4章所提取出的三个年份的社会空间主因子的空间相互作用进行测度和分析，尝试从全局和局部两个层面揭示城市社会空间主因子的空间依赖性和异质性特征。1990—2010年北京市核心区城市社会空间主因子的全局空间自相关分析表明，大部分因子在宏观上存在着趋同集聚的效应，但各主因子空间依赖的程度不同。其中，1990的因子有显著空间正相关的，也有近似随机分布（不存在明显空间依赖性）的；2000年的因子全部表现出一定的空间正相关性，而2010年主因子的集聚程度较“四普”“五普”来说都不是很显著，表明核心区社会空间分异程度的加剧。

将空间统计分析方法运用到城市社会空间研究中，能够以较为精确的统计手段揭示城市社会空间现象的空间相互作用，展现各种影响社会空间形成的因素的依赖性和异质性特征。更重要的是空间统计中所识别出的“热点”和“冷点”区域，往往是重要的社会空间现象的表征，值得深入研究，以探索其背后的形成机理和理论意义（宣国富，2010）。局部自相关的分析则说明在城市社会空间中，除了“同质集聚、异质隔离”外，还有“求同存异、相伴相生”的现象。

实际上，空间数据除依赖性和异质性外，还有一个重要的特点，就是可塑面积单元问题（modifiable areal unit problem，MAUP）。空间数据分析中存在一类特殊的现象，就是数据分析的结果随着面积单元的定义不同而发生变化。空间数据的分析既是对所研究变量的特征和关系的反映，也是这些变量所依赖的空间单元特征的反映。因此，分析结果仅对相应的空间单元有效，在其他尺度上则不尽其然。此种影响来源于尺度效应（scale effect）和区划效应（zoning effect）。尺度效应是空间研究不可回避的问题，对城市社会空间分析而言，整个大都市区全域的社会空间分析和城市内部部分区域的社会空间分析，即使是使用相同的数据也可能会产生不一样的研究结果，例如本研究已经证明了的在宏观上不起作用的民族因子在中观尺度上对城市社会空间有很大的影响。而区划效应的影响则表现在由较小的空间单元聚合成较大的空间单元时所产生的问题，即空间单元越大，平均值及变异数会趋近稳定，因为特异的个别数据会被较多的样本平均掉，而丧失其特殊性。比如有一个特异性很高的街区，当它被划到 A 区域时，可能使得 A 区域显示出与之相同的结构特征，而划到 B 区域时有可能被 B 区域更大的特征所掩盖掉。因此，本书第四、五两章的分析结果并非不可辩驳。

第六章　北京市核心区空间化人口数据的社会空间特征

SIX

社会空间类型的划分对于核心区人口分布研究来说相对笼统，需要引入更微观的研究方法。相比于社会空间类型划分的社会空间的内蕴性，主要展现了社会空间更偏向于社会的一面，基于人口密度的人口分布空间结构则更直接地反映了社会空间更偏向于空间的特征。但人口密度数据并不能直接展示明显的空间特征，它必须与空间数据相结合，这就是人口数据的空间化。它假设人口分布是连续而平稳的，并通过一定的计算方法，对人口统计数据进行离散化处理（柏中强，2013），并采用适宜的模型创建特定范围内的连续人口表面，以近似展现客观世界真实的人口地理分布。人口数据空间化有助于从不同的地理尺度和维度来探析人口居住及其他活动所形成的社会效应及空间效应。

本章的研究对象是北京核心区的人口分布，因而采用与这一尺度相适宜的网格计算法将核心区的人口数据空间化，并利用地统计学的空间插值方法对其进行人口密度分布的模拟。本章所用的数据为北京市 2010 年第六次人口普查数据（在 ArcGIS 中以最小行政区划单元街道多边形的属性存在）和作者自行绘制的北京市核心区的土地利用数据（系作者根据百度、腾讯和谷歌地图自绘，时间为 2015 年；在 ArcGIS 中以多边形及其用地属性存在）。要想获得 2010 年的历史土地利用数据比较困难，因此，本研究假设在 2010—2015 年，核心区的用地属性，尤其是居住用地变化不大，使得人口统计数据与空间数据近似匹配。

作者用 2015 年高德地图提取出分类编码为 120300 的住宅区 POI（point of interest）和编码为 120302 的住宅小区 POI①，共计 2113 个。将之转换坐标后与自行制备的核心区居住用地进行校验（图 6-1），二者大致匹配，有 79.41% 的高德居住区 POI 点落在了居住用地范围内，侧面佐证了作者自行制备的核心区居住用地的有效性（图 6-2）。

图 6-1　高德地图居住区 POI 与核心区居住用地叠加对比图

图片来源：作者自绘

① 利用高德地图 API 开放平台和 Geosharp 软件实现。

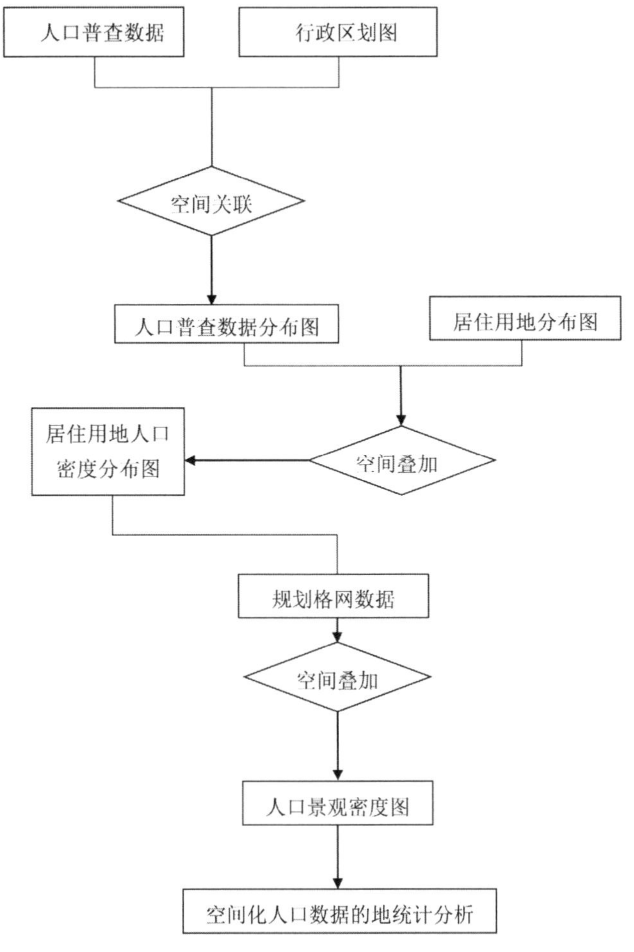

图 6-2　第六章数据处理及分析技术路线图

图片来源：作者自绘

6.1　人口数量的空间特征分析

6.1.1　基于网格计算的人口数据空间化及其统计分析

我国人口普查对外公开的、可以获取的最基本的数据统计单元是街道，但城市内部街道本身的面积大小及街道内部居住用地的占比和形态都会对人口的实际空间分布和各区域之间的可比性带来较大的影响，相比之下，网格计算和网格地图更有助于动态现象的表述、数据融合和空间分析(陈述彭等,2002)。本研究借助网格计算和网格地图,参照生态学中种群密度计算方法，采用规则格网对人口统计单元进行再划分，将居住用地矢量数据作为中间变量，来计算人口密度，即计算人口景观密度，实际上是指各采样单元内单位面积上的人口数（杜国明等，2010），操作步骤如下：

（1）在自行制备的土地利用数据中提取出居住用地的范围，并按照街道进行划分；

（2）将人口普查数据与各街道的居住用地空间数据进行关联，计算出各街道内居住用地的总面积 A_i；并依此计算各街道内居住用地上的人口密度，计算公式如下（杜国明等，2007）：

$$D_i=P_i/A_i \tag{6-1}$$

式中，D_i代表第 i 个街道居住用地上的人口密度；P_i代表第 i 个街道的常住总人口数；A_i 代表第 i 个街道内居住用地的总面积。如此可最大限度地消除非居住用地对各街道人口密度值的影响，实际上是计算出了核心区各街道空间化的常住人口密度。

（3）用规则格网进行采样，计算每一个网格内人口密度值。利用 ArcGIS 中的 Fishnet 工具生成 1000m 到 100m 边长的采样网格（即为景观生态学中的不同粒度），进而统计每一网格内的人口数，并计算其人口密度。人口数的计算公式为（杜国明等，2007）：

$$P_j=\sum_i A_{ij}\times D_{ij} \tag{6-2}$$

式中，P_j代表第 j 个网格内的人口数；A_{ij}代表落入第 j 个网格内的第 i 个街道中的居住用地总面积；D_{ij}代表落入第 j 个网格内的第 i 个街道的居住用地的人口密度[①]。

以下是北京市核心区从 1000m 网格到 100m 网格的人口密度图和各街道原始居住用地平均人口密度图（图 6-3、图 6-4），共分为 8 级，人口密度分级值点以 1 万人 /km^2 递增，从 1 万人 /km^2 至 8 万人 /km^2。不同粒度下的人口密度基本统计情况如表 6-1 所示。

图 6-3　2010 年北京核心区 1000m 网格到 100m 网格的人口密度图（一）

图片来源：作者自绘

① 具体的操作步骤是利用不同大小的采样网格与核心区边界 polygon 进行 intersect 运算，再将得到的 polygon 与 dissolve 运算后的居住用地人口密度进行 identity 运算，计算出每个格网中的 polygon 的人口总数，再对各格网进行基于格网 id 的 dissolve 命令，并统计出落入各格网中的人口总数，然后依据格网面积算出各格网的人口密度，最终生成各粒度下带有人口密度值的点文件，为下一步基于地统计的人口分布空间模拟做好准备。

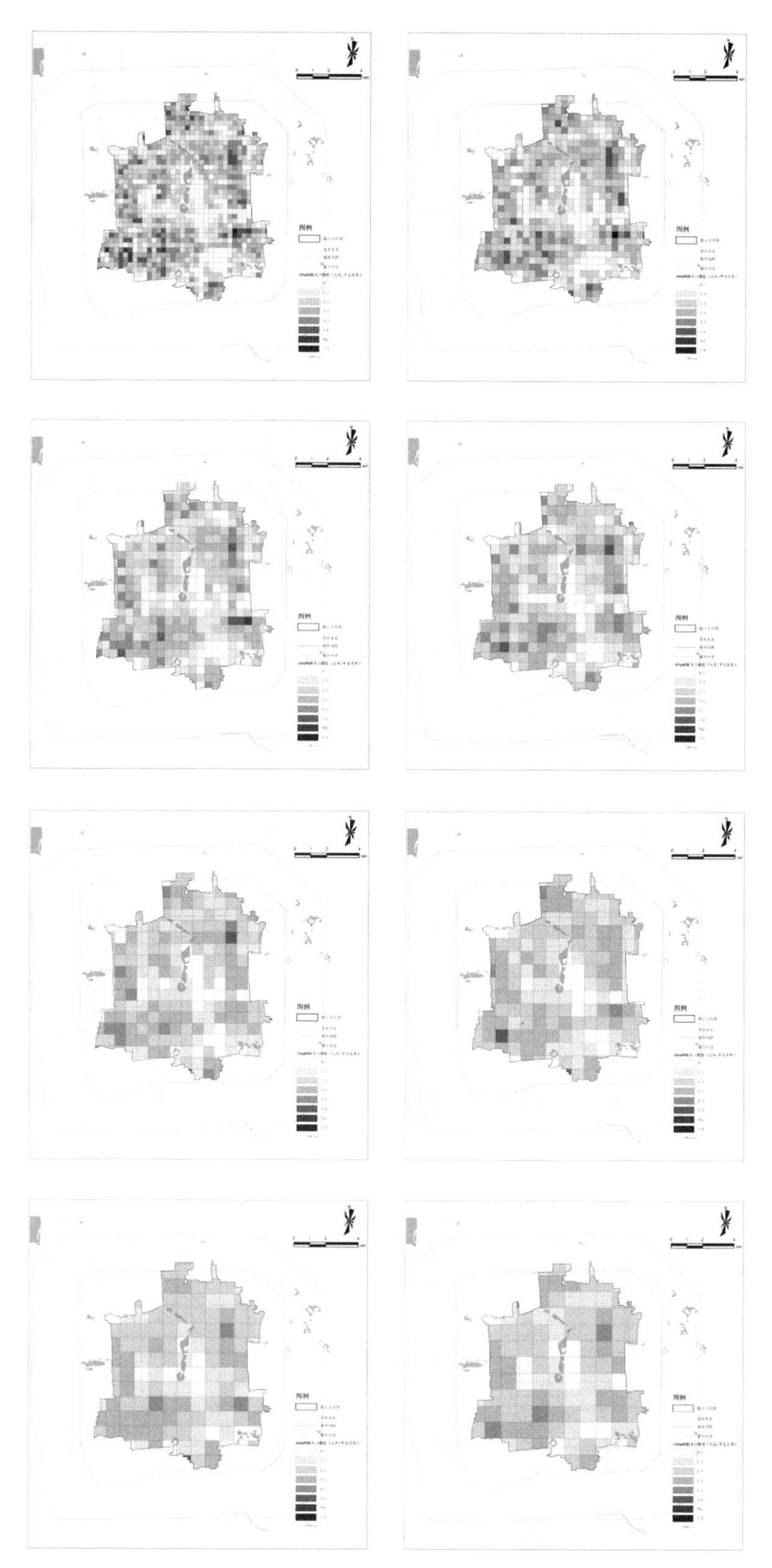

图 6-3　2010 年北京核心区 1000m 网格到 100m 网格的人口密度图（二）

图片来源：作者自绘

图 6-4　2010 年北京核心区各街道居住用地平均人口密度图

图片来源：作者自绘

不同粒度下的人口密度统计表　　表 6-1

粒度（m）	样本数	最小值（人 /km²）	最大值（人 /km²）	平均值（人 /km²）	值域（人 /km²）	标准差
100	9597	0	78621	22818	78621	21733
200	2482	0	78621	22700	78621	18058
300	1131	0	76526	22776	76526	16029
400	650	0	71795	22572	71795	14242
500	435	0	76536	22139	76536	13442
600	304	0	56023	22653	56023	12112
700	235	0	55867	21976	55867	12064
800	182	0	53413	22694	53413	11257
900	148	0	50282	21750	50282	11266
1000	120	0	44481	22418	44481	10696

由表 6-1 可以看出，由于各粒度下的人口密度最小值皆为 0，人口密度的值域与其最大值相等，其值域总体上随采样尺度的增大而变窄。在 100m 粒度下，值域为 78621 人 /km²，而 1000m 粒度下值域下降到了 44481 人 /km²。这也是前文所提到的 MAUP 问题，即可塑面积单

元问题的表现，粒度越大代表单位空间单元的面积越大，而所覆盖的总样本数就越少，人口密度的极大值和极小值就更容易被平均掉，人口密度值的值域也相应变窄。类似的是，人口密度的内部变异总体上也随采样尺度的增大而变小，从表 6-1 可以看出，粒度越大标准差越小，即人口密度值波动越小（杜国明，2007）。

图 6-5 显示了 2010 年北京核心区各街道空间化与非空间化的常住人口密度，二者相差较大。从国际比较的视角来看非空间化的平均人口密度，北京核心区相较于香港观塘区、伦敦彻西区和纽约曼哈顿区等区域，并不算最高的（刘玉芳，2008）。从非空间化的常住人口密度来看，2010 年北京核心区东华门街道的人口密度最低，仅为 1.15 万人 /km^2，而实际上空间化后的人口密度显示东华门的常住人口密度达到 6.29 万人 /km^2，二者存在较大的差异。同样差异显著的街道还包括展览路街道、建国门街道、月坛街道、广安门外街道、金融街街道、天坛街道、东花市街道、德胜街道和牛街街道。这些街道相同的特点是居住用地面积占街道辖区面积的比例偏低，街道辖区内还有大量的非居住用地，从而造成了非空间化的常住人口密度与空间化的常住人口相比存在较大差异。典型的如东华门街道有故宫；展览路街道有动物园、北京北站、北京建筑大学、动物园公交枢纽站、北京展览馆等；建国门街道有北京站、北京国际饭店会议中心、中粮广场、恒基中心等一连片的办公用地；月坛街道有中国人民公安大学、月坛公园、月坛体育中心、首都博物馆等；广安门外街道有北京西站、世纪茶贸中心、马连道茶城等商业办公用地等；金融街街道有中央音乐学院、金融街购物中心、民族文化宫、西单大悦城、君太百货等大型购物中心等；天坛街道有天坛公园、天坛体育场；东花市街道有广渠门中学、崇文小学、崇文门中学等；德胜街道有人定湖公园、双秀公园、德胜国际中心、中国工程院、北滨河公园、北京机械工业自动化研究所、火箭军总医院、安定医院、西城师范附属小学、北师大二附中、北京三帆中学、天秀市场等；牛街街道有广安体育馆、中国伊斯兰教经学院、中国佛学院等。

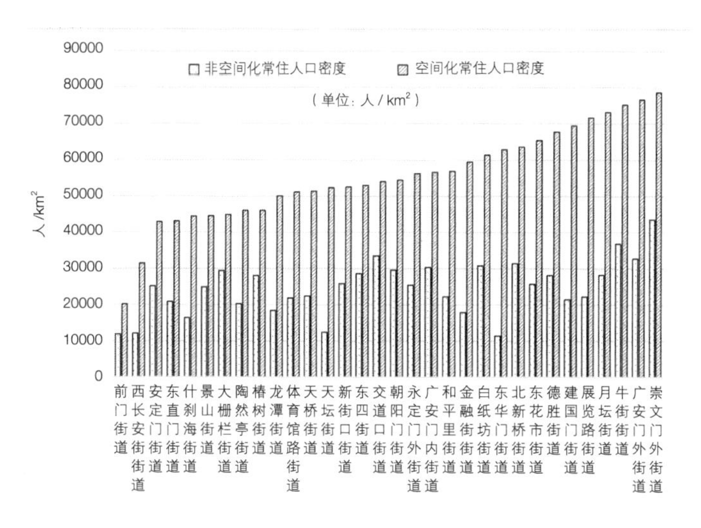

图 6–5　2010 年核心区各街道空间化与非空间化常住人口密度对比

图片来源：作者自绘

即使将人口数据进行空间化，它仍然只能反映午夜至凌晨的居住人口密度，而对于北京核心区这样一个高度集聚的就业中心来说，单一的城市人口密度指标并不能全面概括城市的社会空间活动，因此还可以考虑引入资本密度、建筑密度、就业密度等指标来综合分析城市的社会空间结构（丁成日，2004）。北京目前大力开展的人口疏解工作是把人口密度当作最终的目标来实现，如 2004 版总体规划规定旧城到 2020 年常住人口要降到 90 万；2008 年《北京市中心城控制性详细规划》规定："旧城总人口规模宜控制在 90 万人左右，其中保护区约 20 万，非保护区约 70 万人。远期降至 80 万人。"遗憾的是从核心区的人口统计数据来看，其人口从 2010 年至今一直比较稳定，并没有出现大量减少的状况。究其原因，不难看出，城市规划及管理实际上只能控制资本密度和建筑密度，而无法直接控制人口密度（丁成日，2004）。核心区建筑密度只增不减，资本密度也随之增加，这两者给城市住房市场带来正向影响，其结果也只能是吸引人口集聚而无法实现疏解。从核心区各街道空间化的人口密度与非空间化人口密度的差异能看出，核心区拥有众多的产业、教育、医疗等资源，这些资源正是核心区吸引人口集聚的主要原因。这一局面短时间之内较难改变，因此还无法破解人口疏解的难题，但可以借助空间化的人口数据模拟其真实的密度分布，从而另辟蹊径。

6.1.2 基于地统计的人口密度分布模拟及其特征分析

20 世纪 50 年代，南非的采矿工程师克里格（D. J. Krige）和统计学家西切尔（H. S. Sichel）发现传统的统计学方法不适用于评价和识别矿藏。为了精确地估计矿块品位，同时考虑样品尺寸及相对于该矿块的位置，他们开发了一种新评价方法（牟乃夏等，2012）。法国著名统计学家马特隆（matheron）通过大量研究，将克里格的经验和方法上升为理论，从而创立了地统计学（Matheron，1963），又称为地质统计（geostatistics）。

地统计学在考虑样本值大小的基础上，也重视样本的空间位置，将数据的空间坐标纳入分析中，是研究分布于空间上既有随机性又有结构性的自然或社会现象的科学（张成才等，2004）。它基于区域化变量理论，并以变异函数为主要工具。对于某一个具体的区域化变量而言，其结构性是指该变量具有某种空间自相关性，而这种自相关性取决于两点之间的距离和变量特征，可用数学函数表示；其随机性是指该变量是一个随机函数，它具有局部、随机和异常特征，可以进行统计推断。由于区域化变量的二重性，在地统计学中，常用变异函数和变异曲线来表征区域化变量的空间变化特征和程度。

假设区域化变量满足二阶平稳，可以通过拟合半变异函数模型的方式来获得数据的空间关系。假设有一组空间样本（s_1，s_2，$\cdots s_n$），则半变异函数可表示为：

$$r(h)=\frac{1}{2N(h)}\sum_{i=1}^{N}[Z(s_i)-Z(s_i+h)]^2 \qquad (6\text{-}3)$$

式中：h 为样本距；$N(h)$ 为间距为 h 的样本对的总个数；$Z(s_i)$ 是空间样本 s_i 的属性值，$Z(s_i+h)$

是距样本 s_i 距离为 h 处的样本的属性值（杜国明，2007）。半变异函数有 3 个主要参数：块金值（nugget，C_0）、变程（a）和基台值（Sill）。半变异函数达到稳定状态时的值称为基台值。变程是半变异函数模型达到其极限值（基台）的距离。当步长超过变程时，点对之间的相异性趋于恒定。因此，可以认为距离大于变程的点空间不相关。块金值表示测量误差和无法检测的微观尺度变化。

城市人口的分布具有随机性和结构性，其密度值的高低反映了所在区域的位置特征，本质上是一个区域化变量，可以通过地统计学进行分析，其分析方向和地统计学的主要研究方向一致，即人口密度的空间自相关及空间变异分析，以及空间插值。

在用地统计方法分析人口密度的空间变异时，块金值可以理解为间距小于抽样距离时的小尺度空间变异（杜国明，2007）；变程表示在某种观测尺度下，人口密度空间相关的作用范围。在变程范围内，人口密度有较强的自相关作用，而在变程范围之外，人口密度在空间分布上更加独立。基台值是不同采样间距中存在的半方差极大值，表示人口密度中的空间变异性。偏基台值是基台值与块金值之间的差值，它表示结构性方差，可以反映由空间结构特征引起的人口密度的变异程度（杜国明，2007）。此外，块金值与基台值的比值被称为块金系数，用以表示局部性变异与总体变异间的比例关系。半变异函数云图是应用地统计学解释人口分布空间结构的基础，它通常可以用一些曲线方程来拟合。这些方程被称为半变异函数的理论模型，主要包括高斯模型、指数模型、圆形模型、球状模型等（杜国明，2008）。

在对半变异函数进行建模的过程中，最关键的是选择适宜的步长大小，以避免过大或过小，过大会掩盖短程自相关，过小则难以获得条柱单元的典型平均值。一个标准是步组数与步长的乘积应为所有点对最大距离的一半左右；另一标准是采用点与最近的相邻要素之间的平均距离。本研究范围大致为 10km×10km 的面积约为 100km^2 的区域，因此半变异函数的步长乘以步组数的值应大约为 7km，结合平均最近邻工具所统计出的各粒度下的观测平均邻近距离，将步长定为 600m，步组数定为 12。

先对数据进行探索性分析，发现通过前述网格法所获取的北京核心区人口点密度数据在 600m 至 1000m 网格时，基本符合正态分布，即数据均值与中位数大致相等，偏度趋近 0，峰度趋近 3；而 100m 至 500m 网格由于 0 值过多而呈偏态分布，但是用克里金法仅生成预测表面和预测标准误表面时并不要求数据呈正态分布。在对数据进行趋势分析时，发现存在较为明显的倒 U 形趋势，因此将二阶多项式用作全局趋势模型。选择泛克里金方法，不对数据进行变换，趋势去除选择二阶，对各个尺度下半变异函数的各个模型（包括圆形、球形、四球形、五球形、幂、高斯、有理二次函数、孔穴效应、K—贝塞尔、J—贝塞尔、Stable）进行比较得出，有理二次函数模型的拟合效果更好[①]，即其预测误差均值更接近 0，标准化的均方根更接近 1，且预测误差均方根最小，平均标准误与之最接近，也最小。据此，对各粒度下的人口点密度数据通过半变异函数进行空间建模和结构分析，其主要参数详见表 6-2。

① 最优模型是综合各个尺度下半变异函数模型的拟合效果，并且没有测试多个模型的叠加效果。

由表 6-2 可见，各粒度下的变程由 954.63m 至 4929.05m 各不相等，均值为 2788.40m，它是人口密度自相关尺度的直接体现，总体上随着粒度增加而增大，因此可以认为，北京市核心区人口密度的空间自相关是客观存在的，其作用范围与采样尺度有关。基台值表示人口密度总的空间变异，总体上随着采样尺度的增大而变小，偏基台值的变化趋势与基台值基本一致。说明采样尺度会影响对空间变异性的反映，采样尺度越小，对空间变异性的反映越充分，表现出来就是基台值更大；而采样尺度越大则所反映的空间变异性就越小，表现出来就是基台值相对较小。也就是说，随着采样尺度的增大，研究区域总体结构性特征造成的人口密度空间变异性难以体现。块金值反映人口密度的小尺度自相关和随机性变化（杜国明，2008），随着粒度的增大，其表现出明显的减小趋势，说明当粒度较小时，人口密度在小尺度范围内具有较强的变异性，这种变异性随着采样尺度的增大就被掩盖掉了。块金系数是表示空间变异程度的指标，它随采样尺度的逐渐增大表明（由 100m 粒度下的 0.360 增大到 1000m 粒度下的 0.698），由随机部分引起的空间变异占比增加，由结构性因素引起的空间变异占比减少，也说明当采样尺度过大时，微观的尺度变化将不能被捕捉到，模型所显示出来的主要是人口分布的宏观结构（杜国明，2008）。

不同粒度下的半变异函数理论模型及相关参数[①] **表 6-2**

粒度（m）	步长	步组数	块金值	偏基台值	基台值	块金系数	变程（m）
100	600	12	164571769.28	292732604.15	457304373.44	0.360	954.63
200	600	12	107430453.58	207973777.68	315404231.27	0.341	1343.78
300	600	12	86758583.92	158914974.58	245673558.50	0.353	1733.20
400	600	12	93298637.06	102390926.00	195689563.06	0.477	2461.58
500	600	12	92557347.85	80183752.74	172741100.59	0.536	3151.72
600	600	12	72701755.92	68633951.73	141335707.66	0.514	3063.61
700	600	12	84841236.88	56834727.92	141675964.80	0.599	3204.48
800	600	12	68071337.89	50294963.04	118366300.93	0.575	3470.78
900	600	12	74776046.44	41282676.62	116058723.05	0.644	3571.16
1000	600	12	77163446.22	33398843.52	110562289.74	0.698	4929.05

克里金制图是克里金方法的重要应用，从图中可以直观了解空间格局的定量特征。为了进一步分析北京核心区人口分布的宏观结构，选择与步长一致的 600m 粒度进行克里金插值，生成人口密度分布的预测表面图 6-6，并分析其各向异性（图 6-7）。

前面的分析假设了北京市核心区人口密度分布是各向同性的，而实际上各向异性才是常态。

① 为了便于比较，选择相同的步长和模型，即全为 600m 步长和有理二次函数（rational quadratic）模型。

因为空间变量自相关的各向同性是相对的，各向异性是绝对的（王政权，1999）。分析人口密度空间自相关的各向异性，有助于认识人口分布的特征（杜国明，2008）。根据600m粒度的人口密度分布图（图6-6），选择0、45、90、135度（以正北方向为0度，顺时针旋转）来对比分析各向异性（半变异函数曲线见图6-7）。

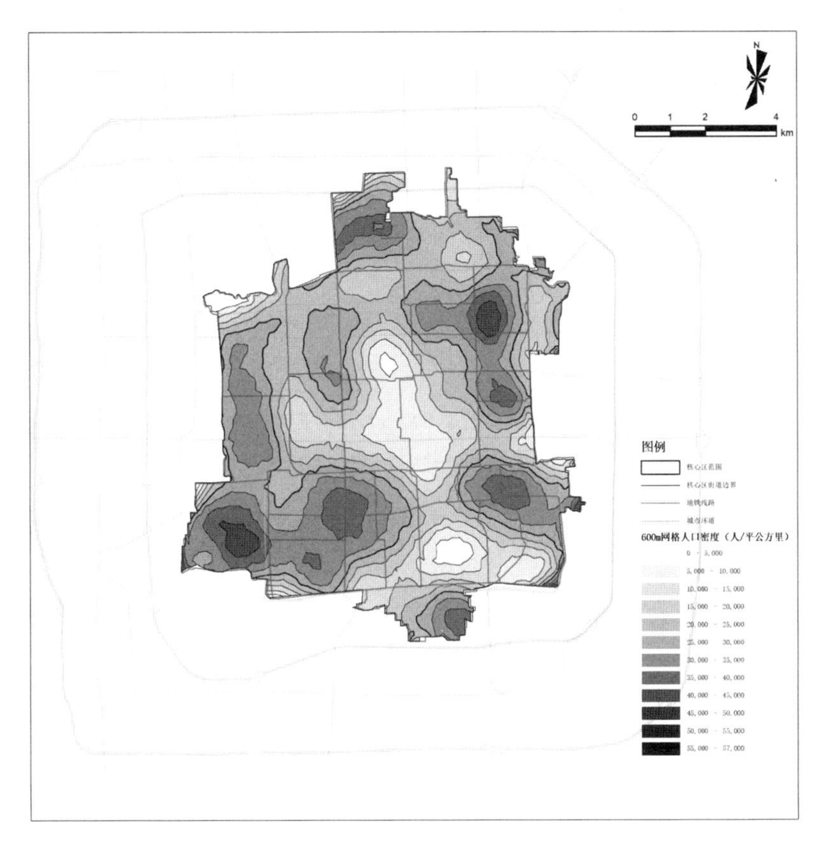

图6-6 2010年北京核心区600m网格粒度的人口密度模拟图

图片来源：作者自绘

通过分析0、45、90、135度四个方向600m粒度的人口密度分布图的半变异函数曲线可以看出（图6-7），在0 ~ 2.7km的范围内，各个方向上的半变异函数趋于相似，均先升后降；在2.7 ~ 5.1km的范围内，各方向的半变异函数有小幅波动，但走势基本平稳；而当步长大于5.1km时，四个方向上的半变异函数出现明显的分化，东南—西北（135度）方向的半变异函数值逐渐增大，东北—西南（45度）方向和东西（90度）方向的半变异函数值则逐渐减小，而南北（0度）方向的半变异函数值变化平稳。可见，北京市核心区人口密度半变异函数曲线反映出一定的规律性，其人口密度在各个方向上都具有一定的空间自相关性，小尺度范围（变程范围）内变异程度接近，近似各向同性；而超出变程时，人口密度更多地呈现出的是随机性和波动性。

北京核心区的人口密度在东南至西北方向表现出了较大的变化，也与市域整体的地形条件相符合。总体而言，北京市核心区人口分布具有较高的不均衡性和聚集性，城市人口密度分布呈现出“双峰域、多核心”的形态，在广安门外街道、北新桥街道形成了两个明显的人口分布的峰域；在白纸坊街道，椿树街道和广安门内及牛街街道交界处、崇文门外和东花市街道交界处、朝阳门街道、德胜门街道以及永定门外街道共形成了 6 个人口密度分布的核心。

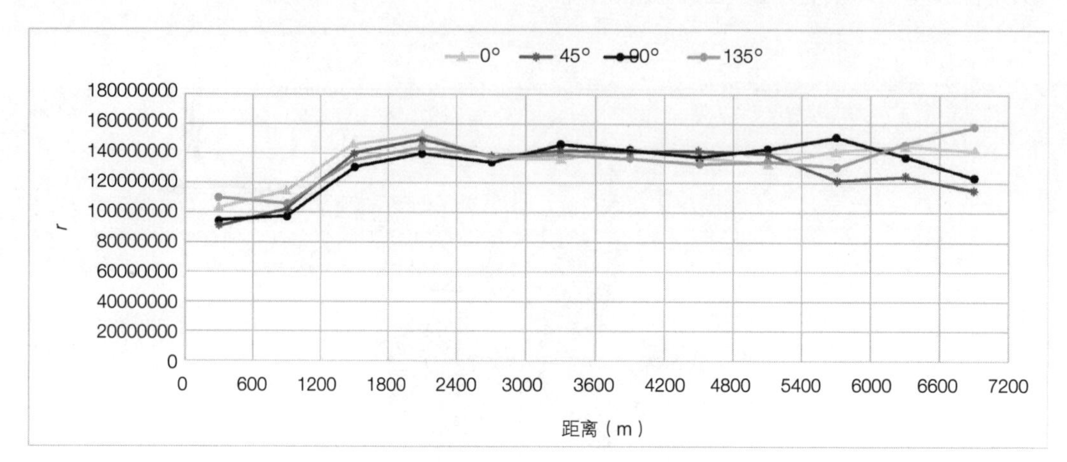

图 6–7　2010 年北京核心区人口密度 600m 粒度下不同方向上的半变异函数曲线

图片来源：作者自绘

从 2010 年北京核心区 600m 网格粒度的人口密度 3D 模拟图上（图 6-8），也可以看出核心区的人口密度值总体上呈中间低、周围高的态势，在西南角形成了整个核心区的高值区，即

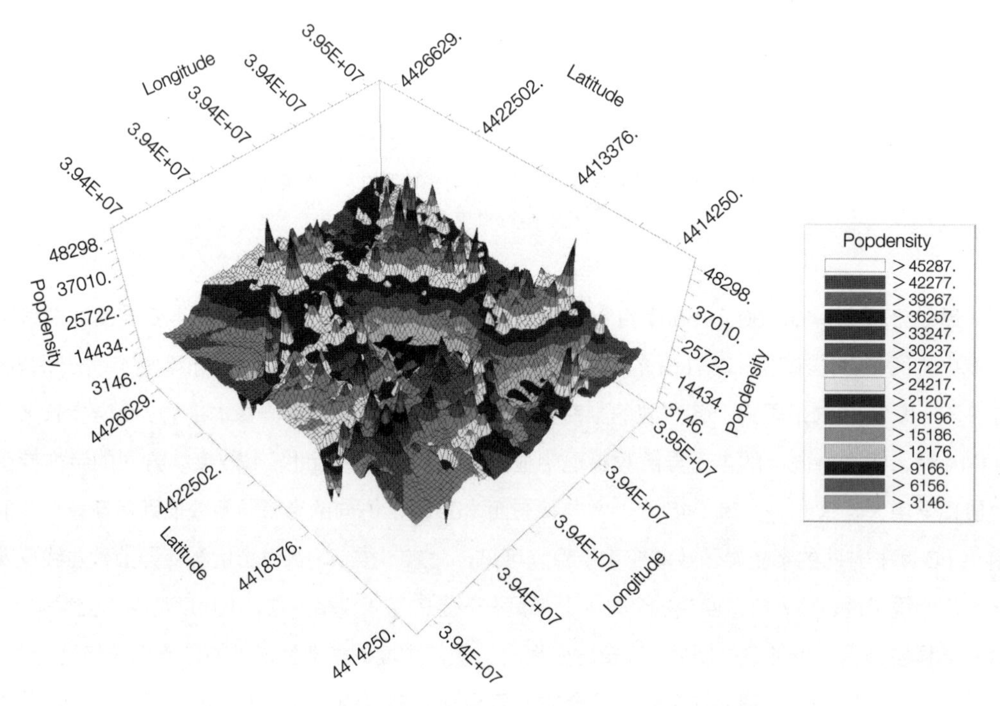

图 6–8　2010 年北京核心区 600m 网格粒度的人口密度 3D 模拟图

图片来源：作者自绘

以广安门外街道的峰域和分别以白纸坊街道和椿树街道为核心，以广安门内街道和牛街街道为另一核心所组成的人口稠密峰值区。从半变异函数的各向异性分析中可以看出核心区内在直径约 5km 圈层中，人口密度的空间相关性较大，聚集效应明显。基于人口数据空间化和地统计克里金插值的人口密度分布和非空间化的人口密度存在很大的区别，前者相对于后者更能反映真实的人口空间分布，因此对于人口疏解等重大政策的启示作用也更有效。

6.1.3 空间化的人口数据对于核心区人口疏解的启示

本章此部分描述了核心区2010年的人口密度分布，从而展现了核心区的人口空间分布状态。在时间上来谈核心区，其实是一个相对的概念，现在的核心区外围在之前可能是以郊区的地位存在。那时配备的一些功能，如工厂和批发市场在新的形势下不再适合继续留在现在的核心区，尤其是在人口疏解成为市政府的工作重点时。这些不合时宜的产业和功能需要升级或外迁，但这会涉及一些沉没成本，需要平衡和协调各方面的利益，需要法律依据和政策指引，需要恰当的补偿机制。总之，通过产业带动人口疏解的方式是可行的。但目前的政策中还有一部分是试图通过对低端服务型人口釜底抽薪式的驱赶来达到人口疏解的目的（比如曾经如火如荼进行的“开墙打洞”商户的拆迁），这样有可能会破坏城市内部人口的有机结构，减损城市活力，并不能达到人口疏解的目的，因为核心区的各种资源有着莫大的吸引力，会留住绝大部分人口，从而吸引相应的服务型人口。

对于人口疏解这一命题，首先要搞明白，是疏解常住人口还是流动人口？这个问题很难回答，具有一定的迷惑性和辩证性。一方面，流动人口很大程度是给常住人口服务的，那么，疏解的主要对象应该是常住人口，常住人口走了，流动人口自然就会跟着走，并且统计数字上大多是反映的常住人口；但另一方面，部分流动人口在核心区的集聚是因集聚而集聚，与服务常住人口并无太大关联，对于这部分人口的疏解是可以直接引导的。

从本章识别出的“双峰域、多核心”的人口分布形态中，高人口密度值的“双峰域”即广安门外街道和北新桥街道应该成为疏解人口的重点区域（北新桥街道的簋街是东城区 2016 年“疏功能、控人口”的 6 大项目之一）。此外，从本章识别出的空间化的人口密度与非空间化的人口密度差异较大的街道，也应该成为人口疏解的重点区域，如东华门街道的故宫周边东华门夜市的关闭、展览路街道的动批众合与天和白马市场 2016 年年底也完成了疏解，人口密度分布的“多核心”中永定门外街道也是东城区人口疏解的重点区域（百荣世贸商城、永外城文化用品市场等）。从本章分析得出的人口密度自相关的尺度效应和各向异性来看，人口疏解政策需要各个街道的协调，并不能局限在一个街道内进行，需要和核心区以外的其他街道协调。依据本章识别出的具体的自相关范围，约 5km 是核心区人口密度的自相关范围（按人行速度为 60m/min，大约是 90 分钟的大生活圈范围），也就是说可以某个具体基点划定一个人口疏解功能区，要疏解某些功能和人口时，需要核查这一区域范围内的相关配套或替代功能是否完善。疏解常住人口及为其服务的流动人口可以通过改变用地性质来实现，那疏解因集聚而集聚的流动人口时又有什么行之有效的方法呢？下文试图通过不同属性人口的密度分布模拟和分析来进一步解答这一疑问。

6.2 人口属性的空间特征分析

人口普查除了密度数据外，还有许多其他的属性特征数据。这些属性特征与城市内部社会空间结构的形成息息相关，因此，深入研究城市内部人口属性的空间特征是充分认识城市社会空间的基础。本章此部分根据核心区的老年人口、外来人口、学龄人口、少数民族人口和受教育程度的相关数据进行相应人口密度的空间化模拟分析，以探索这些人口属性的空间分布特征及其与核心区社会空间结构之间的关系。

6.2.1 老年人口和外来人口的空间分布

人口老龄化是全球社会共同面临的问题，在北京这样一个超级大都市，老龄化的问题被大量年轻的外来务工人员所掩盖，实际上的老龄化程度要严重得多。尤其是在核心区，人口构成相对本地化，加上核心区有较多的公园和医院分布，使得北京本地老年人口不愿意搬出。即使在拆迁改造地区，原住于核心区的老年人口被迫迁出，他们也会经常返回原住处附近以延续原有的日常社交、就医等活动。根据各街道“六普”人口统计数据中常住及外来人口中60岁以上的人口数，制备老年人口分布密度图（图6-9），核心区老年人口的分布与常住人口大致相同。

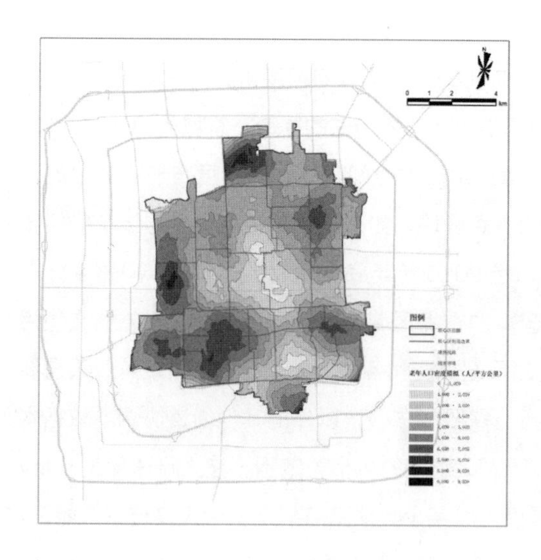

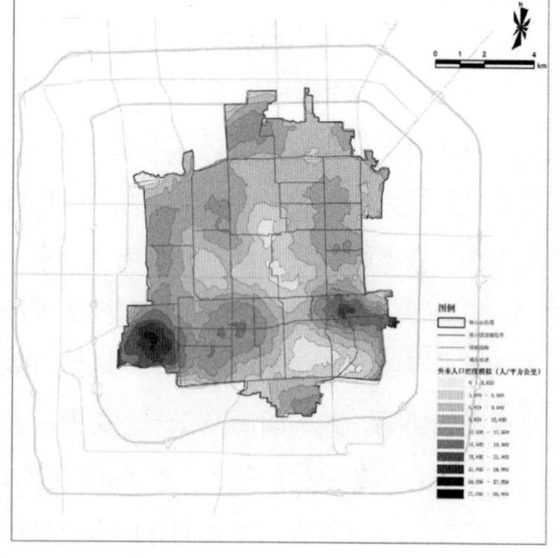

图6–9　2010年核心区600m网格粒度的老年人口（左）和外来人口（右）密度模拟图

图片来源：作者自绘

北京作为全国的政治、文化和经济中心，吸引了大量外来人口，他们为核心区乃至整个北京市的日常运作贡献了重要的力量。这里的外来人口指的是常住外来人口，即居住在本乡、镇、街道，户口在外乡、镇、街道，离开户口登记地半年以上的人口。他们与流动人口只有一个“半年”的时间标签之别，因而常住外来人口的分布在很大程度上反映了流动人口的分布。从图 6-9 可以看出，外来人口的分布与常住人口有较大区别，主要集中在核心区南部。两个外来人口分布的高值区是西南角的广安门外街道，以及原崇文区的崇文门外街道和东花市街道。并非偶然的是这两处高值区在地理位置上分别靠近北京西客站和北京站，自然成为外来人口暂时停留且分布集中的地区。

6.2.2 学龄人口的空间分布

北京核心区集聚了大量优质教育资源，尤其是中学和小学在很大程度上决定了学龄人口的分布。根据“六普”各街道小学和中学学龄人口制备学龄人口密度分布模拟图。

从图 6-10 可以看出，2010 年北京核心区小学学龄人口密度分布与中学学龄人口密度分布有较大区别，小学学龄人口密度总体而言与常住人口密度分布不完全吻合，有两个峰域，分别位于东城区北新桥街道、安定门街道和交道口街道交界处，以及原宣武区的椿树街道和大栅栏街道交界处。而中学学龄人口密度没有明显的峰域，其分布与常住人口的密度分布大体一致。这一结果说明很有可能外来人口随迁的子女以年龄较大的子女为主，年龄较小的子女因为需要人照顾而不能随父母在大城市中生活，只能成为留守儿童，从而使得小学学龄人口密度分布更多地反映的是本地户籍人口的分布，而中学学龄人口密度分布则更接近常住人口的分布态势。

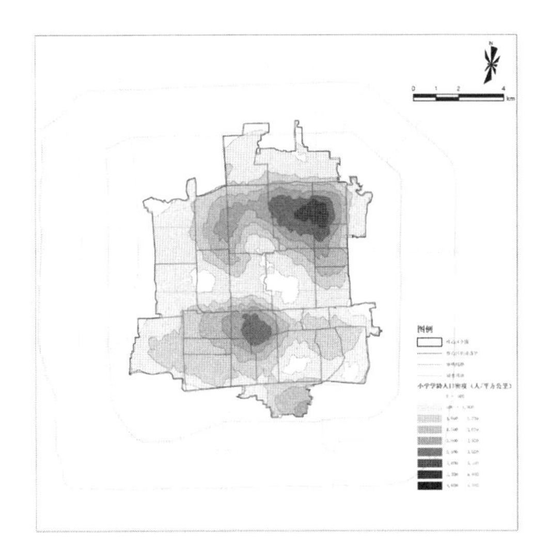

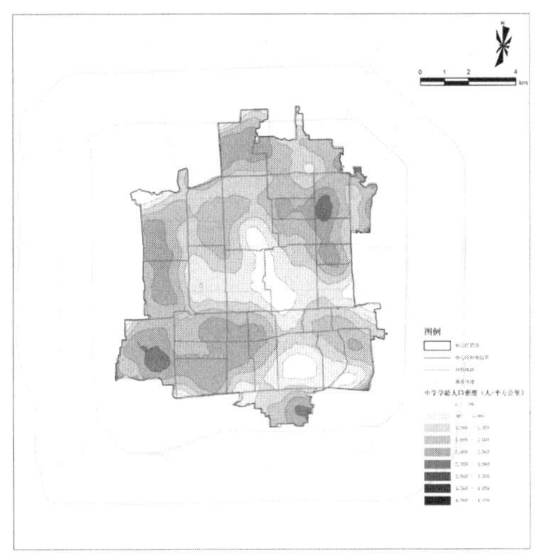

图 6–10　2010 年核心区 600m 网格粒度的小学（左）和中学（右）学龄人口密度模拟图

图片来源：作者自绘

6.2.3 少数民族人口的空间分布

北京核心区由于历史原因聚集了不少少数民族人口，主要包括回族、满族和蒙古族人口。根据“六普”各街道人口统计数据中相关数据制备少数民族人口密度分布图。

从图 6-11 可以看出，回族人口密度分布与总人口密度分布存在较大区别。回族人口主要分布在牛街街道和与之相邻的白纸坊街道，以及东四街道。尤其是牛街街道的回族人口密度达到了 15849 人/km^2，远超出核心区其他街道。而满族人口分布并不像回族人口分布那样“一枝独秀”，满族人口密度较高的主要是北新桥街道、展览路街道、德胜街道和新街口街道，其人口密度值分别为 1765 人/km^2、1621 人/km^2、1498 人/km^2 和 1425 人/km^2。蒙古族人口在北京核心区的总数和密度相比于满族人口和回族人口要小得多，其分布的总体趋势也和常住人口密度分布的趋势没有太大的区别。

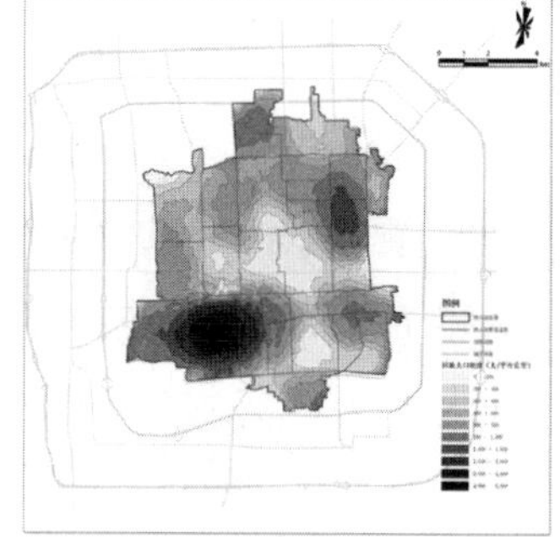
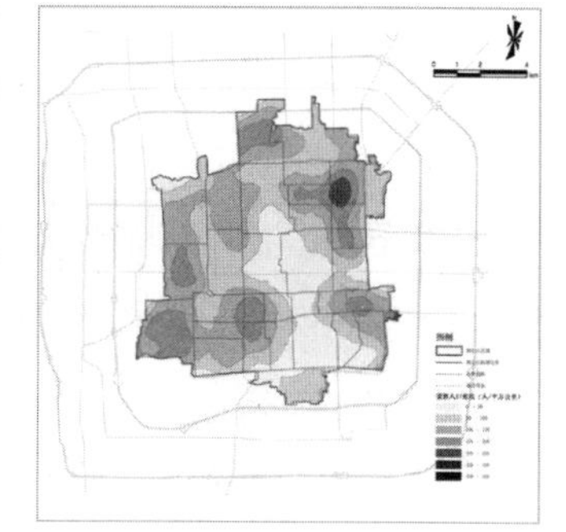

图 6-11 2010 年 600m 网格粒度的满族（左）、回族（中）、蒙古族（右）人口密度模拟图

图片来源：作者自绘

6.2.4 平均受教育年限的空间分布

由于平均受教育年限在人口普查中并没有直接可用的数据，因而需要用受教育程度的街道人口进行计算获得，具体的计算过程如下。按受教育程度的不同，对其分配相应的受教育年限（表 6-3），再计算各街道常住人口的平均受教育年限（公式 6-4）。

受教育程度与受教育年限对应表 **表 6-3**

受教育程度	未上过学	小学	初中	高中	中专	大学专科	大学本科	研究生
受教育年限	0	6	9	12	13	14	16	20

$$E=\sum_j E_j \times P_j / P \quad (6\text{-}4)$$

式中，E、P分别为某街道的平均受教育年限和常住人口总数；P_j为该街道的某种受教育程度的人口数，E_j为该种受教育程度的受教育年限。

从图 6-12 可以看出，平均受教育年限的分布也与常住人口分布迥异，基本呈圈层结构，核心区外围的平均受教育年限更多，由外向内呈递减趋势，并且存在一定的边界效应，即边缘区没有数据的区域平均受教育年限的估计值锐减。

图 6-12　2010 年北京市核心区各街道人口平均受教育年限分布图

图片来源：作者自绘

6.3　与社会空间类型划分结果对比

从以上人口属性的空间特征分析可以看出，老年人口分布与总的常住人口分布呈相同的趋势，但月坛街道的老年人口相比于常住人口较多；外来人口分布与常住人口分布大致相同，但也有一定的区别，主要集中体现在广安门外街道的外来人口密度为核心区的明显峰域。中学学龄人口与小学学龄人口密度分布不尽相同，前者更接近常住人口密度，而后者更多反映本地户籍人口分布。少数民族人口的分布中，蒙古族人口的分布趋势与常住人口分布趋势大体一致，而满族和回族人口的分布与常住人口分布有较大的区别。满族人口多为本地人口，因而只出现了北新桥街道一个峰域，而回族人口以牛街为核心的集中分布趋势非常明显，完全不同于常住人口的分布模式。

将以上分析结果与4.3部分2010年的城市社会空间结构分析对比可以发现：首先，2010年第一主因子中产阶层人口的分布与平均受教育年限并不完全一致，原因一方面在于空间化的人口数据会存在无人居住的空白区域，如核心区中间的低值区有无人居住的水域和大型公共设施的影响使其平均受教育年限被拉低；另一方面2010年的主因子1还反映了职业类别、住房来源等变量的信息，实际上是更综合的社会经济地位较高的人口的体现，并不只是单纯地反映受教育水平。其次，2010年的主因子2工薪阶层人口虽然与满族人口数量有较强的正相关关系，但它的得分分布与满族人口密度分布也有一定区别，也主要是因为其还包含了其他变量的信息，如住房来源等。而2010年主因子5与回族人口密度分布的趋势非常相似，二者都主要反映了核心区回族人口以牛街及其周边区域集中分布的模式。

从社会空间类型的划分中可以看出，中产阶层人口聚居区和资本阶层人口聚居区二者叠加起来与平均受教育年限的分布相似，也从侧面说明受教育程度这一变量对于北京核心区社会空间结构的影响是非常大的。

6.4　小结

人口密度是城市社会空间格局的重要表现及影响因素，人口数量及人口属性的空间化表达有利于揭示统计数据背后的空间规律，从不同的尺度和维度来探析人口聚集分布所形成的社会空间效应。本章以居住空间的视角进行人口空间化处理，对城市内部常住人口的密度和部分属性特征的空间分布格局进行讨论。但基于非连续分布的人口密度观测值和同一街道各处人口密度相同的假设，得出的人口密度连续分布模拟图与真实情况的吻合程度需要进一步检验。

本章通过网格法对北京市核心区2010年的人口数据进行空间化处理，并基于不同尺度对其人口密度进行模拟计算，得出核心区的人口密度具有明显的空间依赖特征，并且这种空间依赖有尺度效应。分析尺度越小，空间自相关性越强，核心区约5km的范围内，人口密度的空间相关性较大，聚集效应明显。在600m的粒度上，北京市核心区的人口密度呈现出“双峰域、多核心”分布的特征，总体上呈中间低、周围高的态势，在广安门外街道形成了外来人口集中的峰域，在北新桥街道形成了本地人口集中的峰域；在白纸坊街道、椿树街道和广安门内及牛街街道交界处、崇文门外街道和东花市街道交界处、朝阳门街道、德胜门街道以及永定门外街道共形成了6个人口密度分布的次级核心。对人口密度半变异函数的各向异性分析发现北京核心区的人口密度空间分布呈现典型的带状异向性，即在不同的方向上有不同的结构性特征。

对于人口属性值的地统计模拟发现，在机关单位较为集中的街道，老年人口较多；在北京西站和北京站附近，外来人口较多；小学学龄人口密度分布与户籍人口分布接近，而中学学龄人口密度分布与常住人口密度分布接近。少数民族中，满族和蒙古族人口分布与常住人口密度分布接近，而回族人口以牛街为核心的集中分布趋势非常明显，完全不同于常住人口的分布。

城市非空间化的平均人口密度反映的是午夜至凌晨一定城市地域范围内的总人口与总面积

之比（丁成日，2004）。而实际上城市不同的区域，以及同一区域的不同时段的人口密度都有很大的差异，用一个均值来表现人口分布的稠密性和格局实际上有很大的局限性，它能够为城市规划和发展提供的信息非常有限，这就是为什么要用空间化的人口分布数据来揭示人口的真实分布状况和规律。从本质上讲，人口分布在空间上是不连续的，但对于具有结构性特征的人口密度而言，在适宜的尺度下却可以认为是连续分布的（杜国明，2008）。此时人口分布模型就可以很好地用来模拟并解释人口的空间分布状态和格局。本文基于网格法的人口数据空间化和基于地统计的人口分布模拟展示了城市内部人口空间化及社会影响研究的一种思路。

但本研究此部分基于居住用地的人口数据空间化只考虑了静态的人口分布密度特征对于社会空间结构的影响。人口与一般意义上的区域化变量的主要区别在于其动态性，他们的各种属性状况和行为特征都处于不断的变化中，因而对于城市内部社会空间的研究也需要结合时间的动态视角。随着大数据时代的来临，这一视角变得可能和必要，空间化的人口数据将成为社会空间研究的基础，它们在时空分辨率上都更加精确，从而对社会空间结构动因的揭示也将更加明晰。基于此部分的研究结论，本研究建议北京核心区的人口疏解要考虑在适宜的尺度上配置资源的问题，即可以以 5km 的人口密度自相关范围划定人口疏解的功能圈；同时也要考虑重要的设施对于人口分布的影响，如本研究所揭示的城市对外交通枢纽对于外来人口集聚的影响。

借鉴美国纽约曼哈顿中央火车站（Grand Central Station）、英国伦敦国王十字火车站（King's Cross Railway Station）、日本东京火车站等大都市火车站通勤化的经验，本研究提出应将北京西站和北京站的功能进行置换和改造，主要强调其市内通勤化职能而弱化其对外交通枢纽的职能，使得北京西站和北京站成为通勤化、快速度、大运量的轨道交通系统，提供城市公共交通、商业办公一体化服务，成为新的城市活力中心。目前，北京西站已经实现了地铁换乘，而北京站还没有。北京西站仍承担着京九线、京广线以及丰沙、京原等线旅客列车的到发作业，承担始发终到旅客列车 176 对，北京西站能力已逐渐饱和，功能还有待进一步疏解。

2017 年 9 月，丰台火车站改建工程初步设计方案终于通过了中国铁路总公司和北京市政府的联合批复。改造扩建工程 2018 年第二季度正式开始，总用地规模为 125ha，整体工期规划为三年，最早 2021 年就能投入使用，建成后规模将超西站和南站。丰台站改造扩建的主要目的就在于直接分流北京西站过度聚集的功能，疏解其客运压力，优化北京铁路枢纽路网结构和客运站布局，满足京雄铁路、京石城际、京太铁路等线路引入需要，促进北京市南部地区发展，构筑城南地区综合交通枢纽。

而北京站的部分功能也可以疏解到即将建设的城市副中心站（图 6-13 中通州站）和北京朝阳站（图 6-13 中星火站）。北京城市副中心站西端预留了新建双线引入北京站工程条件。此外，京沈高铁起点已从北京站移至北京朝阳站，北京朝阳站的建设未来也将发挥缓解和辅助北京站的作用。如此一来，北京对外的铁路交通不再集中于核心区及其邻近地区，大量的流动人口也会相应地被疏解出核心区。

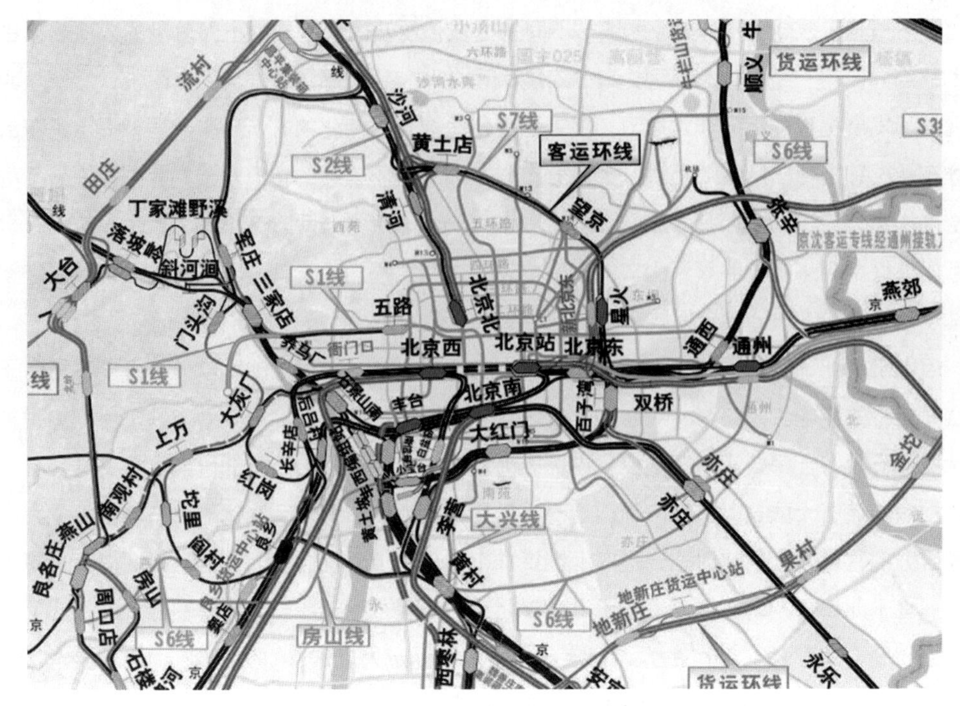

图 6-13　北京市铁路枢纽布置示意图

图片来源：作者改绘

第七章　北京市核心区服务设施可达性的社会空间效应 SEVEN

城市的本质是人的集聚，以及这种集聚所带来的各种便利。公共服务是城市为其居民提供的各种便利中最基本、最重要的内容。公共服务本质上是一种集体消费，是针对居住在某一空间区域中的人群而提供的，因此，它是一种空间化的存在，具有特定的空间属性（罗敏等，2010）。公共服务设施是在城市中呈点状分布并服务于社会大众的行政、商业、文化、教育、卫生、体育、科研等社会性基础设施，它们是城市生存和发展不可或缺的部分，但其提供服务的公平性差异较大。在我国，社会经济体制的全面转型使市场机制逐步取代行政指令成为城市公共资源配置的主要方式，城市公共服务设施供给主体结构及其运行机制的变革导致其空间分布也由传统条件下的均衡格局转为高收入住区指向（高军波等，2010）。这种公共服务领域的空间分异在一定程度上影响了人口在城市中的分布和集聚方式，因而也成为建构城市社会空间的重要因素。我国于 2006 年 3 月在《国家“十一五”规划纲要》中提出了“基本公共服务均等化”的概念，是指公民获得公共服务的机会均等、结果相似以及拥有对公共服务的自由选择权（常修泽，2007）。公共服务均等化蕴含了鲜明的空间维度，是应对空间不平衡发展的一项重要战略（罗敏，2010），其最重要表现就是设施可达性分布的均衡。一方面，充分的设施可达性是居民生活质量的基本保障；另一方面，城市公共服务设施的可达性也影响着市民的定居、迁居、出行等社会行为，从而形成了城市中不同的社会空间模式和形态。

可达性理论可追溯到 20 世纪 60 年代，最早用来研究交通问题，汉森（Hansen）首次提出可达性的概念时，将其定义为交通网络中各节点相互作用的机会潜力（Hansen，1959）。而后，可达性在城市与区域规划、交通地理等领域中得到了广泛应用。丘尔士（K. T. Geurs）和范埃克（J. R. Ritsema Van Eck）认为，可达性包括“达到终点所付出的努力”或者“从某一位置能获得的活动的数量”（Geurs et al.，2001）。一般来说，可达性是利用特定的交通系统从指定地点到达工作、购物、医疗等活动地点的便捷程度（Morris et al.，1979）。这些活动地点为城市居民提供了必要的商品和服务，因而对其的可达性也成为生活质量的重要指标。相应的，对这些公共服务设施的可达性也成为地理学和城市规划学研究的重要内容之一，尤其是对城市内部研究。正如史密斯（Smith）和其他学者所强调的那样，人们到工作场所、教育和医疗场所、福利设施、商场以及公共开放空间的可达性是城市内部尺度的福利地理学所研究的重要内容（Coates et al.，1977；Pred，1977；Smith，1977）。

城市公共服务设施可达性的定义和测度十分复杂，总体来说包括经济可达性和地理可达性，前者反映了社会、经济、文化等因素的综合影响以及对公共服务的经济承担能力；后者反映的是在地理空间上因公共服务设施布局产生的服务需求的便捷性（Gold，1998；Joseph et al.，1984）。可达性还可分为个体可达性和场所可达性（Kwan et al.，2003），前者是时间地理学研究的内容，关注个体的时空约束对可达性的影响。后者主要关注如何将场所的可达范围最大化和将人群的可达成本最小化（Kwan et al.，2003）。在研究内容方面，对于城市公共服务设施可达性的传统研究集中在：测量城市公共服务设施可达性的模式（Arentze et al.，1994）；基于可达性研究城市公共服务设施分布的公平性及其政策影响等。沈（Shen）将城市空间定义为居民及其社会经济活动的地理关系整体，而可达性则是测量这些地理关系深度和广度的指标（Shen，

1998）。可见，可达性本身就是城市空间的重要特征和测度。通过对重要公共服务设施可达性的研究（Knox，1978；Talen，1997），可以深入分析城市内部的空间结构和社会肌理。

在城市内部对人口分布影响最大的几类公共服务设施主要包括医疗设施、教育设施、游憩设施、商业设施、宗教设施等。结合数据的可获取性，本研究主要分析医院、学校、公园绿地这三类公共服务设施的可达性。其路径为：基于北京市核心区的道路网络系统分析整个核心区不同类别设施可达性，再以街道为单元划分该类公共服务设施的可达性的高低，并选取相应的社会经济指标看可达性高的街道和可达性低的街道在相关指标上是否有显著区别，从而检验相应设施分布的公平性。

7.1 数据准备

7.1.1 路网数据

本研究利用 ArcGIS 平台的网络分析工具，基于实际道路网络对公共服务设施的可达性进行分析，最基础的一步是建立道路网络系统。我们通过融合多重数据来源构建了北京市域范围内的五级道路网络系统。本研究没有考虑地铁，一方面是由于地铁网络与路面道路网络是两个独立的系统，路面路网系统可以独立于地铁运行。而地铁网络复杂，每条线路的运行速度都不一样，且地铁口与换乘站的数据也处于不停的变动中，如果将地铁纳入考虑，运算将变得十分复杂。另一方面，本研究的范围是北京核心区，尺度较小，而地铁更多的是服务长距离通勤的人口，在核心区内部的交通作用相对弱化。尤其是本研究所要研究的医院、学校和公园绿地均为服务范围相对有限的公共设施，选择地铁出行的人口相对较少，对于地铁出行方式的忽略是可以接受的。

道路网络数据集中，各级道路都包括了道路等级、长度、行驶速度、行驶方向等属性字段。道路等级主要包括了外围的高速公路和市区的快速环路、主干路、次干路和支路五个等级。长度和行驶方向较为确定，在行驶速度方面主要参考《中华人民共和国道路交通安全法实施条例》《城市道路设计规范 CJJ37-90》《北京城市总体规划（1991—2010）》和《北京市道路施工交通管理手册》等文件来确定。但在实际运行中，道路交叉口、红绿灯、交通拥堵等都会减缓道路的实际行车速度，本研究结合北京市交通发展研究中心主编的《2011 年北京交通发展年报》公布的数据对设计车速进行修正（北京市交通委员会，2011）。结合拥堵的实际车行速度只能达到设计车速的一半左右，本研究将北京市域道路网络系统中的各级道路平均行驶速度设定为高速公路 50km/h、快速环路 35km/h、主干路 30km/h、次干路 25km/h、支路 20km/h（图 7-1、表 7-1）。

在道路等级的设置方面，因为网络数据集的全局转弯（global turn）属性设置只能设置三个等级，因此将五级道路系统归并为三级，高速公路为一级、城市快速环路和主干路为一级、城市次干路和支路为一级[①]。

图 7–1　2010 年北京市域道路网络数据集（局部）

图片来源：作者自绘

2010 年北京市域道路网络系统各级道路计算行车速度　　表 7–1

道路等级	高速公路	快速环路	主干路	次干路	支路
计算行车速度（km/h）	50	35	30	25	20

7.1.2　居住用地数据

城市公共服务设施的服务对象是城市人口，其数量、年龄结构、文化程度、空间分布等都会直接或间接影响城市公共服务设施的服务效率与公平，因而脱离实际的需求人口来谈城市公共服务设施的可达性是不切实际的。国内既有的城市公共服务设施可达性研究大多基于人口普查数据汇总的最小单元街道的质心来表征人口的实际所在地，在宏观尺度上勉强可行，但在中

① 用 hierarchy ranges 设置全局性转弯延迟，全局性转变延迟只能设置三个道路等级。在建立网络数据集的时候选了 global turns，意味着所有的左转弯会有 15s 的延迟，这样的规则给予了右转弯一定的偏向性，也符合实际交通行驶状况。

观和微观尺度上就略显粗放。

本研究利用更精细的核心区居住用地，将各街道的人口进一步空间化到各居住用地上，将居住用地的面要素生成质心代表各街道内居住人口的重心，即为各类公共服务设施的需求原点所在地，以之为基准，求取不同公共服务设施的可达性。利用第六章已经制备的核心区居住用地数据与第六次全国人口普查分街道人口数据相结合，共生成了 3960 个公共服务设施需求点（图 7-2）。

图 7–2　北京核心区主要居住区及其质心分布图

图片来源：作者自绘

7.1.3　公共服务设施数据

（1）医疗设施

北京作为我国首都，汇聚了全国最优质的医护人员和医疗设备。到 2013 年末，北京全市有医疗卫生机构 10141 家（含 15 家驻京部队医疗机构），其中医疗机构 9984 家（含 80 家三级医疗机构、134 家二级医疗机构以及 615 家一级医疗机构），其他卫生机构 157 家 [①]。其中，许多著名的三甲医院集中分布在核心区，如首都医科大学附属的一系列医院（口腔医院、友谊

① 数据来自《北京卫生年鉴 2014》。选 2013 年数据，是因为 2013 年的数据是最新的，2010 和 2011 年门急诊人次没有分开，2012 年开始分开，且有编制床位和实有床位，但是东城区妇幼保健院的数据不全。

医院、北京儿童医院）、中国医学科学院北京协和医院、中国中医科学院广安门医院、中国医学科学院阜外心血管病医院、北京积水潭医院等。对于一个老龄化不断加剧、城市环境尤其空气环境不断恶化的社会，重要的医疗设施也成为居民选择居住区位的重要因素之一。

本研究采用的医疗设施数据是从北京市政务数据资源网获取的位于核心区的医疗机构（不含军队医疗机构）①，结合北京 2013 年主要医疗卫生机构服务能力的相关数据，最终确定了 22 家二级医院和 18 家三级医院共 40 家医疗服务设施要素点（图 7-3、表 7-2）。

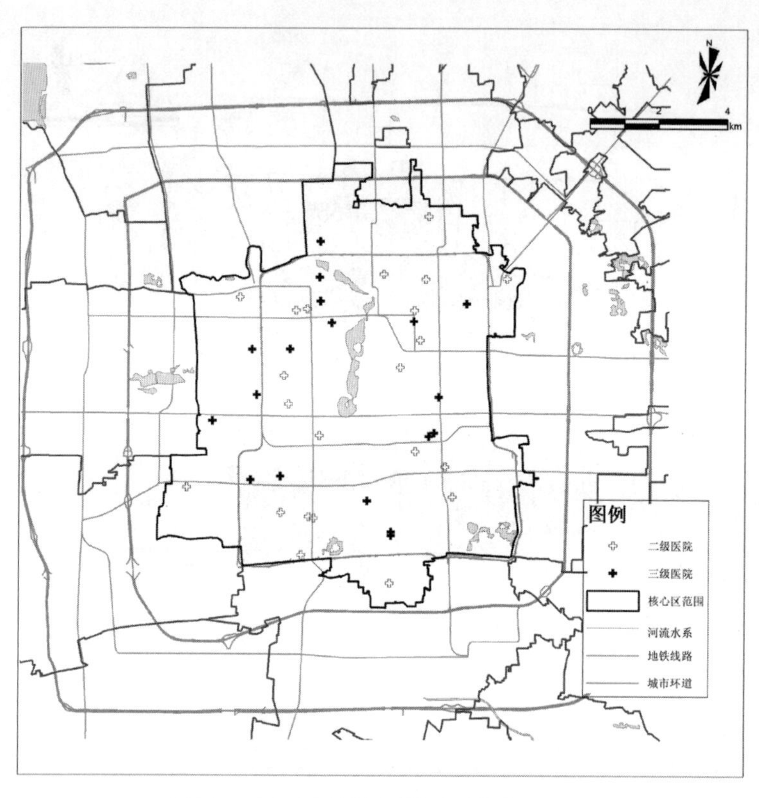

图 7-3 北京核心区主要医疗服务设施分布图

图片来源：作者自绘

北京核心区主要地方医院及服务能力汇总表 表 7-2

医院名称	等级	实有床位	年门诊人次	卫生人员
首都医科大学附属北京天坛医院	三级	1150	1228465	1897
首都医科大学附属北京口腔医院	三级	63	722725	1096
首都医科大学附属北京友谊医院	三级	1104	2313565	2765
中国中医科学院广安门医院	三级	614	2863311	1413
首都医科大学宣武医院	三级	1147	2532966	2647
首都医科大学附属北京同仁医院	三级	1603	2231743	3457

① www.bjdata.gov.cn. 归属类别在医疗健康—医疗机构—综合专科医院，包含二级医院和三级医院。

续表

医院名称	等级	实有床位	年门诊人次	卫生人员
卫生部北京医院	三级	1034	1676355	2673
首都医科大学附属复兴医院	三级	785	1266679	1523
中国医学科学院北京协和医院	三级	2004	2818496	4960
首都医科大学附属北京儿童医院	三级	970	2780185	2304
中国医学科学院阜外心血管病医院	三级	962	564951	2906
北京大学人民医院	三级	1657	2389017	3687
北京大学第一医院	三级	1500	2506897	3184
北京中医医院	三级	598	2120776	1357
北京中医药大学东直门医院	三级	590	1729693	1318
北京积水潭医院	三级	1239	1384341	2396
北京中医药大学附属护国寺中医医院	三级	365	970432	620
首都医科大学附属北京安定医院	三级	686	348412	888
首都医科大学附属北京妇产医院（西院）	二级	521	1189849	1325
北京市东城区第一人民医院	二级	105	348898	301
北京市健宫医院	二级	399	648733	781
北京市西城区妇幼保健院	二级	28	152550	102
北京市回民医院	二级	266	282709	481
北京市东城区第二妇幼保健院	二级	30	86260	121
北京市西城区广外医院	二级	180	303748	234
北京市普仁医院	二级	383	629464	912
北京市第二医院	二级	224	220200	448
北京市肛肠医院	二级	396	225379	439
北京市丰盛中医骨伤专科医院	二级	98	566076	263
北京市隆福医院	二级	351	363179	658
北京市西城区平安医院	二级	170	187715	270
北京市东城区妇幼保健院	二级	96	2663	107
北京按摩医院	二级	44	848739	279
北京市西城区展览路医院	二级	140	275660	299
北京市第六医院	二级	570	508171	1050
北京市东城区精神卫生保健院	二级	129	13657	122
北京市鼓楼中医医院	二级	122	503976	357
北京市和平里医院	二级	325	501340	689
北京市监狱管理局中心医院	二级	360	138939	620
北京同仁堂中医医院	二级	100	592633	229

医院的服务能力与其等级、规模、软硬件条件和地理位置密切相关。本研究根据数据的获得性选取了医院等级、实有床位数、年门诊人次和卫生技术人员数作为主要的参考指标。从表 7-2

可以看出，核心区主要地方医院的服务能力差异较大。实有床位最多的医院是北京协和医院，最少的是西城区妇幼保健院；门诊人次数最多的医院是中国中医科学院广安门医院，最少的是东城区妇幼保健院；卫生人员数量最多的是北京协和医院，最少的是西城区妇幼保健院。可以看出，核心区医院服务能力的差异主要源于是否为综合性医院。一般而言，综合性医院的服务能力要高于普通专科医院。妇幼保健院的服务能力总体来说偏低，而在国家全面放开二孩的政策前提下，需求也将迎来高峰，妇幼保健院的服务能力亟待扩容。二级医院和三级医院总体来说在服务能力的各项指标上也有着巨大的差别（表 7-3），核心区内三级医院的平均服务能力约为二级医院的 5 倍。

北京核心区主要地方医院服务能力描述统计表 **表 7-3**

类别	最小值	最大值	平均值	标准差
二级医院实有床位数	28	570	229	157
三级医院实有床位数	63	2004	1004	476
二级医院卫生人员数	102	1325	463	318
三级医院卫生人员数	620	4960	2283	1096
二级医院门诊人次数	2663	1189849	390479	279652
三级医院门诊人次数	348412	2863311	1802722	794102

（2）教育设施

教育设施是我国城市最重要的公共服务设施之一，当今父母对于子女教育的重视使得，学校成为影响大城市人口分布，尤其是有学龄子女人口分布的重要因素。天价学区房的出现便是这一作用机制的表现。北京的中小学教育资源主要集中分布在东城区、西城区、朝阳区和海淀区。这些优质教育资源在核心区的集中分布对于北京核心区的人口集聚起到了不可忽视的作用。

本研究采用的数据是从北京市政务数据资源网获取的位于核心区的基础教育机构[①]，结合《东城区教育事业基本情况》《西城区教育事业基本情况》相应年份的数据，最终确定了 135 所小学和 88 所中学共 223 个教育服务设施要素点（图 7-4、表 7-4、表 7-5）。

学校的服务能力与其等级（重点与非重点）、规模，软硬件条件和地理位置密切相关。本研究根据数据的获得性选取了班级数、在校学生数和专任教师数作为主要的参考指标。从表 7-4 和表 7-5 可以看出，核心区主要中、小学的服务能力差异较大。2010 年，东城区服务能力最强的小学是史家胡同小学，共有 78 个班、3454 名在校学生和 216 名专任教师；西城区服务能力最强的小学是北京第二实验小学，共有 88 个班、3592 名在校学生和 206 名专任教师。东城区服务能力最强的中学是北京市第一七一中学，共有 66 个班、2770 名在校学生和 210 名专任教师；西城区服务能力最强的中学是北京市铁路第二中学，共有 72 个班、2314 名在校学生和 245 名专任教师。核心区各中、小学服务能力的各项指标的相关统计数值如表 7-6 所示。

① www.bjdata.gov.cn. 归属类别在教育科研—教育机构—基础，包含小学和中学。

图 7-4　北京核心区主要中、小学分布图

图片来源：作者自绘

2010 年北京核心区主要小学及其服务能力汇总表　　**表 7-4**

学校名称	班级数	在校学生数	专任教师数	所属城区
北京第二实验小学	88	3592	206	西城区
北京市东城区史家胡同小学	78	3454	216	东城区
北京市东城区府学胡同小学	65	2963	167	东城区
北京小学	58	2058	158	西城区
北京市西城区师范学校附属小学	53	2077	121	西城区
北京市东城区光明小学	51	1791	132	东城区
北京市西城区黄城根小学	49	1958	140	西城区
北京市西城区育翔小学	46	1804	108	西城区
北京市东城区灯市口小学	42	1504	107	东城区
北京市东城区和平里第四小学	41	1596	94	东城区
北京第一师范学校附属小学	40	1403	108	东城区
北京市西城区育民小学	40	1269	82	西城区
北京景山学校	40	1408	98	东城区
北京市西城区展览路第一小学	40	1245	89	西城区
北京市育才学校	39	1492	89	西城区

续表

学校名称	班级数	在校学生数	专任教师数	所属城区
北京市西城区复兴门外第一小学	39	1202	89	西城区
北京市东城区史家小学分校	39	1503	109	东城区
北京市西城区师范学校附属第一小学	38	1505	88	西城区
北京市西城区奋斗小学	38	1568	90	西城区
北京市西城区三里河第三小学	38	1225	89	西城区
北京市西城区中古友谊小学	38	1359	95	西城区
北京市东城区培新小学	37	1298	87	东城区
北京市东城区东交民巷小学	36	1202	97	东城区
北京市西城区康乐里小学	34	1229	80	西城区
北京市东城区黑芝麻胡同小学	32	1022	75	东城区
北京市西城区自忠小学	31	923	58	西城区
北京市东城区和平里第九小学	31	1228	67	东城区
北京市东城区曙光小学	30	988	79	东城区
北京市东城区丁香胡同小学	29	920	74	东城区
北京市东城区板厂小学	28	1073	64	东城区
北京市西城区宏庙小学	28	1072	58	西城区
北京市东城区和平里第一小学	28	982	57	东城区
北京市东城区景泰小学	27	1019	67	东城区
北京市东城区崇文小学	27	1002	53	东城区
北京市西城区进步小学	27	774	56	西城区
北京市西城区五路通小学	27	989	59	西城区
北京市西城区白云路小学	26	778	51	西城区
北京市西城区民族团结小学	26	708	45	西城区
北京市东城区体育馆路小学	25	835	66	东城区
北京第一实验小学	25	940	87	西城区
北京市东城区分司厅小学	25	955	58	东城区
北京市东城区宝华里小学	24	832	52	东城区
北京市西城区半步桥小学	24	740	63	西城区
北京小学走读部	24	821	72	西城区
北京市东城区新景小学	24	626	70	东城区
北京市西城区阜成门外第一小学	24	880	53	西城区
北京市东城区西中街小学	24	941	58	东城区
北京市东城区革新里小学	23	760	57	东城区
北京市西城区陶然亭小学	23	748	55	西城区
北京市西城区西四北四条小学	23	664	42	西城区
北京市西城区玉桃园小学	23	611	55	西城区
北京市东城区地坛小学	23	756	53	东城区

续表

学校名称	班级数	在校学生数	专任教师数	所属城区
北京市西城区登莱小学	22	588	53	西城区
北京市西城区炭儿胡同小学	22	564	55	西城区
北京市西城区四根柏小学	22	615	42	西城区
北京市东城区师范学校附属小学	22	608	50	东城区
北京市西城区香厂路小学	21	506	46	西城区
北京市西城区广安门外第一小学	20	565	36	西城区
北京市西城区厂桥小学	20	610	43	西城区
北京市西城区青龙桥小学	19	528	41	西城区
北京市西城区官园小学	19	550	33	西城区
北京市东城区回民小学（北片）	18	496	48	东城区
北京市东城区新怡小学	18	452	50	东城区
北京市东城区校尉胡同小学	18	469	36	东城区
北京市东城区东四九条小学	18	573	50	东城区
北京市东城区东四十四条小学	18	442	42	东城区
中央工艺美院附中艺美小学	18	496	39	东城区
北京市东城区定安里小学	17	518	39	东城区
北京市西城区三义里小学	17	465	37	西城区
北京市西城区西单小学	17	414	35	西城区
北京市东城区美术馆后街小学	17	496	49	东城区
北京市东城区东四七条小学	17	489	52	东城区
北京市东城区和平里第二小学	17	415	38	东城区
北京市西城区裕中小学	17	397	34	西城区
北京市西城区红莲小学	16	429	36	西城区
北京市西城区顺城街第一小学	16	425	45	西城区
北京市西城区什刹海小学	16	416	28	西城区
北京市西城区北礼士路第一小学	16	386	35	西城区
北京市西城区鸦儿胡同小学	16	415	31	西城区
北京市西城区新世纪实验小学	15	406	44	西城区
北京市西城区长安小学	15	434	35	西城区
北京市西城区力学小学	15	403	29	西城区
北京市西城区华嘉小学	15	427	38	西城区
北京市东城区回民小学（南片）	15	390	37	东城区
北京市西城区白纸坊小学	14	408	38	西城区
北京市西城区兴华小学	14	528	30	西城区
北京市西城区天宁寺小学	14	357	34	西城区
北京市东城区方家胡同小学	14	356	39	东城区
北京市西城区南菜园小学	13	361	32	西城区

续表

学校名称	班级数	在校学生数	专任教师数	所属城区
北京市东城区前门小学	13	354	40	东城区
北京市东城区永生小学	13	304	40	东城区
北京市西城区后孙公园小学	13	297	35	西城区
北京市西城区上斜街小学	13	334	36	西城区
北京市东城区新开路东总布小学	13	312	36	东城区
北京市西城区德胜门外第二小学	13	289	33	西城区
北京市东城区青年湖小学	13	274	35	东城区
北京市东城区天坛南里小学	12	279	36	东城区
北京市东城区天坛东里小学	12	377	32	东城区
北京市西城区青年湖小学	12	276	30	西城区
北京市西城区椿树馆小学	12	260	27	西城区
北京市东城区精忠街小学	12	242	32	东城区
北京市东城区金台小学	12	274	30	东城区
北京市东城区花市小学	12	288	28	东城区
北京市西城区浸水河小学	12	335	26	西城区
北京市东城区西总布小学	12	265	34	东城区
北京市东城区遂安伯小学	12	273	34	东城区
北京市西城区北长街小学	12	351	27	西城区
北京市西城区西什库小学	12	294	26	西城区
北京市西城区银河小学	12	331	26	西城区
北京市东城区东高房小学	12	230	30	东城区
北京市西城区文兴街小学	12	307	22	西城区
北京市西城区护国寺小学	12	289	24	西城区
北京市西城区柳荫街小学	12	313	28	西城区
北京市西城区新街口东街小学	12	269	28	西城区
北京市东城区北锣鼓巷小学	12	304	31	东城区
北京市东城区雍和宫小学	12	258	27	东城区
北京市东城区安外三条小学	12	323	31	东城区
北京市东城区和平里第三小学	12	300	28	东城区
北京第一实验小学前门分校	11	280	22	西城区
北京市东城区北池子小学	11	213	23	东城区
北京市东城区什锦花园小学	11	200	23	东城区
北京市东城区忠实里小学	11	254	31	东城区
北京市西城区右安门大街第二小学	10	258	26	西城区
北京市西城区福州馆小学	10	250	37	西城区
北京市西城区琉璃厂小学	10	240	23	西城区
北京市东城区新鲜胡同小学	10	272	28	东城区

续表

学校名称	班级数	在校学生数	专任教师数	所属城区
北京市东城区织染局小学	8	183	28	东城区
北京市西城区中华路小学	8	188	16	西城区
北京雷锋小学	8	161	19	西城区
北京市西城区太平街小学	7	150	23	西城区
北京市第一中学（实验部）	7	161	20	东城区
北京市和平北路学校（小学部）	7	178	18	东城区
北京市东城区春江小学	6	107	18	东城区
北京市东城区北新桥小学	6	140	16	东城区
北京市第一一五中学（小学部）	1	5	7	东城区

2010年北京核心区主要中学及其服务能力汇总表 **表7-5**

学校名称	班级数	在校学生数	专任教师数	所属城区
北京市铁路第二中学	72	2314	245	西城区
北京市第三十五中学	66	2382	228	西城区
北京市第一七一中学	66	2770	210	东城区
北京市第四中学	64	2496	240	西城区
北京市第八中学	61	1960	235	西城区
北京市西城外国语学校	60	1816	191	西城区
北京师范大学第二附属中学	59	2054	154	西城区
北京市第十四中学	58	2112	211	西城区
北京师范大学附属中学	55	1934	196	西城区
北京市第十五中学	53	1868	171	西城区
北京市广渠门中学	51	1967	166	东城区
北京市东直门中学	51	2042	162	东城区
北京市第一零九中学	50	1750	205	东城区
北京市第一六一中学	50	1910	192	西城区
北京市第二十五中学	50	1673	168	西城区
北京市第五十中学	49	1903	152	东城区
北京市回民学校	48	1688	167	西城区
北京市第一六六中学	48	1995	180	东城区
北京市育才学校	47	1637	299	西城区
北京市第十一中学	46	1704	159	东城区
北京市第六十六中学	44	1524	164	西城区
北京市第二十二中学	44	1749	178	东城区
北京汇文中学	41	1575	135	东城区
北京景山学校	41	1478	154	东城区
北京汇才中学	40	1300	131	西城区
北京市第六十五中学	38	1355	126	东城区

续表

学校名称	班级数	在校学生数	专任教师数	所属城区
北京市第二中学分校	37	1489	119	东城区
北京教育学院附属中学	37	993	146	西城区
北京市第二十四中学	36	1184	118	东城区
北京师范大学附属实验中学分校	36	1467	4	西城区
北京市第二十七中学	36	1249	120	东城区
北京市第二中学	36	1185	138	东城区
北京市第三中学	36	943	151	西城区
北京市第十三中学	36	1136	116	西城区
北京师范大学附属实验中学	35	1292	226	西城区
北京市第五十五中学	34	1302	163	东城区
北京市第五中学分校	34	1627	112	东城区
北京市第五十中学分校	30	952	102	东城区
北京市第三十一中学	30	851	99	西城区
北京市第四十四中学	30	942	92	西城区
北京市第一五九中学	30	1049	124	西城区
北京市第一六五中学	30	819	106	东城区
北京市第一五六中学	30	1015	111	西城区
北京市第七中学	30	902	95	西城区
北京市第五十四中学	30	989	113	东城区
北京市西城区实验学校	30	869	95	西城区
北京市西城区外国语实验学校	28	725	81	西城区
北京市文汇中学	28	1141	81	东城区
北京市第一中学	28	843	109	东城区
北京市鲁迅中学	27	752	102	西城区
北京市第六十二中学	26	661	115	西城区
北京市第五中学	26	1105	110	东城区
北京市第九十六中学	25	841	86	东城区
北京市第四十一中学	25	660	90	西城区
中央工艺美术学院附属中学	25	871	128	东城区
北京市第四十三中学	24	697	93	西城区
北京市第八中学分校	24	840	67	西城区
北京市二龙路中学	24	714	78	西城区
北京市第二一四中学	24	701	72	西城区
北京市第一五四中学	24	530	78	西城区
北京市第三十九中学	24	683	85	西城区
北京市第五十六中学	24	648	76	西城区
北京市第二十一中学	24	652	99	西城区

续表

学校名称	班级数	在校学生数	专任教师数	所属城区
北京市第十三中学分校	24	943	68	西城区
北京市三帆中学	24	983	61	西城区
北京市第六十三中学	22	559	77	西城区
北京市龙潭中学	22	775	74	东城区
北京市崇文门中学	22	719	78	东城区
北京教育学院西城分院附属中学	20	493	70	西城区
北京市华夏女子中学	20	517	56	西城区
北京市月坛中学	20	501	66	西城区
北京市第一二五中学	19	531	73	东城区
北京市第十一中学分校	18	721	53	东城区
北京市第一四〇中学	18	472	75	西城区
北京市前门外国语学校	18	711	56	东城区
北京市第一一四中学	17	461	55	东城区
北京市国子监中学	15	402	59	东城区
北京市第一七七中学	13	294	51	东城区
北京市第一四二中学	13	459	115	东城区
北京市广安中学	12	280	40	西城区
徐悲鸿中学初中部	12	283	41	西城区
北京市裕中中学	12	328	36	西城区
北京市徐悲鸿中学	8	221	21	西城区
北京市翔宇中学	8	291	32	东城区
北京市第五中学分校	6	182	33	东城区
北京市北纬路中学	5	120	68	西城区
北京市和平北路学校	4	94	18	东城区
北京市第一一五中学	2	22	5	东城区

北京核心区主要中、小学服务能力描述统计表 **表 7-6**

类别	最小值	最大值	平均值	标准差
小学班级数	1	88	22	14
小学在校学生数	5	3592	708	604
小学专任教师数	7	216	53	35
中学班级数	2	72	32	16
中学在校学生数	22	2770	1087	623
中学专任教师数	4	299	115	60

（3）公园绿地

城市绿地是城市用地的重要组成部分，兼有生态、游憩、美学等多种功能（李德华，2001）。

《城市绿地分类标准》(CJJ/T 85-2002)将绿地分为公园绿地、生产绿地、防护绿地、附属绿地、特殊绿地和其他绿地六大类。其中，公园绿地是对城市人口分布影响最大的一类绿地。随着经济条件的改善和生态环境的恶化，人们对公园绿地的需求激增。城市公园绿地的性质、面积、形状、出入口设置、空间分布等属性极大地影响其可达性和服务能力，也影响着城市中对公园有着旺盛需求的居民的生活质量。

本研究采用的数据是从北京市政务数据资源网获取的位于核心区的48个注册公园[①]，并收集和计算了其包括分类、占地面积和入口个数的数据。分类主要分为收费公园和免费公园，收费公园的入口数据通过高德API抓取其POI获得，分类编号为070306，生活服务下的售票处中的公园售票处；而免费公园入口数据则通过百度地图的坐标拾取系统提取免费公园固定入口的坐标，并采集开放公园可进入点(即公园内部道路与外部城市道路交汇点)的坐标，通过坐标转换获取，共制备了276个公园入口点要素数据(图7-5)；公园名称及相应属性如表7-7所示。

图7-5　北京核心区主要公园绿地及其入口分布图

图片来源：作者自绘

① www.bjdata.gov.cn. 归属类别在旅游住宿—景点—公园广场，包含森林公园、郊野公园和注册公园，本研究因研究范围所致，只包含了注册公园，其中永定门公园分别位于东西城区的两部分合为一个公园。

北京核心区主要注册公园属性表 表 7-7

序号	公园名称	类别	占地面积（ha）	入口个数	所属城区
1	什刹海公园	免费	302.00	15	西城区
2	天坛公园	收费	273.00	4	东城区
3	北京动物园	收费	86.00	3	西城区
4	北海公园	收费	71.00	2	西城区
5	陶然亭公园	收费	56.56	4	西城区
6	北京游乐园	收费	53.00	1	东城区
7	龙潭公园	收费	49.20	3	东城区
8	地坛公园	收费	37.40	4	东城区
9	永定门公园	免费	28.50	3	东城区
10	景山公园	收费	23.00	3	东城区
11	中山公园	收费	23.00	3	西城区
12	柳荫公园	免费	17.47	4	东城区
13	青年湖公园	免费	16.98	5	东城区
14	明城墙遗址公园	免费	15.50	8	东城区
15	北京市劳动人民文化宫	收费	14.00	2	东城区
16	北京大观园	收费	12.50	2	西城区
17	龙潭西湖公园	免费	10.50	5	东城区
18	人定湖公园	免费	9.20	4	西城区
19	德胜公园	免费	8.37	2	西城区
20	月坛公园	收费	8.12	1	西城区
21	皇城根遗址公园	免费	7.50	49	东城区
22	宣武艺园	免费	7.37	3	西城区
23	顺成公园	免费	6.64	31	西城区
24	北滨河公园	免费	6.63	2	西城区
25	双秀公园	免费	6.40	4	西城区
26	地坛园外园	免费	6.05	8	东城区
27	北二环城市公园	免费	5.40	17	东城区
28	丰宣公园	免费	5.40	7	西城区
29	万寿公园	免费	5.10	2	西城区
30	东单公园	免费	4.75	4	东城区
31	西便门城墙遗址公园	免费	4.70	2	西城区
32	玫瑰公园	免费	4.50	4	西城区
33	北京滨河公园	免费	3.90	15	西城区
34	菖蒲河公园	免费	3.80	5	东城区
35	玉蜓公园	免费	3.30	3	东城区
36	莲花河休闲城市公园	免费	2.73	5	西城区
37	前门公园	免费	2.71	2	东城区

续表

序号	公园名称	类别	占地面积（ha）	入口个数	所属城区
38	南馆公园	免费	2.62	3	东城区
39	南礼士路公园	免费	2.56	4	西城区
40	白云碧溪公园	免费	2.32	4	西城区
41	角楼映秀公园	免费	2.00	2	东城区
42	官园公园	免费	1.96	1	西城区
43	长椿苑公园	免费	1.80	3	西城区
44	翠芳园	免费	1.73	2	西城区
45	燕墩公园	免费	1.19	4	东城区
46	二十四节气公园	免费	1.10	3	东城区
47	东四奥林匹克社区公园	免费	1.08	6	东城区
48	桃园公园	免费	0.47	3	东城区

城市公园绿地的服务能力与其地理位置、类别（免费或收费）、面积、游憩设施、景观布局、收费标准等密切相关，由于量化难易和数据可获得性问题，本研究选取公园的占地面积作为其服务能力的评价指标（周廷刚等，2004）。从表7-7可以看出，核心区主要注册公园的服务能力差异较大（表7-8）。在公园面积方面，最大的是什刹海公园，最小的是桃园公园。入口个数方面，最多的是皇城根遗址公园，最少的是北京游乐园、月坛公园和官园公园。可以看出，北京核心区的公园在面积方面的差异较大，收费公园在入口个数方面差异较小，而免费公园在入口个数方面差异较大。总体来说，这些差异会直接影响公园的可达性，并造成其服务能力和对象的差异。

北京核心区主要注册公园服务能力描述统计表 **表7-8**

类别	最小值	最大值	平均值	标准差
免费公园面积（ha）	0.47	302	14.28	49.65
免费公园入口个数	1	49	7	9
收费公园面积（ha）	8.12	273	58.90	71.76
收费公园入口个数	1	4	3	1
所有公园面积（ha）	0.47	302	25.44	57.89
所有公园入口个数	1	49	6	8

7.2 主要公共服务设施可达性分析

7.2.1 医疗设施可达性分析

（1）进展与方法

医疗设施可达性是指在一定范围内，居民从给定地点通过各种方式到医疗设施点就医的方便程度（胡瑞山等，2012）。医疗设施的可达性受很多因素的影响，包括区域医疗设施的可用性（供给）、区域的居住人口数量（需求）、人口健康状况、社会经济特征（如民族、支付能力）、健康知识和保障系统以及综合的选择策略、人口和医疗设施之间的地理障碍等（Aday et al.，1974；McLafferty et al.，2005）。医疗设施可达性总体上可以分为两大类，即显性可达性（revealed accessibility）和隐性可达性（potential accessibility）（Joseph et al.，1984；Phillips，1990；Thouez et al.，1988），前者关注医疗服务的实际使用状况，后者强调区域内的医疗服务资源总供给。再根据影响因素的不同，显性可达性和隐性可达性都可进一步划分为空间可达性和非空间可达性（Khan，1992）。地理领域的研究者多关注的是隐性空间可达性，即更关注区域内医疗服务资源的总供给及其分布，国内相关研究堪称海量。王远飞以上海市浦东新区综合医院为例，基于 GIS 平台，提出了用 Voronoi 多边形计算居民点到医疗设施的最邻近距离来衡量医疗服务设施可达性的方法（王远飞，2006）。陶海燕应用改进的潜能模型计算了广州市珠海区内居民的就医可达性，并探讨了医院等级对可达性指数的影响（陶海燕等，2007）。吴建军运用多种模型对比分析了河南省兰考县医疗设施的可达性（吴建军等，2008）。张莉等开发了基于时间最短的路径选择信息系统，对江苏省仪征市医院的可达性进行了评价，并提出了医院规划方案（张莉等，2008）。宋正娜等运用潜力模型和改进潜力模型评价了江苏省如东县的医疗设施可达性，并用不同的交通阻尼系数检验了结果的差异（宋正娜等，2010）。齐兰兰等利用广州出租车 GPS 数据对医疗设施可达性中关于端点吸引力的假设进行了检验，结果显示医疗设施吸引量受到医院规模、人口数量的正向影响（齐兰兰等，2014）。侯松岩以长春市老城区为例，基于公共交通的最短可达时间和服务频次，对各居住区和医院之间的高峰和非高峰时段可达性进行了考察（侯松岩等，2014）。陈晨等从交通网络中心性视角结合可达时间，对长春市核心区大型综合医院的可达性进行了研究（陈晨等，2014）。张琦等针对老年人群的就医特征引入公交出行阻抗的概念，设计了以服务老年人群为出发点的城市高等级医院交通可达性测评模型（张琦等，2016）。陈建国通过浮动车 GPS 大数据分析了广州市中心城区交通拥堵对急救医疗设施时空可达性的影响（陈建国等，2016）。

根据文献综述，医疗设施可达性的研究方法主要有供需比例法、最短距离 / 时间法、机会累积法、两步移动搜寻法、引力模型法、哈夫模型法（Huff Model）、核密度法（Gibin et al.，2007）等。供需比例法使用一定大小的邻里单元的人口 / 医生比作为可达性的度量，它的缺点是不能解释一个区域内的详细空间差异，而且它假定边界完全绝缘，只计算各个地区的供需比，不考虑区间交换（胡瑞山，2012）。最短距离法只考虑距离因素，不考虑供需点规模；哈夫模型考虑了设施规模和距离因素，但未考虑需求点的规模；核密度法实际上与引力模型法属于相同的框架，采用的距离为欧氏距离，因此未考虑实际交通网络的影响，也未考虑需求点规模（陶卓霖等，2014）。在医疗设施可达性的研究中应用最广的是引力模型法和两步移动搜寻法。

引力模型法来源于汉森模型（Hansen，1959），威布尔（Weibull）对这一模型进行了改进（Weibull，1976），约瑟夫（Joseph）和菲利普斯（Phillips）把这一模型用于医疗可达性研究（Joseph et al.，1984）。改进后的引力模型的基本形式如下：

$$A_i^G=\sum_{j=1}^{n}\frac{S_j d_{ij}^{-\beta}}{\sum_{k=1}^{m}P_k d_{kj}^{-\beta}} \tag{7-1}$$

式中：A_i^G是居民点i基于引力模型的可达性指数；n和m分别是供应和需求点数目；分母表示供应点j对所有服务阈值范围内人口的服务能力（P_k是需求点的人口，k=1，2，…，m）；S_j是供应点j的服务能力；d_{ij}和d_{kj}是需求点i及需求点k和供应点j之间的距离或通行时间；β 是距离摩擦系数。A_i^G的值越大，表示空间可达性越高。

两步移动搜寻法（the two-step floating catchment area method，2SFCA），最早是由拉德克（Radke）和吴（Wu）在2000年提出（Radke et al.,2000）,后来被罗（Luo）和王（Wang）进行了改进（Luo et al.，2003；Luo et al.，2003），它实际上是引力模型的一个特例。一般引力模型逻辑上更严密，但是两步移动搜寻法更直观，也更易于计算（胡瑞山，2012）。两步移动搜寻法的局限性是假设在供应点服务阈值范围内的所有需求对象对供应点服务的可达性是相同的，距离衰减为零；其二是服务阈值范围内的需求对象不会越过阈值范围去寻求服务，也就是说阈值范围区域的边界是不可渗透的，是自给自足的。大多数情况下假设一是明显不成立的，服务阈值越大，内部的差异越大，使用较小的区域单元数据或能改善这一问题；然而区域越小，居民跨区就医的可能性就越大，这样又违反了假设二；而如果保证假设二成立，通常情况下区域又必须足够大，因此，这两个假设不易调和（Luo et al.，2003；刘钊等，2007），但这并不影响其总体的测度优势。作为引力模型的特例，2SFCA考虑的因素最为全面，易于理解和操作，也应用得最广泛（陶卓霖等，2016）。

两步移动搜寻法的实现路径正如其名称所示，先后以供给和需求为中心，进行两次移动搜寻。

第一步，对于每个医院j，搜寻所有在j服务阈值d_0范围内的居民点k，计算出该服务范围内医院j的供需比R_j。计算公式为：

$$R_j=\frac{S_j}{\sum_{k\in\{d_{kj}\leqslant d_0\}}P_k} \tag{7-2}$$

式中：R_j是医院j的供需比；P_k是质心在搜寻区范围内的居民点k的常住人口总数（$d_{ij}\leqslant d_0$）；S_j为医院j的卫生人员数或实有床位数，即医疗服务的总供给；d_{kj}为居民点k和医院j之间的通行距离。

第二步，对每个居民点i，搜寻所有在服务阈值d_0范围内的医院（也就是居民点i的可达服务范围），将第一步中获得的所有医院的供需比R_j加总得到居民点i的可达性。计算公式为：

$$A_i^F=\sum_{j\in\{d_{kj}\leqslant d_0\}}R_j=\sum_{j\in\{d_{ij}\leqslant d_0\}}\frac{S_j}{\sum_{k\in\{d_{kj}\leqslant d_0\}}P_k} \tag{7-3}$$

式中：A_i^F代表居民点i基于两步移动搜寻法的医疗服务可达性；R_j是以居民点i为中心的搜寻区

（ $d_{ij} \leqslant d_0$ ）内的医院 j 的供需比；d_{ij} 为居民点 i 和医院 j 之间的通行距离。其中 A_i^F 越大，则该居民点的医疗服务可达性就越好。

第一步以医院为中心为每个服务区分配了一个初始供需比，确定了供给可达性；第二步以居民点为中心覆盖多个医院及其服务区，并对初始供需比进行加总，从而得到居民点的医疗服务可达性。

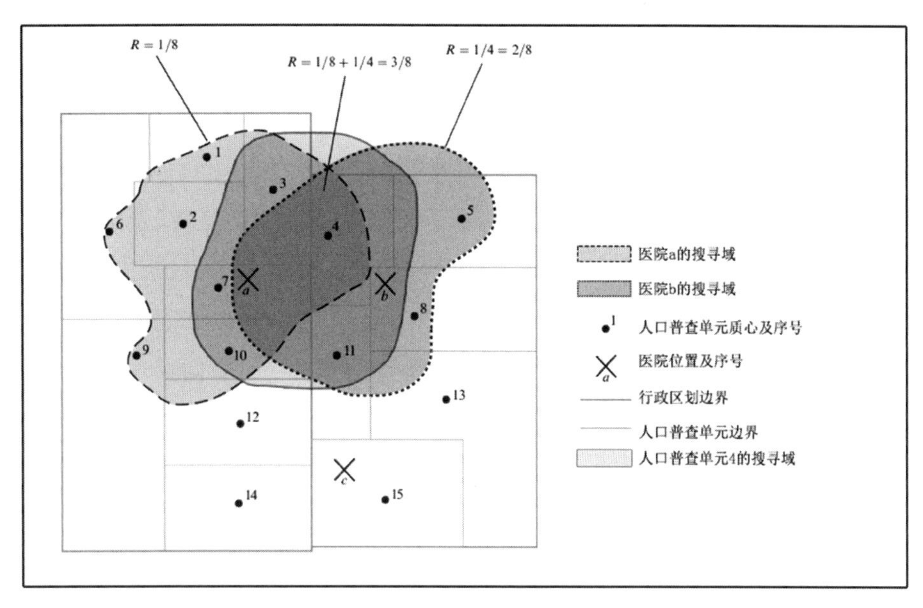

图 7–6　2SFCA 方法示意图

图片来源：作者自绘

如图 7-6 所示，一个人口普查单元的可达性定义为搜寻域中的医生与人口之间供需比。假设每一个人口普查单元只有一个人且位于其质心处，而每个医院也都只有一名医生或一张床位，同时假设一个极限出行距离，也是医院的服务阈值 d_0。医院 a 的搜寻域中有一个医生和 8 个居民，因此其供需比为 1：8；同样，医院 b 的供需比为 1：4。图中不同的灰度代表了不同医院供需比的差异。居民点 1、2、3、6、7、9 及 10 仅能到医院 a 就医，所以他们的供需比仍是 1：8；居民点 5 和 8 仅能到医院 b 就医，所以他们的供需比仍为 1：4。而居民点 4 处于医院 a 和医院 b 的搜寻域重叠的位置，可以到两个医院就医，因而可达性也更好（ 1/8+1/4=3/8 ）。这一重叠的区域就是在第二步实现的，通过居民点 4 的搜寻域可以知道，医院 a 和医院 b 都在其可达范围内。

两步移动搜寻法空间可达性模型的优势在于通过计算可移动区域而非特定的行政区划内的供需比，通过基于供方和需方的两次搜寻，将供给能力与需方竞争影响纳入测算模型，备受研究者青睐（ 车莲鸿，2014 ），在国内外医疗服务设施可达性研究中的应用十分丰富（ Guagliardo，2004；Albert et al.，2005；Langford et al.，2006；Yang et al.，2006；Wang，2007；刘钊，2007；Cervigni et al.，2008；Wang et al.，2008；胡瑞山，2012；于珊珊等，2012；车莲鸿，2014；陶卓霖，2014；邓丽等，2015；付加森等，2015；钟少颖等，2016 ）。但该模型假设在供应点服务阈值范围内空间可达性的距离衰减不存在，有违实际。有学者应用改进的两步移动搜寻法（enhanced two-step floating catchment area，E2SFCA）将距离因素纳入模型，比如通过连续的高斯函数加入距离衰减权重（Luo et al.，2009；Dai，2010；McGrail，2012；车莲鸿，2014；付加森等，2014；陶卓霖，2014；邓丽，2015），更接近实际，也易于操作和解释。

除了高斯两步移动搜寻法外，两步移动搜寻法还有多种改进和扩展形式，比如引入别的形式的距离衰减函数（如幂函数、指数函数、对数函数、核密度函数等），对需求点和服务点的搜寻半径分别、分级、分类设置，或针对需求或供给竞争的扩展（加入选择权重、允许设施的空间配置存在次优情况），以及基于出行方式的扩展（如采用多交通模式的加权平均交通时间，以及考虑通勤行为）等（陶卓霖，2016）。

有学者指出，两步移动搜寻法对于人口比较稠密的小尺度区域，如大城市内部区域是比较适宜的（McGrail，2012），距离衰减的影响基本可以忽略。本书研究区域为北京核心区，面积约 100km^2，核心区的居民在需要时可以到区内的任何一家医院就医，其出行时间成本敏感性不大，因此可以近似认为距离衰减为 0；而本书研究区域内的医疗机构密度大、等级高，基本上可以满足核心区居民的日常就医需求，不需要到区外就医，使得两步移动搜寻法的阈值范围边界不可渗透的假设也基本成立。基于以上分析，本书的研究范围适宜用两步移动搜寻法，故采用改进的两步移动搜寻法，对核心区居民到本区域医疗设施的可达性进行分析。

（2）结果与分析

就医的极限出行距离 d_0 与个体的年龄、社会地位、收入水平、患病类型等有关，应由实际数据确定，并根据研究目的进行调整，但这一数据并不能轻易获得（刘钊，2007）。本书因为研究范围和数据所限，因此只考虑核心区的居民到核心区医院的可达性，d_0 的选择根据前人研究的经验从核心区实际的路网距离出发进行选取（胡瑞山，2012）。通过 GIS 的网络分析模块建立 OD 矩阵，基于北京核心区的道路拓扑网络分别求取核心区 3960 个居民点到 18 个三级医院和 22 个二级医院在 Dijkstra 算法（Welzl，1985）下的最短车行时间，取所有最短车行时间的平均值为相应医院的服务阈值（三级医院 $d_{0,3} \approx 13.32\text{min}$；二级医院 $d_{0,2} \approx 14.28\text{min}$）。再考虑到不同等级医院的引力大小不同，用年门诊人数近似表征，对二级医院和三级医院的服务阈值进行修正。

$$
\begin{cases} d'_{0,2} = d_{0,2} \\ d'_{0,3} = \sqrt{\dfrac{\overline{N}_3}{\overline{N}_2}}\ d_{0,3} \end{cases} \tag{7-4}
$$

式中：$\overline{N}_2$ 和 $\overline{N}_3$ 分别代表核心区二级和三级医院的年门诊人次数均值；$d'_{0,2}$和$d'_{0,3}$则分别代表修正后的二级和三级医院的服务阈值（三级医院$d'_{0,3} \approx 28.64\text{min}$；二级医院$d'_{0,2} \approx 14.28\text{min}$）。再采用基于车行时间的两步移动搜寻法来计算核心区各街道的居民点的就医可达性，在相应的阈值范围内搜寻居民点和医院，并以表征医院服务能力的指标与常住人口数的比值作为就医可达性的度量。代表医院服务能力的数据，既有床位数，也有卫生人员数。相关研究表明，相比于床位数，卫生人员数更能代表医院实际的服务能力（钟少颖，2016），因而在医疗设施可达性的研究中也应用得最广泛。而我国公共服务设施服务能力的相关指标，也常用每千人有多少床位来计算，因此本书分别采用卫生人员数和实有床位数进行计算，以便于和国家标准进行比较。

具体来说：第一步，以核心区的二、三级医院分别取基于车行时间的服务阈值，计算出各自的搜寻范围（三级医院 $d_{0,3} \approx 28.64$min；二级医院 $d'_{0,2} \approx 14.28$min），并计算出各自的搜寻范围内的常住人口，从而得出各医院的供需比（包括基于卫生人员数、基于实有床位数和基于卫生人员数的老年人口供需比三种供需比）（表 7-9、表 7-10、图 7-7、图 7-8）。第二步，分别按卫生人员数和实有床位数计算出核心区各居民点的就医可达性值。老年人口对医疗服务的需求较大，在人口老龄化的背景下，老年人口的就医可达性显得尤为重要，因而进一步对老年人口的就医可达性单独进行计算，3 种就医可达性值及其基本描述统计值如表 7-11 所示。由于居民点离散分布，不利于观察核心区就医可达性的整体特征和趋势，对可达性值进行反距离权重插值，得出核心区全域的就医可达性分布图（图 7-9 ～ 图 7-11）。

北京核心区主要地方医院服务范围 **表 7-9**

医院名称	覆盖居民点数量	覆盖人数	服务范围（km^2）
首都医科大学附属北京天坛医院	3944	2141283	420.32
首都医科大学附属北京口腔医院	3945	2142499	417.30
首都医科大学附属北京友谊医院	3960	2152010	437.28
中国中医科学院广安门医院	3960	2152010	471.95
首都医科大学宣武医院	3960	2152010	432.19
首都医科大学附属北京同仁医院	3960	2152010	430.33
卫生部北京医院	3960	2152010	425.19
首都医科大学附属复兴医院	3960	2152010	439.94
中国医学科学院北京协和医院	3960	2152010	430.07
首都医科大学附属北京儿童医院	3960	2152010	490.13
中国医学科学院阜外心血管病医院	3960	2152010	467.44
北京大学人民医院	3960	2152010	470.79
北京大学第一医院	3960	2152010	437.42
北京中医医院	3960	2152010	426.90
北京中医药大学东直门医院	3948	2147247	452.81
北京积水潭医院	3960	2152010	471.05
北京中医药大学附属护国寺中医医院	3960	2152010	476.47
首都医科大学附属北京安定医院	3953	2146954	486.95
首都医科大学附属北京妇产医院（西院）	2762	1375876	73.53
北京市东城区第一人民医院	1168	756727	89.31
北京市健宫医院	2012	1201477	82.41
北京市西城区妇幼保健院	1979	1171180	84.83

续表

医院名称	覆盖居民点数量	覆盖人数	服务范围（km^2）
北京市回民医院	1909	1095442	81.23
北京市东城区第二妇幼保健院	1576	936244	83.42
北京市西城区广外医院	1503	827686	83.09
北京市普仁医院	1856	1096410	79.36
北京市第二医院	2875	1561365	87.39
北京市肛肠医院	2805	1450581	92.30
北京市丰盛中医骨伤专科医院	2913	1481845	98.64
北京市隆福医院	2667	1316438	84.59
北京市西城区平安医院	2809	1391801	101.83
北京市东城区妇幼保健院	2523	1251036	86.81
北京按摩医院	2891	1430729	98.34
北京市西城区展览路医院	2337	1103887	110.19
北京市第六医院	2139	1047476	89.83
北京市东城区精神卫生保健院	1671	826358	101.43
北京市鼓楼中医医院	2165	1033360	86.19
北京市和平里医院	1674	795603	97.08
北京市监狱管理局中心医院	1517	901576	81.88
北京同仁堂中医医院	2217	1292915	80.23

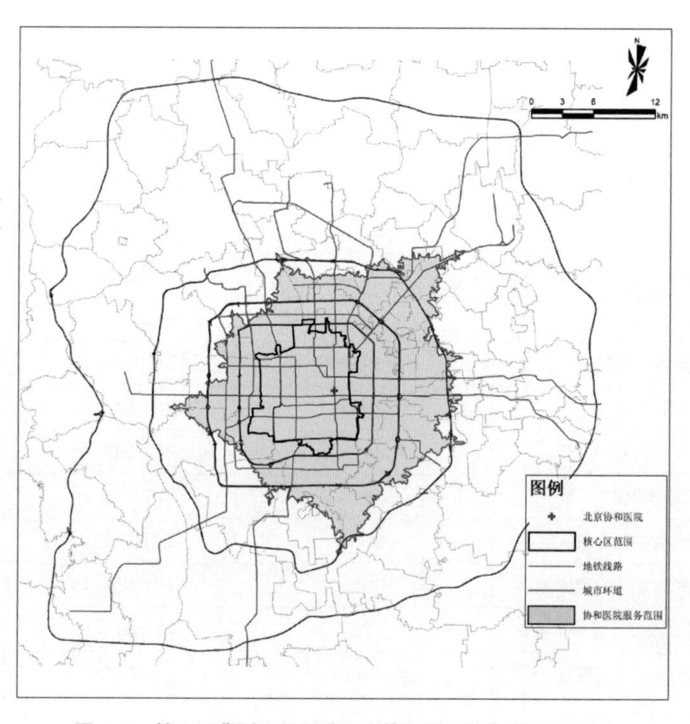

图 7–7　核心区典型三级医院北京协和医院服务范围示意图

图片来源：作者自绘

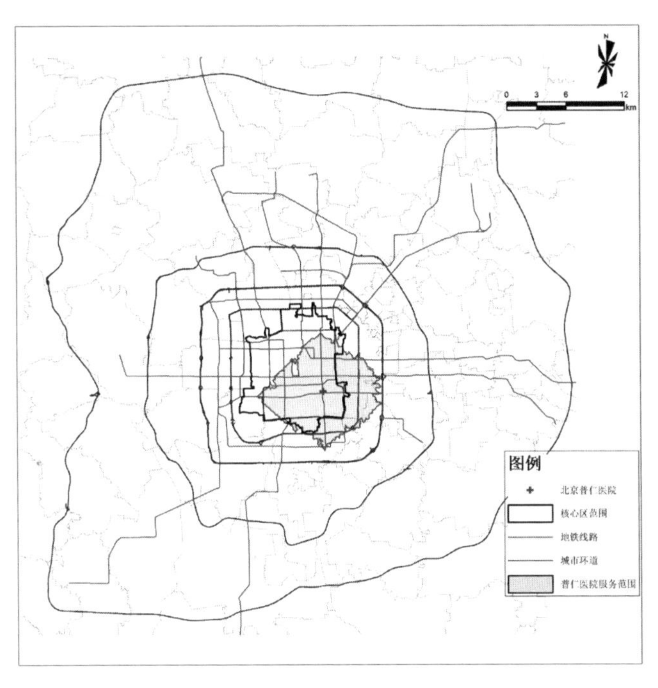

图 7-8　核心区典型二级医院北京普仁医院服务范围示意图

图片来源：作者自绘

北京核心区主要地方医院供需比　　　　**表 7-10**

医院名称	基于卫生人员	基于实有床位	老年人口
首都医科大学附属北京天坛医院	0.000886	0.000537	0.005238
首都医科大学附属北京口腔医院	0.000512	0.000029	0.003024
首都医科大学附属北京友谊医院	0.001285	0.000513	0.007590
中国中医科学院广安门医院	0.000657	0.000285	0.003879
首都医科大学宣武医院	0.001230	0.000533	0.007266
首都医科大学附属北京同仁医院	0.001606	0.000745	0.009490
卫生部北京医院	0.001242	0.000480	0.007338
首都医科大学附属复兴医院	0.000708	0.000365	0.004181
中国医学科学院北京协和医院	0.002305	0.000931	0.013616
首都医科大学附属北京儿童医院	0.001071	0.000451	0.006325
中国医学科学院阜外心血管病医院	0.001350	0.000447	0.005847
北京大学人民医院	0.001713	0.000770	0.007977
北京大学第一医院	0.001480	0.000697	0.010121
北京中医医院	0.000631	0.000278	0.008740
北京中医药大学东直门医院	0.000614	0.000275	0.003725
北京积水潭医院	0.001113	0.000576	0.003625
北京中医药大学附属护国寺中医医院	0.000288	0.000170	0.006577
首都医科大学附属北京安定医院	0.000414	0.000320	0.002325
首都医科大学附属北京妇产医院（西院）	0.000964	0.000379	0.003870
北京市东城区第一人民医院	0.000398	0.000139	0.000516

续表

医院名称	基于卫生人员	基于实有床位	老年人口
北京市健宫医院	0.000650	0.000332	0.002586
北京市西城区妇幼保健院	0.000087	0.000024	0.000781
北京市回民医院	0.000440	0.000243	0.001646
北京市东城区第二妇幼保健院	0.000129	0.000032	0.005022
北京市西城区广外医院	0.000283	0.000218	0.001727
北京市普仁医院	0.000832	0.000349	0.001823
北京市第二医院	0.000287	0.000143	0.001056
北京市肛肠医院	0.000303	0.000273	0.003035
北京市丰盛中医骨伤专科医院	0.000177	0.000066	0.001136
北京市隆福医院	0.000500	0.000267	0.000952
北京市西城区平安医院	0.000194	0.000122	0.001141
北京市东城区妇幼保健院	0.000157	0.000077	0.001702
北京按摩医院	0.000196	0.000031	0.001560
北京市西城区展览路医院	0.000272	0.000127	0.006044
北京市第六医院	0.001002	0.000544	0.000892
北京市东城区精神卫生保健院	0.000148	0.000156	0.002065
北京市鼓楼中医医院	0.000345	0.000118	0.005074
北京市和平里医院	0.000866	0.000408	0.004053
北京市监狱管理局中心医院	0.000688	0.000399	0.002444
北京同仁堂中医医院	0.000177	0.000077	0.001075

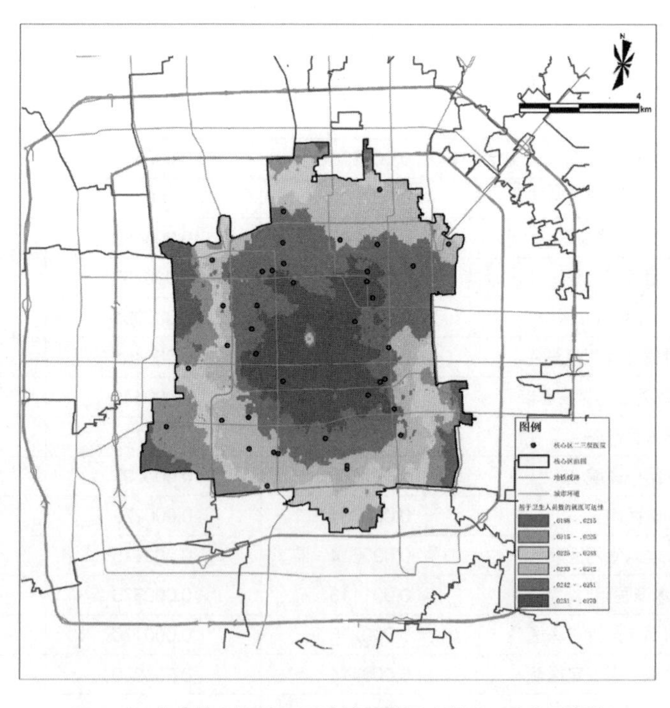

图 7-9　北京核心区就医可达性示意图（基于卫生人员数）

图片来源：作者自绘

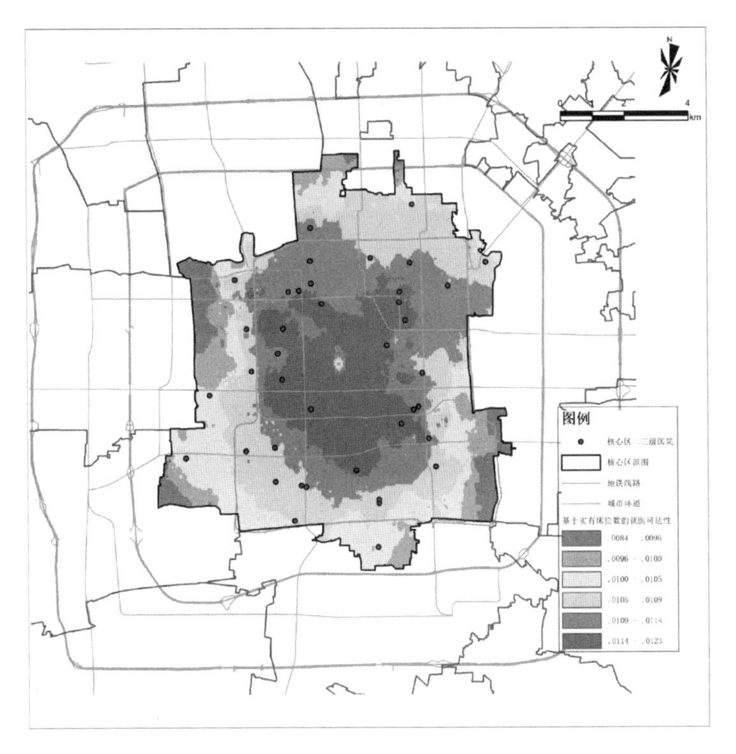

图 7-10　北京核心区就医可达性示意图（基于实有床位数）

图片来源：作者自绘

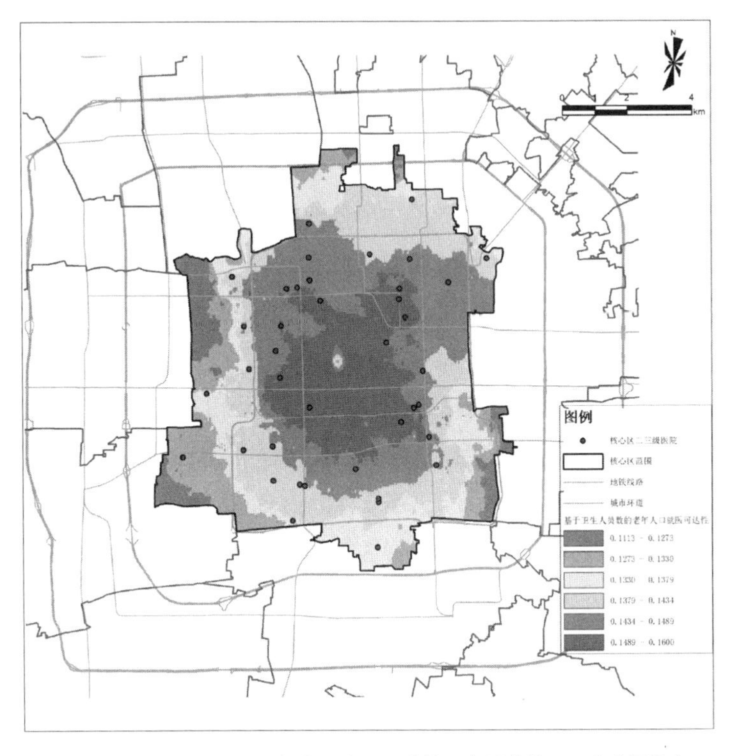

图 7-11　北京核心区老年人口就医可达性示意图（基于卫生人员数）

图片来源：作者自绘

北京核心区各居民点就医可达性描述统计表　　表 7-11

可达性类别	最小值	最大值	平均值	标准差	变异系数
基于卫生人员数	0.018792	0.027184	0.023896	0.001322	0.055323
基于实有床位数	0.008469	0.012363	0.010769	0.000610	0.056644
老年人口	0.111141	0.161117	0.141492	0.007956	0.056229

从图 7-9 ~ 图 7-11 可以看出，三种就医可达性值分布没有显著区别，都呈圈层结构，从中心向外围递减，表明北京核心区的就医可达性呈不均衡分布。每个圈层并不完全同质，而是存在一些面积较小的异质区域，这主要是由道路系统的局部差异引起的。比如，位于最中间就医可达性最高的圈层就包含一块面积较大的低值区域，不难看出它是外部交通难以到达的中南海所在地。核心区的就医可达性还呈现东北高、西南低的态势，这一方面跟西南部的常住人口密度较高有关，另一方面也跟医院在东北部分布较为集中而西南部分布较为分散有关。

据《全国医疗卫生服务体系规划纲要（2015-2020 年）》显示，2013 年全国每千人常住人口医疗卫生机构床位数为 4.55，而 2020 年这一指标的规划值是 6。北京市核心区 2013 年的这一指标达到了 10.68，远超过了全国平均值。按《中国社会建设报告 2014》显示，2013 年全北京市每千人口病床数为 5.8，每千人口医师数量为 4.06（宋贵伦等，2015）。而核心区这一指标分别为 10.68 和 23.72，也远超过全市的平均值。

进一步对各街道就医可达性值进行分类，按照百分位（quantile）算法，将其分为四类，取高的四分之一标记为高可达性街道，低的四分之一标记为低可达性街道（具体值为低于 0.023235 为低可达性街道，高于 0.024715 为高可达性街道），各有 8 个街道分别被划为就医可达性高和就医可达性低的街道（表 7-12）。如图 7-12 所示，颜色越深的表示就医可达性越高，颜色越浅的表示就医可达性越低。从表 7-12 可以看出，前门街道的就医可达性最高，而龙潭街道的就医可达性最低。医院可达性排在前 2-5 位的街道分别是景山街道、大栅栏街道、椿树街道和金融街街道；医院可达性排在第 28-31 位的街道分别是永定门外街道、展览路街道、东花市街道以及广安门外街道。就医可达性高的街道人口占核心区常住总人口的 15.94%；就医可达性低的街道人口占核心区常住总人口的 38.72%。

传统上用行政区内每千人病床数等指标来评价就医可达性的方法并未考虑医院（供给）和人口（需求）的空间分布差异及两者可跨越行政区划边界的潜在相互作用（刘钊，2007）。本研究使用空间化的较小单元的人口数据，并基于实际的 GIS 路网系统用两步移动搜寻法来考察北京市核心区的就医可达性，并且对不同等级医院的服务阈值进行了修正，更加合理地模拟了现实的就医过程，得出的就医可达性也更符合实际。首先，空间化的人口数据精度比人口普查的最小单元还要细致，更精准地模拟了医疗服务需求点的实际地理位置，以之为出发点的可达性计算与模拟揭示了更多的可达性变化的细节。其次，以 GIS 网络分析的最短距离作为搜寻距离比欧氏距离更符合实际。最后，根据医院等级对搜寻距离的修正是作者对 2SFCA 方法上的改进和创新。但考虑到数据的可获得性和计算量，本研究并没有考虑边界效应。

北京市核心区各街道就医可达性值[①] 表 7-12

	街道名	可达性值 1	可达性值 2	可达性值 3	可达性类别
1	前门街道	0.025731	0.011636	0.152583	高
2	景山街道	0.025478	0.011462	0.151041	高
3	大栅栏街道	0.025369	0.011478	0.150304	高
4	椿树街道	0.025328	0.011449	0.150012	高
5	金融街街道	0.025326	0.011518	0.150004	高
6	东华门街道	0.025125	0.011279	0.149039	高
7	交道口街道	0.025055	0.011275	0.148483	高
8	东四街道	0.024715	0.011003	0.146517	高
9	什刹海街道	0.024709	0.011176	0.146368	—
10	新街口街道	0.024702	0.011189	0.146307	—
11	西长安街街道	0.024659	0.011115	0.146096	—
12	朝阳门街道	0.024621	0.010965	0.145996	—
13	天桥街道	0.024471	0.011064	0.144928	—
14	北新桥街道	0.024400	0.010888	0.144598	—
15	崇文门外街道	0.024323	0.010888	0.144236	—
16	广安门内街道	0.024304	0.011013	0.143823	—
17	陶然亭街道	0.024296	0.010986	0.143839	—
18	安定门街道	0.024223	0.010842	0.143462	—
19	天坛街道	0.024154	0.010821	0.143069	—
20	东直门街道	0.023877	0.010665	0.141503	—
21	体育馆路街道	0.023766	0.010517	0.140807	—
22	牛街街道	0.023690	0.010753	0.140169	—
23	建国门街道	0.023663	0.010565	0.140376	—
24	和平里街道	0.023497	0.010526	0.139106	
25	白纸坊街道	0.023235	0.010569	0.137416	低
26	德胜街道	0.023161	0.010376	0.137029	低
27	月坛街道	0.022705	0.010332	0.134187	低
28	永定门外街道	0.022657	0.010068	0.134021	低
29	展览路街道	0.022352	0.010078	0.132167	低
30	东花市街道	0.022133	0.009735	0.131148	低
31	广安门外街道	0.021946	0.010048	0.129705	低
32	龙潭街道	0.021907	0.009600	0.129687	低

① 可达性值 1 为基于卫生人员数的就医可达性，可达性值 2 为基于实有床位数的就医可达性，可达性值 3 为基于卫生人员数的老年人口就医可达性，本表按可达性值 1 从高到低排序。

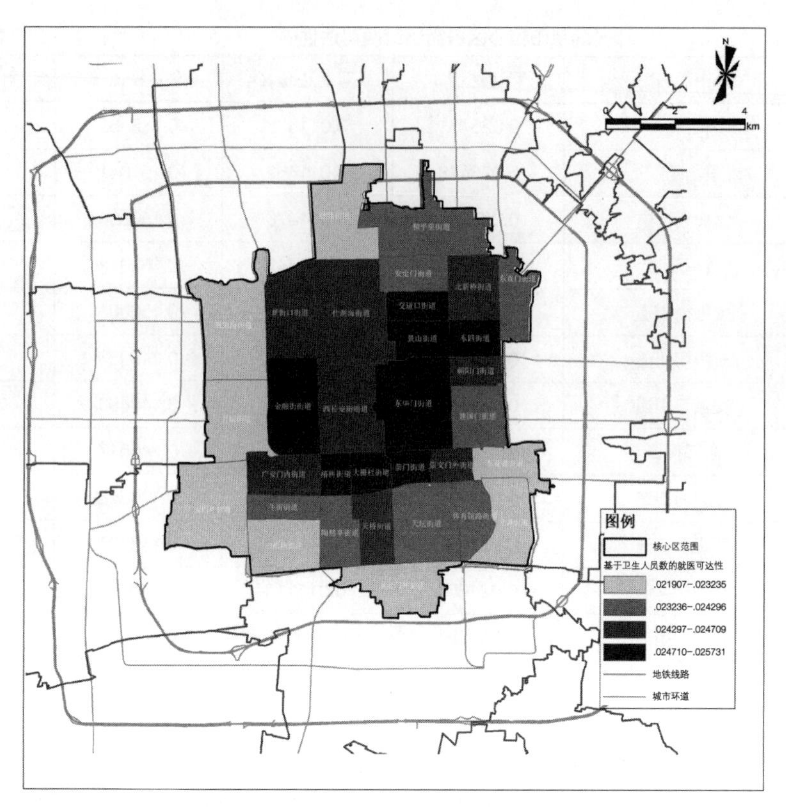

图 7-12 核心区各街道基于卫生人员数的就医可达性分组示意图

图片来源：作者自绘

7.2.2 教育设施可达性分析

（1）进展与方法

教育设施的可达性是指学龄人口从居住地到教育设施所在地的便捷程度，是研究一定空间范围内教育资源配置合理性的重要指标。教育设施的可达性主要受学龄儿童父母的社会经济特征、居住地和设施点之间的交通网络状况、设施的规模和质量以及综合选择等因素的影响。国外与教育资源分配相关的研究开始得较早，早在 1993 年，阿姆斯特朗（Armstrong）就提出了一个空间决策支持系统（spatial decision support system）来解决学区重新划分的问题（Armstrong et al.，1993）。泰勒（Taylor）等建构了学校和社区综合规划系统（Integrated Planning for School and Community，IPSAC）来预测北卡罗莱那州约翰斯顿郡的入学率，比较预计招生数量和学校容量，为新建学校设施选择合适的场地，以及划定距离最小的学区边界等，这一系统减少了学生上学的交通成本，也避免了学区的频繁调整（Taylor et al.，1999）。斯莱格尔（Slagle）详细阐述了 GIS 可以在学校布局方面帮助解决的一系列问题，包括入学趋势分析、新校选址、校车线路和班次协调、师资调配和学区边界划分等，并以堪萨斯州欧弗兰·帕克（Overland Park）市的蓝谷（Blue Valley）学区所开发的 SEDSS 应用程序（student enrollment decision support system）和 SPM 模型（school planning model）为例，分析了 GIS 在学校、学区规划和布局调整中所起的辅助和协调作用（Slagle，2000）。马尔切夫斯基（Malczewski）等系统地总结了教育资源分配的准则，主要包括空间可达性、公平和平等以及效率，提出使用多准则空间决策支持系统（multicriteria-spatial decision support sytem，MC-SDSS）结合可视化系统如GIS来达成共识，更有效地分析教育资源的分配问题，实现资源的合理分配（Malczewski et al.，2000）。卡洛（Caro）等全面总结了学区划分的方式，归纳了好的学区划分的标准，提出了与GIS相结合的优化模型，并对费城的两个实例进行了分析和讨论，认为客观分析和主观判断相结合可以有效地解决学区划分的问题（Caro et al.，2004）。黄（Hwang）提出了基于地理信息系统的多属性决策分析和随机覆盖分析的设施设计方法，以最短上学距离为目标，进行学区划分和学校位置规划（Hwang，2005）。汉利（Hanley）开发了一个多目标模型来分析爱荷华州的学区大小与交通成本之间的关系，并估算了学区合并对交通成本的影响（Hanley，2007）。

在国内，吕毅以长沙市雨花区小学为例，运用可达性理论，从空间分布和学校容量两方面阐述了供需关系，评估了学校的现状和规划，并提出了规划的改进方案（吕毅，2005）。吉云松利用GIS进行了学龄人口预测、施教区分析和学校布局调整的初步研究，认为GIS可以为学校布局调整提供科学分析方法（吉云松，2006）。孔云峰等探讨了调整中小学布局的原理和方法，指出可达性、公平性和效率是调整规划的3个基本要素，并以河南省巩义市初级中学为例，计算了比例模型、最近距离模型等5个模型下的可达性指标（孔云峰等，2008）。陈莹应用GIS技术建立了教育服务区划分、教育资源可达性评价、学校容量计算等模型，并以北京市宣武区的小学为例进行了实证研究，给出了评价和优化方案（陈莹，2008）。张雪峰运用了GIS、空间可达性和哈夫模型对河南省巩义市中小学的空间布局特征和问题进行了评估，并为布局调整提出了合理化建议（张雪峰，2008）。刘文锴等讨论了基于哈夫模型的幼儿园空间布局合理性、公平性评价及优化方案（刘文锴等，2012）。任若菡等以两步移动搜寻法为基础，从供给和需求两个角度出发评价了重庆市黔江区的教育资源可达性（任若菡等，2014）。沈怡然等利用改进的移动搜寻算法量化评价了深圳市福田区的小学可达性（沈怡然等，2016）。总体来看，国内外研究都关注教育资源分配的三大属性，即空间可达性、公平和效率，内容涉及学区划分、学校规划及其实现手段、可达性评价和学校布局特征分析和调整等方面。定量研究的方法很多，却没有形成成熟和完善的体系，因此本研究在此部分沿用医疗设施可达性中可操作性和可靠性已得到验证的两步移动搜寻算法。

本研究在传统的2SFCA基础上，考虑学区划分的政策限制，并借鉴相关研究（Luo，2014），引入哈夫模型来模拟择校机制，以此改进的移动算法进行北京核心区教育设施的空间可达性测算，并可视化表达核心区的就读可达性。哈夫模型由美国加利福尼亚大学经济学教授哈夫（David L. Huff）在Harris市场潜能模型、引力模型的基础上提出（Huff，1964）。它广泛应用于城市商业服务区划分、商业设施选址、商业网点规划和设计以及消费者行为空间的预测等方面（王胜男等，2010）。哈夫模型的基本假设是居民选择某种设施的概率与其对设施的认知程度成正比，其选择行为是随机的，这种随机概率被定义为某一项城市服务设施的吸引力与所有同类设施吸引力之和的比值（王胜男，2010）。而设施的吸引力与设施规模正相关，与距离负相关。作为一种引力模型，Huff 模型综合考虑了设施规模、距离衰减等因素，从服务需求者自身的意愿出发分析空间可达性，更加符合客观实际。

因此，把哈夫模型引入两步移动搜寻法来计算学校的可达性较为合理。具体到学校的可达性，哈夫模型认为学校与居民点之间的相互吸引力等于学校规模表征指标与距离衰减函数的乘积，由此本研究采用如下模型来计算各居民点的学龄儿童选择去某个学校上学的概率：

$$P_{kj}=\frac{C_j d_{kj}^{-\beta}}{\sum_{S\in D_0} C_s d_{ks}^{-\beta}} \tag{7-5}$$

式中：P_{kj} 为居民点 k 处学龄儿童选择相应学校 j 的概率；C_j 为学校 j 的吸引力（实际上是反映教育设施规模的指标，以专任教师数为实际计算依据）；$d_{kj}^{-\beta}$ 为居民点 k 到学校 j 的距离阻抗；D_0 为学校 j 的服务范围。

（2）结果与分析

本研究教育设施可达性计算流程总体来说可分为服务范围生成、服务供需计算和可达性求取三步。在第一步中，本研究根据中学和小学的不同性质分别处理。根据《居住区规划设计规范 2002》，小学的服务半径不宜大于 500m，中学的服务半径不宜大于 1000m。但在像北京这样的特大城市中，这些距离都会适当地扩大，尤其是考虑到规范制定的年代久远，而现在交通条件大为改善，人口对优质教育资源的需求强烈等因素，学校的实际服务范围都远远超过规范所限。因而本研究将核心区服务能力最小的中学（在校生人数最少）的服务半径设定为 1000m，其余各中学的服务半径以此为基础进行修正。

$$\begin{cases} d_0' = d_0 \\ d_n' = \sqrt{\dfrac{N_n}{N_0}}\, d_0' \end{cases} \tag{7-6}$$

式中：d_0 代表中学的基础服务半径，即 1000m；d_0'代表服务能力最小的中学的服务半径；d_n'代表服务能力从小到大排列第 n 个中学的服务半径；N_0 和 N_n 分别代表服务能力最小和排名为 n 的中学在校生人数。北京核心区所有中学中，d_n'最大值是第一七一中学的 11220.92m。典型中学的服务范围如表 7-15 和图 7-14 所示。

而小学属于义务教育，按照教育部门的相关规定，各地区的学龄儿童需要去相应学区内小学就读，因而核心区各小学的服务范围就依据实际的学区而定。北京核心区的学区基本按照街道行政区划而来，共 19 个学区（表 7-13、图 7-13）。

北京核心区各小学学区概况 **表 7-13**

编号	名称	专任教师总数	小学学龄人口总数	总供需比
1	展览路学区	281	4125	0.068
2	月坛学区	447	2853	0.157

续表

编号	名称	专任教师总数	小学学龄人口总数	总供需比
3	广安门外学区	200	4848	0.041
4	新街口学区	221	5991	0.037
5	金融街学区	453	2782	0.163
6	广安门内 / 牛街学区	399	6468	0.062
7	陶然亭 / 白纸坊学区	362	6262	0.058
8	德胜学区	367	2861	0.128
9	什刹海学区	367	8952	0.041
10	西长安街学区	194	4108	0.047
11	大栅栏 / 椿树 / 天桥学区	431	10059	0.043
12	和平里学区	471	3393	0.139
13	安定门 / 交道口学区	390	9078	0.043
14	景山 / 东华门学区	491	7090	0.069
15	东花市 / 崇文门 / 前门学区	280	3078	0.091
16	天坛 / 永定门外学区	460	8821	0.052
17	东直门 / 北新桥学区	370	8583	0.043
18	东四 / 朝阳门 / 建国门学区	579	8866	0.065
19	龙潭 / 体育馆路学区	429	4942	0.087

第二步，在各学校相应的服务范围内搜寻居民点，并以表征学校服务能力的指标专任教师数与常住人口中的学龄儿童人数的比值作为各学校的教育服务供需比。

$$R_j=\frac{S_j}{\sum_{k\in D_0}P_k} \tag{7-7}$$

式中：P_k 是质心在搜寻区范围内的居民点 k 的常住学龄人口总数；S_j 为学校 j 的专任教师数，即各学校教育服务的总供给；D_0 为学校 j 的服务范围。代表学校服务能力的数据，既有班级数，也有专任教师数，二者高度相关，因此本研究仅采用专任教师数作为测度学校规模及其服务能力的因子。

第三步，首先利用哈夫模型计算各居民点 k 选择学校 j 的概率，计算见公式 7-5。本研究距离阻抗采取了负幂函数 [$f(d)=d^{-\beta}$] 的形式，实际上还有指数函数 [$f(d)=e^{-\beta d}$]、高斯函数 [$f(d)=e^{-d^2/\beta}$] 等多种表达形式（Kwan，1998），根据既往的研究经验，距离摩擦系数 β 取值范围为 1.5-2，β 值越大，距离衰减的作用越明显。在本研究中，小学在学区范围内距离衰减作用不明显，而中学更主要的诉求是教育服务的质量，距离也非主导因素，因而本研究对中小学的距离摩擦系数统一取 1.5。

对于中学而言，核心区所有居民点的 30 分钟车行范围基本可以覆盖所有的中学，而中学自主择校的情况普遍，因而可将居民点到中学的搜寻范围视为核心区的全域范围。通过 GIS 的网络分析模块建立 OD 矩阵，基于北京核心区的道路拓扑网络分别求取核心区 3960 个居民点到 88 所中学的最短路网距离。再用 MATLAB 编程算出各居民点学龄人口选择各中学的概率矩阵。小学则依据学区范围作为学区内各居民点到各小学的搜寻范围，在各学区内分别计算最短路网距离和选择概率矩阵。用概率矩阵与第二步所得的各学校供需比相乘即得到核心区各居民点到各中学的可达性[①]。

最后，对所有居民点，求取其就读可达性指数，计算见公式 7-8：

$$A_k^F=\sum_{j\in D_0}P_{kj}R_j \tag{7-8}$$

式中：A_k^F 代表了居民点 k 基于两步移动搜寻法的就读可达性；R_j 是以居民点 k 为中心的搜寻区内的学校 j 的供需比；D_0 为学校 j 的服务范围；P_{kj} 为居民点 k 处学龄儿童选择相应学校 j 的概率。其中 A_k^F 越大，则该居民点的就读可达性就越好。

核心区各居民点的就读可达性值及其基本描述统计值，如表 7-16 所示。由于居民点是离散分布的，不利于观察核心区就读可达性的整体特征和趋势，对可达性值进行泛克里金插值，得出核心区全域的就读可达性分布情况（表 7-14、表 7-15、图 7-14、图 7-15、图 7-16）。

北京核心区主要小学服务范围 **表 7–14**

学校名称	覆盖居民点数量	覆盖学龄人口数	服务范围（km^2）
北京市西城区展览路第一小学	258	4125	5.71
北京市西城区阜成门外第一小学	258	4125	5.71
北京市西城区进步小学	258	4125	5.71
北京市西城区北礼士路第一小学	258	4125	5.71
北京市西城区银河小学	258	4125	5.71
北京市西城区文兴街小学	258	4125	5.71
北京市西城区中古友谊小学	264	2853	4.10
北京市西城区育民小学	264	2853	4.10
北京市西城区三里河第三小学	264	2853	4.10
北京市西城区复兴门外第一小学	264	2853	4.10
北京市西城区白云路小学	264	2853	4.10
北京市西城区青龙桥小学	264	2853	4.10
北京市西城区广安门外第一小学	292	4848	5.48
北京市西城区三义里小学	292	4848	5.48
北京市西城区红莲小学	292	4848	5.48
北京市西城区天宁寺小学	292	4848	5.48

① 为了避免因居民点和学校点空间位置过近而出现极值情况，中学距离矩阵统一加上了 1000m 的基础服务范围修正值，小学距离矩阵统一加上了 500m 的基础服务范围修正值。

续表

学校名称	覆盖居民点数量	覆盖学龄人口数	服务范围（km^2）
北京市西城区青年湖小学	292	4848	5.48
北京市西城区椿树馆小学	292	4848	5.48
北京市西城区西四北四条小学	177	5991	3.66
北京市西城区四根柏小学	177	5991	3.66
北京市西城区玉桃园小学	177	5991	3.66
北京市西城区官园小学	177	5991	3.66
北京市西城区德胜门外第二小学	177	5991	3.66
北京市西城区中华路小学	177	5991	3.66
北京第二实验小学	117	2782	3.97
北京市西城区奋斗小学	117	2782	3.97
北京市西城区宏庙小学	117	2782	3.97
北京市西城区华嘉小学	117	2782	3.97
北京市西城区西单小学	117	2782	3.97
北京市西城区浸水河小学	117	2782	3.97
北京小学	180	6468	3.89
北京市西城区康乐里小学	180	6468	3.89
北京小学走读部	180	6468	3.89
北京市西城区登莱小学	180	6468	3.89
北京市西城区上斜街小学	180	6468	3.89
北京市西城区师范学校附属第一小学	180	6262	5.24
北京市西城区陶然亭小学	180	6262	5.24
北京市西城区半步桥小学	180	6262	5.24
北京市西城区白纸坊小学	180	6262	5.24
北京市西城区南菜园小学	180	6262	5.24
北京市西城区右安门大街第二小学	180	6262	5.24
北京市西城区福州馆小学	180	6262	5.24
北京市西城区太平街小学	180	6262	5.24
北京市西城区师范学校附属小学	182	2861	4.13
北京市西城区育翔小学	182	2861	4.13
北京市西城区五路通小学	182	2861	4.13
北京市西城区民族团结小学	182	2861	4.13
北京市西城区裕中小学	182	2861	4.13
北京市西城区黄城根小学	296	8952	5.86
北京市西城区厂桥小学	296	8952	5.86
北京市西城区什刹海小学	296	8952	5.86
北京市西城区鸦儿胡同小学	296	8952	5.86
北京市西城区柳荫街小学	296	8952	5.86

续表

学校名称	覆盖居民点数量	覆盖学龄人口数	服务范围（km^2）
北京市西城区西什库小学	296	8952	5.86
北京市西城区护国寺小学	296	8952	5.86
北京市西城区新街口东街小学	296	8952	5.86
北京雷锋小学	296	8952	5.86
北京市西城区自忠小学	122	4108	4.20
北京市西城区长安小学	122	4108	4.20
北京市西城区顺城街第一小学	122	4108	4.20
北京市西城区力学小学	122	4108	4.20
北京市西城区北长街小学	122	4108	4.20
北京市育才学校	232	10059	4.39
北京第一实验小学	232	10059	4.39
北京市西城区炭儿胡同小学	232	10059	4.39
北京市西城区兴华小学	232	10059	4.39
北京市西城区香厂路小学	232	10059	4.39
北京市西城区新世纪实验小学	232	10059	4.39
北京市西城区后孙公园小学	232	10059	4.39
北京第一实验小学前门分校	232	10059	4.39
北京市西城区琉璃厂小学	232	10059	4.39
北京市东城区和平里第四小学	307	3393	4.90
北京市东城区和平里第九小学	307	3393	4.90
北京市东城区和平里第一小学	307	3393	4.90
北京市东城区地坛小学	307	3393	4.90
北京市东城区师范学校附属小学	307	3393	4.90
北京市东城区和平里第二小学	307	3393	4.90
北京市东城区安外三条小学	307	3393	4.90
北京市东城区和平里第三小学	307	3393	4.90
北京市东城区青年湖小学	307	3393	4.90
北京市和平北路学校（小学部）	307	3393	4.90
北京市东城区府学胡同小学	210	9078	3.38
北京市东城区黑芝麻胡同小学	210	9078	3.38
北京市东城区分司厅小学	210	9078	3.38
北京市东城区方家胡同小学	210	9078	3.38
北京市东城区北锣鼓巷小学	210	9078	3.38
北京市第一中学（实验部）	210	9078	3.38
北京市东城区灯市口小学	235	7090	7.07
北京景山学校	235	7090	7.07
北京市东城区东交民巷小学	235	7090	7.07

续表

学校名称	覆盖居民点数量	覆盖学龄人口数	服务范围（km^2）
北京市东城区美术馆后街小学	235	7090	7.07
北京市东城区校尉胡同小学	235	7090	7.07
北京市东城区东高房小学	235	7090	7.07
北京市东城区北池子小学	235	7090	7.07
北京市东城区什锦花园小学	235	7090	7.07
北京市东城区织染局小学	235	7090	7.07
北京市东城区崇文小学	152	3078	4.18
北京市东城区新景小学	152	3078	4.18
北京市东城区回民小学（北片）	152	3078	4.18
北京市东城区新怡小学	152	3078	4.18
北京市东城区花市小学	152	3078	4.18
北京市东城区忠实里小学	152	3078	4.18
北京第一师范学校附属小学	156	8821	7.37
北京市东城区景泰小学	156	8821	7.37
北京市东城区宝华里小学	156	8821	7.37
北京市东城区革新里小学	156	8821	7.37
北京市东城区定安里小学	156	8821	7.37
北京市东城区天坛东里小学	156	8821	7.37
北京市东城区天坛南里小学	156	8821	7.37
北京市东城区金台小学	156	8821	7.37
北京市东城区精忠街小学	156	8821	7.37
北京市第一一五中学（小学部）	156	8821	7.37
北京市东城区史家小学分校	196	8583	4.70
北京市东城区曙光小学	196	8583	4.70
北京市东城区西中街小学	196	8583	4.70
中央工艺美院附中艺美小学	196	8583	4.70
北京市东城区东四十四条小学	196	8583	4.70
北京市东城区雍和宫小学	196	8583	4.70
北京市东城区北新桥小学	196	8583	4.70
北京市东城区史家胡同小学	257	8866	5.28
北京市东城区丁香胡同小学	257	8866	5.28
北京市东城区东四九条小学	257	8866	5.28
北京市东城区东四七条小学	257	8866	5.28
北京市东城区回民小学（南片）	257	8866	5.28
北京市东城区新开路东总布小学	257	8866	5.28
北京市东城区遂安伯小学	257	8866	5.28
北京市东城区新鲜胡同小学	257	8866	5.28

续表

学校名称	覆盖居民点数量	覆盖学龄人口数	服务范围（km^2）
北京市东城区西总布小学	257	8866	5.28
北京市东城区春江小学	257	8866	5.28
北京市东城区光明小学	147	4942	4.99
北京市东城区培新小学	147	4942	4.99
北京市东城区板厂小学	147	4942	4.99
北京市东城区体育馆路小学	147	4942	4.99
北京市东城区前门小学	147	4942	4.99
北京市东城区永生小学	147	4942	4.99

北京核心区主要中学服务范围 **表 7-15**

学校名称	覆盖居民点数量	覆盖学龄人口数	服务范围（km^2）
北京市第一七一中学	2796	87801	201.26
北京市第四中学	3954	136555	225.64
北京市第三十五中学	3939	135362	205.48
北京市铁路第二中学	3758	127669	205.99
北京市第十四中学	2866	99290	170.63
北京师范大学第二附属中学	2893	92295	159.70
北京市东直门中学	2737	86426	163.85
北京市第一六六中学	3685	126212	165.62
北京市广渠门中学	2625	94648	166.25
北京市第八中学	3787	130219	174.31
北京师范大学附属中学	3765	130466	162.32
北京市第一六一中学	3915	134792	153.27
北京市第五十中学	2167	80267	159.27
北京市第十五中学	3015	104000	153.28
北京市西城外国语学校	3400	111750	163.14
北京市第一零九中学	2430	88283	148.84
北京市第二十二中学	3128	98708	150.30
北京市第十一中学	2991	104678	129.84
北京市回民学校	2868	99781	129.71
北京市第二十五中学	3541	120271	137.17
北京市育才学校	2754	96206	133.32
北京市第五中学分校	3222	101679	142.69
北京汇文中学	2193	80682	132.55
北京市第六十六中学	2499	89014	127.92
北京市第二中学分校	2780	87458	119.16
北京景山学校	3358	110900	121.81

续表

学校名称	覆盖居民点数量	覆盖学龄人口数	服务范围（km^2）
北京师范大学附属实验中学分校	3500	117693	123.57
北京市第六十五中学	3391	111934	104.89
北京市第五十五中学	2019	61780	107.29
北京汇才中学	1658	62212	107.57
北京师范大学附属实验中学	3275	110092	108.03
北京市第二十七中学	3209	106170	96.21
北京市第二中学	2556	79105	93.86
北京市第二十四中学	2526	80421	93.02
北京市文汇中学	1322	46436	91.37
北京市第十三中学	3022	93956	93.33
北京市第五中学	2549	80028	96.13
北京市第一五九中学	2973	97361	87.85
北京市第一五六中学	3042	96289	88.45
北京教育学院附属中学	2400	72599	82.97
北京市第五十四中学	1639	50445	80.08
北京市三帆中学	1622	49526	71.33
北京市第五十中学分校	1034	42295	82.96
北京市第三中学	2185	68360	81.50
北京市第十三中学分校	2618	83744	75.16
北京市第四十四中学	1717	57214	68.77
北京市第七中学	2015	61626	77.49
中央工艺美术学院附属中学	1262	37180	70.96
北京市西城区实验学校	1786	56040	68.03
北京市第三十一中学	2801	91905	71.57
北京市第一中学	1983	61798	66.80
北京市第九十六中学	1912	65905	67.07
北京市第八中学分校	1785	62212	61.19
北京市第一六五中学	2365	72003	69.03
北京市龙潭中学	754	26624	58.47
北京市鲁迅中学	2381	77833	59.18
北京市西城区外国语实验学校	1347	50341	57.24
北京市第十一中学分校	1098	44607	60.47
北京市崇文门中学	1172	37838	53.45
北京市二龙路中学	2256	73098	56.26
北京市前门外国语学校	1870	65152	57.10
北京市第二一四中学	1431	45556	52.06
北京市第四十三中学	1967	69929	55.92

续表

学校名称	覆盖居民点数量	覆盖学龄人口数	服务范围（km^2）
北京市第三十九中学	2476	77388	57.42
北京市第六十二中学	1347	51780	55.60
北京市第四十一中学	2034	62287	51.31
北京市第二十一中学	1744	53216	52.20
北京市第五十六中学	970	29725	49.85
北京市第六十三中学	1302	48247	42.45
北京市第一二五中学	1004	30823	32.00
北京市第一五四中学	971	29778	38.76
北京市华夏女子中学	774	30379	34.18
北京市月坛中学	1475	48864	37.36
北京教育学院西城分院附属中学	1022	40936	33.56
北京市第一四〇中学	1098	40921	35.01
北京市第一一四中学	453	21661	37.14
北京市第一四二中学	1069	33073	33.21
北京市国子监中学	1299	39593	31.95
北京市裕中中学	209	8803	22.99
北京市第一七七中学	976	28638	22.74
北京市翔宇中学	335	12570	18.91
徐悲鸿中学初中部	830	30854	22.99
北京市广安中学	782	31646	18.67
北京市徐悲鸿中学	241	12544	11.46
北京市第五中学分校	772	21239	13.81
北京市北纬路中学	350	13134	8.78
北京市和平北路学校	269	6440	4.55
北京市第一一五中学	16	594	0.92

从图 7-15 和图 7-16 可以看出，核心区主要中学的可达性和主要小学的可达性模式存在着明显差异。核心区的中学可达性大致表现为中心—外围模式，即中间低、外围高。中学可达性的计算没有按照学区进行，反映的主要是自由竞争状态下，学龄人口对优质教育资源的争夺。因而好的中学所在地其就读可达性反而低，如北京市第二十五中、北京景山学校和北京市第一六六中学相互毗邻，且都是优质学校，其所在地的就读可达性却较低。另一方面是因为边界效应，使得位于研究范围边界处的学校在供需比计算时未将核心区外可能覆盖的学龄人口纳入计算而造成其供需比偏高，从而其可达性也偏高。中学可达性值与中学供需比值直接相关，后者的分布模式如图 7-17 所示，二者相似性较高。小学因为严格按照学区就读，因而不存在边界效应，其可达性值的分布主要反映的是学区内的学龄人口密度的影响，其分布如图 7-18 所示。二者的分布模式负向相关，即学龄人口密度高的学区内小学就读可达性相对较低，如大栅栏街

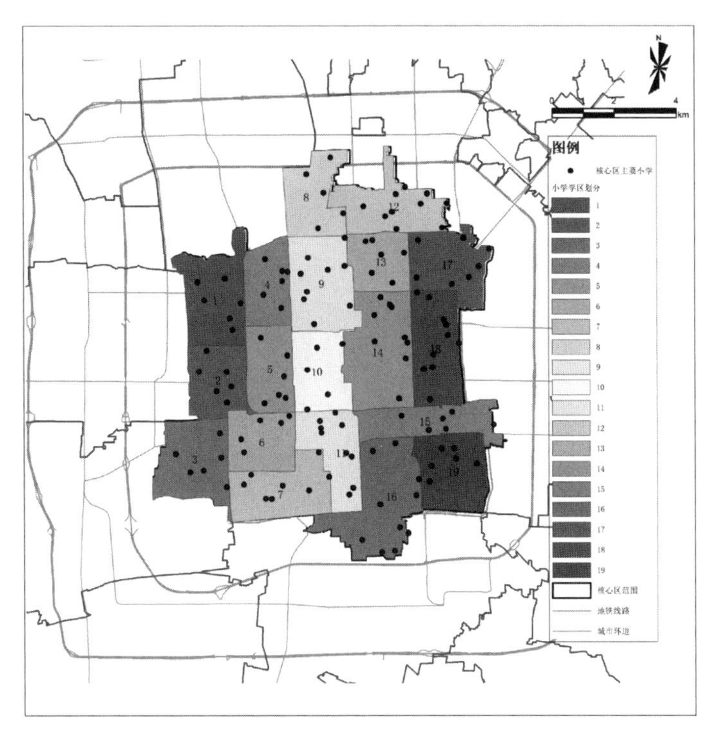

图 7-13　核心区小学学区划分示意图

图片来源：作者自绘

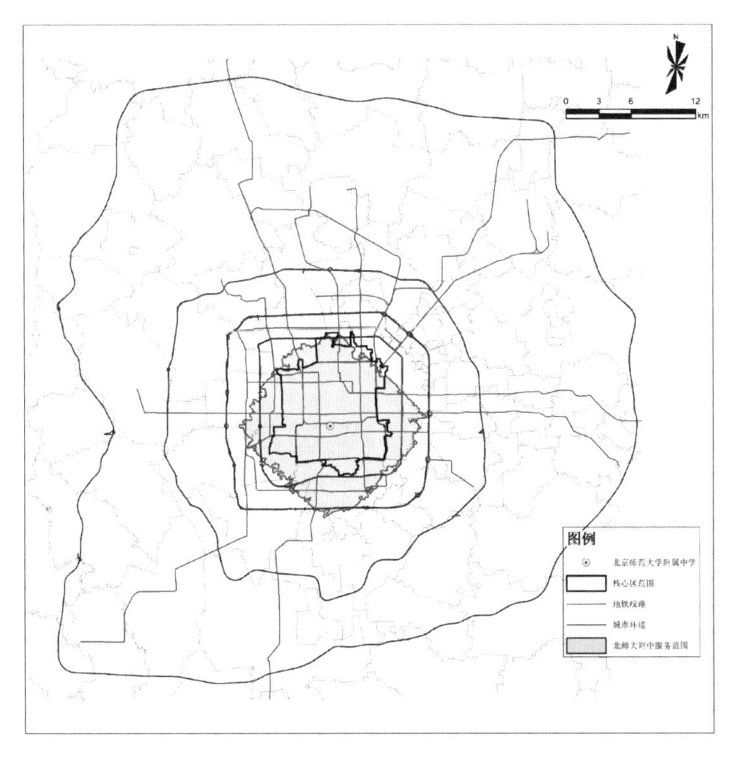

图 7-14　核心区典型中学北京师范大学附属中学服务范围示意图

图片来源：作者自绘

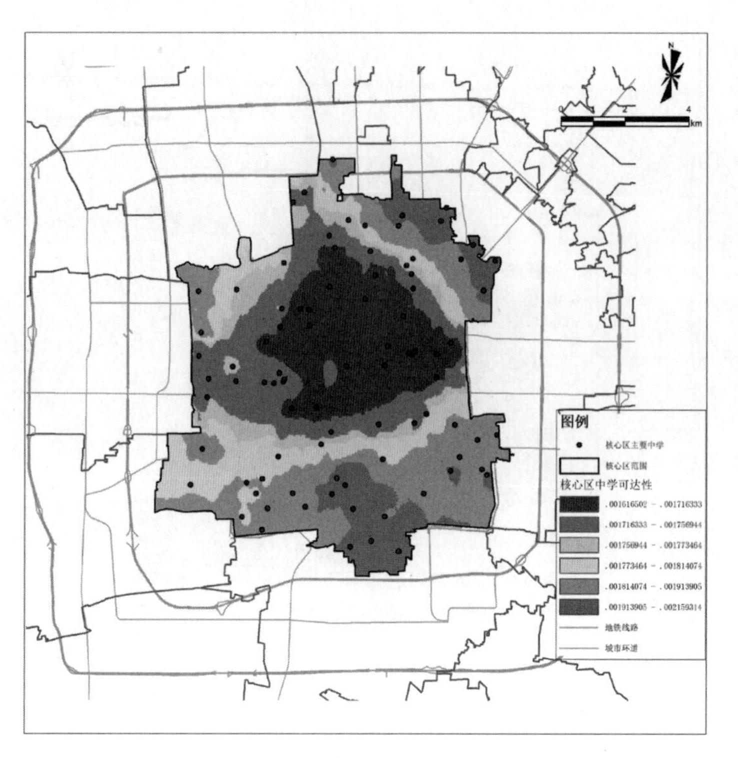

图 7-15　北京核心区主要中学可达性分布模拟示意图

图片来源：作者自绘

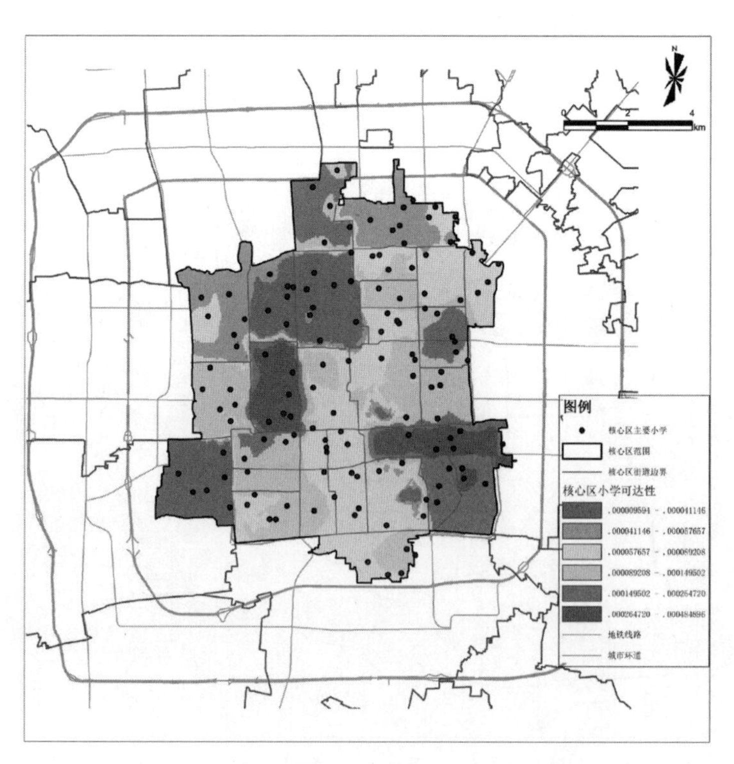

图 7-16　北京核心区主要小学可达性分布模拟示意图

图片来源：作者自绘

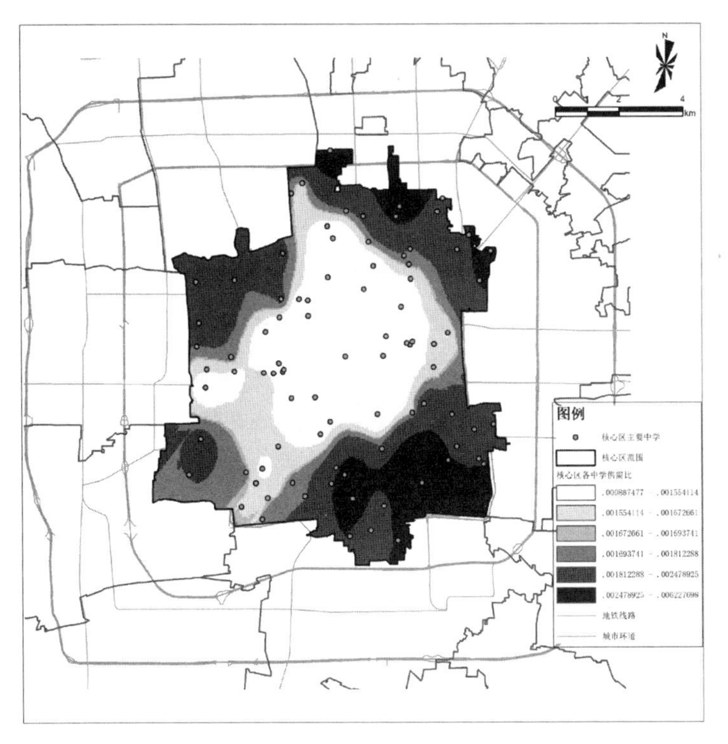

图 7-17　北京核心区中学供需比分布模拟示意图

图片来源：作者自绘

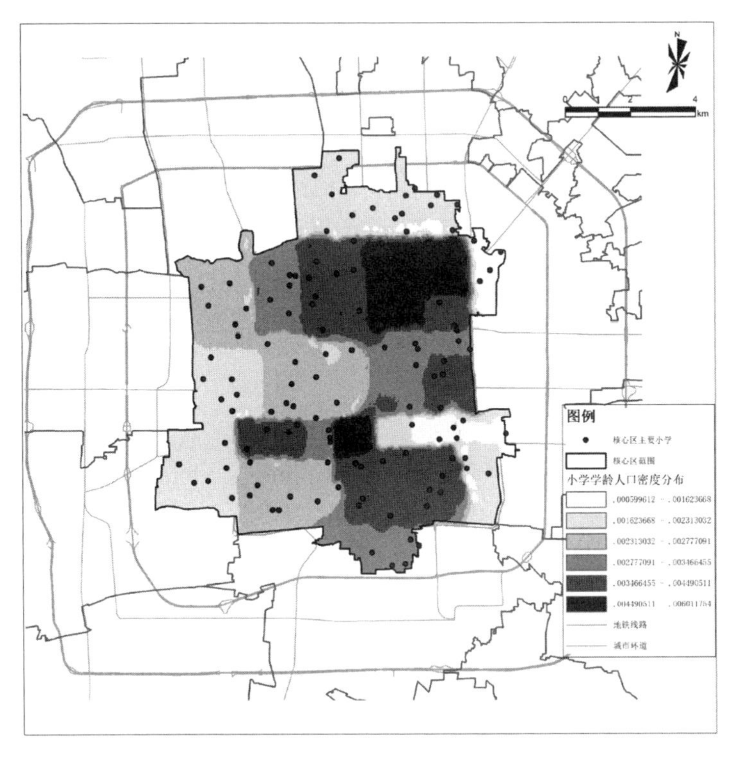

图 7-18　北京核心区小学学龄人口密度分布模拟示意图

图片来源：作者自绘

北京核心区各居民点就读可达性描述统计表　　表 7-16

可达性类别	最小值	最大值	平均值	标准差	变异系数
中学可达性	0.001614	0.002166	0.001789	0.000089	0.049748
小学可达性	0.000016	0.000497	0.000102	0.000080	0.784314

道和北新桥街道的小学学龄人口密度较高，其所在区域的小学就读可达性则较低；而崇文门外街道的小学学龄人口密度最低，其所在区域的小学就读可达性最高。此外，优质小学的存在也会影响所在地区的就读可达性，如北京第二实验小学所在的金融街学区的就读可达性就较高。东直门街道的小学学龄人口密度低，但因为其和相邻的小学学龄人口密度高的北新桥街道共同划分一个学区，也造成了其就读可达性低。

进一步对各街道就读可达性值进行分类，按照分位数（quantile）算法，将其分为四类，取高的四分之一标记为高可达性街道，低的四分之一标记为低可达性街道（表 7-17）。如图 7-19 和图 7-20 所示，颜色越深的表示就读可达性越高，颜色越浅则越低。从表 7-17 可以看出，天桥街道的中学就读可达性最高，东华门街道的中学就读可达性最低。中学就读可达性排在前 2-5 位的街道分别是永定门外街道、东直门街道、和平里街道和龙潭街道；中学就读可达性排在第 28-31 位的街道分别是交道口街道、什刹海街道、朝阳门街道以及景山街道。中学就读可达性高的街道人口占核心区常住中学学龄人口的 24.07%；中学就读可达性低的街道人口占核心区常住中学学龄人口的 22.37%。金融街街道的小学就读可达性最高，广安门外街道的小学就读可达性最低。小学就读可达性排在前 2-5 位的街道分别是崇文门外街道、前门街道、东花市街道和龙潭街道；小学就读可达性排在第 28-31 位的街道分别是展览路街道、和平里街道、新街口街道以及什刹海街道。小学就读可达性高的街道人口占核心区常住小学学龄人口的 14.85%；小学就读可达性低的街道人口占核心区常住小学学龄人口的 33.33%。

北京市核心区各街道就读可达性值[①]　　表 7-17

	街道名	中学可达性值	中学可达性类别	小学可达性值	小学可达性类别
1	天桥街道	0.001986	高	0.000066	低
2	永定门外街道	0.001956	高	0.000093	—
3	东直门街道	0.001951	高	0.000072	—
4	和平里街道	0.001900	高	0.000052	低
5	龙潭街道	0.001894	高	0.000251	高
6	陶然亭街道	0.001886	高	0.000090	—
7	体育馆路街道	0.001886	高	0.000223	高
8	天坛街道	0.001880	高	0.000078	—
9	东花市街道	0.001846	—	0.000283	高
10	白纸坊街道	0.001832	—	0.000096	—

① 本表按中学就读可达性值从高到低排序。

续表

	街道名	中学可达性值	中学可达性类别	小学可达性值	小学可达性类别
11	广安门外街道	0.001816	—	0.000024	低
12	牛街街道	0.001816	—	0.000127	—
13	崇文门外街道	0.001806	—	0.000323	高
14	北新桥街道	0.001806	—	0.000074	—
15	展览路街道	0.001782	—	0.000056	低
16	德胜街道	0.001777	—	0.000156	高
17	大栅栏街道	0.001776	—	0.000067	低
18	广安门内街道	0.001772	—	0.000139	—
19	前门街道	0.001771	—	0.000312	高
20	椿树街道	0.001768	—	0.000066	低
21	月坛街道	0.001754	—	0.000107	—
22	安定门街道	0.001744	—	0.000086	—
23	建国门街道	0.001738	—	0.000118	—
24	东四街道	0.001738	—	0.000171	高
25	新街口街道	0.001738	低	0.000038	低
26	金融街街道	0.001716	低	0.000327	高
27	西长安街街道	0.001712	低	0.000091	—
28	交道口街道	0.001708	低	0.000112	—
29	什刹海街道	0.001700	低	0.000030	低
30	朝阳门街道	0.001687	低	0.000153	—
31	景山街道	0.001685	低	0.000078	—
32	东华门街道	0.001671	低	0.000097	低

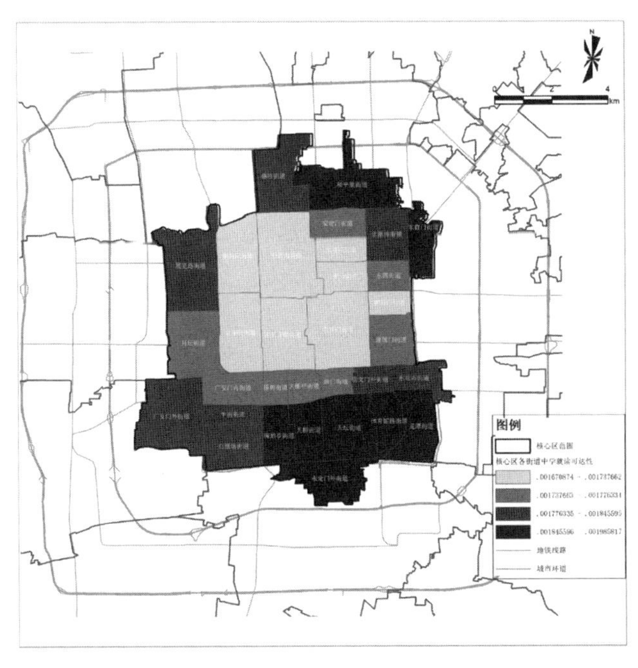

图 7-19　北京市核心区各街道中学就读可达性值分组示意图

图片来源：作者自绘

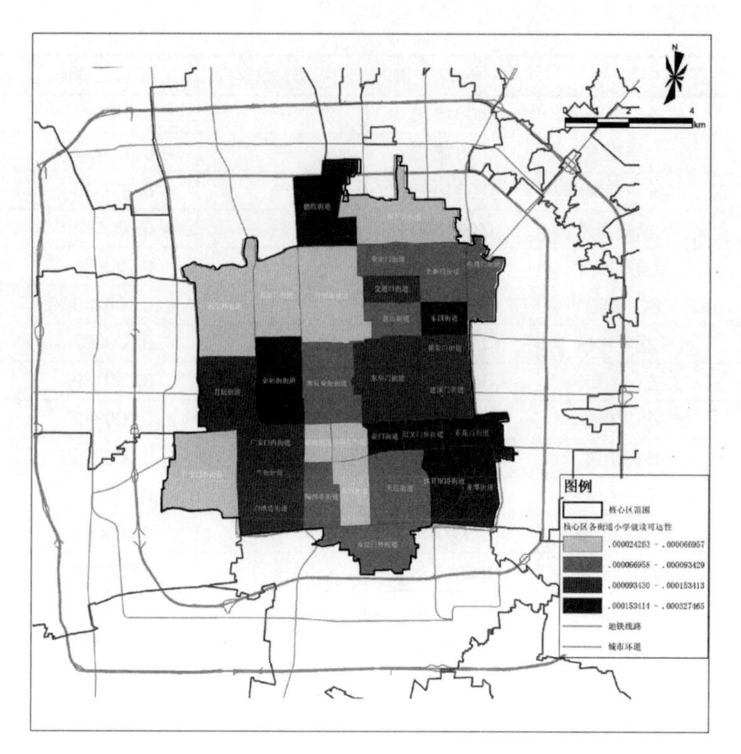

图 7-20　北京市核心区各街道小学就读可达性值分组示意图

图片来源：作者自绘

通过对北京核心区就读可达性的研究发现，中学的可达性分布和小学的可达性分布都呈现出不均衡性，而二者之间也有着明显的差异。主要原因在于中学更多地反映了自由竞争条件下，市场所起到的配置资源的作用；而小学则反映了计划经济体制下，国家对基础教育的管控，更多地体现了公平性的考虑。但本研究并未能反映其他客观现实，如天价学区房的存在表明这种管控也逃不出“看不见的手”。本研究除了计算可达性外，还给出了各小学学区的总体师生供需比。按照国家规定，每 25 名小学生需要配备一名教师，其师生供需比为 0.04。北京市核心区除了新街口学区（其总的师生供需比为 0.037），其他 18 个学区均达到了此标准，最高的金融街学区的师生供需比达到了 0.163，远超过国家标准。这说明，总体而言，北京核心区的小学教育资源是充足的，但其分布也存在着不均衡性。

本研究使用空间化的较小单元的人口数据，并基于实际的 GIS 路网系统用改进的两步移动搜寻法来考察北京市核心区的就读可达性，并且对不同规模中学的服务阈值进行了修正；而不同小学的服务范围按实际的学区进行了划分，更加合理地模拟了现实的就读过程。首先，空间化的人口数据更精准地模拟了教育服务需求点的实际地理位置，以之为出发点的可达性计算与模拟揭示了更多的可达性变化的细节。其次，基于实际路网的最短距离作为搜寻距离比欧氏距离更符合实际。最后，本研究对传统的 2SFCA 进行了改进，融入了模拟学生择校行为的哈夫模型，使得整体的模拟效果更加逼近真实情况。

当然，研究仍有诸多可以深化的方向，如测试其他距离衰减函数的影响效果、不同距离摩擦系数的敏感性分析，以及对于择校机制更为精确的模拟等方面都有待深入研究。实际上，小学和初中同属于义务教育，需要根据户口所在地或居住地就近入学，因而在计算就读可达性时，常住学龄人口的户籍状况也是需要考虑的重要因素。初中的服务范围应该区别于高中单独分析，但是很多初中和高中以完全中学的形式在地理位置和数据上都融为一体，单独分析的实现比较困难。另外，学龄人口同一时段原则上只能选择一所学校就读，这使得两步移动搜寻法在最终的可达性累计计算上可以改进为以距离最近的学校的供需比作为可达性的评价指标，也可以选择基于哈夫模型选择概率最大学校的供需比作为可达性的评价指标，或者以多种结果呈现，便于比较分析。

传统规划对教育设施的布局主要是按《城市居住区规划设计规范》的相关要求进行，这对于计划经济体制下的定点模式有一定的合理性（岳晓琴等，2012）。然而，在市场经济条件下，居民在选择各种设施方面具有更大的灵活性，通常会综合考虑设施的质量和规模，而距离因素反而被改善的交通条件所弱化。对名校的追逐是造成核心区就读可达性分异的重要因素，在市场经济体制下，优质教育资源在核心区的集中必定进一步加剧学龄人口及其家庭向心聚集。因而，探索规划、政策多途径调整以兼顾教育设施分布的公平和效率是教育设施可达性研究的最终导向。

7.2.3 公园绿地可达性分析

（1）进展与方法

公园绿地的可达性是指从空间中任意一点克服空间阻力到达公园绿地的相对或者绝对难易程度（俞孔坚等，1999），反映了人们到达城市绿地的水平运动过程所克服的空间阻力的大小（李博等，2008）。早在 1997 年，塔伦（Talen）等就运用探索性数据分析的方法研究了美国科罗拉多州的普韦布洛（Pueblo）和佐治亚州的麦康（Macon）的公园可达性，并分析了可达性与相关社会经济变量如房价、人种之间的关系（Talen，1997）。尼科尔斯（Nicholls）以德州的布赖恩（Bryan）为例说明如何利用 GIS 分析公园的可达性和分布公平性，并且比较了直线距离和网络距离的不同结果（Nicholls，2001）。欧（Oh）等利用 GIS 网络分析对首尔市公园绿地的步行可达性及服务价值进行了评价（Oh et al.，2007）；康柏（Comber）利用 GIS 网络分析和泊松回归定量研究了英国莱斯特（Leicester）市不同民族和宗教人群的绿地可达性差异（Comber et al.，2008）。

继俞孔坚等将绿地可达性的概念引入国内以来（俞孔坚等，1999），先后有多人在其方法基础上加以改进用以评价国内各城市绿地的景观格局和服务功能，如周廷刚等对宁波的研究（周廷刚，2004）、胡志斌等对沈阳的研究（胡志斌等，2005）、马林兵等对广州的研究（马林兵等，2006）。尹海伟等对济南的研究加入了时间的维度（尹海伟等，2005；尹海伟等，2006）；尹海伟等对上海和青岛绿地的功能评价中，除了可达性，还引入了公平性指标（尹海伟等，2008）；肖华斌等基于空间可达性和服务面积评价了广州市 4 个城区公园绿地的空间分布（肖华斌等，

2009）。上述研究在计算到达绿地的空间阻碍时一般采用费用阻力模型，考虑了不同土地利用类型对运动速度的影响（李博，2008），但相对阻力值的确定主观性较大，且与实际的行进路径和成本还是有较大的差异。同时，部分研究也引入了势能模型来模拟绿地服务的需求点和供给点之间的相互作用。这两种方法都基于栅格数据进行，其固有的粒度效应也会对结果产生较大的影响（Corry et al.，2007）。后续研究在这两方面多有改进，如李博等（2008）针对城市公园绿地规划和建设的特点，以山东省威海市环翠区为案例，对相对阻力模型法、基于路网的阻力模型法、网络分析法三种方法做了对比验证，结果表明，相对阻力模型误差较大，而网络分析法和道路扩散的阻力模型结果与问卷调查结果较为符合；李小马等基于 GIS 的网络分析法，结合道路和人口分布分析了沈阳及其各行政区公园的可达性和服务状况（李小马等，2009）；王胜男等运用 GIS 和哈夫模型，从供需角度出发，以分析、评估洛阳市现状绿地系统为基础，提出了洛阳市绿地系统优化设计方案（王胜男，2010）；蔡彦庭等分析了广州中心城区公园绿地的景观格局、可达性和服务状况，并探讨了绿地空间格局对其可达性的影响（蔡彦庭等，2011）；鄢进军等基于 GIS 网络分析和哈夫模型计算了重庆市忠县绿地的服务能力和服务范围（鄢进军等，2012）。

文献综述表明现有的公园绿地可达性研究的主要方法可以分为定性和定量两种，定量研究有通过统计分析的定量方法和基于地理信息系统的定量方法。相对于复杂难操作的统计分析定量法而言，利用 GIS 技术建立的绿地可达性分析模型使得定量计算更为简便、精确和有效，便于管理数据和图示结果（李博，2008）。因为可达性受到土地利用、交通系统和个体差异等因素的影响（杨育军，2004），基于 GIS 的可达性评价方法也很多样，根据建模原理的不同，一般可以分为缓冲区模型、最小邻近距离模型、费用阻力模型和引力势能模型、行进成本模型等，这些方法各有优缺点（表 7-18）。

基于 GIS 的公园绿地可达性分析方法比较　　表 7-18

研究模型	研究原理和方法	优缺点
缓冲区	计算一定半径距离内的绿地数量、类型和面积，或者反之表示设施的服务半径	易操作，但没有考虑路网、河流等阻力因子，与现实差距甚大
最小邻近距离	计算某一点到最邻近公园绿地的直线距离，结合问卷调查获得的数据，运用数理统计得到可达性的量化指标	对距离的估计与现实相差较远，但对可达性因素考虑全面，囊括了社会因素，计算复杂，不易推广
费用阻力	考虑土地利用类型对运动速度的影响，反映了人们到达城市设施的空间阻力，一般以距离、时间、费用等作为衡量指标	接近实际空间阻力，但对服务对象、设施本身的吸引力和行进方式等其他因素考虑不足
引力势能	假设出行势能和出发点的出行势能成正比，和到达点的吸引潜力成正比，和两点之间交通距离或时间的 N 次方成反比	考虑了绿地与出发点之间的相互作用，但模型复杂，计算结果含义不同，且多无量纲，较难解释
行进成本	计算从居住地到城市公园绿地所消耗的时间或金钱	用网络距离表征到绿地的距离，接近实际，但未考虑设施特征的影响

以上方法从不同角度反映了公园绿地的空间可达性，但在可达性的评价、测算和建模过程中，通常依赖空间平面的简化。缓冲区分析法和最小邻近距离分析法采用了欧氏距离，没有考虑生活中居民到达公园的实际路线；费用阻力法需要在拥有较详细的土地利用图的基础上对其进行阻力设值，累积行进成本。而在研究微观尺度，如城区一级尺度的对象时，基于遥感解译的粗略土地利用图误差较大，尤其是城区的土地几乎以建成区一类代之，而详细的土地利用图又较难获得。引力势能模型考虑了不同区域里供需的复杂相互作用，但是需要较多的数据支持来确定距离衰减函数中的摩擦系数等，而这需要大量的样本量以及长时间反复的调查支持。因此在这种情况下，应用 GIS 中的网络分析模块，使用道路矢量数据，基于实际的行进速度，对其进行时间距离下的累积行进成本模拟，不失为公园绿地可达性分析的一种有效方法。因此，本研究依然延续对医疗设施和教育设施的分析方法，使用改进的两步移动搜寻法对北京市核心区公园绿地的可达性进行分析。

（2）结果与分析

本研究公园绿地可达性计算流程分为服务范围生成、服务供需计算和可达性求取三步。第一步，根据相关研究，以规模等级和服务功能为考量，市级综合性公园、区级综合性公园及居住区公园的有效服务半径分别约为 2000-3000m，1500-2000m 和 500-1500m（申世广，2010）。本研究所选取的注册公园大多为区级公园和市级综合性公园，也包括一些面积较小的社区公园，因此将其基础服务范围设定为 1000m。但在像北京这样的特大城市中，公园面积都相对较大，功能综合，服务距离都会适当扩大，而现在交通条件大为改善，人口对公园绿地的需求强烈等因素都造成公园绿地的实际服务范围远远超过上述针对中等城市的研究所限。因此，本研究将核心区服务能力最小的公园绿地（占地面积最小）的服务半径设定为 1000m，其余各公园绿地的服务半径以此为基础进行修正。

$$\begin{cases} d_0' = d_0 \\ d_n' = \sqrt{\dfrac{A_n}{A_0}}\, d_0' \end{cases} \tag{7-9}$$

式中：d_0 代表公园绿地的基础服务半径，即 1000m；d_0'代表服务能力最小的公园绿地的服务半径；d_n'代表服务能力从小到大排列第 n 个公园绿地的服务半径；A_0 和 A_n 分别代表服务能力最小和排名为 n 的公园绿地占地面积。北京核心区所有公园绿地中，d_n'最大值是什刹海公园的 25348.63m。各公园绿地的服务范围是以其所有入口的服务半径生成的范围合并而成，具体如表 7-19 所示。典型免费公园皇城根遗址公园的服务范围如图 7-21 所示，典型收费公园天坛公园的服务范围如图 7-22 所示。

第二步，在各公园绿地相应的服务范围内搜寻居民点，并以表征公园绿地服务能力的指标占地面积与服务范围内的常住总人口的比值作为各公园绿地的服务供需比。

$$R_j = \frac{S_j}{\sum_{k \in D_0} P_k} \tag{7-10}$$

式中：P_k 是质心在搜寻区范围内的居民点 k 的常住人口总数；S_j 为公园绿地 j 的占地面积，即各公园绿地服务的总供给；D_0 为公园绿地 j 的服务范围。公园绿地面积的相关统计指标有占地面积，也有绿化面积，二者有时差异巨大，比如当一个公园有大片水域时，其占地面积很大而绿化面积却很小；也有一些公园绿地存在绿化面积大却没有足够活动空间的情况，为了避免过高或过低估计公园绿地的服务能力，并与常用的人均绿地率等指标相比较，本研究采用占地面积作为测度公园绿地服务能力的指标。

第三步，首先利用哈夫模型计算各居民点 k 选择公园绿地 j 的概率，见计算公式 7-11。距离阻抗采取了负幂函数（$f(d)=d^{-\beta}$）的形式，根据既往的研究经验，距离摩擦系数 β 取值范围为 1.5-2，β 值越大，距离衰减的作用越明显。在本研究中，公园绿地分为免费公园和收费公园两类，免费公园的距离衰减作用更为明显，因而 β_1 取值 2；收费公园的距离衰减作用相对不太明显，β_2 取值 1.5。

$$P_{kj} = \frac{\lambda_j C_j d_{kj}^{-\beta}}{\sum_S \lambda_s C_s d_{ks}^{-\beta}} \tag{7-11}$$

式中：P_{kj} 为居民点 k 处居民选择公园绿地 j 的概率；C_j 为公园绿地 j 的吸引力（以公园绿地占地面积为实际计算依据）；$d_{kj}^{-\beta}$ 为居民点 k 到公园绿地 j 的距离阻抗；λ 为选择概率系数。本研究假设，当居民可以同时选择免费公园和收费公园时，更倾向于选择免费公园。因此，本研究将免费公园的选择概率系数取为 2，将收费公园的选择概率系数取为 1.5。通过 GIS 的网络分析模块建立 OD 矩阵，基于北京核心区的道路拓扑网络分别求取中心城区 3960 个居民点到 48 处公园绿地的 276 个入口的最短路网距离。同一个居民点到同一公园绿地不同入口的距离取最短值。再用 MATLAB 编程算出各居民点居民选择各公园绿地的概率矩阵。用概率矩阵与第二步所得的各公园绿地供需比相乘即得到核心区各居民点到各公园绿地的可达性[①]。

对所有居民点，求取其到公园绿地的可达性指数 A^1_k，其计算如公式 7-12 所示：

$$A^1_k = \sum_j P_{kj} R_j \tag{7-12}$$

式中：A^1_k 代表居民点 k 基于两步移动搜寻法且考虑选择概率的公园绿地可达性；P_{kj} 为居民点 k 处居民选择公园绿地 j 的概率；R_j 是公园绿地 j 的供需比。其中 A^1_k 越大，则该居民点的公园绿地可达性就越好。

上述计算方法并未考虑居民到公园绿地的极限出行范围，因此，本研究假设对于核心区所

① 为了避免因居民点和公园入口点空间位置过近而出现极值情况，距离矩阵统一加上了 1000m 的基础服务范围修正值。

有的居民点而言，30 分钟的步行范围为其到公园绿地的极限出行范围，步行速度约为 1m/s，因而可将居民点到公园绿地的搜寻范围设为 1800m，再基于第二步计算不考虑选择概率而仅考虑出行距离的公园绿地可达性 A_k^2，其计算如公式 7-13 所示：

$$A_k^2=\sum_{j\in D_0}R_j \tag{7-13}$$

式中：A_k^2 代表居民点 k 基于两步移动搜寻法的公园绿地可达性；R_j 是以居民点 k 为中心的搜寻区内的公园绿地 j 的供需比；D_0 为居民点 k 以极限出行距离 1800m 所形成的搜寻范围。其中 A_k^2 越大，则该居民点的公园绿地可达性就越好。

最后，本研究再同时考虑居民到公园绿地的选择概率和极限出行距离，从而计算第三种公园绿地可达性值 A_k^3。通过 GIS 的网络分析模块建立 OD 矩阵，基于北京核心区的道路拓扑网络分别求取核心区 3960 个居民点到 48 处公园绿地的 276 个入口的最短路网距离。同一个居民点到同一公园绿地不同入口的距离取最短值。从 OD 矩阵中删除距离超过 1800m 的，再用 MATLAB 编程算出各居民点居民选择出行极限范围内各公园绿地的概率矩阵。用概率矩阵与第二步所得的各公园绿地供需比相乘即得到核心区各居民点到各公园绿地的可达性，计算如公式 7-14 所示：

$$A_k^3=\sum_{j\in D_0}P_{kj}R_j \tag{7-14}$$

式中：A_k^3 代表居民点 k 基于两步移动搜寻法考虑选择概率和出行距离的公园绿地可达性；D_0 为居民点 k 以极限出行距离 1800m 所形成的搜寻范围；R_j 是以居民点 k 为中心的搜寻区内的公园绿地 j 的供需比；P_{kj} 为居民点 k 处居民选择公园绿地 j 的概率。其中 A_k^3 越大，则该居民点的公园绿地可达性就越好。

核心区各居民点到公园绿地的可达性值的基本描述统计值如表 7-20 所示。由于居民点是离散分布的，不利于观察核心区公园绿地可达性的整体特征和趋势，对可达性值进行泛克里金插值，得出核心区全域的公园绿地可达性分布图，具体如图 7-23 ~ 图 7-25 所示。

北京核心区主要注册公园服务范围及供需比 **表 7-19**

公园名称	覆盖居民点数量	覆盖常住人口数	服务范围（km^2）	供需比
什刹海公园	3960	2152010	1288.87	1.40
天坛公园	3960	2152010	1314.79	1.27
北京动物园	3924	2116380	404.09	0.41
北海公园	3960	2152010	332.88	0.33
陶然亭公园	3746	2062626	274.33	0.27
北京游乐园	3137	1742803	236.43	0.30
龙潭公园	2557	1491053	227.03	0.33

续表

公园名称	覆盖居民点数量	覆盖常住人口数	服务范围（km^2）	供需比
地坛公园	2790	1390250	179.05	0.27
永定门公园	2280	1343446	133.87	0.21
中山公园	3642	1984335	110.04	0.12
景山公园	3380	1725042	104.16	0.13
柳荫公园	1631	768776	81.49	0.23
青年湖公园	1838	884143	80.41	0.19
明城墙遗址公园	1803	1037808	81.32	0.15
北京市劳动人民文化宫	2499	1321296	64.64	0.11
北京大观园	1116	701107	54.87	0.18
龙潭西湖公园	740	485465	48.03	0.22
人定湖公园	1247	562806	44.35	0.16
德胜公园	1544	715104	41.71	0.12
月坛公园	1215	583841	33.26	0.14
皇城根遗址公园	2081	992552	49.59	0.08
宣武艺园	1430	764016	32.21	0.10
顺成公园	1500	752618	42.85	0.09
北滨河公园	1181	517932	28.34	0.13
双秀公园	476	234762	25.91	0.27
地坛园外园	988	464042	27.25	0.13
丰宣公园	455	346729	26.64	0.16
北二环城市公园	1299	596046	31.97	0.09
万寿公园	671	430872	21.19	0.12
东单公园	774	414176	20.90	0.11
西便门城墙遗址公园	1034	563783	22.38	0.08
玫瑰公园	304	168867	20.84	0.27
北京滨河公园	876	529112	29.25	0.07
菖蒲河公园	733	323399	18.11	0.12
玉蜓公园	231	174373	15.55	0.19
莲花河休闲城市公园	303	170322	9.95	0.16
前门公园	479	207165	11.18	0.13
南馆公园	436	244080	11.14	0.11
南礼士路公园	596	277805	11.94	0.09
白云碧溪公园	488	248418	10.97	0.09
角楼映秀公园	199	153184	8.53	0.13
官园公园	361	166012	7.31	0.12
长椿苑公园	325	224313	7.80	0.08
翠芳园	316	167851	6.83	0.10

续表

公园名称	覆盖居民点数量	覆盖常住人口数	服务范围（km^2）	供需比
燕墩公园	81	83457	4.68	0.14
二十四节气公园	89	78093	5.42	0.14
东四奥林匹克社区公园	149	88055	4.88	0.12
桃园公园	33	33897	1.83	0.14

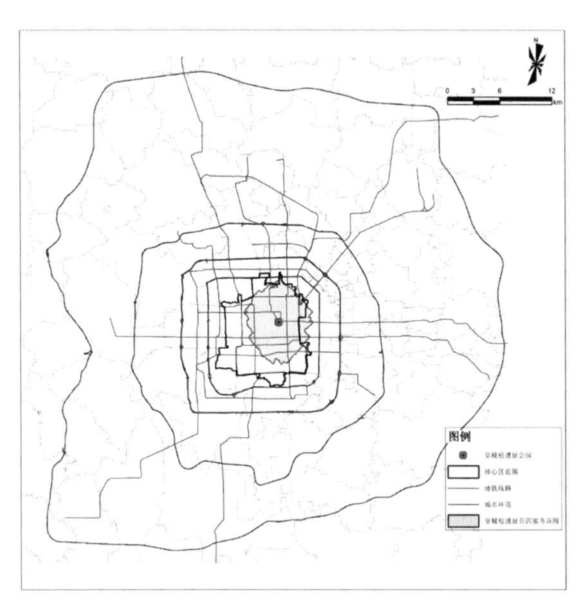

图 7-21　核心区典型免费公园皇城根遗址公园服务范围示意图

图片来源：作者自绘

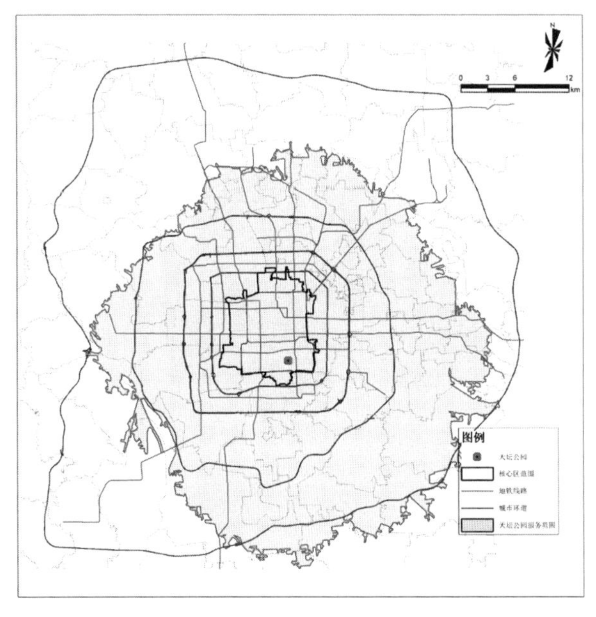

图 7-22　核心区典型收费公园天坛公园服务范围示意图

图片来源：作者自绘

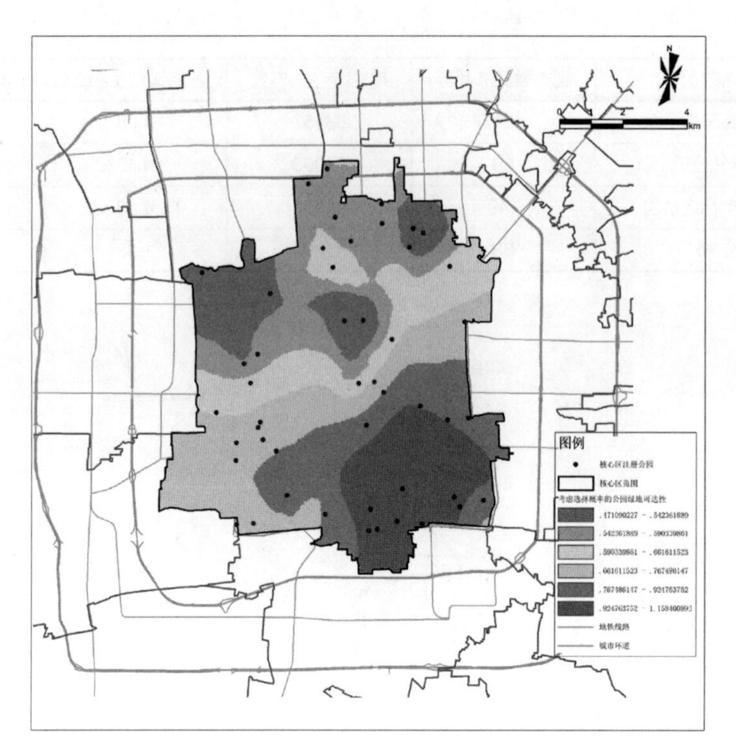

图 7-23　北京核心区公园绿地可达性模拟示意图（考虑选择概率）

图片来源：作者自绘

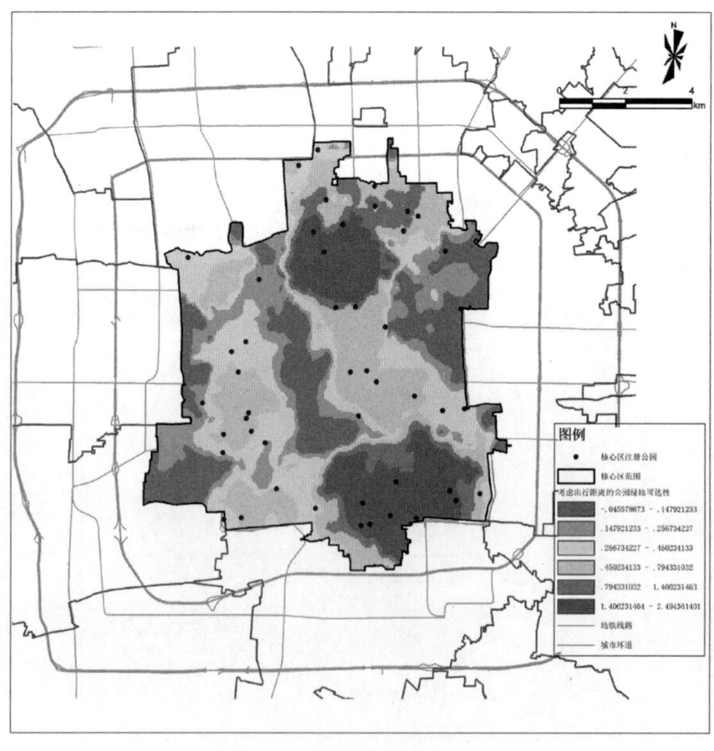

图 7-24　北京核心区公园绿地供需比模拟示意图（考虑出行距离）

图片来源：作者自绘

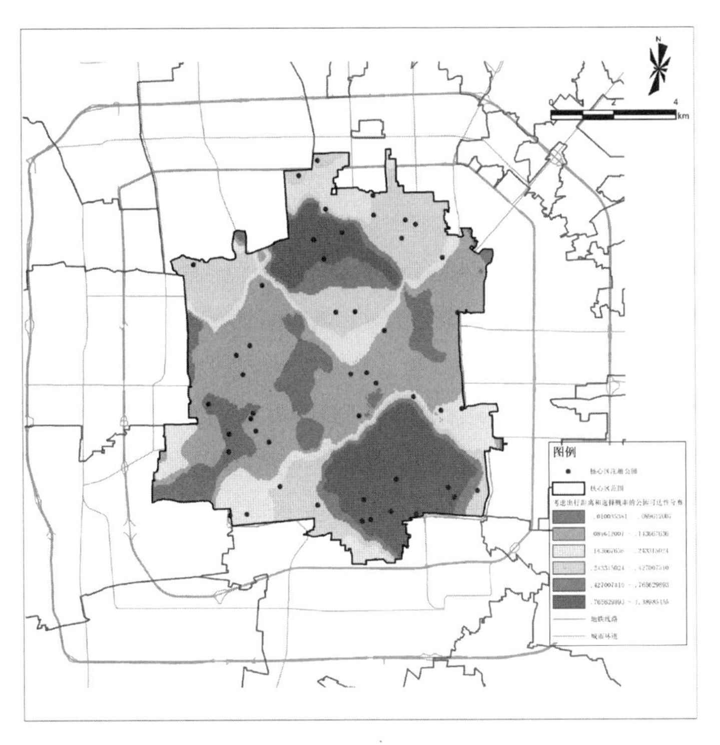

图 7-25　北京核心区公园绿地可达性模拟示意图（考虑选择概率和出行距离）

图片来源：作者自绘

北京核心区各居民点公园绿地可达性描述统计表　　表 7-20

可达性类别	最小值	最大值	平均值	标准差	变异系数
考虑选择概率的可达性	0.437841	1.181815	0.694331	0.160047	0.230505
考虑出行距离的可达性	0.000000	2.612469	0.594957	0.607315	1.020771
考虑选择概率和出行距离的可达性	0.000000	1.396344	0.360743	0.410883	1.138991

从图 7-23、图 7-24 和图 7-25 可以看出，三种公园绿地可达性值都体现了公园面积对可达性值的较大影响。两个面积最大的公园天坛公园和什刹海公园影响了整个核心区公园绿地可达性值的分布。在只考虑选择概率的情况下，核心区的公园绿地可达性以天坛公园为中心，呈现了明显的圈层结构，从天坛公园所在的东南隅向西北隅递减，显然这与实际情况相距甚远。同样，在同时考虑选择概率和出行极限距离时，公园面积的影响还是很大，整个核心区的公园绿地可达性呈现以天坛公园和什刹海公园为高值两端的“两头高、中间低”模式。这主要是因为在选择概率的计算中，公园面积是很重要的因素，选择概率与公园面积基本上成正比关系。但从结果来看，这种计算方法有可能会夸大公园面积的影响。而基于最基本的两步移动搜寻法，也就是只考虑出行极限距离的可达性值，更符合对公园绿地可达性值的感性认知，如图 7-24 所示，除了天坛公园和什刹海公园，动物园、官园公园、宣武艺园、陶然亭公园、北京大观园、景山公园、中山公园、青年湖公园、地坛公园、人定湖公园、柳荫公园、双秀公园等一些次级公园对周边

地区公园绿地可达性的影响也突显了出来。当考虑出行极限距离时，边界效应也显现出来了，如图 7-24 和图 7-25 所示，部分地区的公园绿地可达性值非常低，最低值甚至为 0，表明相应的居民点在 30 分钟的步行范围内没有可达的公园绿地。这些点大部分位于研究范围的边界处，也有部分位于公园绿地比较缺乏的中间地带。总体来说，核心区公园绿地可达性呈现了不均衡分布的状态。

根据以上分析，取只考虑出行距离的公园绿地可达性值，进一步对各街道公园绿地可达性值进行分类，按照分位数算法，将其分为四类，取高的四分之一分位数标记为高可达性街道，低的四分之一标记为低可达性街道（具体值为低于 0.213505 为低可达性街道，高于 0.837279 为高可达性街道），各有 8 个街道分别被划为公园绿地可达性高和公园绿地可达性低的街道（表 7-21）。如图 7-26 所示，颜色越深的表示公园绿地可达性越高，颜色越浅的表示公园绿地可达性越低。从表 7-21 可以看出，体育馆路街道的公园绿地可达性最高，而椿树街道的公园绿地可达性最低。公园绿地可达性排在前 2-5 位的街道分别是天坛街道、什刹海街道、天桥街道和永定门外街道；公园绿地可达性排在第 28-31 位的街道分别是广安门外街道、西长安街街道、东直门街道和朝阳门街道。公园绿地可达性高的街道人口占核心区常住总人口的 21.70%；公园绿地可达性低的街道人口占核心区常住总人口的 23.57%。

北京市核心区各街道公园绿地可达性值[①] **表 7-21**

	街道名	可达性值 1	可达性值 2	可达性值 3	可达性类别
1	体育馆路街道	1.062037	1.720378	1.232327	高
2	天坛街道	1.105028	1.673376	1.265391	高
3	什刹海街道	0.571301	1.473282	0.671072	高
4	天桥街道	0.970580	1.422122	0.992360	高
5	永定门外街道	0.994160	1.311142	0.714986	高
6	安定门街道	0.578307	1.131865	0.643952	高
7	交道口街道	0.592971	1.092132	0.502534	高
8	龙潭街道	0.932733	0.837279	0.559913	高
9	和平里街道	0.545620	0.773632	0.259619	—
10	德胜街道	0.580389	0.621651	0.515972	—
11	崇文门外街道	0.997304	0.562623	0.722884	—
12	陶然亭街道	0.812022	0.494850	0.340616	—
13	白纸坊街道	0.762112	0.483326	0.216354	—
14	景山街道	0.595348	0.463896	0.213565	—
15	东华门街道	0.751171	0.433806	0.192653	—
16	前门街道	0.995997	0.409719	1.107881	—

① 可达性值 1 为考虑选择概率的公园绿地可达性，可达性值 2 为考虑出行极限距离的公园绿地可达性，可达性值 3 为考虑选择概率和出行极限距离的公园绿地可达性，本表按可达性值 2 从高到低排序。

续表

	街道名	可达性值 1	可达性值 2	可达性值 3	可达性类别
17	广安门内街道	0.746080	0.404135	0.090761	—
18	月坛街道	0.619673	0.336772	0.112705	—
19	展览路街道	0.519576	0.314254	0.249516	—
20	牛街街道	0.791074	0.301276	0.145250	—
21	金融街街道	0.637072	0.279199	0.106240	—
22	建国门街道	0.833964	0.240852	0.119139	—
23	新街口街道	0.547793	0.238075	0.338746	—
24	东花市街道	0.910167	0.228910	0.141514	—
25	北新桥街道	0.608303	0.213505	0.188126	低
26	东四街道	0.672458	0.155901	0.097733	低
27	大栅栏街道	0.860981	0.133127	0.175465	低
28	广安门外街道	0.730374	0.128029	0.092159	低
29	西长安街街道	0.642864	0.120684	0.053262	低
30	东直门街道	0.655203	0.104458	0.101627	低
31	朝阳门街道	0.740776	0.092715	0.101840	低
32	椿树街道	0.812312	0.036534	0.061401	低

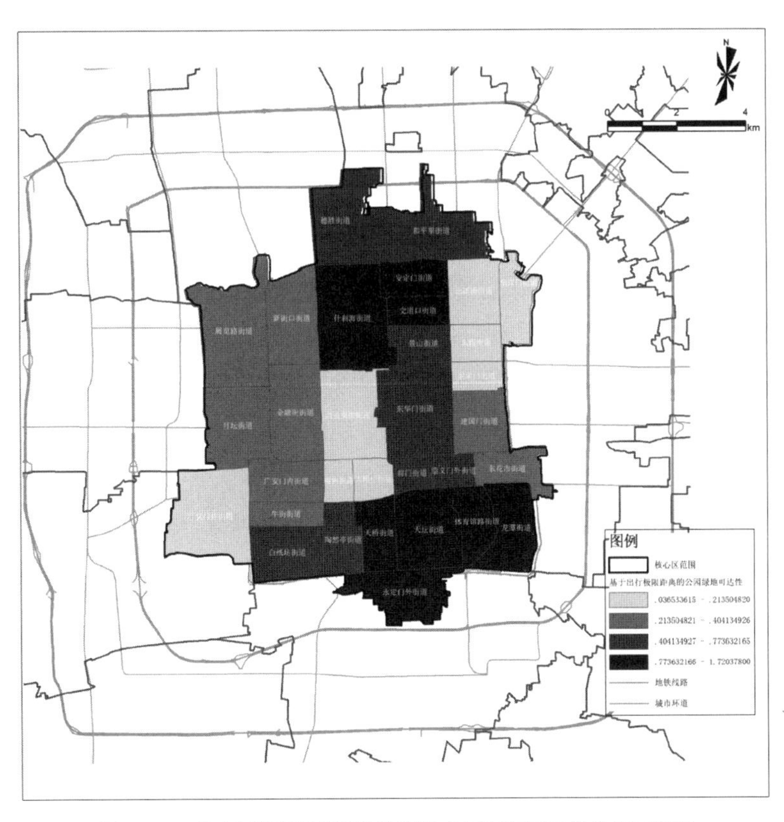

图 7-26　核心区基于出行极限距离的公园绿地可达性分组示意图

图片来源：作者自绘

本研究基于两步移动搜寻法所得到的北京核心区公园绿地平均可达性值约为 0.6。其实际含义为：在考虑公园的服务范围和居民 30 分钟的步行极限出行距离的情况下，北京核心区人均绿地可达面积为 0.6m^2。按生态城市 11m^2/ 人的标准来看，是远远不足的。核心区的人口密度过高，是造成其人均可达绿地面积较小的主要原因。但同时，公园绿地分布的不均衡性也造成了部分地区公园绿地可达性偏低，如西长安街街道、椿树街道和大栅栏街道所形成的低值区域。在雾霾频发、城市环境质量日益恶化的当下，居民对公园绿地的需求更加旺盛。如何通过城市生态修复，对于核心区主要是城市修补提高居民的公园绿地可达性，从而提高其生活质量和幸福感，是众多学者和实践人员的努力方向。本研究就是通过量化的方法廓清现状问题，为后续的深入研究提供一个基础。

本研究发现，由于规模效应，大型公园绿地的存在大大提高了周边地区居民公园绿地的可达性。但由于核心区的用地现状和规模所限，增加大型综合性公园的做法已不现实，而通过“城市双修”在适宜的位置增加开放性公园，以及通过“街区开放”使封闭小区的绿地更大程度地共享是较为合理的做法。基于网络分析的公园绿地可达性比封闭行政区划的单一人均绿地指标更符合实际，本研究修正了公园绿地的服务范围，采用多种模型模拟了居民到公园绿地的出行行为，对传统盛行的公园绿地可达性研究方法提出了质疑，并证明了两步移动搜寻法在公园绿地可达性应用方面的有效性。

7.2.4 小结

本章基于改进的两步移动搜寻法对 2010 年北京市核心区公共服务设施的可达性进行了分析，在数据和方法上都有所创新，不足之处在于没有考虑边界效应（boundary effect），即核心区外围的街道实际上是可以共享核心区以外相邻街道的医疗设施、教育设施和公园绿地等公共服务设施和资源的。给研究范围划定一定的缓冲区，将缓冲区内的数据纳入相关计算和分析可以在一定程度上改进这一问题，但本研究因为数据可获得性等方面的考虑，并没有采用此方法，造成了边界街道对于各类设施的可达性总体低于中间的街道。

本研究的贡献在于以交通网络距离代替了直线距离，以空间化的人口数据代替了简单行政区划单元质心点的人口数据。有了这两条改进，使得模拟的情况更逼近真实情况。总体上来说，在数据精度（尤其是人口数据精度）、可达性计算方法（两步移动搜寻法及其改进形式）方面，本研究都有所创新，结果也显示了这些方法在城市内部尺度的公共服务设施可达性分析及模式识别方面的优势。但本研究也有诸多未深入考虑的方面，比如，可达性很重要的一方面是人的主观意愿，本研究并没有涉及。之后研究通过实地调研的方式加入心理距离与实际距离的考量是可深入的方向之一。

在医疗服务设施方面，研究发现北京核心区医院众多，可达性良好，每千人病床数约为 11，每千人医师数约为 24。居民就医可达性基本呈圈层分布，从中心向外围递减，且就医可达性与人口密度呈负相关关系。北京单核心的城市空间结构及历史原因导致的高等级医院在核心区的集中是上述就医可达性模式的根由所在。在教育服务设施方面，研究发现北京核心区主要中学的就读可达性和主要小学的就读可达性存在着明显的差异。中学的就读可达性分布主要反映了自由竞争状态下对优质教育资源的争夺，呈现中间低、周围高的“碗”状分布模式。而小学的就读可达性与学区内小学学龄人口密度直接相关，学龄人口密度高，则可达性低；学龄人口密度低，则可达性高；在空间上也呈不均衡分布。在公园绿地设施方面，研究发现北京核心区的公园绿地相对其密集的人口来说捉襟见肘，虽然在大型公园绿地周围的居民点的可达性较高，但也不能达到生态城市的标准，且不均衡性较大。

城市公共服务设施是城市公共服务的依托载体，是形成城市社会空间的重要因素。城市公共服务设施具有“收入隐形增加体”的功能和“服务效益距离衰减”的特性，其非均质的空间分布会使得其服务效益呈现空间差异，从而激发各社会群体在不同的住房供给市场中的竞争和冲突，引发城市空间隔离和加剧居住分异（Knox，1982；高军波等，2011）。本部分对于核心区公共服务设施可达性的研究都只涉及现象描述，即分布模式模拟和简单分析，并不讨论其公平性。在接下来的部分，将进一步结合人口属性数据，讨论公共服务设施可达性分布的公平性及其社会空间影响。

7.3 主要公共服务设施分布公平性分析

为了检验主要公共服务设施可达性高和可达性低的街道在相关社会经济属性上是否有显著不同，本研究采用了曼—惠特尼 U 检验（Mann-Whitney U）来对所选各组变量进行验证。曼—惠特尼 U 检验又称“曼—惠特尼秩和检验”，是由曼（H. B. Mann）和惠特尼（D. R. Whitney）于 1947 年提出的。它是一种非参数检验，假设两个样本分别来自两个总体，除了总体均值以外完全相同，目的是检验这两个总体的均值是否存在显著的差异（Ebdon，1985）。曼—惠特尼 U 检验是使用最广泛的两独立样本秩和检验方法，其假设基础是：若两个样本有差异，则它们的中心位置将不同。T 检验要求满足随机样本、正态分布总体和方差齐性，当这些要求无法全部满足时，则可以用 U 检验替代 T 检验。它的零假设是两个样本没有显著差异，数据来自共同的总体。

7.3.1 医疗设施公平性分析

根据数据的可获得性和前人研究基础，选取了相关变量进行公平性检验。表 7-22 列出了北京核心区就医可达性高低街道的 11 组社会经济变量（2010）的曼—惠特尼 U 检验结果。

因为样本量比较小，选择精确显著性，高就医可达性和低就医可达性街道各变量的曼—惠特尼 U 检验结果如表 7-22 所示。有两个变量在 0.1% 的置信水平上显著，为人均居住面积在 $8m^2$ 以下的户数比重和房屋租金在 100 元以下户数比重，在这两个变量上，就医可达性高的街道要比就医可达性低的街道高出许多。就医可达性高的街道主要位于核心区核心地段，而就医可达性低的街道主要位于核心区边缘地段，二者在人均居住面积上本就有比较大的差异，旧城中心有大量的四合院和棚户区，造成了拥挤的现状。另一个可能的原因是，就医可达性高的街道长年居住了许多外地来京看病的人，他们因为经济原因只能选择面积小、居住条件差但离医院很近的住房。另外的几个有关买房状态的变量也大都显著，如自建住房户数比重和购买商品房户数比重在 1% 的置信水平上显著，购买经济适用房户数比重在 5% 的置信水平上显著。

从表 7-22 还可以看出，就医可达性高的街道自建住房户数比重比就医可达性低的街道高出许多，也从侧面印证了旧城中心区私搭乱建的情况很多；而就医可达性高的街道购买商品房和经济适用房户数比重比就医可达性低的街道低出许多，也是由于核心区因为旧城保护而使得在其外围建设住房比在中心要普遍得多。另有 60 岁以上常住人口比重和 15 岁及以上人口中丧偶人口比重两个变量在 5% 的置信水平上显著。其中，就医可达性高的街道 60 岁以上常住人口比重比就医可达性低的街道低，说明老年人口分布较多、对医疗服务需求大的外围地区反而没有老年人口分布相对较少的核心地区就医可达性好。从核心区这个局部区域来看，就医可达性与需求人口呈现了不匹配的状态。

就医高可达性街道与低可达性街道相关指标比较 表 7-22

变量	高组中位数	低组中位数	Z	P 值
人均居住面积在 8m² 以下的户数比重（%）	32.05	7.86	−3.361	0.000***
60 岁以上常住人口比重（%）	14.75	17.98	−2.205	0.028*
本地户籍常住人口占常住人口比重（%）	62.70	59.38	−1.785	0.083
租赁廉租住房户数比重（%）	0.38	0.71	−1.260	0.234
自建住房户数比重（%）	3.80	0.44	−2.836	0.003**
购买商品房户数比重（%）	0.69	14.35	−2.626	0.007**
购买二手房户数比重（%）	1.75	3.73	−1.575	0.130
购买经济适用房户数比重（%）	0.14	7.10	−2.312	0.021*
购买原公有住房户数比重（%）	23.15	37.91	−1.785	0.083
房屋租金 100 元以下户数比重（%）	71.41	22.99	−3.256	0.000***
15 岁及以上人口中丧偶人口比重（%）	6.20	5.37	−2.415	0.015*

注：*** 表示在 0.001 的置信水平上显著，** 表示在 0.01 置信水平上显著，* 表示在 0.05 置信水平上显著。

7.3.2 教育设施公平性分析

（1）中学分布公平性分析

表 7-23 列出了中学就读可达性高低街道的 11 组社会经济变量（2010）的曼—惠特尼 U 检验结果。

因为样本量比较小，选择精确显著性，中学高就读可达性和低就读可达性街道各变量的曼—惠特尼 U 检验结果如表 7-23 所示。其中，0-19 岁人口百分比在 0.1% 的置信水平上显著，中学就读可达性高的街道的学龄人口相对于中学就读可达性低的街道 0-19 岁人口百分比要低，也就是说学龄人口少、竞争小，其就读可达性就高。购房户数比重和 15 岁及以上人口中有配偶人口百分比这两个变量在 1% 的置信水平上显著，另有在校学习人口百分比和料理家务人口百分比都在 5% 的置信水平上显著，表明在中学高就读可达性的街道和低就读可达性街道之间，这几个变量上有着明显的差异。在中学就读可达性高的街道，购房户数比重更高，15 岁及以上人口中有配偶人口百分比更大。这一结果也侧面验证了家庭状况因子也是划分核心区社会空间结构的重要因子之一。位于核心区外围的，中学就读可达性高的街道更多的是已婚的有孩子的家庭规模较大较稳定的人口；而位于核心区中间的，中学就读可达性更低的街道，则更多的是单亲家庭，这与西方的相关研究结论一致。

中学就读高可达性街道与低可达性街道相关指标比较 **表 7-23**

变量	高组中位数	低组中位数	Z	P 值
人均居住面积在 $8m^2$ 以下的户数比重（%）	22.609	29.838	−1.575	0.130
0-19 岁人口比重（%）	11.376	13.749	−3.046	0.001***
本地户籍常住人口占常住人口比重（%）	60.855	60.335	−0.63	0.574
从事教育的人口数量占在业人口比重（%）	3.964	3.994	−0.42	0.721
在校学习人口比重（%）	10.074	12.908	−1.995	0.050*
料理家务人口比重（%）	5.154	8.031	−2.31	0.021*
育龄妇女有存活子女人数	1254	1186	−0.63	0.574
购房户数比重（%）	50.356	32.834	−2.521	0.010**
15 岁及以上人口中有配偶人口比重（%）	68.535	65.789	−2.521	0.010**
少数民族人口比重（%）	4.737	5.534	−1.26	0.234
人均住房间数（间 / 人）	0.7	0.71	−0.425	0.721

注：*** 表示在 0.001 的置信水平上显著，** 表示在 0.01 置信水平上显著，* 表示在 0.05 置信水平上显著。

（2）小学分布公平性分析

表 7-24 列出了小学就读可达性高低街道的 11 组社会经济变量（2010）的曼—惠特尼 U 检验结果。

小学就读高可达性街道与低可达性街道相关指标比较 **表 7-24**

变量	高组中位数	低组中位数	Z	P 值
人均居住面积在 $8m^2$ 以下的户数比重（%）	14.674	22.789	−0.840	0.442
0-19 岁人口比重（%）	12.892	12.841	−0.315	0.798
本地户籍常住人口占常住人口比重（%）	59.512	57.017	−0.735	0.505
从事教育的人口数量占在业人口比重（%）	4.586	3.607	−0.840	0.442
在校学习人口比重（%）	11.132	11.962	−0.945	0.382
料理家务人口比重（%）	6.249	7.386	−1.260	0.234
育龄妇女有存活子女人数	1313.000	1086.500	−0.105	0.959
购房户数比重（%）	57.434	44.095	−0.945	0.382
15 岁及以上人口中有配偶人口比重（%）	68.459	66.755	−1.155	0.279
少数民族人口比重（%）	5.054	5.510	−0.735	0.505
人均住房间数（间 / 人）	0.770	0.710	−0.690	0.505

小学全部 11 个变量都不显著，说明北京核心区小学就读可达性高的街道和就读可达性低的街道的人口在相关变量上差异不明显，侧面印证了小学教育的公共服务在计划体制的管控下体现了分布的公平性。

7.3.3 公园绿地公平性分析

表 7-25 列出了北京核心区公园绿地可达性高低街道的 11 组社会经济变量（2010）的曼—惠特尼 U 检验结果。

公园绿地高可达性街道与低可达性街道相关指标比较 **表 7-25**

变量	高组中位数	低组中位数	Z	P 值
人均居住面积在 $8m^2$ 以下的户数比重（%）	33.94	28.09	−0.630	0.574
8 岁及以下常住人口比重（%）	0.11	0.10	−0.735	0.505
60 岁以上常住人口比重（%）	17.22	15.25	−1.890	0.065
本地户籍常住人口占常住人口比重（%）	64.94	60.30	−0.840	0.442
独立使用厨房的户数比重（%）	72.94	84.33	−1.995	0.050*
自建住房户数比重（%）	7.02	2.64	−1.260	0.234
购买商品房户数比重（%）	5.57	6.17	−0.210	0.878
购买二手房户数比重（%）	2.21	2.73	−0.315	0.798
购买经济适用房户数比重（%）	6.98	4.47	−0.210	0.878
购买原公有住房户数比重（%）	24.39	17.06	0.000	1.000
房屋租金 100 元以下户数比重（%）	67.65	65.12	−0.630	0.574

注：*** 表示在 0.001 的置信水平上显著，** 表示在 0.01 置信水平上显著，* 表示在 0.05 置信水平上显著。

因为样本量比较小，选择精确显著性，高公园绿地可达性和低公园绿地可达性街道各变量的曼—惠特尼 U 检验结果如表 7-25 所示。全部 11 个变量中，仅有独立使用厨房的户数比重一个变量在 5% 的置信水平上显著。在此变量上，公园绿地可达性高的街道要比公园绿地可达性低的街道低，即独立使用厨房的户数比重要小，但二者也没有特别明显的区别，表明总体来说，核心区公园绿地的分布相对其人口是公平分布的。这与核心区大小公园数量多、分布广的总体格局是分不开的。

从 2010 年的社会空间类型划分和本章对医疗设施、教育设施和公园绿地的可达性分析结果来看，教育设施，尤其是小学对于社会空间结构的影响最大，即图 4-24 和图 7-16 具有最大程度的相似性。但从 7.3.2 部分对教育设施分布的公平性的分析结果来看，小学的公共服务可达性在各街道并没有本质上的区别，基本上是公平覆盖的，既然如此，小学的存在何以影响社会空间结构呢？实际上，本研究基于可达性的教育设施分布公平性研究，考虑了实际的交通成本和教育服务供需的数量匹配，但没有纳入考虑却又十分重要的是教育服务供需的质量不均衡，这才是决定核心区社会空间分异的一个重要因素，也是国内学者如吴启焰等提出“教育绅士化”（jiaoyu fication）的直接动因（Wu et al.，2014；Wu et al.，2018）。

7.4 小结

本章基于空间化的人口数据和网络分析对2010年北京核心区的公共服务设施的可达性和公平性进行了分析，并解读了其对核心区社会空间结构的影响。这本质是一种点模式分析，前文已经提到点模式分析的closed model（封闭模型）都有一个边界效应，就是位于分析区域边界的点的相关指标可能因为边界效应而低估。比如靠近外围的居住区可能会利用其他区的、更为邻近或级别更高、服务更好的公共服务设施，而不是局限于东西城区。但是这种边界效应的误差相对较小，加上我国国情很多情况都是以行政区划作为各种服务的限制边界，不会使整体的结果产生较大的误差。并且东西城区在教育、医疗等重要的公共服务设施方面享有更多的优势，对于外围地区吸引力更强，这种吸引力也在一定程度上抵消了边界效应的影响。

鉴于人口相关数据的可获得性，本章的可达性研究只能细化到各个街道，各个街道的公共服务设施可达性被假设性地均一化，但实际是同一街道的不同居住区，甚至同一居住区不同位置的人口对于同一学校的可达性也有可能不同。本研究并没有将此纳入考虑，因而会在结果上呈现出粒度不够精确及一定程度上的偏差。本研究也没有考虑地铁等多种交通出行方式，因而与真实的基于多种交通出行方式的公共设施可达性还是有所出入。基于两步移动搜寻法的公共服务设施可达性分析因为考虑了供需两方面的需求，因此可达性的分布和相对应服务人口密度有很大的关系。比如医院可达性针对的是所有常住人口，因而呈现与常住人口密度负相关的态势；小学因为有学区划分，其总体趋势和小学学龄人口分布不大相同，但是小学学龄人口密度高的区域小学就读可达性低，及小学学龄人口密度低的区域小学就读可达性高的现象还是十分明显；而中学就读可达性分布与中学学龄人口密度并没有非常明显的负相关关系。一方面可能是因为中学阶段可以自由择校，学生的就学通勤距离也比小学阶段扩展较多；另一方面也可能是因为中学住宿生的增加使得二者的相关性明显降低。公园绿地可达性因其更大的影响来自公园的面积，因此也与常住人口的密度分布态势不同。

对比4.3部分和本章结果可以发现，2010年北京核心区社会空间类型中的弱势人口聚居区中的新街口街道和什刹海街道在中小学可达性方面都处于劣势地位，而在医院可达性和公园绿地可达性方面较好；而优势人口聚居区与高医院可达性街道有较高的重叠，即优势人口聚居区普遍拥有较高的医院可达性，因为二者同为常住人口密度较低的区域；优势人口聚居区的中学可达性相对较弱，而小学可达性则参差不齐，公园可达性也差异较大。总体而言，小学教育设施对核心区社会空间结构的影响更大。

北京近年来一直在向外疏解人口，但与之相悖的是，公共服务设施的疏解并没有同步进行，或是进展相对缓慢，一方面造成了核心区的公共服务资源过剩，另一方面也意味着人口接受地的资源匮乏和短缺。通过主要公共服务设施可达性和公平性来分析核心区的社会空间也为北京进一步有效地进行人口疏解提供了一些思路。公共服务设施的公平化分布是一个综合的过程，更多地需要从全局着手，协调各方面的利益。

第八章　北京市核心区社会空间韧性演变及其适应模式 EIGHT

在核心区社会空间结构演变以及基于人口分布和设施分布的社会空间结构分析的基础上，本研究尝试构建城市社会空间韧性的指标体系，并对北京核心区进行实证评价。韧性理论建立在多重均衡的基础上，而多重均衡对于大都市核心区来说非常契合，因为这些核心区都处于不断的变动之中，需要经常重塑自身以应对挑战。因而，考察社会空间结构的组成要素对社会空间韧性的影响就显得尤为重要，可以找出其中起作用的关键因素，为提高社会空间的整体韧性找准方向，奠定基础。

8.1 韧性评价指标研究进展

国内外对于韧性的研究多停留在框架层面上，从提出韧性框架到进行韧性评估还有非常重要的一步，那就是韧性指标的建立。这一步实际上是非常困难的，因为韧性本质上是一个多面向的概念，包括物质空间、社会、制度、经济和生态等（Cutter et al.，2008）。国内外关于韧性指标体系的研究主要集中在两个尺度，一个是城市尺度，一个是社区尺度，二者对于本研究试图构建的城市社会空间指标体系都有借鉴意义。国外有学者系统地总结过韧性评估的文献，比较重要的两篇是2016年卡特（Cutter）发表在*Natural Hazards*上面的《美国灾害韧性指标图景》（Cutter，2016）。另一篇是沙里菲发表在*Ecological Indicators*上面的《部分评估社区韧性工具的评述》（Sharifi，2016）。

8.1.1 国内进展

随着韧性理论的引入，城市、区域及社区韧性的定量研究也逐渐成为国内韧性研究的热点。如刘江艳最早从生态、经济、工程以及社会韧性出发，构建了韧性城市的评价指标体系，并对武汉进行了实证研究（刘江艳，2014）。杨威构建了包含5个一级指标和18个二级指标的社区韧性指标体系，并以大连的两个社区为例进行了实证研究（杨威，2015）。毕运龙采用相对分析方法，构建了包含9个子体系101个三级指标的城市生态韧性综合评价体系，对上海、香港、高雄、新加坡四座城市的生态韧性进行了初步研究（毕云龙，2015）。周利敏梳理了韧性城市的评估指标体系，主要包括气候灾害韧性指标、经济韧性指标、社区韧性指标、组织韧性指标和基础设施韧性指标等层面（周利敏，2016）。孙鸿鹄以巢湖流域为案例地，全面分析了自然、社会、经济、技术、管理等五个维度的韧性影响，选取了14个指标构建了流域洪涝灾害韧性评价指标体系（孙鸿鹄等，2015）。杨雅婷从稳定性、冗余度、效率性和适应性四个方面构建了城市社区韧性评价指标体系，并对北京的三个社区进行了实证评价研究（杨雅婷，2016）。

8.1.2 国外进展

（1）工程视角的韧性指标

在韧性的定量研究方面，工程学视角的韧性评估起步较早，主要针对建筑及关键基础设施的灾害韧性，尤其是抗震韧性，已经形成了系统的研究成果。布法罗大学的地震工程多学科研究中心（MCEER）的布鲁诺教授最早从基础设施对地震的韧性角度进行韧性量化评估研究（Bruneau et al.，2003）。他测量了两类结果特性，即稳健性（robustness）和迅速性（rapidity）和两类过程特性，即冗余性（redundancy）和谋略性（resourcefulness），将之整合进了社区韧性的四个组成部分中，即技术韧性（technical）、组织韧性（organizational）、社会韧性（social）和经济韧性（economic），被称为 4R-TOSE 概念模型（许婵，2017）。

迈尔斯（Miles）和张（Zhang）也从工程学的视角出发，通过测量可量化的社区服务和资本（包括物质的、社会文化的、人文的、经济和生态多方面的服务和资本）开发了 ResilUS 社区韧性评估模型。该模型用脆弱性曲线来模拟损失，并用马尔可夫链来模拟社区随时间的恢复过程，主要针对地震等自然灾害中受影响的社会经济体（即家庭和企业）、邻里和社区三个尺度的评价，关注的社区资本也主要集中在物质建成环境、经济和个体（的健康）三方面（Miles et al.，2008；Miles et al.，2011）。该模型列出了一个社区的家庭、企业、生命线网络和邻里之间的重要关系（Miles et al.，2006），并根据这些关系来分析社区主体在地震灾害之后的运行能力和运行机会[①]，以此构建韧性评价模型。

伦斯勒（Renschler）在 4R-TOSE 模型基础上形成了名为“PEOPLES”的韧性定义和测量框架，主要包含 7 个方面的内容[②]，即人口数量及其特征、环境 / 生态系统、有序的政府服务、基础设施、生活方式与社区能力、经济发展以及社会和文化资本（Renschler et al.，2010）。每个方面都有具体的内容及评价方式，比如环境 / 生态系统方面就包括水质水量、空气质量、土壤质量、生物多样性、生物量和其他资源等（Renschler et al.，2010），并且可以用归一化差值植被指数（normalized difference vegetation index，NDVI）作为生态系统韧性的指示因子，因其可以测度地上生物量的积累程度。在社会和文化资本方面则包括儿童和老人看护服务、商业中心设施、社区参与度、文化和遗产服务、教育服务、非营利组织、地方依恋等。

工程视角的韧性指标比较强调技术理性，其指标的测算都有严密的论证和推导，因而科学性较强，近年的发展也较为迅速。其不足之处在于，没有考虑到系统的复杂程度，往往忽略人的能动作用，导致评估结果出现较大偏差，让人难以信服。

（2）组织视角的韧性指标

与工程视角的韧性主要测度物质环境不同的是，组织视角的韧性主要针对一般性组织的内

① The ability to perform and the opportunity to perform.

② Population and Demographics，Environmental/Ecosystem，Organized Governmental Services，Physical Infrastructure，Lifestyle and Community Competence，Economic Development，and Social-Cultural Capital.

部韧性进行定量研究，主要包括企业、社区等。如麦马努斯（McManus）认为企业组织是社会经济最基本的实体，它本质上是一种社区，会形成社区感，他通过对新西兰多个行业的10个企业组织的研究，基于扎根理论构建了包含5个步骤和15个韧性指标在内的评价模型（McManus，2008）。其5个步骤包括建立韧性问题的意识、决定构成组织的关键元素、脆弱性的自我判定、重大脆弱性的识别与优先处理、增加适应性。其韧性指标评价模型包括情景感知、重大脆弱性识别与处理和适应性3个方面。作者强调韧性是一个复杂的组织属性，物理层面的因素不是决定性的，领导者能够对危机做出准确判断和有效决策，员工对学习和沟通的重视是实现组织韧性的关键（杨威，2015）。

除了企业和社区，其他单体社会组织的韧性也在恐怖袭击等人为灾害背景下得到了讨论。如肯德拉（Kendra）以美国"9·11"事件后纽约应急行动中心（emergency operations centre）的重组情况为例研究了组织韧性，认为其构成一般包括冗余性、调动资源的能力、有效的沟通和自组织的能力；并且厘清了预测与韧性之间的关系，认为预测是韧性不可分割的一部分。作者认为对于一个应急组织来说，结构、功能和场所都很重要。场所不见了，但结构功能保存下来就会马上去寻找新的场所以实现组织的韧性。纽约的应急行动中心的组织网络之所以能够承受住压力并从中恢复，就是因为其结构和功能还在，在短时间内实现了新的场所的寻找和所需人员、物资的配备。其人员和组织机构的分散化保证了关键时候的韧性，同时也与平时的训练和准备分不开，但在危急时刻，创造性的思维、灵活性以及应变能力也十分重要（Kendra et al.，2003；许婵，2017）。

（3）社会视角的韧性指标

南加州大学地理系的卡特教授是从社会视角解读韧性的一位非常重要的学者，她从早期人类对于自然灾害的脆弱性出发，主要关注人类对于环境灾害的社会脆弱性，提出了社会脆弱性指数（the social vulnerability index，SoVI）（Cutter，1996）。卡特认为物质灾害韧性可以从过去的灾难性事件数据中较为容易获得，但社会灾害韧性却因其时空差异较大呈现出更复杂的面貌（Cutter et al.，2006）。在美国卡特里娜飓风发生后，她明确提出要增强韧性，削弱社会脆弱性的空间差异来提高对灾害的应对能力，因而她最早构建了社区韧性的基线评估模型（Cutter et al.，2008），把社区韧性当作社会脆弱性与建成环境脆弱性、灾害暴露、缓解措施的叠加效应，其中前三者是负向影响。在此基础上，她详细讨论了韧性、脆弱性（vulnerability）和适应性（adaptive capacity）在各种研究背景下的相互关系，建立了社区层次的灾难韧性评估模型（the disaster resilience of place model，DROP）（图8-1），并且根据全球气候变化、灾害风险、生态系统和规划方面的相关文献总结出了社会韧性的评价因子和候选变量（Cutter et al.，2008）。她进一步构建了社区灾害韧性的基线指标体系（baseline resilience indicators for communities，BRIC），包含了社会韧性、经济韧性、制度韧性、住房/基础设施韧性、社区资本和环境韧性6个方面（Cutter et al.，2014；Cutter et al.，2010）。阿依努丁（Ainuddin）基于各国的文献提出了主观确定社区地震灾害韧性的指标权重的方法，并进行了实证研究。其二级指标有社会韧性、经济韧性、制度韧性和物质韧性（主要针对避灾场所）（Ainuddin et al.，2012）。卡特在2008

年的韧性研究中，初步形成了比较完整的韧性评估指标（Cutter et al.，2008）。2010年卡特等综合以往研究提出了更为合理的灾害韧性评估指标（表8-1）。

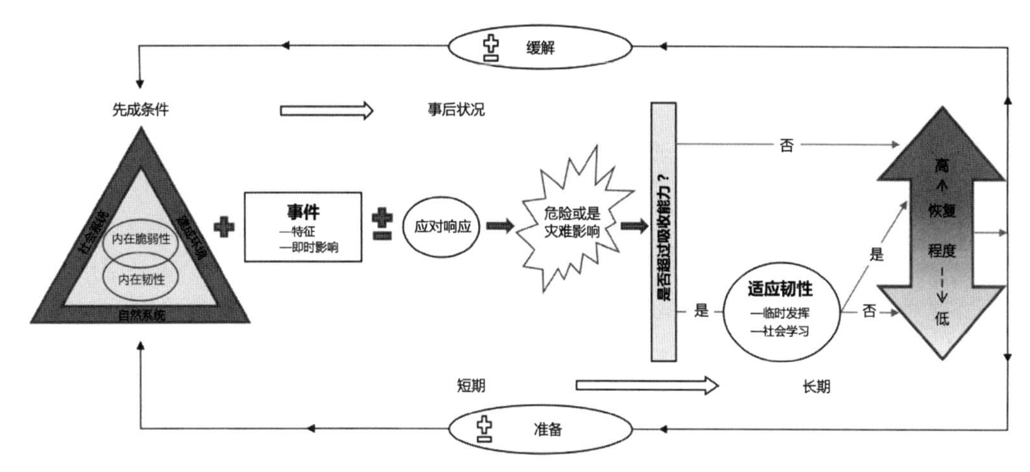

图8-1　地方灾难韧性模型（DROP Model）示意图

图片来源：作者自绘

社区韧性指标　　**表8-1**

指标面向	生态韧性	社会韧性	经济韧性	制度韧性	设施韧性	社区能力
候选指标	湿地面积 侵蚀率 地面透水率 生物多样性 沿海堤防结构	人口特征[①] 社会网络与社会根植性 社区价值融合度 信仰组织	就业 房产价值 财富阶层 市政金融/税收	减灾计划的参与度 灾害缓减计划 应急服务 分区与建筑标准 应急响应计划 协作交流 实施计划的连续性	生命线与关键基础设施 交通网络 住宅存量与年限 商业与制造业	对于风险的本地认知 咨询服务 没有心理疾病[②] 身心健康[③] 生活质量（高满意度）

资料来源：Cutter et al.，2010

马尤加（Mayunga）把灾害管理的阶段性（缓解、准备、响应和恢复）和各个方面的社区资本（社会、经济、物质和人力）结合起来，形成了社区灾害韧性框架（Community Disaster Resilience Framework，CDRF）（图8-2），该框架主要关注的是社会系统而非物质系统。基于不同的阶段和资本进一步构建了四阶段四种资本的4×4的韧性次级指标矩阵，最终用无权重的均值计算出来总的社区韧性。该框架和指标体系的优点在于考虑了韧性的阶段性和过程性的特征，并将之与不同面向的社区资本结合起来，在理论和实践方面的依据都十分牢固，但在判断哪些资本及其指标在不同的阶段是否起作用时过于主观（Mayunga，2009）。在早期的研究中，马尤加还把自然资本也包括在内，构建了主要针对沿海地区的基于资本的社会灾害韧性评估途

① 包括年龄、种族、阶级、性别、职业等。

② 如酒精、毒品和配偶虐待。

③ 较低的精神疾病率和压力表现。

径（capital-based approach）。其社会资本方面的指标主要包括信任、准则和网络等，经济资本方面的指标包括收入、储蓄和投资等，人力资本方面的指标包括教育、健康、技能、知识和信息等，物质资本方面的指标包括住房、公共设施、商业/产业等，自然资本方面的指标包括资源储备、土地和水、生态系统等（Mayunga，2007）。

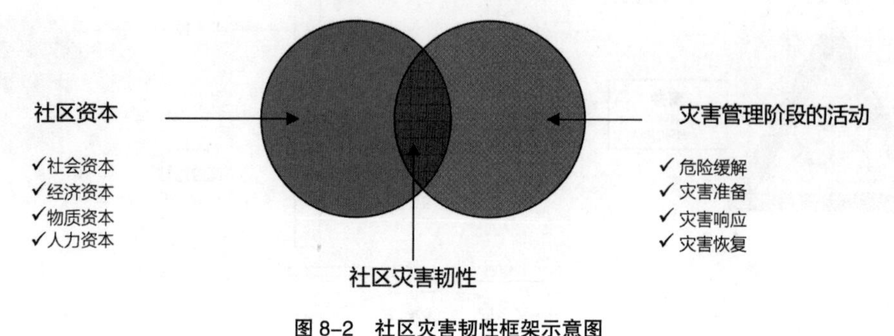

图 8-2　社区灾害韧性框架示意图

图片来源：Mayunga，2009

弗兰肯伯格（Frankenberger）等从食物和生计安全的角度提出了测量社区韧性的概念框架，指出了对于构建社区韧性非常重要的几类资产，尤其强调了社会资本和集体行动的重要性。他将社区集体行动的能力进一步划分为社区资产、社会组成和行动领域（Frankenberger et al.，2013）。他进一步提出了测量社区韧性的框架，包括初始福利与基本情况测度、扰动测度、韧性响应测度、集体行动测度、最终福利与基本情况测度。其中，作者认为作为社区韧性最独特构成的集体行动测度又可细分为灾害韧性消减、冲突管理、社会保护、自然资源管理和公共商品管理 5 个方面（Frankenberger et al.，2013）。此社区韧性模型和评估框架，强调了韧性的社会层面和过程属性，但主要是针对相对贫穷的农牧地区，对城市地区的适用性要打折扣。总体来说，社会视角的韧性评估强调了对社会资本要素和集体行动的关注。

（4）个体视角的韧性指标

个体视角的韧性评估集中在精神病学和心理学领域，以美国达特茅斯医学院精神病学系的诺里斯（F. H. Norris）教授为代表，还包括凯瑟琳·谢里布（Kathleen Sherrieb）、俄克拉荷马健康科学中心大学药学院心理与行为科学系的贝蒂·普费弗鲍姆（Betty Pfefferbaum）等。诺里斯等界定了社区在面临灾害时展现韧性需要的四组主要的适应能力，包括经济发展、社会资本、信息/交流以及社区能力（economic development，social capital，information and communication，community competence）（Norris et al.，2008）（图 8-3）。

诺里斯和他的同事还以多个学科的大量文献为基础，充分讨论了社区韧性的概念和内涵。他们将社区心理学和灾害准备结合起来，认为要构建集体的韧性，社区需要削弱风险和资源不平等性，让本地居民参与到缓解行动中，建立组织间的联系，促进并维护社会支持，为意外情况做好计划。他们将社区韧性定义为一个“统筹一系列适应能力（各种各样的资源）以在扰动或逆境后实现适应的过程”，并据此提出了压力反抗和韧性恢复模型（图 8-4）。谢里布和诺里斯进一步把经济发展和社会资本用公开可获取的人口数据进行了操作化的测量（Sherrieb et al.，2010）。因为这两组能力具有结构化的特点，可以用二手数据进行测量，而信息 / 交流和社区能力更多的是一种过程，比如交流网络的形成、决策和建立共识，较难用二手面板数据进行测量（Sherrieb et al.，2010）。谢里布等还利用关键知情人调查（Key informant Survey）的定性研究方法对美国沿海地区的社区韧性进行了评估。他们选取了中小学校长作为关键知情人，认为中小学校长因为需要和学生家长、各种社区机构进行互动和沟通，可以基于自身的丰富经验，提供关于社区韧性的基层声音（草根意见）（Sherrieb et al.，2012）。

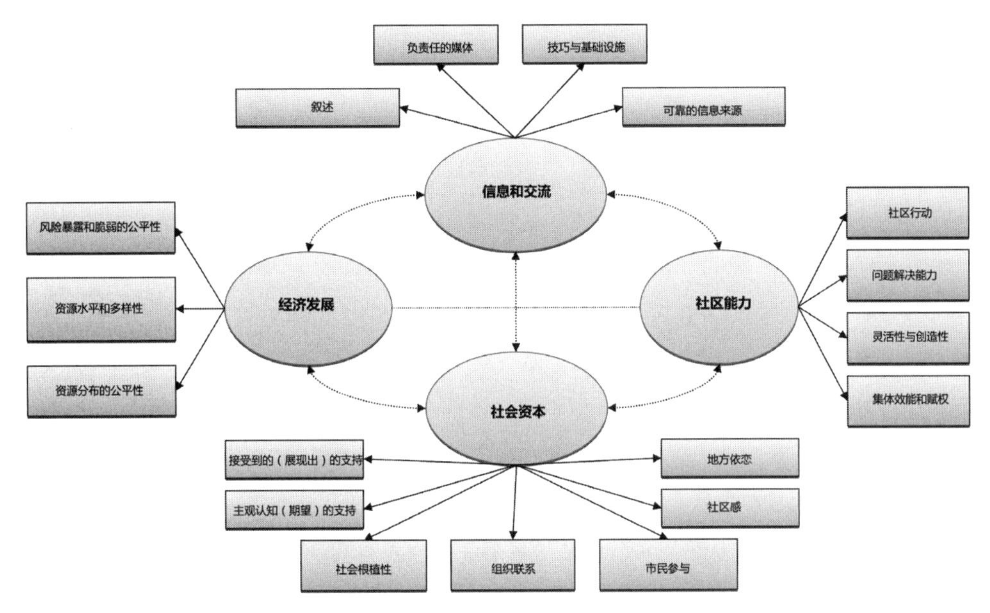

图 8-3　社区韧性的四组主要适应能力及其构成

图片来源：Norris，2008

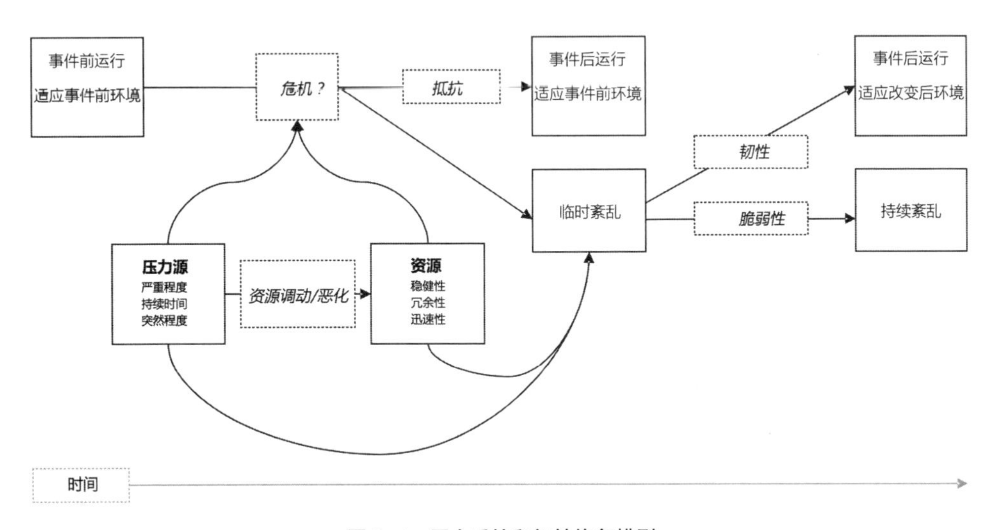

图 8-4　压力反抗和韧性恢复模型

图片来源：Norris et al.2008

莱伊金（Leykin）等提出了CCRAM工具（conjoint community resiliency assessment Measure）来评估社区韧性，认为社区韧性包括物质层面和认知层面的（physical and perceptual），所谓的认知层面就是个体对他所在社区的认识，包括社会信任、领导力和社区已有的危机应对经验等。社会资本、社会融合度、集体效能、信任感、地方依恋等因素相互影响，共同构成了独特的社区结构。CCRAM工具在总结既有社区韧性评估体系和指标的基础上，形成了自己的理论框架，并用以评估社区成员关于本社区各方面状况的态度和认知，进而检验工具的有效性，它揭示了领导力、集体效能、准备性、地方依赖和社会信任5个方面对于构成社区韧性的重要性。在对以色列的三类社区的大样本实证研究中，CCRAM作为一套基于个体认知的主观社区韧性量表工具，在判断社区的主观韧性方面显示出了较高的可靠性，也具有较高的内部和外部的信度和效度及实用性（Leykin et al.，2013）。

澳大利亚弗林德斯大学托伦斯韧性研究院（torrens resilience institute of flinders university）的阿尔邦（Arbon）教授及其研究团队也从个体视角提出了社区灾害韧性计分卡工具（community disaster resilience scorecard toolkit，CDRST）。他们通过文献研究总结了社区韧性的四方面模型，包括社区联系、风险与脆弱性、规划与过程，以及可用的资源（community connectedness，risk and vulnerability，planning and proceures，available resources）4个方面，并基于该模型设计了22个问题，用5分的利克特量表，基于客观数据和主观调查来对社区的灾前韧性状况进行评估（Arbon et al.，2016）。该模型和评估体系的特点在于操作简单，没有复杂的数学公式或计算过程，易于社区人员理解，参与性和实用性较强。

（5）综合视角的韧性指标

随着韧性研究的不断发展，各个视角和各个层面的研究都认识到韧性是一个综合的系统，包含多方面的内容，因而韧性的评估也日益全面，应用的方法也逐渐复杂化。

2009年拉扎芬德拉贝（Razafindrabe）等人提出了气候灾害韧性（climate disaster resiience index，CDRI）评估指标（费璇，2014），用以快速评估城市气候灾害韧性，包含自然、物质、社会、经济和制度5个层面（表8-2）。评估首先通过调查问卷获取城市管理者对当前和未来与气候相关的城市灾害风险的认识，并采用加权平均指数（weighted mean index，WMI）方法计算总的加权平均指数（aggregate weighted mean index，AWMI）（费璇，2014）。但这一指标主客性较强，没有尺度效应，因而适合多个尺度的研究以及城市之间的比较（Razafindrabe et al.，2009）。

乔林（Joerin）等对印度晨奈两个社区的气候影响灾害韧性进行量化比较研究，构建了CDCRF（climate-related disaster community resilience framework），其中包括物理、社会、经济等维度的评价指标，采用的是房屋是否在气候灾害中有损坏作为韧性程度的衡量，和基于家庭户调查的变量获取（Joerin et al.，2012）。其结论是社会经济地位和教育程度，以及住所位置是影响家庭气候灾害韧性的主要因素，而过去的灾害经验并没有增加他们的韧性程度，没有体现出学习的效应。奥伦西奥（Orencio）等以菲律宾为案例地，提出了本地层面的沿海社区灾害韧性指标。其基于专家德尔菲法和AHP层次分析法得出的指标体系表明环境和自然资源管理、可持续生计、社会保障和规划体制是指标体系中最重要的部分，占到了全部指标的 70% 以上权重（Orencio et al.，2013）。

CDRI 五维度指标　　表 8-2

指标维度	物质层面	社会层面	经济层面	制度层面	自然层面
考虑指标	供电 供水 卫生系统 固体废物处理 内部道路网络 住房与土地利用 社会资产 预警和疏散系统	健康状况[①] 教育程度 风险意识 社会资本	收入 就业 家庭资产 金融服务 储蓄 保险 预算 补贴	内部机构 发展规划 内部机构效率 外部机构与网络 机构合作与协调	灾害强度 灾害频率

资料来源：Razafindrabe et al.，2009

社区高级韧性工具（communities advancing resilience toolkit，CART）是由美国反恐和疾病中心社区咨询委员会提出的一种社区干预手段，它将利益相关者通过评估、反馈、计划和行动整合起来一同解决社区问题，增强社区的韧性。CART 识别出了情感与联系、资源、变革能力和灾害管理这 4 个相互关联的领域，共同促进社区韧性的形成（Pfefferbaum et al.，2013）。其中情感与联系包括亲缘关系、共同的价值观、参与、支持系统和公平性；资源包括自然、物质、信息、人力、社会和金融资源；变革能力包括社区确定和形成集体经验、检验其成功和失败，评估它们的绩效，参与关键性分析的能力；灾害管理则包括灾害预防、缓解、准备、响应和恢复等。CART 的行动流程让社区代表们测量他们社区的韧性并探索和促成一系列的行动来提升韧性（图 8-5）。图中的实线代表了数据和信息的流向，而虚线则代表了社区韧性特征的可能改变，或是 CART 干预措施对于社区韧性的影响。

澳大利亚新英格兰大学的帕森斯（Parsons）等人提出了澳大利亚的自然灾害韧性指标体系（Parsons et al.，2016），主要分为应对能力（coping capacity）和适应能力（adaptive capacity）。尹（Yoon）等基于文献综述和韩国的实际情况构建了综合的社区灾害韧性指标，包括人力、社会、经济、制度、物质和环境等方面共 87 个指标，并以韩国的 229 个行政区划单元作为实例，运用最小二乘回归、地理加权回归和空间统计等方法对韧性在灾害削减方面的实际作用进行了验证（Yoon et al.，2016）。

沙里菲检索了 332 篇城市韧性指标体系相关的文章，并基于其中的 55 篇总结了韧性城市评估框架，包括冗余性、多样性、独立性、依存性、稳健性、谋略性、适应性、创造性、合作性、自组织和效率性（redundancy，diversity，independence，interdependence，robustness，resourcefulness，adaptability，creativity，collaboration，self-organization，and efficinecy）等总体原则，七大类具体标准，包括基础设施、安全、环境、经济、制度、社会与人口（Sharifi et al.，2014）。

① 包括年龄、种族、阶级、性别、职业等。

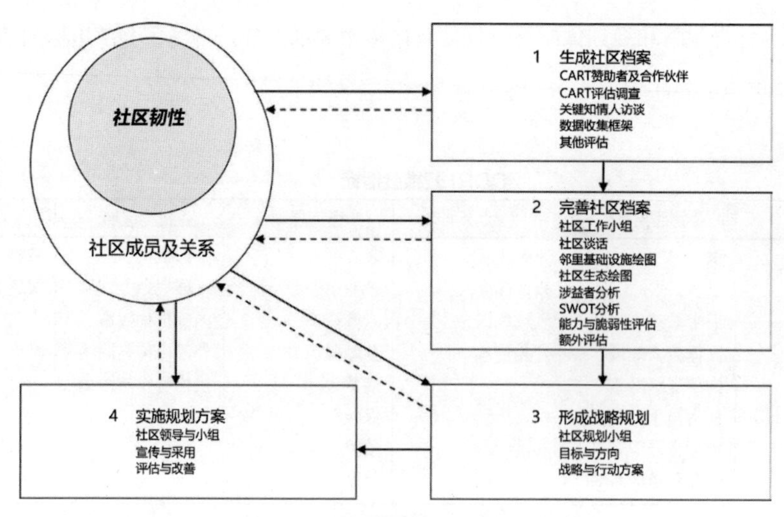

图 8–5 社区高级韧性工具行动流程

图片来源：Pfefferbaum et al.，2013

8.1.3 小结

从国内外的综述可以看出，关于城市和社区韧性评估的研究数不胜数，而关于评估工具本身的研究也逐渐丰富。伊拉吉法尔（Irajifar）从城市研究的角度考察了 8 个引用最多的灾害韧性评估模型和框架，其评价标准包括综合性、组成结构、指标构成方法、分析的单元和尺度、动态性、数据要求、有效性和可操作性、应用的潜力和可能性，作者认为大多数工具缺乏社区层面的具体评估变量和属性(Irajifar et al.,2013)。沙里菲随后对 36 种韧性评估工具进行了评述，提出了六条评估标准，包括是否考虑了韧性的多个面向，是否考虑了跨尺度的关系，是否考虑了时间的动态影响，是否考虑了不确定性，是否采用了参与式的方法，以及是否有制定行动计划。在已有的韧性评估工具中，能完全符合标准的并不多，并且环境方面的韧性最容易被忽略，作者提出需要更多地注意韧性的跨时空尺度效应，并提倡参与式的情景规划过程以应对不确定性（Sharifi，2016）。

总体而言，韧性评估对于削减灾害风险和适应社会空间变化至关重要。韧性评估通过揭示韧性各方面的构成，包括环境、社会、经济、物质和制度等，将韧性从一个抽象的概念具体化为一个看得见、摸得着、可测量的实体，鼓励人们思考城市社会空间发展的不确定性，并更好地理解城市社会空间作为综合的社会生态系统的复杂性。同时，韧性评估的成功进行也有利于城市间的比较和自身各个时段的比较，以共享知识和经验，共同进步。

基于对国内外韧性评价研究中的评估框架和指标体系的综述，可以发现韧性并不是一个可以直接观察的现象（Tate，2012），对其的测量有定性的，也有定量的；有主观的，也有客观的；有自上而下的，也有自下而上的；有基于理论框架的演绎法，也有基于因子分析的归纳法；有适用于多种灾害和挑战的，也有专门针对某种特定灾害的；有基于某一时点的基线评估，也有考虑过程影响的动态评估。其呈现的形式也是多种多样，主要包括工具、指标和计分板（tool， index and score card）等（Cutter，2016）。

本研究认为直接采用现有的评估框架和指标体系的做法不太现实。首先，这些指标体系大部分都是国外的研究机构和学者开发的，其地理环境、社会经济背景和管理体制都和我国有很大区别，甚至有的主要是针对农村地区或沿海地区的，对于本研究的适用性较差；其次，在综述的所有韧性指标体系中，大部分是针对自然灾害的韧性，与本研究的研究对象社会空间韧性有很大不同，不能直接套用。但是本研究还是最大限度地参考和借鉴了现有的研究成果，结合本研究对大城市社会空间韧性定义的概念模型，来构建社会空间韧性评价的理论框架和指标体系。

参考文献中对于韧性影响因素的划分，本研究考虑社会空间韧性的稳定性和适应性构成，以及社会和空间两个大的方面，每个方面包含四个面向，分别是社会韧性的经济、人口、制度和社会资本面向，以及空间韧性的生态、工程、网络和形态面向。

8.2 社会空间韧性评价指标构建

8.2.1 指标选取原则

在没有外部参照标准来鉴定评估结果的情况下，在绝对意义上直接量化韧性是不可能的，只能选取一些指标和变量来间接量化韧性（Cutter et al.，2008）。指标是能够简化和传递复杂情形的真实信息的可观察事实的定量或定性的测度。一系列指标的数学组合就构成了一个综合的指数。指标选择的标准包括科学性、独立性、代表性、稳健性、可比性、可行性和简洁性等。

科学性是指指标的定义建立在扎实的理论基础上，其测算统计方法及表达是严谨和规范的，物理意义明确，结果真实客观。独立性是指所选的指标在意义上应互相独立，关联性较小，尽量避免内容的包容和重叠。代表性则是指所选指标能够反映城市社会空间韧性某一方面的特征，低级指标综合在一起能很好地代表高级指标的意义。城市的社会空间韧性建设和规划是一个长期过程，故指标的含义和测度应该在相当长的一段时间内较为固定，保持稳健性。而指标的可比性则是指要尽可能采用国际上通用的名称、概念与计算方法，能适用于不同评价地域的情况，易于其他国家的相似城市或地区和国内相似的城市或地区相比较（常克艺等，2003；潘胜强等，2007）。可行性也叫做可操作性，主要是考虑相应指标数据的可获得性，应尽量选取现有的统计资料已有的指标。针对本研究而言又包括空间可行性和时间可行性，即所选指标要在3个年份的所有空间单元上都能获取相应数据，以便进行横向和纵向的结果比较。简洁性则是指所选的指标含义要简明清晰，容易操作并易于理解。

在确定了指标选择原则后，本研究首先通过综合大量韧性指标体系的文献来确定备选变量，纳入本研究的社会空间韧性概念框架中，即分别列入社会和空间两大方面8个面向中去，即以经济韧性、人口韧性、制度韧性、社会资本、生态韧性、工程韧性、网络韧性和形态韧性8个方面来构建城市社会空间韧性的评价指标体系。再通过后续对指标相应数据的查找来最终确定可用的指标。有一些国际认同度很高的指标，因为无法获取（如收入相关指标在我国国情下较难获得），或是在几个年份上不连续，也无法选用，只能舍弃。另一些需要通过调研和访谈才能获取的指标，如与主观认知相关的指标，因为时间和精力所限也只能舍弃或用别的可以用二手面板数据表征的指标替代。

8 个不同面向的指标被定为目标层（sub-index），其下面还包括准则层（themes）、领域层（indicator）和元素层（variable）。目标层是社会空间韧性指标体系的分面向子目标，目标层再往上汇总就是指标体系的总目标——城市社会空间韧性指数。目标层由准则层加以反映，准则层也可以叫主题层，即从哪几个方面判断指标体系的目标。而领域层则是与准则层相关的测量内容的直接表达，元素层则是最基本的变量和参数。

8.2.2 城市社会韧性指标

（1）城市经济韧性指标

从狭义来说，城市经济韧性关注城市经济和产业系统的健康程度，关注来自经济系统内外的风险和冲击对经济活动和市民生活的影响。一个有韧性的城市经济系统包含多方面的特征，常用的指标包括人均 GDP、地均 GDP、实际使用外资、人均固定资产投资总额等指标（陈芳芳，2015）。谢里布等详细讨论了作为社区韧性适应能力组成部分的经济发展韧性的构成要素，主要包括经济发展水平、经济资源分配的公平程度和经济资源的多样性。

首先是经济发展水平，最常见的指标人均或地均 GDP。但也有学者认为综合的金融、自然环境和人文状况的社会指标更能全面和现实地反映一个地区的总体经济发展状况（Anderson，1991）。比如劳动力的投入可以通过就业、教育和文化水平来测量；而人文经济状况可以通过商品消费、安全用水、充足的营养的获取和家庭电话普及率等指标来衡量。也有学者指出经济、社会和技术发展相互影响，因而对经济发展的测量需要把社会和技术发展的指标包含在内，如婴儿死亡率、预期寿命、识字率等（Horn，1993）。在衡量经济发展水平方面，肖—泰勒（Shaw-Taylor）在 1996 年提出的社会健康指标（social health index，SHI）值得借鉴，这一指标主要通过考虑社区中的弱势群体来评估社区的运行情况。他的前提假设是社区中最弱势人口的生存状况反映了社区作为一个整体履行其职责的好坏程度（Shaw-Taylor，1999）。他用失业率、贫困率、高中退学率、暴力犯罪率和医疗救助接受率作为社会弱势的指标，并用这些指标与婴儿死亡率、低出生体重和未成年死亡率进行验证，其中贫困率和暴力犯罪率得到了很好的匹配。此外，在衡量经济发展水平方面，一些商业相关指标也很有参考价值，如企业成功和失败的数量（business births and deaths）、企业税收和房地产税率都能提供一个特定地区经济发展的信息（Sherrieb et al.，2010）。

资源公平性，或是资源分配的公平程度是经济韧性的第二重要的构成要素。单一的总体指标会隐藏内部分异的信息，如性别、种族和收入不同带来的经济韧性的差异。因此，按不同的人群来区分经济资源的公平性很重要，比如收入的不公平性，最常见的指标就是基尼系数。除收入以外，任何连续变量都可以计算基尼系数，比如教育水平。教育水平的异质性在一定程度上有利于社区人口健康发展（Galea et al.，2005）。住房拥有率是衡量资源公平性的另一个重要的指标，住房是家庭的重要资产，代表着安全、独立和隐私。在中国，有无住房甚至是重要的阶层划分标准。

经济发展韧性的第三个构成要素是经济多样性。狭义上衡量经济多样性的常用指标包括耐用品出口额、各经济行业占全国均值的份额、各经济行业占地区经济总量的比例等。比如赫芬达指数（Herfindahl Index），用以衡量一定地区内劳动力在各行业中的分布情况（Bollman et al.，2006）。总体来说，经济多样性可以看一个地区总体的产业状况，和各产业所占的份额，比如税收的份额、劳动力的份额、产出的份额。企业规模的多样性、地理位置等因素也会影响总体的经济韧性。另外，创意产业占就业人口比例也是衡量经济多样性的一个重要指标。而与城市建成区的邻近性也在很大程度上影响着经济的多样性，相应的指标包括工作收入、成年居民拥有大学文凭的比例、管理和专业岗位就业人员的比例等。

另外，有较多的城市经济韧性研究强调气候变化是当前全球城市的普遍危机（Pike et al.，2010），因而相关研究者关注油价峰值对城市各种经济活动以及市民生活的影响，提出韧性城市应该重视自给自足，确保食物、燃料、水和其他日常生活物品和服务稳定而可靠的供应，且大城市的自给自足应该尽量在当地或邻域内实现。据此，波莱塞（Polèse）认为成功的城市经济韧性应包括以下几个基本条件，即具有受过技术培训和良好教育的人口、广阔的腹地和市场、多样化的经济，以及较大的高等服务业占比，并且没有“衰退”产业遗留和具有宜居性等（Polèse，2014）。

综合以上分析，选择适合中国国情的、在较小的行政区划单元，比如街道或区县层级能够获取的可靠的城市经济韧性指标数据如表 8-3 所示。

城市社会空间韧性之经济韧性指标选入表 **表 8-3**

目标层	准则层	领域层	因子层	数据来源
城市社会韧性之经济面向	经济发展水平	政府财政支撑能力	人均财政收入	城区年鉴
		经济实力	人均固定资产投资	城区年鉴
		就业状况	城镇登记失业率	城区年鉴
		家庭资产	城镇在岗职工平均工资	城区年鉴
		个人财政支撑能力	城镇居民人均可支配收入	城区年鉴
		宏观经济稳定性之通胀	居民消费价格指数[①]	市域年鉴
		经济实力	恩格尔系数	数说北京
	经济资源分配的公平性	收入分配状况	城镇居民家庭基尼系数	城区年鉴
		劳动力市场的性别公平	就业劳动力中女性比例	人口普查

① 1990 年的 CPI 以 1980 年为基期，2000 年以 1990 年为基期，2010 年以 2000 年为基期。

续表

目标层	准则层	领域层	因子层	数据来源
城市社会韧性之经济面向	经济资源的多样性	国家雇佣与国家机器	国家机关、党群组织、企业、事业单位负责人比例	人口普查
		经济对内活跃程度	人均社会消费品零售额	市域年鉴
		经济对外开放程度	人均实际利用外资额	城区年鉴

在以上所列出的指标中，城镇登记失业率、居民消费价格指数、恩格尔系数、城镇居民家庭基尼系数对于城市社会空间韧性的影响是负向的，其他指标的影响为正向。失业率和恩格尔系数代表了经济发展水平，而基尼系数则代表了收入分配的公平性。

（2）城市人口韧性指标

本研究所讨论的城市人口韧性，大多数情况被其他研究者称为城市社会韧性，也有部分研究将其作为 human capital 单独列出。本研究认为城市社会韧性包含经济、人口、制度和社会资本等方面，因而把与城市人口特征密切相关的韧性特点单列出来。阿杰（Adger）将城市人口韧性定义为人群应对社会、政治和环境变化带来的压力的能力（Adger，2000）。人口韧性主要强调人的主观能动性，能积极采取相应措施应对城市生活中的冲击和变化。常用的指标包括年龄构成、性别构成、教育程度构成、家庭构成、职业构成、弱势人口比例等与城市人口生活息息相关的指标。城市人口韧性十分重要，一方面因为城市社会空间韧性的最终目标在于满足城市人口的物质和精神需求，另一方面因为人口韧性会影响其他方面的韧性，从而对总体的社会空间韧性造成叠加的作用。基于文献综述，本研究认为人口韧性主要包括三个方面的内容：一是人口的总体特征，包括年龄结构、性别比例、密度与分布、受教育水平等；二是人口的健康与幸福程度，主要包括身体健康、心理健康以及住房所有情况等；三是公平性和多样性，主要包括性别公平性、民族公平性、技能多样性等。相关的研究表明，少数民族人口越少、老年人越少、残疾人越少的社区展示出的韧性越高（Cutter et al.，2010）。而受教育程度更是直接影响居民的沟通能力、信息获取及解决问题的能力（周利敏，2016），从而影响整体韧性。

在表 8-4 所列出的指标中，60 岁以上人口比重、15 岁以下人口比重、婴儿死亡率和性别比对于城市社会空间韧性的影响为负，其余为正。城市生态学的相关研究表明人类有独特的文化适应，即指物质文明或精神文明使个人对密度不利影响有所减轻的现象（刘阳，1998）；此外，人口高密度带来的频繁接触，使居民增加了交往与互助的机会，因此，本研究认为人口密度对社会空间韧性的影响为正，可称之为“密度韧性”。

（3）城市制度韧性指标

虽然本研究的目标区域为城市内部，但在讨论城市制度韧性时，显然需要更为宏观的视角。制度韧性更多地体现在城市整体层面甚至国家层面，因而这一维度主要反映的是一种纵向变化的趋势，较难进行横向的比较。城市制度韧性反映了城市社会空间对于社会、经济、政治和空间环境的变化所表现出来的适应程度，它是城市社会空间韧性特有的一个重要组成面向，体现了城市社会宏观结构及其组成要素的有效性和灵活性。城市的空间格局变化不是一蹴而就的，

城市社会空间韧性之人口韧性指标选入表 表 8-4

目标层	准则层	领域层	因子层	数据来源
城市社会韧性之人口面向	人口基本特征	教育水平	拥有大学以上学历的人口比例	人口普查
		年龄结构	60 岁以上人口比重	人口普查
		年龄结构	15 岁以下人口比重	人口普查
		规模变化	户籍人口自然变动率	人口普查
		分布与密度	常住人口密度	人口普查
		家庭结构	家庭户规模	人口普查
	健康与幸福	健康状况	婴儿死亡率	城区年鉴
		生活保障	人均居住面积	城区年鉴
	公平与多样	性别公平性	性别比	人口普查
		民族公平性	少数民族人口比重	人口普查
		技能多样性	商业与服务业人口比例	人口普查
		教育公平性	大学以上学历人口与高中以下学历人口比值	人口普查

在短时间也难以做出巨大变化来应对新的发展形势；而城市制度则不一样，它可以在一夜之间实现天翻地覆的转变，从而主动地适应新的宏观局面，并且引领城市走向更有韧性的发展路径。根据相关文献，本研究把城市制度韧性分为社会整合、城市管理、领导力与执行力三个大的方面，主要从城市整体的组织能力和应变能力角度来考虑城市的制度韧性。

首先，在国家层面，本研究选取了联合国人文发展指数（human development index，HDI）和透明国际（Transparency International）发布的全球清廉指数（corruption perceptions index）来衡量国家层面城市制度韧性的变化。HDI 从 1990 年开始发布，它是联合国用以比较国家间经济发展水平的指标。它是一个多面向的指标，确定了人类幸福的关键维度是“拥有长久而幸福的生活，能够获取知识和资源以体面地生活”。而全球清廉指数从 1995 年开始发布，它反映了全球的商人、学者及风险分析人员对世界各国腐败状况的观察和感受（杨建国，2013），分数越高表示该国政府的廉洁程度越高。

在表 8-5 所列出的指标中，法院行政案件收案数、平均每起火灾直接经济损失、行政区划数与所辖面积之比对于城市社会空间韧性的影响为负，其余指标的影响为正。

城市社会空间韧性之制度韧性指标选入表 表 8-5

目标层	准则层	领域层	因子层	数据来源
城市社会韧性之制度面向	社会整合	社会综合发展状况	HDI（联合国人文发展指数）	联合国
		就业机会	就业弹性系数	北京六十年
		技术进步与社会发展	技术合同成交情况	北京统计年鉴
		科技活动及专利情况	个人专利批准量占比	北京统计年鉴
	城市管理	行政能力	法院行政案件收案数	北京统计年鉴

续表

目标层	准则层	领域层	因子层	数据来源
城市社会韧性之制度面向	城市管理	医疗服务	地方财政支出中卫生经费支出占比	北京统计年鉴
		健康与卫生	各饮食单位食品卫生合格率	北京统计年鉴
		灾害管理	平均每起火灾直接经济损失	北京六十年
	领导力与执行力	强有力的领导	政协会委员提案立案数	北京统计年鉴
		政府办事效率	公证处总办证量	北京统计年鉴
		透明性与可靠性	全球清廉指数	透明国际
		政治破碎程度	行政区划数与所辖面积之比	各区统计年鉴

（4）城市社会资本指标

经济学、社会学、政治科学和公共健康领域都研究社会资本，它的多面向性使用对其测量尤为困难。在对其进行操作化的测量前更需要搞清楚它的构成要素和定义。卡哇崎（Kawachi）和伯克曼（Berkman）把社会资本定义为一个人的社会网络所链接的实际或潜在资源（Kawachi et al.，2014）。但社会资本的来源和结果的区分并不那么明晰。他们认为社会资本是一个集合概念，应该从总体上进行测度，要么使用结合了个体信息的总体变量，要么使用描述社区状况的集合变量。最关键的是，变量具有很强的空间效应，只对所测量的具体的社区有意义。

乌费夫（Uphoff）把社会资本分为两类，一为结构性社会资本（structural social capital），一为认知性社会资本（cognitive social capital）（Uphoff，2000）。前者主要是指各种社会组织和网络对于社会资本的贡献，而后者主要是关于催生相互合作行为的规范、价值观、态度和信仰的精神过程和观念。在现实中，结构性社会资本和认知性社会资本在社会资本形成的过程中是相互补充和影响的。对于结构性社会资本，可以用面板数据进行测量，而测量认知性社会资本则需要群体层面的访谈和调查等数据与规范和态度的定性属性相配合。因此，结构性社会资本相比于认知性资本更易被测量。

社会资本主要包括三个要素，即社会支持（social support）、社会参与（social participation）和社区联系（community bonds）（Norris et al.，2008）。社会支持主要是指来自家庭和朋友的非正式网络，这些网络会给其成员提供各种各样的帮助。社会参与主要是指正式的社会群体和组织所形成的社会网络，网络中的关系更具有结构化的特征，以满足个人和群体功能化和结构化的需求。第三个要素社区联系的建立是通过市民参与到群体和社区活动中来实现的。这是社区层面社会资本的体现。通过正式和非正式网络建立的多层次的社会关系有助于在面临压力和不确定性时满足特定的需求。内蕴于社会关系之中的是信任，互惠互利、共享的规范、价值观和规则与义务的建立，这些都使得社会资本成为对社群有用的资源。常用的结构社会资本指标包括人均组织和协会数量，比如运动团体、政治团体和工会等。志愿服务率、选举参与率、本地组织与社区项目参与度，以及人均 NGO 数量等也常用作结构社会资本的参考指标。常用的认知社会资本包括对社会失信和助人为乐、公平性缺失等问题的认知等。

在社会资本的指标方面，有几个指标体系值得借鉴，首先是 SOCAT（the social capital

assessment tool），它是由世界银行开发的，用来评估和比较各个国家的经济发展和社会幸福程度的指标工具集。这一工具集考虑了社会资本的结构和认知方面，包括横向和纵向组织、异质和同质组织、正式和非正式组织等。它主要包括了一定地理区划范围测量社区、家庭和组织的三种工具，采用的方法包括访谈、焦点小组、得分表和绘制地图（mapping）等。

当然，在社会资本的量化研究方面也存在着一些争议。有一些学者质疑了直接测量社会资本的可靠性并建议使用替代指标，包括协会和网络组织的密度和成员数、社会诚信和规范的遵循程度，以及以服务提供为指标的集体行动等。这些指标合在一起很好地测量了广义的社会资本。也有学者把社会资本定义为联系性活动中的参与，并且认为社会资本被集体行动建构，而集体行动在特定的地域中更容易被操作化地测量。常用的指标包括联系密度、总统大选参与率、人口普查回答率和人均非营利组织数量。参与的程度和密度为不同地区之间社会资本的比较提供了很好的测度。艾伦比（Allenby）等强调了利用有双重用途的技术来增加韧性，并提供额外的经济、社会、环境益处，其中各种组织机构以网络为中心的组成结构是实现韧性目标过程的关键（Allenby et al.，2005）。

对于社会韧性来说，社会资本更多的是在团体层次而非个体层次上定义（Adger，2000）。综合以上分析，选择适合中国国情的、在较小的行政区划单元能够获取的可靠的社会资本指标，如表 8-6 所示。

城市社会空间韧性之社会资本指标选入表 **表 8-6**

<table>
<tr><th>目标层</th><th>准则层</th><th>领域层</th><th>因子层</th><th>数据来源</th></tr>
<tr><td rowspan="12">城市社会韧性之社会资本面向</td><td rowspan="4">社会支持</td><td>信任与互惠</td><td>家庭户户数占总户数的百分比</td><td>人口普查</td></tr>
<tr><td>弱势群体服务</td><td>每千人中幼托机构在园人数</td><td>分区统计资料</td></tr>
<tr><td>教育服务</td><td>地方财政支出中教育事业费占比</td><td>分区统计资料</td></tr>
<tr><td>生活保障</td><td>城镇居民享受最低生活保障人数占比</td><td>北京六十年</td></tr>
<tr><td rowspan="4">社会参与</td><td>宗教组织</td><td>每十万人中宗教职业者数量</td><td>人口普查</td></tr>
<tr><td>社会团体</td><td>每万人中社会团体人员数量</td><td>人口普查</td></tr>
<tr><td>基层组织</td><td>每万人中工会会员数量</td><td>中国工会年鉴</td></tr>
<tr><td>市民参与</td><td>每万人拥有专职妇联干部人数</td><td>北京六十年</td></tr>
<tr><td rowspan="4">社区联系</td><td>社区意识和自豪感</td><td>常住户籍人口比例</td><td>人口普查</td></tr>
<tr><td>人口流动性</td><td>省外迁入人口占常住人口比重①</td><td>人口普查</td></tr>
<tr><td>冲突解决机制</td><td>每万人中的人民调解人员数量</td><td>北京统计年鉴</td></tr>
<tr><td>犯罪预防与减少</td><td>刑事案件破案率</td><td>北京六十年</td></tr>
</table>

社会资本是社会空间韧性非常重要的一个方面，其他研究自然灾害韧性的较少考虑社会资本对于系统整体韧性的影响。由于认知性社会资本测量的要求较高，过程复杂，本研究仅测量结构性社会资本，所选指标如表 8-6 所示，其中省外迁入人口占常住人口比重对于城市社会空

① 省外的定义是其五年前的居住地址是在外省。

间韧性的影响为负向，其余指标的影响均为正向。

家庭户相对于非家庭户，其结构和行为都更为稳定，更容易在日常交往中形成对彼此的信任；弱势群体服务中主要包括幼托和养老机构，因为本研究各个年份分空间单元的养老设施的相关数据不完整，因此仅选择了幼托机构的服务能力；常住户籍人口相对来说具有更稳定的居住行为，容易形成社区意识和自豪感；与之相对的是，省外迁入人口越多，人口流动性越大，越不利于社区联系的产生。

8.2.3 城市空间韧性指标

（1）城市生态韧性指标

城市已经成为全球生态系统中不可分割的一部分，其生态韧性和自然生态系统的韧性有相似也有不同。相似的是二者都有赖于基本的生态系统服务，包括自然资源的使用和排放物及废弃物的吸收和处理。不同之处在于，城市是人口高度集聚的生态系统，是社会经济发展的中心，相比于自然生态系统，其生态脆弱性更大。城市生态系统作为人工化的系统与环境，是人类社会工商业生产与生活的主要区域，形成了与自然生态系统截然不同的能量流动系统。城市生态系统远比自然生态系统复杂，其中的生产与生活过程所产生的废弃物往往很难就地自然消解。如工业生产中产生的各种固体、液体、气体废物等远远超过生态系统本身的自然净化能力，对城市的生态与环境安全构成威胁（徐顺利，2006）。因而，评估城市的生态韧性必须以自然系统与人类系统的相互作用为基础，将城市的废弃物处理能力、物质循环利用率等作为重要的考量。总的来说，城市生态韧性反映了城市生态系统的适应和转化能力，代表了城市生态系统对灾害的抵御能力和所拥有的支持城市建设的潜力（陈芳芳，2015）。

综上所述，现有的城市生态韧性评价指标通常包括城市建成区绿化覆盖率、人均公共绿地面积、城市生活污水处理率、工业固体废物综合利用率、环境空气质量优良率等指标。用以说明城市生态韧性并不仅仅意味着绿地面积的大小，还要加强环境的改善和治理，要不断革新，建立起能够应对各种冲击、维持生态系统服务功能的组织体系（Klein et al.，2003）。本研究在参考相关文献的基础上，将城市生态韧性划分为生态本底、生态治理和环境效率三个方面（蒲波，2016），具体指标如表 8-7 所示。

在表 8-7 所列出的指标中，二氧化硫日平均值、区域环境噪声平均值、万元地区生产总值能耗、能源消费弹性系数、电力消费弹性系数对于城市社会空间韧性的影响为负，其余指标的影响为正。对于北京来说，暴雨是其主要的自然灾害类型，下垫面的情况，尤其是不透水表面和绿色基础设施的情况都与暴雨危害直接相关。林地和草地可以缓和和减少暴雨的排放速度和数量，和其他可渗透表面一起分担排水系统的压力，从而缓解暴雨带来的危害。由于环京地区重污染企业排放的影响，以及日益攀升的机动车辆保有数量，北京的空气质量成为影响居民客观身体健康和主观心理感受的一个关键性因素，因此，本研究也将空气质量作为生态韧性指标的构成之一。

城市社会空间韧性之生态韧性指标选入表　　表 8-7

目标层	准则层	领域层	因子层	数据来源
城市空间韧性之生态面向	生态本底	雨洪缓冲	年末单位面积实有树木数量	各区统计年鉴
		雨洪缓冲	年末单位面积实有草坪数量	各区统计年鉴
		可渗透表面	建成区绿化覆盖率	各区统计年鉴
		空气质量	空气质量二级及好于二级的天数比例	各区统计年鉴
	生态治理	生活污水处理	城镇生活污水集中处理率	北京统计年鉴
		工业废物处理	工业固体废物综合利用率	中国环境年鉴
		生态系统监测与保护	二氧化硫日平均值	数说北京
		环境噪声	区域环境噪声平均值	各区统计年鉴
	环境效率	环境投入	环境投资占城市基础设施投资比重	北京统计年鉴
		能源产出率 / 能耗效率	万元地区生产总值能耗	北京统计年鉴
		能源消费	能源消费弹性系数	北京六十年
		能源消费	电力消费弹性系数	北京六十年

在废物处理方面，综合考虑了固、液、气三种废弃物的处理能力或结果指标，也涵盖了生产和生活两方面，另外还加入了现代城市社会日益普遍和严重的噪声污染指标来综合衡量城市社会生态系统在处理和应对自身循环所产生的环境污染物方面的能力。在生态治理方面，环境投资占城市基础设施投资比重指标包含了园林绿化、环境卫生和环境保护三项内容，这是表征城市生态空间治理的最基本指标。此外，能源消耗效率表明了随着城市社会科学技术的进步，对于自然生态资源的利用程度和效率的改进和提高，也是城市生态韧性指标的重要构成。作为其补充的能源消费弹性系数和电力消费弹性系数也从不同的侧面反映了同样的内容，一并纳入生态韧性指标体系。

能源消费弹性系数是能源消费量年均增长速度与国民经济年均增长速度之比。其发展变化与国民经济结构、技术装备、生产工艺、能源利用效率、管理水平乃至人民生活等众多因素密切相关。当高耗能行业（如重工业）在国民经济中的占比较大，科学技术水平仍然很低时，能源消费增长速度总是快于国民生产总值的增长速度，即能源消费弹性系数大于 1。随着科学技术的进步、能源利用效率的提高、国民经济结构的变化和耗能工业的迅速发展，能源消费弹性系数会普遍下降（邓江等，2009），因此它与城市生态韧性是负相关的。同样，电力消费弹性系数是指一段时间内电力消费增长速度与国民生产总值增长速度的比值，用以评价电力与经济发展之间的总体关系（周小谦，2000）。许多国家的经济发展历史表明，随着工业化的发展，电力消费弹性系数趋向于下降。因此，本研究认为电力消费弹性系数也与城市生态韧性负相关。

国际相关研究的趋势是将气候变化与城市化的相关因素也纳入生态韧性的指标体系作综合的考虑，因为气候变化（Sheehan et al.，2010；Kithiia，2011；Leichenko，2011）和城市化（Ernstson et al.，2010）是影响城市生态韧性的最重要的因素，生态过程与社会、经济、政治过程的相互影响，造成了城市或城市化地区自然栖息地碎片化、物种构成同质化、能量流和营养循环的中断，增加了生态系统的脆弱性（蔡建明，2012）。因此，城市要提高其生态韧性，一方面要最大限度地保护城市中的自然生态环境，将开发建设活动控制在自然环境所允许的承载能力范围内；另一方面要减少对自然环境的负面影响，增强其健康性（蔡建明，2012）。本研究因范围有限不考虑上述影响因素。

（2）城市工程韧性指标

城市工程韧性主要是指城市的建成环境，包括住房、商业和产业建筑、公共建筑等，也包括各类基础设施，如给排水、供电、交通、通信、医院、学校、消防、公安、养老等。城市建成环境是保障城市中生产和生活正常进行的基本硬件条件，这些硬件条件水平决定了城市及其社区能否迅速地从自然和人为灾害中恢复，或有效地匹配城市社会空间转变的要求，对于城市社会空间的整体韧性至关重要。城市工程韧性指标主要由衡量城市公共基础设施水平的因子构成，通常包括人均道路面积、道路网密度、人均生活日用电量、人均生活日用水量、排水管道密度、互联网普及率、建筑防震标准等（刘江艳，2014）。城市工程韧性主要强调城市空间的完善程度，包括稳健性、迅速性、冗余性和谋略性等方面。

稳健性保证城市基础设施能够承受极端事件冲击，避免系统之间的相互影响，将极端事件对城市社会空间产生的“多米诺骨牌”危害效应降到最小（McDaniels et al.，2008）。迅速性则要求城市环境能为及时地响应城市社会空间变化和紧急事件提供必要的条件，主要包括紧急救助和医疗服务等。而城市赖以生存的少数关键资源、网络或服务的冗余配置，如电力、饮用水、通信和交通等系统，也包括可作紧急庇护与疏散之用的闲置空间对于减少极端事件的社会影响具有至关重要的意义（蔡建明，2012；周利敏，2016）。

因此，综合韧性评估的文献和本研究的数据可获得性，在城市工程韧性指标构建方面主要选取了三方面，分别为避难与救助、关键基础设施和基本生活保障，具体指标如表 8-8 所示。

城市社会空间韧性之工程韧性指标选入表 **表 8-8**

目标层	准则层	领域层	因子层	数据来源
城市空间韧性之工程面向	避难与救助	避难空间以及收容设施及服务	人均统管房建筑面积	各区统计资料
		紧急救助	每百人消防队数	北京统计年鉴
		避难空间以及收容设施及服务	人均房屋建筑竣工面积	各区统计资料
		医疗设施	平均每千人拥有病床数	各区统计资料
	关键基础设施	供电冗余性	全社会发电量与用电量之比	北京统计年鉴
		供水冗余性	自来水年综合生产能力与销售总量之比	北京统计年鉴
		交通	区管道路占城区面积比重	各区统计资料
	基本生活保障	基础设施投资	基础设施投资占全社会固定资产投资比重	北京统计年鉴
		客货运输能力	人均客运量	北京统计年鉴
		客货运输能力	人均货运量	北京统计年鉴
		市内交通运输能力	公共交通每日人均运载次数	北京统计年鉴

在表 8-8 所列出的指标中，所有指标对于城市社会空间韧性的影响均为正。

（3）城市网络韧性指标

ICT 技术的发展使得城市空间从物质层面延伸到了虚拟层面。人们在虚拟空间中的行为，即线上行为也会对线下的社会和空间造成实际的影响，而且这种影响越发明显。因此，本研究在传统的生态韧性和工程韧性基础上加入城市网络韧性指标，来表达虚拟空间对于整体社会空间韧性的影响。相关指标应该包括拥有高宽带网络服务的人口百分比、智能手机普及率、网购频率等。但由于本研究时间跨度较大，相关指标在较早的年份无法获取，因此选用与之有一定联系的、在三个时点都能获取的"每万户中拥有移动电话的户数"这一指标来代替。

（4）城市形态韧性指标

除生态韧性和工程韧性之外，还有一类城市空间特征对社会空间韧性有较大影响，却容易被忽略，即与城市形态格局相关的指标。城市格局是生态系统与人类系统共同作用的结果，很多学者通过研究城市形态、城市蔓延扩张、土地利用模式等时空演化过程探寻城市格局与生态韧性之间的关系（蔡建明，2012）。如阿尔贝蒂（Alberti）等深入研究了城市格局对城市生态系统动力机制和韧性的影响，包括城市形态、土地利用分布以及连通性等（Alberti，1999；Alberti et al.，2001；Alberti et al.，2007）。有研究者用社区内部道路系统（用内部道路的节点数和条数、总长度等表征）、外部交通系统（用社区内住宅楼到公交站或地铁口的平均距离来表征）、密度（用家庭户数与社区面积的比值或容积率来表征）、土地利用混合度（用居住区的用地混合度或居住区及其缓冲区的用地混合度表征）和可达性（用居住建筑到最近的商业设施或公共绿地的距离来表征）等指标来衡量城市形态对于社区活力的影响（Wu et al.，2018）。也有学者指出拥有多个中心或节点，并且这些中心和节点拥有多样的功能时，城市的脆弱性会更低。即多中心的城市形态，且每个城市中心也都是紧凑和功能多样时，城市会拥有更高的韧性（Cruz et al.，2013）。但是，目前这种多中心性（polycentricity）、紧凑度（compactness）还很难用指标进行测量；功能多样性在一定程度上可以用土地利用形态进行表征，但要获得历时性数据也是相当困难的。

城市形态除了通过影响生态过程间接影响城市社会空间韧性外，也会直接影响人的活动及社会网络的形成等，使社会空间呈现完全不同的表现。国内外学者都对此方面的问题进行了大量研究，如紧凑的城市社会交往更多，则更容易建立社会资本（Cruz et al.，2013），从而提高韧性。相关实证研究已经表明城市内部紧凑型社区的居民整体幸福感要比郊区低密度社区居民的整体幸福感强，主要原因在于离城市中心更近、密度更高、土地利用程度更混合（Mouratidis，2018）。卡朋特（Carpenter）提出通过建成环境对社会网络的支撑和促进作用，间接提升社区韧性（Carpenter，2013）。比如紧凑的城市形态就使得居民能够维持较大的亲密关系网络，更频繁地与朋友和家人进行社交，得到更强的社会支持，并且有更多机会结识新的朋友，从而累积更多的社会资本，在面临逆境时展现出更强的韧性。要获得时间上连续的城市形态相关的指标数据也很难，本研究选用了以区为单位的"路网密度"这一可以间接计算出来的指标来衡量北京核心区三个年份的形态韧性。

8.2.4 数据来源与处理

本研究的数据采集时间设定在1990-2010年的梯度范围。主要数据来源包括市一级的统计资料（表8-9）。

社会空间韧性指标主要数据来源一览表　　表8-9

数据空间单元	数据资料名称
国家	《中国工会年鉴》《中国环境年鉴》等全国范围内的统计资料
市域	《北京社会经济统计年鉴1991》 《北京统计年鉴2001》 《北京统计年鉴2011》 《数说北京改革开放三十年1978-2008》 《北京六十年1949-2009》 《北京区域统计年鉴2010》
原东城区	《北京市东城区国民经济统计资料1990》 《北京市东城区国民经济统计资料2000》 《北京市东城区统计年鉴2010》 《北京东城年鉴2000》《北京东城年鉴2010》
原崇文区	《北京市崇文区一九九一年社会经济统计资料汇编》 《北京市崇文区社会经济统计资料汇编1999年度》 《崇文统计年鉴2010》《北京崇文年鉴2010卷》
原西城区	《北京市西城区一九九二年国民经济统计资料》 《西城统计年鉴2000》《北京西城统计年鉴2011》 《回顾"九五"、展望"十五"——北京市西城区社会经济统计资料汇编》 《繁荣发展的西城》 《西城在改革中前进——1978-1998二十年社会经济统计资料》 《北京西城年鉴2000》《北京西城年鉴2010》
原宣武区	《宣武区社会经济统计资料一九九零年》 《宣武区社会经济统计资料2000》 《北京市宣武区统计年鉴2010》 《宣武迈进新世纪——1997-2001年社会经济发展情况》 《北京宣武年鉴2010》

此外，还有与3.2.1部分相同的各街道三个普查年份的人口数据来源。

如表8-9所示，综合考虑数据的连续性、可靠性、可获得性和指标的含义等原则，本研究一共选取了73个韧性指标，其中在社会方面有经济韧性指标12个、人口韧性指标12个、制度韧性指标12个、社会资本指标12个；在空间方面有生态韧性指标12个、工程韧性指标11个、网络韧性指标1个和形态韧性指标1个。

各指标因为性质不同，计量单位不同，取值范围有很大差异，在对其进行计算前需要进行系列变换。首先，原始数据需要进行可比性变换，所有变量都转换为百分比、人均数值或密度形式。实际上在变量选择和初步计算时就已经考虑了这一步，几乎所有的变量都已经是可比形式，部分指标的分母有所扩大以避免值出现过多的小数。而经济相关数据因为跨越30年的长时间段，要消除通货膨胀的影响，本研究选择以三个年份的值除以同一基期的对应CPI值来实现可比化。

第二步，是要对数据进行无量纲化处理，常用的方法包括基于均值和标准差的 Z-score 法，Min-Max 最大最小值法和均值距离法等。本研究采用 Min-Max 方法对三个年份所有数据进行标准化处理，将所有指标数值变换成值域在 0—1 之间的相对值，其中，越接近 1 表示韧性越高，而越接近 0 则表示韧性越低。具体方法如下：

当所选指标具有正向影响时，其相对值计算公式为：

$$R(I)=\frac{I-\min(I)}{\max(I)-\min(I)} \tag{8-1}$$

当所选指标具有负向影响时，其相对值计算公式为：

$$R(I)=1-\frac{I-\min(I)}{\max(I)-\min(I)} \tag{8-2}$$

式中：$R(I)$ 表示指标 I 的相对值，I 表示指标 I 的真实值，$\min(I)$ 表示指标 I 三个年份各空间单元的最小值，$\max(I)$ 表示三个年份各空间单元指标 I 的最大值。Min-Max 标准化方法可以将所有数据都重新分配到 0 到 1 的区间，其中 0 为该项指标的最低值，1 为最高值。将标准化后的数据建成 96×73 的矩阵，96 为三个年份的街道空间单元数，73 为所选变量总数。但是此标准化方法也有一定的缺陷，即变换基准是值域而不是标准差，使得一些极值可能会对总体指标值造成较大的影响。

由于指标的选择具有较大的主观性，指标的质量及其表达的信息有效性不仅取决于指标构成方法，也取决于所选变量的内部一致性，也就是说变量对于所要测量的概念的适合程度。相关研究还对指标的相关性和内部一致性进行检验，常用的方法包括多重共线性分析和多维尺度分析（multi dimensional scaling）等。本研究因为所选变量数量较少，因而先忽略了上述分析过程，直接对所选指标值取均值求得各个年份各空间单元各个面向的韧性指标值，并加总得到总体的社会空间韧性值。之后再考虑指标的多重共线性和各个面向指标的不同权重（其实权重的有效性和可靠性也是值得质疑的，因为尽管可以用主观判断或客观数据赋予不同指标相应的权重，但这些权重并不一定能真实反映指标的客观相对重要性或政策优先性），以两种方法进行对比分析。

8.3 社会空间韧性评价结果分析

8.3.1 核心区整体社会空间韧性演变

毋庸置疑，北京核心区的整体韧性从 1990 年到 2010 年是不断加强的。如果经济、人口、制度、社会资本、生态、工程、网络和形态 8 方面的值进行无权重的加总，得到 1990 年北京核心区的整体韧性值为 2.77，2000 年为 3.27，2010 为 5.27，呈现出明显的增强趋势（图 8-6）。因为网络韧性和形态各仅有一项指标，误差较大，将其排除后，计算各年份的整体韧性值，得到 1990 年为 2.21，2000 年为 2.66，2010 年为 3.37，仍是逐渐增强的。但如果把社会韧性和空间韧性的指标分开来看，这种整体趋势就出现了一定的变化：1990 年、2000 年和 2010 年总的社会韧性值分别为 1.65、1.57 和 2.07；而 1990 年、2000 年和 2010 年总的空间韧性值分别为 1.12、1.70 和 3.20。可以看到，在整体的社会韧性方面，2000 年与 1990 年相比出现了下降的趋势，这说明 20 世纪 90 年代大规模的旧城改造和房地产开发建设给核心区的社会空间带来了较大的损害。

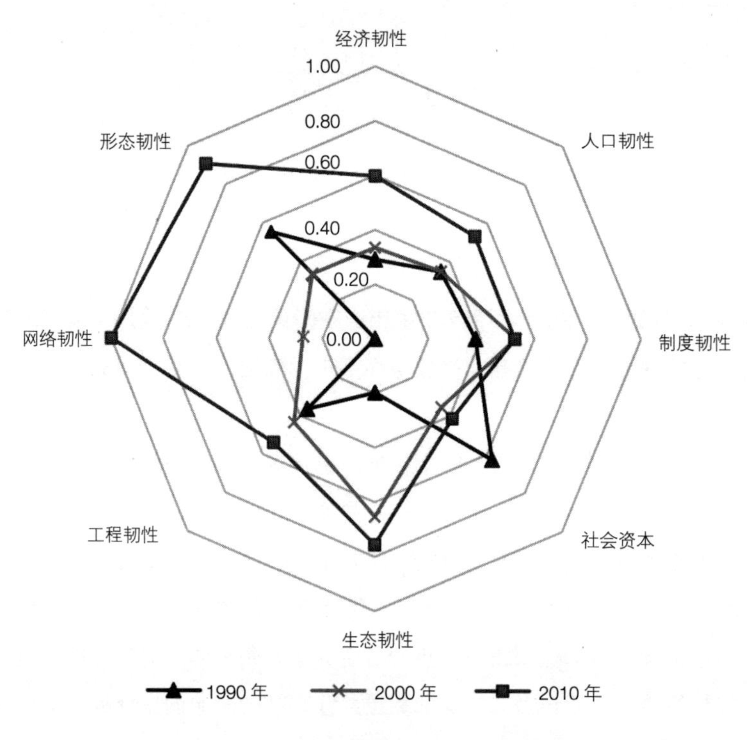

图 8-6　核心区社会空间整体韧性演变雷达图

图片来源：作者自绘

从表 8-10 可以看出，在经济韧性方面，三个年份呈逐渐递增的趋势，2010 年的经济韧性增加到了 1990 年的两倍；分析人口韧性的分项构成，可以发现，由于国民整体教育程度的提高、外来劳动力人口的涌入、医疗卫生条件改善等提高了北京核心区整体的人口韧性，但这种人口韧性在一定程度上被人口老龄化的影响抵消了，表现在虽然人口韧性整体呈增长趋势，但 2000 年相比于 1990 年人口韧性并没有增加。在制度韧性方面呈现出来是逐渐宽松的环境，而社会资本则是经历了大幅度的降低而后有所回升。而生态韧性、工程韧性和网络韧性都是逐年升高。形态韧性也在 1990 年到 2000 年的阶段表现出了一定的下降趋势，而后有所回升。

三个年份城市社会空间韧性值 表 8-10

年份	1990	2000	2010
经济	0.29	0.34	0.60
人口	0.35	0.35	0.53
制度	0.38	0.53	0.53
社会资本	0.63	0.35	0.41
生态	0.20	0.65	0.76
工程	0.36	0.43	0.54
网络	0.00	0.28	1.00
形态	0.55	0.34	0.91
总体	2.77	3.27	5.27

8.3.2 分年份和城区的社会空间韧性

从表 8-11 和图 8-7 可以看出，1990 年，四城区相较而言，崇文区的综合韧性最高，东城区次之，宣武区排第三，而西城区最低。2000 年，四城区相较而言，仍然是崇文区的综合韧性最高，宣武区次之，东城区排第三，而西城区最低。2010 年，四城区相较而言，西城区的综合韧性最高，基本与东城区并驾齐驱，崇文区最低，与宣武区也相差无几。崇文区前两个年份较高的综合韧性主要源于其形态韧性的得分值较高，而到 2010 年，东西城区在经济方面的优势逐渐显现出来，从而呈现了较高的综合韧性。

三个年份各城区的社会空间韧性值 表 8-11

年份	城区	经济	人口	制度	社会资本	生态	工程	网络	形态	综合
1990	东城区	0.30	0.36	0.39	0.62	0.22	0.40	0.00	0.71	3.00
	崇文区	0.28	0.34	0.35	0.63	0.23	0.35	0.00	0.85	3.02
	西城区	0.30	0.34	0.38	0.65	0.19	0.36	0.00	0.11	2.35
	宣武区	0.29	0.35	0.39	0.60	0.15	0.34	0.00	0.49	2.61
2000	东城区	0.36	0.37	0.54	0.36	0.67	0.43	0.28	0.03	3.04
	崇文区	0.34	0.31	0.57	0.36	0.69	0.43	0.28	0.91	3.88
	西城区	0.35	0.37	0.50	0.35	0.67	0.43	0.28	0.00	2.94
	宣武区	0.28	0.35	0.51	0.34	0.59	0.45	0.28	0.52	3.32
2010	东城区	0.70	0.51	0.55	0.44	0.74	0.53	1.00	1.00	5.46
	崇文区	0.51	0.52	0.49	0.43	0.81	0.56	1.00	0.74	5.05
	西城区	0.72	0.56	0.58	0.37	0.79	0.58	1.00	0.87	5.47
	宣武区	0.45	0.55	0.49	0.41	0.70	0.50	1.00	0.97	5.06

从图 8-7 也可以明显看出，1990 年和 2000 年四城区韧性的主要差别来自形态面向，由于形态面向只有单一的指标值构成，存在较大误差的可能性。而 2010 年，四城区在经济韧性上

有了较大的区别，原东城区和原西城区经过 10 年的发展在经济韧性方面远远超过了崇文区和宣武区。2010 年东城区和宣武区的形态韧性较大，西城区的形态韧性居中，而崇文区的形态韧性最小，使得 2010 年东城区和西城区的综合韧性较大。

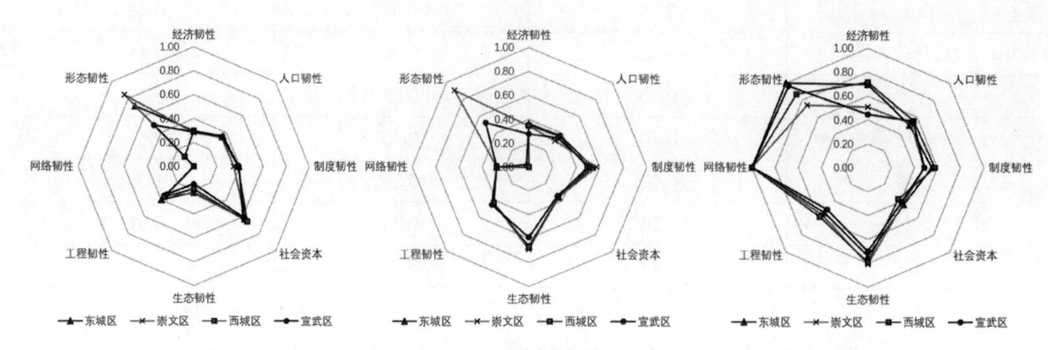

图 8-7　1990、2000 和 2010 年北京市核心各城区社会空间韧性演变雷达图

图片来源：作者自绘

8.3.3　分面向和街道的社会空间韧性

（1）经济韧性演变分析

从各街道的经济韧性来看，原西城区拥有较强的优势，而原宣武区则一直处于劣势地位（图 8-8）。1990 年经济韧性最高的是东城区的建国门街道，最低的是宣武区的椿树街道；2000 年经济韧性最高的是西城区的月坛街街道，而最低的是宣武区的牛街街道；2010 年经济韧性最高的是西城区的西长安街街道，而最低的是宣武区的白纸坊街道。从图 8-8 可以看出，到 2000 年时，核心区经济韧性最强的是东城区，这一结果与第 4 章所展现的社会空间演变趋势是相吻合的，东城区的大部分街道从 1990 年的弱势人口聚居区变成了 2000 年的低密度优势人口聚居区，与其经济发展密不可分。而到了 2010 年，西城区以金融街为代表的生产性服务业的崛起，使其占据了核心区经济韧性方面的绝对优势。综合三个年份，经济韧性最强的是月坛街道，最弱的是白纸坊街道。

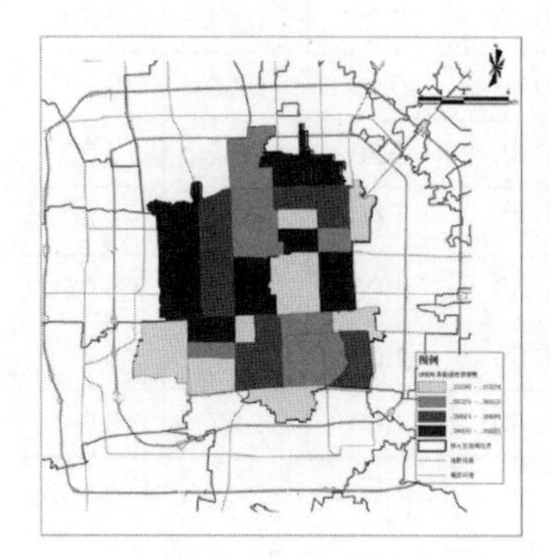
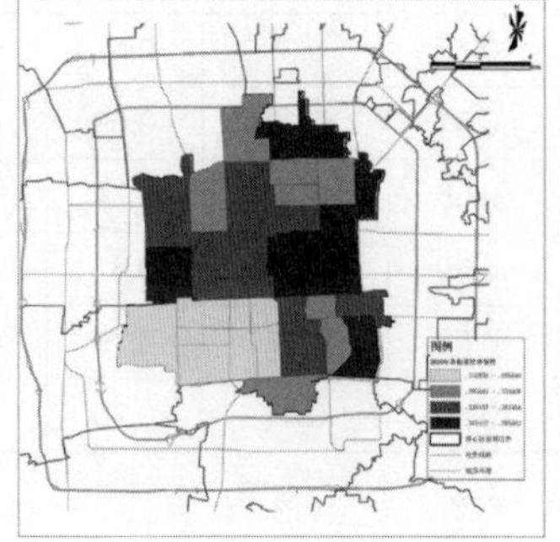
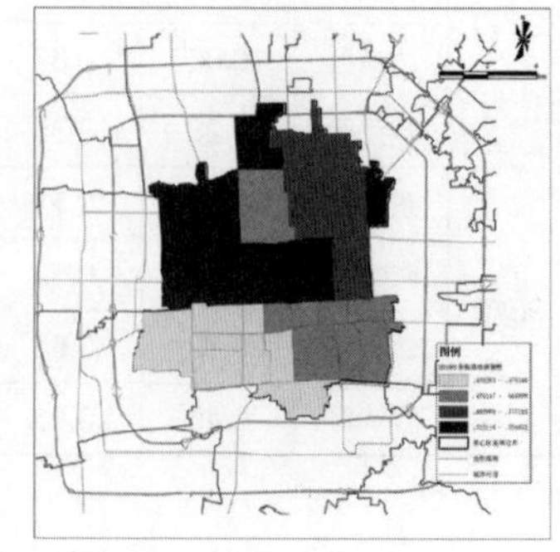

图 8-8　1990、2000 和 2010 年北京市核心区各街道经济韧性分组分布示意图

图片来源：作者自绘

（2）人口韧性演变分析

在人口韧性方面，1990 年围绕着老的内城东沿和南沿分布着人口韧性较高的街道；2000 年，则是以内城西部和北部为人口韧性较高街道的集中分布之地；而到 2010 年时，人口韧性较高的街道则进一步集中分布在了整个核心区的西侧（图 8-9）。人口韧性高的街道与第 4 章的知识分子人口聚居区的分布基本吻合，也说明了教育程度对于人口韧性的重要影响。1990 年人口韧性最高的是牛街街道，最低的是什刹海街道；2000 年人口韧性最高的是牛街街道，最低的是崇文门外街道；2010 年人口韧性最高的是牛街街道，最低的是前门街道。综合三个年份来看，人口韧性最高的是牛街街道，最低的是前门街道。不难看出，牛街街道三个年份的高人口韧性主要来自其民族人口的多样性得分值较高。这对于真实的人口韧性的反映有一定的偏差，后续可以考虑为每一个面向的分项指标添加权重值来排除部分指标极值对于最后得分的较大影响。

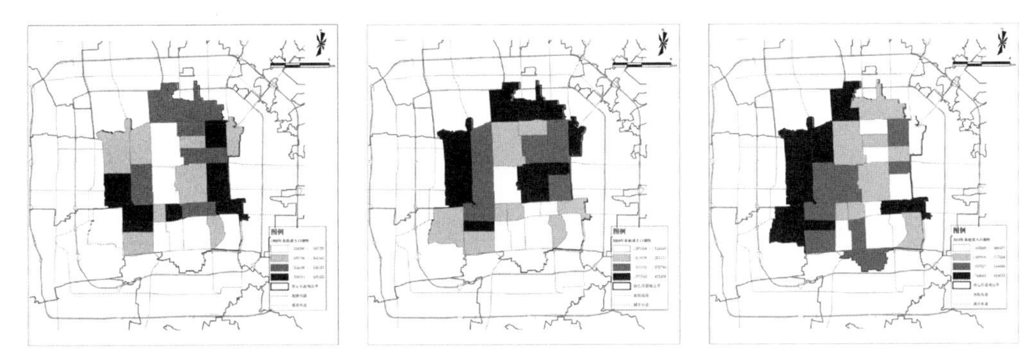

图 8-9　1990、2000 和 2010 年北京市核心区各街道人口韧性分组分布示意图

图片来源：作者自绘

（3）制度韧性演变分析

在制度韧性方面，三个年份各城区的制度韧性有比较大的变化，1990 年时崇文区的整体制度韧性最弱，而 2000 年则变为最强；2000 年时西城区的整体制度韧性最弱，而到 2010 年变为最强（图 8-10）。1990 年制度韧性最强的街道是宣武区的广安门外街道，最弱的是崇文区的崇文门外街道；2000 年制度韧性最强的街道是崇文区的龙潭街道，最弱的是西城区的新街口街道；2010 年制度韧性最强的街道是西城区的西长安街街道，最弱的是崇文区的崇文门外街道。制度韧性的变化显示了其不同于社会空间韧性其他面向的特点，即巨大的可塑性。所谓“三十年河东，三十年河西”，制度环境的变化可在朝夕之间达成，而能否抓住制度优势的窗口期实现跨越发展成为地区发展的关键。综合三个年份，制度韧性最强的是东华门街道，最弱的是椿树街道。

（4）社会资本演变分析

在社会资本方面，1990 年的特征比较明显，作为各种政府机关集中之地的西城区拥有较大的社会资本，而宣武区的社会资本最小；2000 年社会资本的分布相对繁杂，2010 年则是东北角和东南角的社会资本较高（图 8-11）。1990 年社会资本最高的是月坛街道，最低的是椿树街道；2000 社会资本最高的是龙潭街道，最低的是广安门外街道；2010 社会资本最高的是北新桥街道，最低的是西长安街街道。综合三个年份，社会资本最强的是北新桥街道，最弱的是广安门外街道。

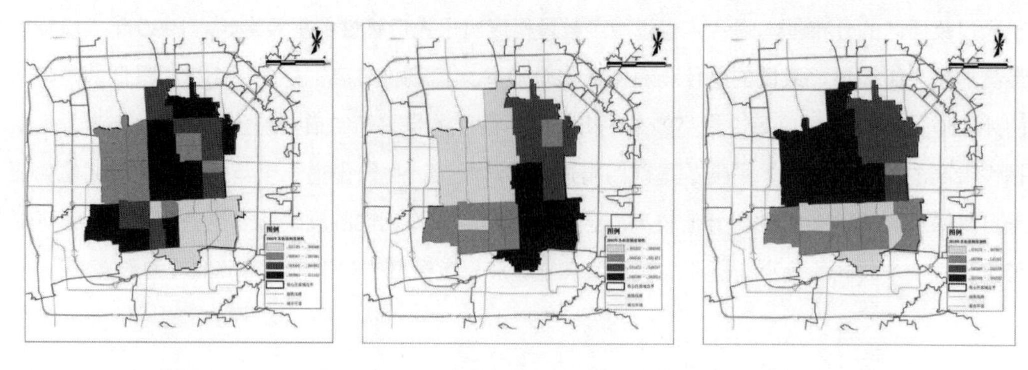

图 8-10　1990、2000 和 2010 年北京市核心区各街道制度韧性分组分布示意图

图片来源：作者自绘

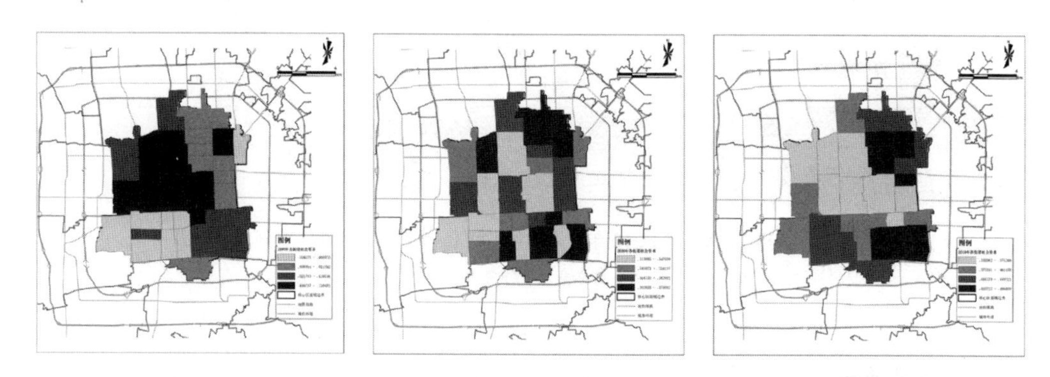

图 8-11　1990、2000 和 2010 年北京市核心区各街道社会资本分组分布示意图

图片来源：作者自绘

（5）生态韧性演变分析

在生态韧性方面，崇文区一直拥有较强优势，而宣武区则处于劣势（图 8-12）。崇文区有天坛公园、龙潭湖公园等大型绿地，在生态方面享有得天独厚的优势。而西城区的生态韧性也在不断加强。生态韧性以区为单位，综合三个年份而言崇文区拥有最强的生态韧性，而宣武区的生态韧性最弱。

（6）工程韧性演变分析

在工程韧性方面，1990 年工程韧性较高的街道集中在核心区东北部，呈现从东北向西南递减的趋势；2000 年，以椿树街道和大栅栏街道为核心向东西南北四个方向扩散，形成工程韧性由内到外逐渐变弱的格局；而到 2010 年，整个西城区集中了工程韧性较强的街道，崇文区的整体工程韧性也较强，而宣武区也整体处于工程韧性较弱的地位（图 8-13）。综合三个年份来看，工程韧性最强的是西长安街街道，最弱的是白纸坊街道。对各街道的经济韧性和工程韧性做相关分析可以发现，二者的相关系数达 0.66，显示了较强的相关性。说明工程韧性在很大程度上受到经济韧性的影响。

图 8-12　1990、2000 和 2010 年北京市核心区各街道生态韧性分组分布示意图

图片来源：作者自绘

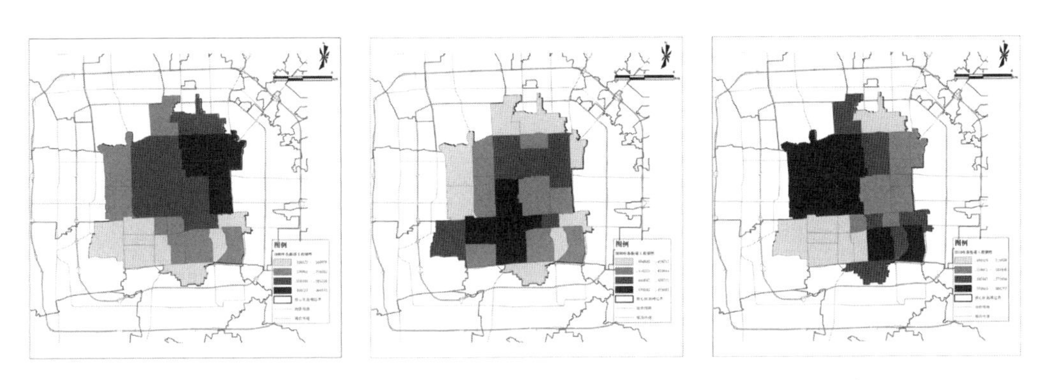

图 8-13　1990、2000 和 2010 年北京市核心区各街道工程韧性分组分布示意图

图片来源：作者自绘

（7）网络韧性演变分析

网络韧性由于数据所限，只有全市的统一值，因而三个年份并不存在各街道在空间分布上的差异。

（8）形态韧性演变分析

在形态韧性方面，1990 年和 2000 年，崇文区都拥有较强的形态韧性优势，这在 2010 年却演变为劣势。1990 和 2000 年，西城区的形态韧性较弱，到 2010 年有所改善。2010 年形态韧性最强的是东城区（图 8-14）。形态韧性以区为单位，综合三个年份而言，崇文区拥有最强的形态韧性，而西城区的形态韧性最弱。

以街道为单元，将三个年份 8 个方面的韧性加总来看，龙潭街道拥有最强的总体社会空间韧性，而什刹海街道的总体社会空间韧性最弱。崇文区的大部分街道因为拥有较强的生态韧性和形态韧性，排名靠前，而西城区的大部分街道因为形态韧性的影响排名靠后。网络韧性和形态韧性的指标值偏差较大，在去除这两项指标后，月坛街道的总体社会空间韧性最强，其次是北新桥街道和朝阳门街道，总体社会空间韧性最弱的三个街道分别是椿树街道、白纸坊街道和天桥街道。总体而言，东城区和西城区的总体社会空间韧性要高于崇文区和宣武区，宣武区的总体社会空间韧性最弱。

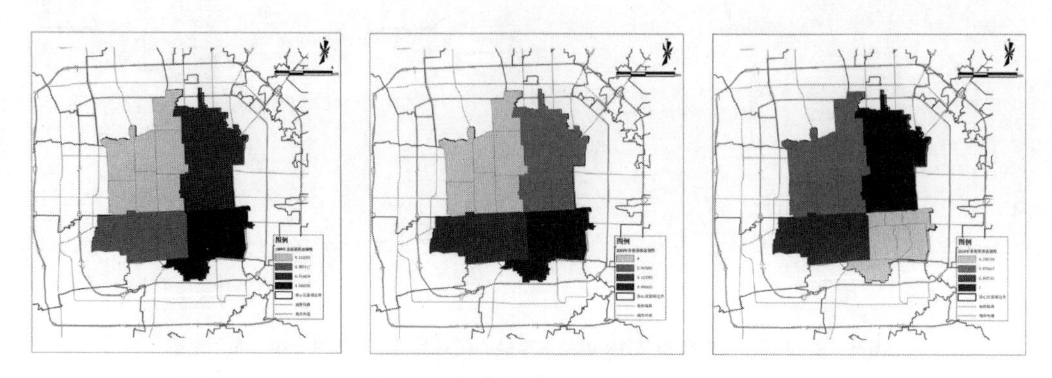

图 8-14　1990、2000 和 2010 年北京市核心区各街道形态韧性分组分布示意图

图片来源：作者自绘

8.3.4　剔除共线性及赋权重六面向社会空间韧性

以上分析结果没有考虑各指标的相关性的影响，对 96×73 的矩阵进行初步检验发现有多个变量高度相关（Spearman's R > 0.700）。进一步把所有高度相关的变量都被剔除了，以避免主观选择，这一过程将变量数从 73 缩减到了 32 个指标，合并为 6 个面向，即经济、人口、制度、社会资本、生态和工程①。结合相关研究对于以上面向指标的专家德尔菲法打分（Alshehri et al.,2015），对各个面向的指标值赋予权重②，再计算其各年份各面向韧性和总体社会空间韧性值，如图 8-15 和表 8-12 所示。

与先前的计算结果类似，北京核心区的整体韧性从 1990 年到 2010 年仍然是不断加强的。经济、人口、制度、社会资本、生态、工程 6 方面的值进行有权重的加总，得到 1990 年北京核心区的整体韧性值为 0.39，2000 年为 0.43，2010 为 0.53，呈现出明显的增强趋势（图 8-15）。总体的社会韧性先降后升，1990 年、2000 年和 2010 年总的社会韧性值分别为 0.30、0.24 和 0.29；而 1990 年、2000 年和 2010 年总的空间韧性值分别为 0.09、0.19 和 0.24，呈逐渐上升的趋势。两种方法都表明了社会韧性在 20 世纪最后 10 年的明显下降，尤其是社会资本韧性出现了大幅度下降的现象。两种计算方法的不同主要表现在制度韧性方面，制度韧性在六面向赋权重的计算方法中表现为先升后降，而在前一种方法中却是逐渐上升、趋于平稳的，分析其分项构成可以发现，个人专利批准量占比和政协委员提案立案数两个指标将 2010 年的制度韧性总体拉低了不少。

① 网络韧性指标在多重共线性分析时被剔除，形态韧性指标被合并到工程韧性指标中。

② 基于李克特 1-5 分重要性量表的打分体系中，经济、人口、制度、社会资本、生态和工程的重要性得分依次为 3.75、4.3、4.27、3.87、4.2 和 4.2，因而将其权重依次赋为 0.153、0.174、0.174、0.157、0.171、0.171。

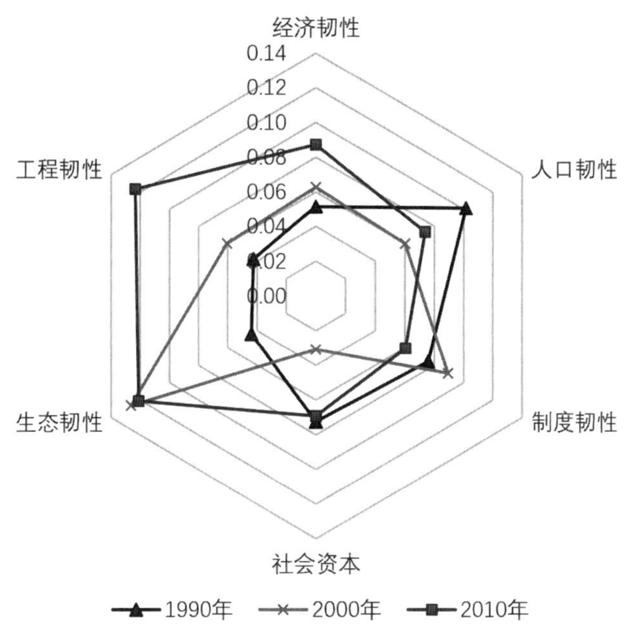

图 8-15　核心区社会空间六面向韧性演变雷达图

图片来源：作者自绘

三个年份城市社会空间六面向韧性值　　　　表 8-12

年份	1990	2000	2010
经济	0.05	0.06	0.09
人口	0.10	0.06	0.07
制度	0.08	0.09	0.06
社会资本	0.07	0.03	0.07
生态	0.04	0.13	0.12
工程	0.04	0.06	0.12
总体	0.39	0.43	0.53

图 8-16 和图 8-17 展示了两种方法下四城区三个年份 6 个面向的韧性演变趋势。总体而言，各城区的经济韧性都在不断增加，而且东西城区经济韧性相较于崇文区和宣武区涨幅更大；人口韧性变化表现不一致，但各城区在相同年份差距并不明显；两种方法下多数城区的制度韧性都是先升后降；而两种方法下所有城区的社会资本都表现为先降后升；各城区生态韧性和工程韧性在两种方法下都表现为逐年上升的趋势。

在剔除了指标间多重共线性的影响，并考虑不同面向指标的权重后，综合三个年份来看，龙潭街道、月坛街道和和平里街道的经济韧性排名前三，牛街街道、天桥街道和白纸坊街道的经济韧性排名后三；牛街街道、东四街道和朝阳门街道的人口韧性排名前三，而龙潭街道、天坛街道和东华门街道的人口韧性排名后三；东四街道、朝阳门街道和北新桥街道的制度韧性排名前三，而前门街道、龙潭街道和天坛街道的制度韧性排名后三；北新桥街道、月坛街道和东华门街道的社会资本排名前三，而陶然亭街道、天桥街道和椿树街道的社会资本排名后三；而在生态韧性方面，仍然是崇文区的街道排名靠前，而宣武区的街道排名靠后；在工程韧性方面，也仍然是崇文区的街道排名靠前，而西城区的街道排名靠后。就总体的社会空间韧性而言，崇文门外街道、龙潭街道和北新桥街道位列前三甲，而陶然亭街道、天桥街道和白纸坊街道的总体社会空间韧性最低。

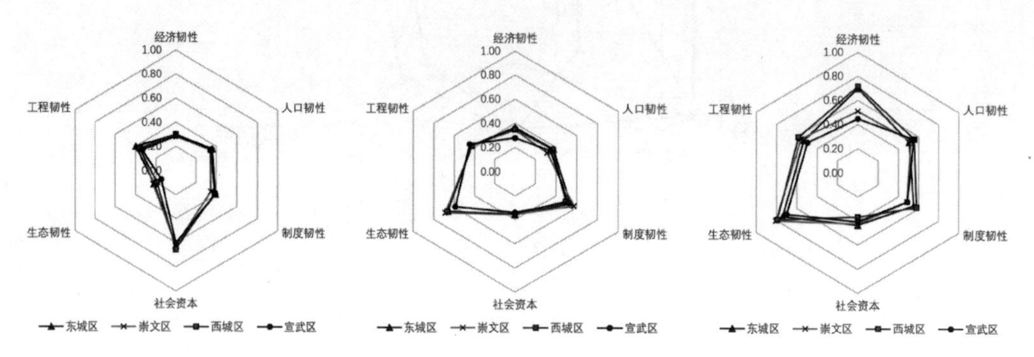

图 8–16　1990、2000 和 2010 年北京市核心各城区六面向无权重韧性演变雷达图

图片来源：作者自绘

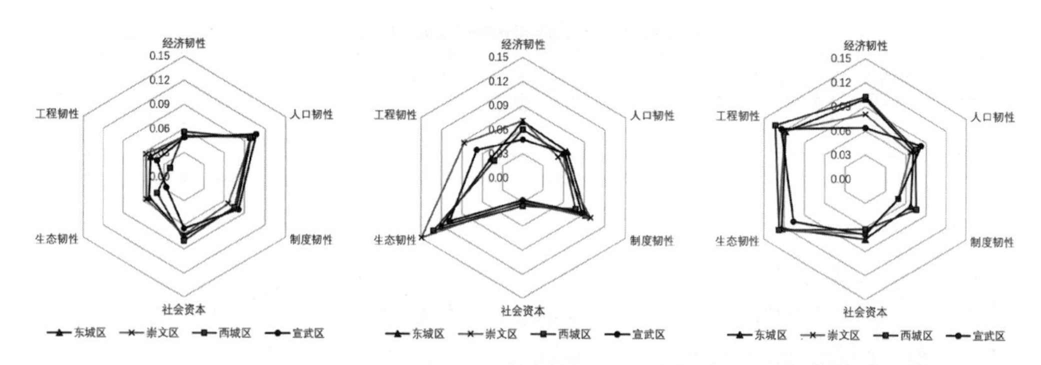

图 8–17　1990、2000 和 2010 年北京市核心各城区六面向赋权重韧性演变雷达图

图片来源：作者自绘

8.3.5　小结

综合两种方法的社会空间韧性评价结果，可以得出结论，北京市核心区的经济韧性、生态韧性和工程韧性呈逐年上升的趋势。制度韧性变化的总体趋势是先升后降，有较为明显的空间差异，西城区的制度韧性在 2010 年并没有明显的降低，说明西城区在 21 世纪的第一个 10 年获得了较大的政策制度上的支持。社会资本韧性的总体变化趋势是先降后升，说明北京市核心区在 20 世纪的最后一个 10 年在社会资本方面经历了较大的削减。而人口韧性在两种方法下有不同的变化趋势，表明人口韧性的测度比较复杂，受所选指标的影响较大。从本研究所采用的两种方法的结果来看，人口韧性受教育水平、健康状况、年龄结构、规模变化的影响最大。

在各街道的经济韧性方面，以两种方法综合起来的结果看，1990 年经济韧性最高的都是建国门街道，经济韧性最低的都是椿树街道，与 1990 年的社会空间类型划分结果基本相符，建国门街道为低密度优势人口聚居区，而椿树街道为高密度回族人口聚居区。2000 年，两种方法下经济韧性最低的都是牛街街道，而其所在的宣武区街道的经济韧性普遍偏低；2010 年，两种方法下陶然亭街道、天桥街道和白纸坊街道的经济韧性都是排名后三，表明宣武区在 2010 年的经济韧性仍然整体偏低，这与宣武区在 2010 年大部分被划分为高密度人口混居区也是相符的。

在各街道的人口韧性方面，以两种方法综合起来的结果看，三个年份都是牛街的人口韧性最高，前文已经分析过这与牛街的民族公平性指标值偏大有明显的关联。而 2010 年天坛街道和前门街道的人口韧性明显偏低，与这两个街道在前 10 年大规模的改造造成人口资源的流失不无关联。到 2010 年前门街道已经绅士化为低密度优势人口聚居区，但其人口韧性值却变为最低，说明这种改造并不是以人为本的。

在各街道的制度韧性方面，以两种方法综合起来的结果看，1990 年宣武区的制度韧性较高，而崇文区的制度韧性较低；2000 年，崇文区的制度韧性较高，而西城区的制度韧性较低；2010 年，西城区的制度韧性较高，而崇文区的制度韧性较低。

在各街道的社会资本方面，1990 年，月坛和北新桥街道的社会资本较高，而椿树街道的社会资本较低；2000 年，北新桥和新街口街道的社会资本较高，而广内、天桥、牛街和广外街道的社会资本较低；2010 年，北新桥、交道口、景山、朝阳门街道的社会资本较高，而新街口、金融街、什刹海、展览路、西长安街街道的社会资本较低。在生态韧性方面，三个年份都是崇文区生态韧性最高，而宣武区生态韧性最低。在各街道的工程韧性方面，1990 年，东城区工程韧性较高，而白纸坊街道的工程韧性较低；2000 年，大栅栏和前门街道的工程韧性较高，而东直门、展览路、月坛、德胜、和平里街道的工程韧性较低；2010 年，西城区工程韧性较高，而和平里街道的工程韧性较低。

8.4　社会空间韧性适应模式构建

作为一个动态的社会生态系统，城市尤其大城市的核心区不断地经历着变化与适应，空间过程与社会过程相互交织相互影响，经历开发、保存、释放和重组的循环，从前一个阶段的社会空间均衡不断走向后一个阶段的社会空间均衡。

从北京市核心区这 30 年的社会空间变化过程来看，1990 年到 2010 年的整个 30 年可以说都是一个快速开发和成长的阶段，对应韧性适应性循环的 r 阶段。其成长是有代价的，从核心区总体的社会空间韧性变化趋势来看，其最大的代价在于社会资本的流失。从图 8-18 ~ 图 8-20 可以看出，社会空间总体韧性与社会空间类型的划分并不是正向联系的。相对边缘人口聚居区反而往往拥有较高的整体社会空间韧性，尤其是社会资本在这里得到了较好的保留。

图 8-18　1990 年北京市核心区社会空间类型划分与各街道社会空间韧性分组对比图

图片来源：作者自绘

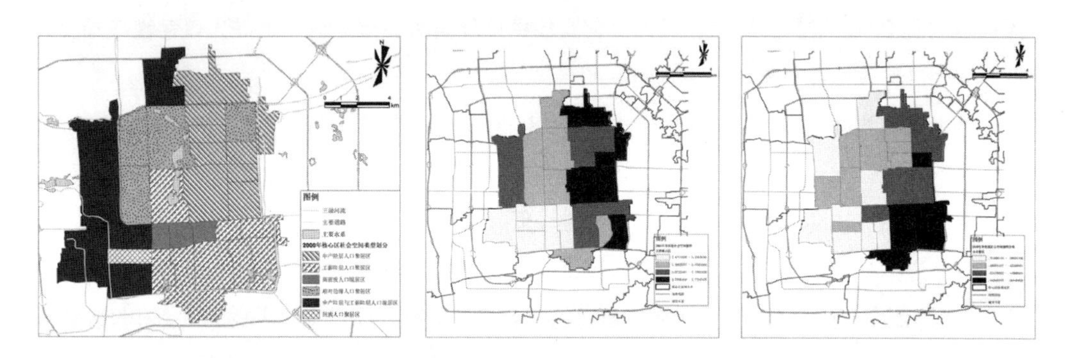

图 8-19　2000 年北京市核心区社会空间类型划分与各街道社会空间韧性分组对比图

图片来源：作者自绘

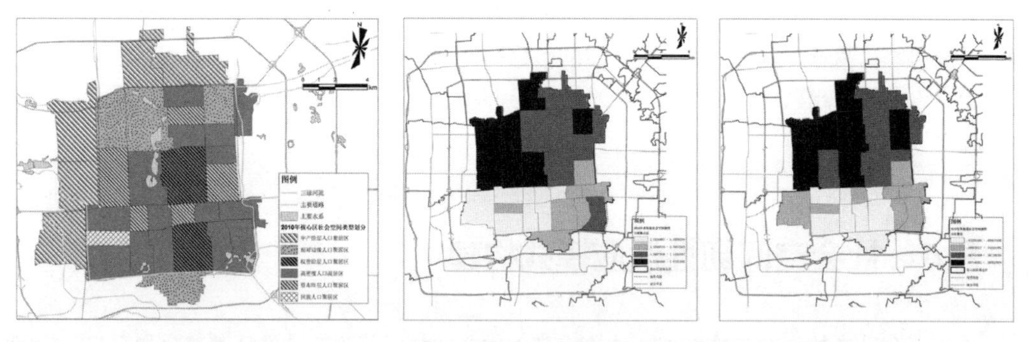

图 8-20　2010 年北京市核心区社会空间类型划分与各街道社会空间韧性分组对比图

图片来源：作者自绘

2011 年以后可以说是进入韧性适应性循环的保存阶段 k，社会阶层分化与利益固化严重，社会空间的整体韧性将进入下降通道。比如，作为社会空间韧性重要构成的经济韧性首先进入了“新常态”。经历了改革开放后的高速发展，我国到 2011 年成为世界第二大经济体。但随着人口红利逐渐消失和刘易斯拐点的到来（蔡昉，2010）、“中等收入陷阱”风险累积、国际经济格局深刻调整等一系列内因与外因的作用，经济发展正进入“新常态”。在新常态下，经济增长速度从高速增长转为中高速增长，增长方式也发生了变化。传统的主要以需求拉动的增长模式难以为继，国家宏观政策转为从供给侧结构性改革为经济发展提供新的动力。城市规划与建设也在这一大背景下发生了质的变化。城市建设转向了社会建设，增量规划转向了存量规划，也就是从土地城镇化转向了人口城镇化，从吸引人口转向了服务人口。北京市在此期间的人口疏解策略可以说是保存阶段对于僵化的社会空间系统的一种主动调适的适应性措施。

以 2017 年雄安新区的设立为标志，北京核心区的社会空间系统进入重新调整的 Ω 阶段。内部的小尺度变化已不足以产生足够大的创新来支持整体社会空间系统的自我更新，因而需要外部的刺激来进一步触发大尺度循环的发生，使得僵化的系统释放压力，实现创造性的破坏和重新调整。目前，这一阶段还正在进行中，最终理想的状态是核心区的社会空间系统得到重构，从而跳转到更新的 α 阶段。最终理想状态的实现取决于大尺度的“记忆”和小尺度的“反抗”过程。对于北京核心区而言，大尺度的记忆在于对历史文化和城市空间肌理的整体保存，而小尺度反抗则涉及具体的产业选择等内容。此外，北京市核心区的社会空间系统能够实现更新不至于崩溃，还在于关联社会网络的社会学习过程和反馈调节机制。这一过程和机制影响着个体认知和社会行为模式，可以实现人与其生存环境的和谐共存。

因此，可以看出，韧性的城市社会空间构建不会是一件自然而然发生的事，它需要政府、居民、资本团体、规划师等共同参与才能实现（颜文涛，2017）。而通过以上分析也可总结出，大城市核心区社会空间的韧性适应模式也主要由两大方面的内容组成，一是宏观层面的空间规划（spatial planning），一是微观层面的社会学习（social learning）。大城市的核心区不断经历着物质环境的更新和社会环境的重构，要建立起韧性的适应模式，不仅仅是物质空间需要谨慎规划和建设，更重要的是社会系统的维持和重塑、社区精神凝聚力的提升。要产生维持社区系统功能的内生动力，最终改变单个社区及共同组成的社会空间系统。

8.4.1 空间规划

空间规划之所以重要，是在于无论网络空间如何发展，人们还是生活在实体空间中的，其生活和交往还是基于实体空间的范畴发生的。“place matters”这一点仍然没有改变。因此，建成环境对于韧性的建构来说仍然十分重要，它是人们物质生活、社会生活和精神生活的基石，一个熟悉的适应框架和社会网络的支撑（Carpenter，2013）。社会网络虽然可以独立于物质空间而存在，但它通常还是靠物质空间和地理环境来组织的。

一方面，空间规划通过影响开发模式，从而影响社会联系的性质、强度和体量，即社会网络的各种属性，最终影响社会空间的整体韧性。基于简·雅各布斯的研究和新城市主义的相关理论，城市规划界已经认可传统的开发模式，包括鼓励步行，用地混合更有利于社会资本的累积和地方依恋的形成（Leyden，2003）。另一方面，空间开发模式也受到历史、政治、准则和意识形态等其他因素的影响。尤其像北京这样历史悠久的大城市的核心区，其总体的空间格局和部分建成环境很可能很长时间都没有发生太大改变，一代接一代的人在利用同样的物质空间，这些空间也就起到了传递文化含义和身份特征的作用，同时也会对相应的社会结构起到回应和传播的作用。基于人们过去与其物质环境的互动和将来与物质环境互动的可能性，地方依恋由此而生（Milligan，1998）。人们对地方赋予了意义和社会关系的内涵，通过个人、群体和文化过程形成对地方的依恋，而这些都与社会网络不可分割。

空间规划对于社会空间韧性的影响难免被套上空间决定主义的嫌疑，这在宣称社会功能追随形式（functions of society follow form）的空间句法理论中体现得较为明显，认为各种各样的社会现象因物质结构而发生（Hillier，2008）。但是至少，我们可以认为好的空间规划可以提高韧性社会空间形成的概率，能够成为社会交往等有助于社会空间韧性形成的社会行为的场所和媒介。空间规划要维持城市空间层面的稳定性，即城市肌理、场所精神、象征建筑、文化生态等的保存能力，能够抵抗外部破坏，维持城市空间的历史性；空间规划还要维持城市空间层面的适应性，表现在不影响城市社会核心稳定性的边缘性空间或局部空间处于持续不断的变化中（许婵，2017）。因此，空间规划在社会空间韧性塑造方面主要是强调适宜的密度和尺度、用地混合性、街道步行性、居住类型多样性和公共空间以及绿色和蓝色基础设施等特征。

空间规划对于实现社会空间韧性的作用体现在多个方面和多种途径中。有学者提出了参与式的情景规划（Alberti et al.，2009）、面向不确定性的规划（Jabareen，2013）和以韧性为导向的城市规划（resilience-oriented urban planning）等多种途径（Sharifi et al.，2018）。本研究要强调的是基于社会空间韧性的大城市核心区的空间规划与设计，需要判定城市未来可能面临的威胁或不确定性发生的领域和概率，对其进行排序、情景描述、评价与监控，从而提高预测和判断的能力，编制有针对性的规划以实现动态响应。

8.4.2 社会学习

社会学习的基础是基于社会网络的社会资本。社会网络是个体和群体基于家庭、友谊、兴趣、信仰或其他共同背景相互联系起来所形成的网络（Carpenter，2013）。社会网络的理论可以追溯到涂尔干，但近年随着人类物理学、图论和社交媒体的普及，社会网络理论和实践有了长足的进步。有研究表明，大城市内部贫困社区的社会网络会受到一定的限制，但并不是所有的贫困社区都缺乏较强的社会联系，也有研究发现内城贫困社区或其他弱势群体也能很好地联系起来（Gans，1962）。这种非典型的网络联结行为与社区的文化和历史环境有重要关联。北京核心区的社会网络正符合了这样一种描述，在悠久的历史和浓厚的文化氛围影响下，核心区，特别是旧城未经大规模改造的社区，都有着良好的本地团结网络，有助于增强社会空间韧性。而这些社区在民族、社会经济地位和年龄方面的多样性也是其社会网络紧密度较强的贡献因素。

社会网络形成后的最重要的产物就是社会资本，社会资本有两个重要的、相互关联的组成面向，即社会信任和市民参与（Putnam，2001），分别涉及两个重要的过程即共识达成和集体行动。社会信任建立在共识达成的基础上，能在集体决策过程中产生重要的影响，本身也是提高社会韧性的途径。在拥有稳定的、紧密的社会网络的基础上，积累了一定的社会资本，经过社会记忆和自组织（social memoery & self-organization），社会学习的过程就开始了。社会记忆来自各种各样的个体和机构，它们将自己的实践、知识、价值观和世界观融合在一起就成了社会的集体记忆（Carpenter，2013）。在集体记忆的基础上，经历社会动员（socila mobilizaiton）、共识达成等过程，社会自组织就发生了，产生了市民参与和集体行动。在此过程中，社会群体共同的、微小渐进式的适应性提升和创造力培育就构成了社会学习，成为提升整体社会空间韧性的关键环节。

本书 8.3 部分的研究结果表明了北京核心区城市更新改造过程中社会资本的流失，而相关国际研究也同样证实了这一情况的存在。比如，华莱士（Wallace）等在对纽约的研究中发现将老的邻里和街区夷为平地就彻底摧毁了存在于其中很长时间的社会关系，而后续的政策也造成了社会隔离，削弱了社区应对负面社会影响的能力（Wallace et al.，2011）。

具体来说，社会学习要实现社会层面的稳定性，即社会资本、社区经济发展、社区信息与交流等的完整性和活力不受损害；也要促进社会层面的适应性，即社会资源稳健充足，个体充实自足，文化开放包容，社区间联系丰富，能够从城市社会空间突发事件或隐性压力中恢复过来而不致衰败。因此社会空间韧性的构建也要强调人的作用和自下而上的过程，将社区居民作为韧性构建的主体。尤其要注意社会公平性，强调社会包容（social inclusion）和社会融合（social cohesion）。增强公共设施可达性，加强社会安全网络和社会服务网络，照顾低收入群体和边缘人群，创造就业机会提高就业率等，从而助力于社会学习和社会空间韧性的提升（Peyroux，2015）。

8.4.3 社会空间韧性适应三阶段模式

空间规划和社会学习也是相互联系的，比如在空间规划中可以采用实验性“做中学”的方式，鼓励跨学科的利益相关者的共同规划设计就是一个很有效的社会学习策略，可以有效地应对社会空间系统中的不确定性，提高社会空间韧性（Ahern et al.，2014；Reed et al.，2013；Wilkinson，2012）。空间规划过程中的市民参与也是很好的社会学习实践（Ahern，2011），可以累积社会资本，增强社会空间韧性。而空间规划实施过程的公私合作（Public-private partnership）也为公私部门都提供了学习和创新的机会，也是重要的社会学习机制（Johannessen et al.，2014）。考虑到韧性的动态性和过程性特征，大城市核心区的社会空间韧性适应模式除了空间规划和社会学习两方面的重要内容，还应纳入不同阶段的社会空间韧性适应模式组成。基于各学科中韧性研究的启示，本研究提出大城市核心区的社会空间韧性适应三阶段模式，具体如图 8-21 所示。

城市社会空间系统无论是面临渐变式还是突变式的冲击，都会在冲击的不同阶段表现出不同的韧性特征，冲击前、冲击中、冲击后分别对应着韧性能力、韧性过程和韧性结果。冲击前的能力强调对冲击的预测和判断，属于前摄性行动，表现出准备韧性。在冲击过程中，通过迅速、多样化的社会组织和集体行动进行社会学习，属于习得性行动，此阶段主要是通过文化身份、共同的历史、传统、价值系统来进行社会空间感知，强化对人和地方的归属感和依附感。在冲击结束后，城市社会空间系统得以恢复、更新或重组，将面临多样化的生计选择，注重文化遗产的保护与传承、赋权与分担责任以及市民功能的开启，同时促进领导力发展、企业发展，以最大化社会效益，这是冲击带来的空间和社会的协同更新，是一种后摄性行动，表现出品质韧性，同时也是下一次冲击前准备韧性的基础。更新后的社会空间具有稳健性、冗余性、谋略性、多样性、延续性、灵活性、模块性和公平性等特征。

在整个三阶段模式中，最重要的基础是社会空间中人的主观能动性，社会空间韧性的实现必须基于有意义、有目的的行动，即前摄性行动、习得性行动和后摄性行动的统一体。通过这些行动获得社会空间韧性的城市在面临挑战和危机时，能因应各种变化，实现可持续发展（许婵，2017）。

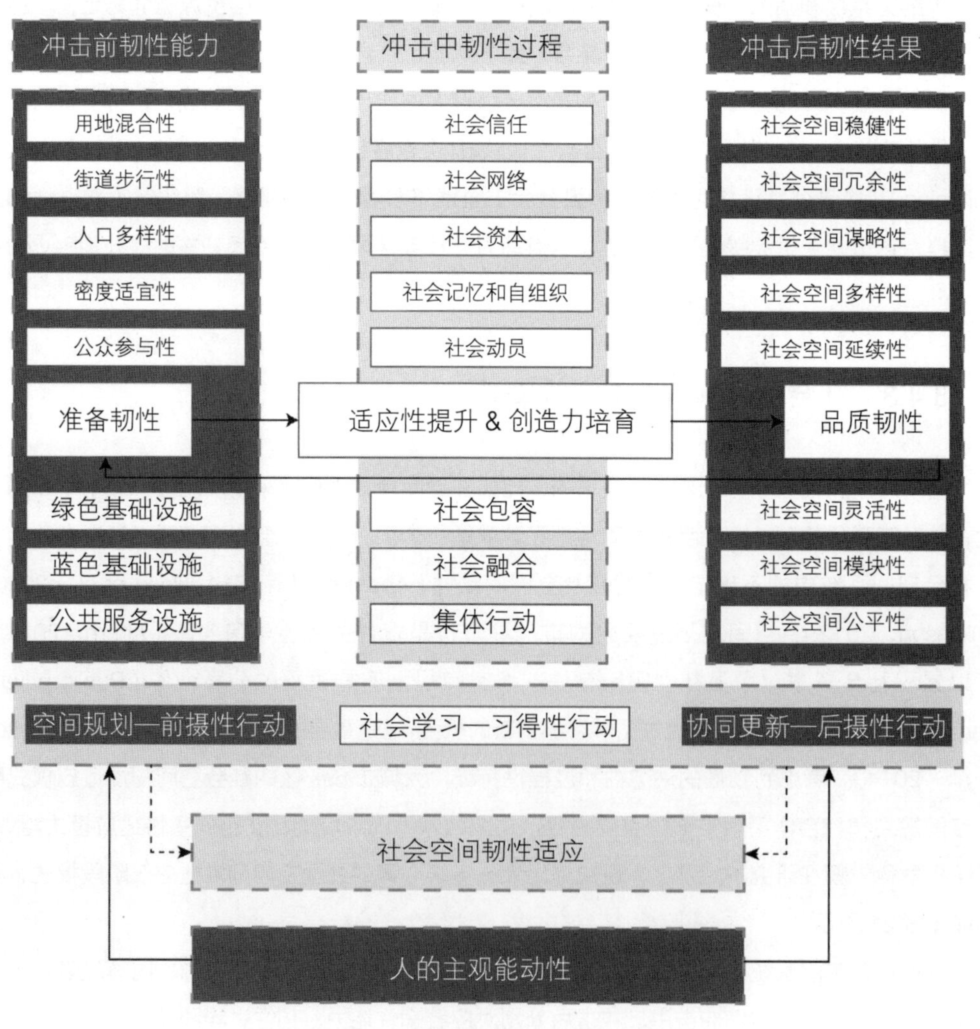

图 8-21　社会空间韧性适应三阶段模式

图片来源：作者自绘

8.5 小结

大城市核心区社会空间结构变化剧烈，改造、再开发、绅士化、人口外迁等多种社会空间过程并存。其韧性受到跨越多个面向和时空尺度的社会经济过程和物质空间过程的影响，长期处于适应性循环过程中。1990-2010 年的北京市核心区整体上处于从开发阶段（r）向保存阶段（k）变化的过程中。其社会空间韧性演化中最显著的特征是社会空间资本在大规模的旧城改造过程中大量流失，城市社会空间系统在进入稳定的 k 阶段后，逐渐变得僵化和死板，其稳定域也逐渐收缩，城市社会空间韧性随之降低，应对突发事件的脆弱性将大大增加（李彤玥，2017）。

本章基于科学性、独立性、代表性、稳健性、可比性、可行性和简洁性等原则，在工程视角、组织视角、社会视角、个体视角和综合视角大量韧性评估文献综述的基础上，结合研究区域和数据来源的可获得性构建了大城市核心区社会空间韧性的定量评价指标体系。包括社会和空间两大方面 8 个面向，即以经济韧性、人口韧性、制度韧性、社会资本组成的社会韧性指标，和以生态韧性、工程韧性、网络韧性和形态韧性组成的空间韧性指标。用等权重和非等权重两种方法对北京市核心区 1990-2010 年的社会空间韧性进行了实证评价研究，结果表明核心区的整体社会空间韧性是不断增强的，主要是经济韧性、生态韧性和工程韧性呈逐年上升趋势；制度韧性先升后降，空间差异较大，时间差异也较大，表现出较大的可塑性；社会资本在前 10 年出现了较大程度的削减，后 10 年有所回升；人口韧性的变化趋势相对复杂，主要与受教育水平、健康状况、年龄结构、规模变化等因素有关。在与社会空间结构演变研究结果的对比分析中发现，在三个年份都是相对边缘人口聚集较多、改造力度较小的区域拥有较高的整体社会空间韧性。2011 年后北京市核心区进入适应性循环的保存阶段（k），逐渐向释放阶段（Ω）过渡。外部宏观政策的调整，结合中观的空间规划设计干预措施以及微观的社会学习机制有望改变先前不可持续的发展轨迹，避免社会空间系统的崩溃，而是进入社会空间韧性适应的下一个循环中。

本研究结合北京的实际提出了大城市核心区的社会空间韧性适应模式，即以空间规划作为前摄性行动，以社会学习作为习得性行动和以协同更新作为后摄性行动的三阶段模式。其中社会空间面临急性冲击或慢性扰动前主要是以空间本底中的绿色基础设施、蓝色基础设施和公共服务设施为骨架，在用地混合性、街道步行性、人口多样性、密度适宜性、公众参与性多个方面统筹安排；而在冲击过程中则是基于社会信任建立的社会网络所产生的社会资本和社会记忆进行社会动员和自组织，在社会包容和社会融合的大背景下进行集体行动，渐进式地提升适应性，培育创造力，从而在冲击后实现社会空间的协同更新，展现稳健性、冗余性、谋略性、多样性、延续性、灵活性、模块性和公平性等方面的特征。

社会空间和韧性都是复杂的、多维的、动态的社会建构（social construct）或概念，二者的结合更是带给人们理解上的双重疑惑。实际上社会空间和韧性通过社会公平牢牢地结合在了一起，理想的社会空间是实现了社会公平的空间，而社会公平也是韧性社会面向的重要组成元素。对于内部矛盾和外部风险加剧的大城市核心区而言，这一对天然契合的概念组带来了一线生机，或是一条光明的路径。与传统的可持续理念不同之处在于，韧性思维将大城市核心区当作复杂的适应性系统，经历着不断的空间更新和社会重构，不加选择的鲁莽行动会带来沉重的经济负担和严重的社会后果。形成和维护地方依恋和归属感对于大城市核心区的更新和改造来说尤为重要。社会知识的共享、社会共识的达成、社会记忆的存续会推动社会学习和集体行动，但这一切都不是一蹴而就的，而是需要空间的酝酿和时间的沉淀。社会公平性主要通过空间规划和政策手段来实现，同时空间中具体的人的主观能动性是进行社会学习、预测和主动应对的基础。一个有适应性、有创造力，可以自我学习和集体行动的，更包容、更公平、更有韧性的社会空间系统，在面临各种各样的风险和不确定性时才能应付自如。

凯文·林奇曾说："一座城市之所以屹立不倒，部分原因在于它的战略地理位置，和集中的、持续的物质资本积累，但更重要的是因为它的居民的记忆、动力和技能。"（Lynch，1990）所以，韧性城市社会空间的构建最终也要落在人上，以人为本，以人为主，空间适宜人生存，社会能让人融入。个人与集体、社会与空间也才能真正走向健全、可持续的希望之路。

第九章　结论与讨论 NINE

9.1 主要结论

9.1.1 结论一

20 世纪 90 年代以来，北京市核心区的社会空间结构发生了剧烈变化。本书基于第四、五、六次分街道人口普查数据的研究结果表明，1990—2010 年的转型期间北京市核心区社会空间结构经历了从同心圆结构到扇形结构，再到多核心结构的演变，形成社会空间结构的因子主要包括工薪阶层人口、中产阶层人口、相对边缘人口和特殊民族人口等，主因子变化不大，但社会空间类型的分布具有明显的时空差异，分异日益严重。三个普查年份的社会空间主因子大部分在宏观上存在着空间正相关的集聚效应，在局部空间上存在显著的“热点”和“冷点”地区，并表现出“同质集聚、异质隔离”的特征，同时也存在“求同存异、相伴相生”的现象。西方传统社会空间研究中的三大变量，即社会经济地位、家庭状况及种（民）族，在中观尺度的北京核心区的研究中也得到了证实。以受教育程度和职业类别为度量的社会经济地位因子的作用强大，而作为多民族集中地区的北京的民族因子也持续表现出影响；相对来说，家庭状况相关的因子在本研究中显示的作用较弱。影响北京核心区社会空间分异与演变的主要因素包括历史沿袭、社会规划、住房政策及国际影响。北京传统的社会空间结构反映了中国古老的城市规划理念和封建社会的等级制度，它是北京核心区空间分异的底色，在皇权制消逝后仍长久地影响着社会空间的发展。中华人民共和国成立后到改革开放前，住房的单位分配制度对北京核心区的社会空间构成起着决定作用；国家经济计划、城市总体规划和土地利用规划等对社会空间不同时期的特征产生了重要影响。改革开放后的 40 多年间，城市住房政策的变化、功能的转变和土地使用制度的变化，成为社会空间分异的主要动力，资本在房地产市场的集中使得社会空间变化剧烈而分异日益严重。并且在新的全球化趋势和国际环境的影响下，城市社会空间结构朝着更为复杂的方向发展。

9.1.2 结论二

本研究基于空间化的人口数据对 2010 年北京市核心区人口密度的地统计分布模拟中发现核心区空间化的人口密度和非空间化的人口密度差异很大，且核心区人口密度的空间自相关是客观存在的，其作用范围与采样尺度有关，人口密度空间分布呈现典型的带状异向性，即人口分布在不同方向上具有不同的结构特征，且核心区人口密度的空间自相关作用范围大致为 5km。北京市核心区 2010 年的人口密度呈现“双峰域、多核心”分布的特征，总体上呈中间低、周围高的态势，在广安门外街道形成了外来人口集中的峰域，在北新桥街道形成了本地人口集中的峰域。外来人口分布与核心区的两个对外交通枢纽，即北京西站和北京站有着重要联系。基于此，本研究建议以5km的人口密度自相关范围划定人口疏解的功能圈，合理配置资源；同时建议将区域交通枢纽与城市空间一体化整合作为核心区向外疏解人口的重要策略。

9.1.3 结论三

本研究基于改进的两步移动搜寻法对2010年北京市核心区主要公共服务设施可达性和公平性的研究发现：核心区医院众多，可达性良好，就医可达性基本呈圈层分布，从中心向外围递减，且就医可达性与人口密度呈负相关关系。北京单核心的城市空间结构及历史原因导致的高等级医院在核心区的集中是上述就医可达性模式的根由所在。中学就读可达性和小学就读可达性存在着明显的差异，中学就读可达性分布主要反映了自由竞争状态下对优质教育资源的争夺，呈现中间低、周围高的“碗”状分布模式。而小学就读可达性与学区内小学学龄人口密度负相关，在空间上也呈不均衡分布。核心区大型公园绿地周围居民点的绿地可达性较高，不均衡性较大，在天坛街道和什刹海街道形成了两个明显的高公园绿地可达性区域。三类设施中，小学教育设施对核心区社会空间结构的影响最大，印证了大城市核心区的“教育绅士化”现象。

9.1.4 结论四

研究对北京市核心区三个年份的社会空间韧性评价发现：核心区的整体社会空间韧性不断增强，经济韧性、生态韧性和工程韧性呈逐年上升趋势；制度韧性先升后降，空间差异较大，时间差异也较大，表现出较大的可塑性；社会资本韧性在前10年出现了较大程度的削减，后10年有所回升；人口韧性的变化趋势相对复杂，主要与受教育水平、健康状况、年龄结构、规模变化等因素有关。社会空间总体韧性与社会空间类型的划分并不是正向联系的。相对边缘人口聚居区反而拥有较高的整体社会空间韧性，尤其是社会资本在这里得到了较好的保留。基于上述多方面、历时性的研究内容，本研究提出大城市核心区的社会空间韧性适应模式，即以空间规划作为前摄性行动，以社会学习作为习得性行动和以协同更新作为后摄性行动的三阶段模式。城市社会空间研究需要跨时空尺度的动态视角与跨学科领域的沟通合作，才能实现研究的创新和深入。而韧性正是这样一种跨时空尺度和学科的视角，本研究以之为切入点，用定量和定性的多种方法对北京市核心区的社会空间进行了历时性和横截面的分析，在方法、视角和理论方面都有所创新，为实现城市社会空间的健全和可持续发展提供了探索性的思路。

9.2 研究不足与展望

本书对于北京市核心区社会空间结构演变的研究，受单元数据可获得性的限制，选择的变量较少，可能忽略了其他重要的变量，如用地性质、住房状况、收入状况等对于社会空间结构的重要影响，从而影响社会空间类型的划分。此外，本书所采用的三次人口普查数据在变量定义和选择方面存在一定的差异，使得研究结果的可比性受到了影响，特别是 1990 年的研究没有包括住房情况的相关变量，使得其对社会空间结构的展示与实际情况有一定的差距，也对社会空间演变趋势的判读造成了一定的影响。另外，北京核心区行政区划的调整也给这几次普查结果所呈现的社会空间分异带来了混淆，给实际的比较结果打了折扣。社会空间研究具有较强的尺度敏感性，它涉及空间数据除依赖性和异质性外的另一个重要的特点，即可塑面积单元问题。因此，本研究的分析结果仅在中观尺度上有效，在其他尺度上则不尽其然。因此，本书第四、五两章的分析结果并非不可辩驳。

在本书第六章北京市核心区空间化人口数据的社会空间特征研究中，所采用的土地利用数据是作者自行制备的，在数据准确性和与人口普查数据时间匹配性上都存在一定的问题，也对结论的可靠性造成了一定的影响。其次，在可达性的分析中，本书也没有考虑点模式分析的边界效应，会对边界地区的设施可达性造成低估。鉴于人口相关数据的可获得性，可达性研究只能细化到各个街道，各个街道的公共服务设施可达性被假设性地均一化，会在结果呈现上粒度不够精确。本书也没有考虑地铁等多种交通出行方式，因而与真实的基于多种交通出行方式的公共设施可达性还是有较大偏差。

在核心区的社会空间韧性评价部分，主要采用的是可公开获取的二手定量数据，缺乏一手的现场调研和访谈可以得到的主观定性数据，从而造成了部分数据与实际情况有一定的偏差。比如本书在社会资本的测度方面并没有包括认知资本，而在人口韧性方面也没有包括类似自我感知的健康程度等变量，都是以客观数据为主，缺乏主观测度，而城市社会空间韧性在很大程度上是基于个体或群体的主观认知的，这是后续研究需要补充和加强的方向。此外，所选指标值在进行加总计算时，采用的是相同的权重，尤其是指标构成数较少的网络韧性和形态韧性对于总体的韧性值影响较大，偏差也较大，而各个面向的权重在不同的年份或不同的空间单元都会有所区别，也不可能是完全一样的，后续可以引入专家德尔菲及层次分析法等以科学判断指标权重。评估数据还存在尺度不一致性的问题，如有的指标是国家层面的，有的是市域层面的，有的是区级层面的，还有的是街道层面的，造成其各个面向的韧性指标精度差异很大；而数据来源的多样性以及行政区划的变化对于数据精确度的影响都给最终结论的可靠性造成了一定的影响。最后，本书定稿时，距第六次人口普查结束已有 8 年的时间，数据时效性的欠缺和微观的、具体的个案研究的匮乏都是后续研究可以深入和改进的方向。

参考文献

Aday L.A., Andersen R. A framework for the study of access to medical care[J]. Health Services Research. 1974, 9(3)：208-220.

Adger W.N. Social and ecological resilience: Are they related?[J]. Progress in Human Geography. 2000, 24(3)：347-364.

Ahern J. From fail-safe to safe-to-fail: Sustainability and resilience in the new urban world[J]. Landscape and Urban Planning. 2011, 100(4)：341-343.

Ahern J., Cilliers S., Niemelä J. The concept of ecosystem services in adaptive urban planning and design: A framework for supporting innovation[J]. Landscape and Urban Planning. 2014, 125：254-259.

Ainuddin S., Routray J.K. Earthquake hazards and community resilience in Baluchistan[J]. Natural Hazards. 2012, 63(2)：909-937.

Albert D.P., Butar F.B. Estimating the de-designation of single-county HPSAs in the United States by counting naturopathic physicians as medical doctors[J]. Applied Geography. 2005, 25(3)：271-285.

Alberti M. Urban patterns and environmental performance: What do we know?[J]. Journal of Planning Education and Research. 1999, 19(2)：151-163.

Alberti M., Booth D., Hill K., et al. The impact of urban patterns on aquatic ecosystems: An empirical analysis in Puget lowland sub-basins[J]. Landscape and Urban Planning. 2007, 80(4)：345-361.

Alberti M., Botsford E., Cohen A. Quantifying the urban gradient: Linking urban planning and ecology[M]. Avian ecology and conservation in an urbanizing world, Marzluff J.M., Bowman R., Donnelly R., Norwell, Massachusetts：Kluwer academic publishers, 2001, 89-115.

Alberti M., Marzluff J.M., Shulenberger E., Bradley G., Ryan C., Zumbrunnen C. Integrating humans into ecology: Opportunities and challenges for studying urban ecosystems[J]. Bio-Science. 2003, 53(12)：1169-1179.

Alberti M., Russo M. Scenario casting as a tool for dealing with uncertainty[R]. Cambridge, MA：Lincoln Institute of Land Policy, 2009.

Alexander D.E. Resilience and disaster risk reduction: An etymological journey[J]. Natural Hazards and Earth System Science. 2013, 13(11)：2707-2716.

Allenby B., Fink J. Toward inherently secure and resilient societies[J]. Science. 2005, 309(5737)：1034-1036.

Alonso W. A theory of the urban land market[J]. Papers in Regional Science. 1960, 6(1)：149-157.

Alshehri S.A., Rezgui Y., Li H. Delphi-based consensus study into a framework of community resilience to disaster[J]. Natural Hazards. 2015, 75(3)：2221-2245.

Anderson V. Alternative Economic Indicators[M]. New York：Routledge, Chapman and Hall, 1991.

Anselin L. Spatial econometrics: Methods and models[M]. Boston：Kluwer Academic Publishers, 1988.

Anselin L. Spatial dependence and spatial structural instability in applied regression analysis[J]. Journal of Regional Science. 1990, 30(2)：185-207.

Anselin L. Local indicators of spatial association—LISA[J]. Geographical Analysis. 1995, 27(2)：93-115.

Anselin L. The Moran scatterplot as an ESDA tool to assess local instability in spatial association[J]. Spatial Analytical Perspectives on GIS. 1996, 4：111-127.

Arbon P., Steenkamp M., Cornell V., Cusack L., Gebbie K. Measuring disaster resilience in communities and households: Pragmatic tools developed in Australia[J]. International Journal of Disaster Resilience in the Built Environment. 2016, 7(2)：201-215.

Arentze T.A., Borgers A., Timmermans H. Geographical information systems and the measurement of accessibility in the context of multipurpose travel: A new approach[J]. Geographical Systems. 1994, 1：87.

Armstrong M.P., Lolonis P., Honey R. A spatial decision support system for school redistricting[J]. URISA Journal. 1993, 5(1)：40-51.

Beisner B.E., Haydon D.T., Cuddington K. Alternative stable states in ecology[J]. Frontiers in Ecology and the Environment. 2003, 1(7)：376-382.

Bell W. The city, the suburb, and a theory of social choice[M]. The New Urbanization, Scott G., New York：St Martin’s Press, 1968：132-178.

Blankenship K.M. A race, class, and gender analysis of thriving[J]. Journal of Social Issues. 1998, 54(2)：393-404.

Bobek H. Stellung und Bedeutung der Sozialgeographie[J]. Erdkunde. 1948, 2(1/3)：118-125.

Bollman R.D., Beshiri R., Mitura V. Northern Ontario’s communities: Economic diversification, specialization and growth: Agriculture and Rural Working Paper Series Working Paper No. 82[EB/OL]. Ottawa：Minister of Industry, Statistics Canada, Agriculture Division, 2006[05-16]. url.

Boots B., Tiefelsdorf M. Global and local spatial autocorrelation in bounded regular tessellations[J]. Journal of Geographical Systems. 2000, 2(4)：319-348.

Bourdieu P. The social space and the genesis of groups[J]. Theory and Society. 1985, 14(6)：723-744.

Bourdieu P. Social space and the genesis of appropriated physical space[J]. International Journal of Urban and Regional Research. 2018, 42(1)：106-114.

Bowen G.L., Martin J.A. Community capacity: A core component of the 21st century military community[J]. Military Family Issues: The Research Digest. 1998, 2(3)：1-4.

Bracken I., Martin D. The generation of spatial population distributions from census centroid data[J]. Environment and Planning A. 1989, 21(4)：537-543.

Bradley D., Grainger A. Social resilience as a controlling influence on desertification in Senegal[J]. Land Degradation & Development. 2004, 15(5)：451-470.

Brand F.S., Jax K. Focusing the meaning (s) of resilience: Resilience as a descriptive concept and a

boundary object[J]. Ecology and Society. 2007, 12(1): 23.
Bristow G. Resilient regions: Re- 'place' ing regional competitiveness[J]. Cambridge Journal of Regions, Economy and Society. 2010: 30.
Bristow G., Healy A. Regional resilience: An agency perspective[J]. Regional Studies. 2014, 48(5): 923-935.
Brock W.A., Mäler K., Perrings C. Resilience and sustainability: The economic analysis of non-linear dynamic systems[M]. Panarchy: Understanding transformations in human and natural systems, Gunderson L.H., Holling C.S., Washington, D.C.: Island Press, 2002, 261-289.
Brown D.D., Kulig J.C. The concepts of resiliency: Theoretical lessons from community research[J]. Health and Canadian Society. 1996, 4(1): 29-52.
Bruneau M., Chang S.E., Eguchi R.T., Lee G.C., O' Rourke T.D., Reinhorn A.M., Shinozuka M., Tierney K., Wallace W.A., von Winterfeldt D. A framework to quantitatively assess and enhance the seismic resilience of communities[J]. Earthquake Spectra. 2003, 19(4): 733-752.
Burgess E.W. The growth of the city: An introduction to a research project[M]. The City, Park R.E., Burgess Ernest W., Mckenzie Roderick D., Chicago: University of Chicago Press, 1925, 53-62.
Burton C.G. A validation of metrics for community resilience to natural hazards and disasters using the recovery from Hurricane Katrina as a case study[J]. Annals of the Association of American Geographers. 2015, 105(1): 67-86.
Burton I., Kates R.W., White G.F. The environment as hazard [M]. New York: Oxford University Press, 1978.
Buttimer A. Social space in interdisciplinary perspective[J]. Geographical Review. 1969: 417-426.
Buttimer A. Society and milieu in the French geographic tradition[M]. Chicago: Rand McNally, 1971.
Cabinet Office of UK Goverment. Strategic national framework on community resilience[R]. London: Cabinet Office Of UK, 2011.
Campanella T.J. Urban resilience and the recovery of New Orleans[J]. Journal of the American Planning Association. 2006, 72(2): 141-146.
Caro F., Shirabe T., Guignard M., Weintraub A. School redistricting: Embedding GIS tools with integer programming[J]. Journal of the Operational Research Society. 2004, 55(8): 836-849.
Carpenter A. Social ties, space, and resilience: Literature review of community resilience to disasters and constituent social and built environment factors[R]. Atlanta: Federal Reserve Bank of Atlanta, 2013.
Carpenter S.R., Brock W.A. Adaptive capacity and traps[J]. Ecology and Society. 2008, 13(2): 40.
Carpenter S.R., Ludwig D., Brock W.A. Management of eutrophication for lakes subject to potentially irreversible change[J]. Ecological Applications. 1999, 9(3): 751-771.
Castells M. Y a-t-il une sociologie urbaine?[J]. Sociologie du Travail. 1968, 1: 172-190.
Castells M. The urban question: A Marxist approach[Z]. Sheridan A. London: Edward Amold (Publishers) Ltd, 1977.
Castells M. The informational mode of development and the restructuring of capitalism[M]. Readings in urban theory, Fainstein S.S., Campbell S., London: Wiley-Blackwell, 1997, 72-101.
Castells M. The space of flows[M]. The rise of the network society, Castells M., Chichester: Wiley-Blackwell,

2010, 407-459.
Cavallaro M., Asprone D., Latora V., Manfredi G., Nicosia V. Assessment of urban ecosystem resilience through hybrid social–physical complex networks[J]. Computer-Aided Civil and Infrastructure Engineering. 2014, 29(8)：608-625.
Cervigni F., Suzuki Y., Ishii T., Hata A. Spatial accessibility to pediatric services[J]. Journal of Community Health. 2008, 33(6)：444-448.
Chen C. CiteSpace II: Detecting and visualizing emerging trends and transient patterns in scientific literature[J]. Journal of the American Society for Information Science and Technology. 2006, 57(3)：359-377.
Chombart De Lauwe P.H. Paris: essais de sociologie, 1952-1964[M]. Paris: Éditions ouvrières, 1965.
Christopherson S., Michie J., Tyler P. Regional resilience: Theoretical and empirical perspectives[J]. Cambridge Journal of Regions, Economy and Society. 2010, 3(1)：3-10.
Clark W.A., Deurloo M.C., Dieleman F.M. Tenure changes in the context of micro-level family and macro-level economic shifts[J]. Urban Studies. 1994, 31(1)：137-154.
Clark W.A., Onaka J.L. Life cycle and housing adjustment as explanations of residential mobility[J]. Urban Studies. 1983, 20(1)：47-57.
Claval P. The concept of social space and the nature of social geography[J]. New Zealand Geographer. 1984, 40(2)：105-109.
Coates B.E., Johnston R.J., Knox P.L. Geography and inequality[M]. Oxford：Oxford University Press, 1977.
Comber A., Brunsdon C., Green E. Using a GIS-based network analysis to determine urban greenspace accessibility for different ethnic and religious groups[J]. Landscape and Urban Planning. 2008, 86(1)：103-114.
Condly S.J. Resilience in children-A review of literature with implications for education[J]. Urban Education. 2006, 41(3)：211-236.
Condominas G. L'espace social: à propos de l' Asie du Sud-Est [M]. Paris：Flammarion, 1980.
Connor K.M., Davidson J.R. Development of a new resilience scale: The Connor-Davidson resilience scale (CD-RISC)[J]. Depression and Anxiety. 2003, 18(2)：76-82.
Corry R.C., Lafortezza R. Sensitivity of landscape measurements to changing grain size for fine-scale design and management[J]. Landscape and Ecological Engineering. 2007, 3(1)：47-53.
Cox K.R. Man, location, and behavior: An introduction to human geography[M]. New York：Wiley, 1972.
Cruz S.S., Costa J.P.T.A., de Sousa S.Á., et al. Urban resilience and spatial dynamics [M]. Resilience thinking in urban planning, Eraydin A., Taşan-Kok T., Dordrecht：Springer Netherlands, 2013, 53-69.
Cutter S.L. Vulnerability to environmental hazards[J]. Progress in Human Geography. 1996, 20(4)：529-539.
Cutter S.L. The landscape of disaster resilience indicators in the USA[J]. Natural Hazards. 2016, 80(2)：741-758.
Cutter S.L., Ash K.D., Emrich C.T. The geographies of community disaster resilience[J]. Global Environmental Change-Human and Policy Dimensions. 2014, 29：65-77.

Cutter S.L., Barnes L., Berry M., et al. A place-based model for understanding community resilience to natural disasters[J]. Global Environmental Change-Human and Policy Dimensions. 2008, 18(4): 598-606.

Cutter S.L., Barnes L., Berry M., et al. Community and regional resilience: Perspectives from hazards, disasters, and emergency management [R]. Oak Ridge: National Security Directorate, Community and Regional Resilience Initiative, 2008.

Cutter S.L., Burton C.G., Emrich C.T. Disaster resilience indicators for benchmarking baseline conditions[J]. Journal of Homeland Security and Emergency Management. 2010, 7(1).

Cutter S.L., Director H. A framework for measuring coastal hazard resilience in New Jersey communities[R]. Columbia: Urban Coast Institute, 2008.

Cutter S.L., Emrich C.T. Moral hazard, social catastrophe: The changing face of vulnerability along the hurricane coasts[J]. The Annals of the American Academy of Political and Social Science. 2006, 604(1): 102-112.

Dai D. Black residential segregation, disparities in spatial access to health care facilities, and late-stage breast cancer diagnosis in metropolitan Detroit[J]. Health & Place. 2010, 16(5): 1038-1052.

Davis D.S. The consumer revolution in urban China[M]. Berkeley: University of California Press, 2000.

Deppisch S., Schaerffer M. Given the complexity of large cities, can urban resilience be attained at all?[M]. German Annual of Spatial Research and Policy 2010, Müller B., Berlin: Springer, 2011, 25-33.

Desouza K.C., Flanery T.H. Designing, planning, and managing resilient cities: A conceptual framework[J]. Cities. 2013, 35: 89-99.

Dovers S.R., Handmer J.W. Uncertainty, sustainability and change[J]. Global Environmental Change. 1992, 2(4): 262-276.

Duncan J., Ley D. Structural Marxism and human geography: A critical assessment[J]. Annals of the Association of American Geographers. 1982, 72(1): 30-59.

Duncan O.D. From Social System to Ecosystem[J]. Sociological Inquiry. 1961, 31(2): 140-149.

Duranton G., Puga D. From sectoral to functional urban specialisation[J]. Journal of Urban Economics. 2005, 57(2): 343-370.

Durkheim E. De la division du travail social: étude sur l' organisation des sociétés supérieures[M]. Paris: Felix Alcan, 1893.

Ebdon D. Statistics in geography[M]. Oxford: Basil Blackwell, 1985.

Ernstson H., Van der Leeuw S.E., Redman C.L., et al. Urban transitions: On urban resilience and human-dominated ecosystems[J]. Ambio. 2010, 39(8): 531-545.

Etzioni A. Modern organizations.[M]. Englewood Cliffs: Prentice-Hall, 1964.

Firey W.I. The role of social values in land use patterns of central Boston[D]. Cambridge: Harvard University, 1945.

Flach F.F. Resilience: Discovering a new strength at times of stress[M]. New York: Ballantine Books, 1988.

Flanagan W.G. Contemporary urban sociology[M]. Cambridge: Cambridge University Press, 1993.

Fleischhauer M. The role of spatial planning in strengthening urban resilience[M]. Resilience of cities to terrorist and other threats, Pasman H.J., Kirillov I.A., Dordrecht：Springer, 2008, 273-298.

Folke C. Resilience: The emergence of a perspective for social–ecological systems analyses[J]. Global Environmental Change-Human and Policy Dimensions. 2006, 16(3)：253-267.

Foster K. A. A case study approach to understanding regional resilience[R]. Berkeley：Institute of Urban & Regional Development, 2007.

Foster K.A. Regional resilience：How do we know it when we see it? Conference on Urban and Regional Policy and Its Effects[C]. Washington, D.C.：2010.

Frankenberger T., Mueller M., Spangler T., et al. Community resilience：Conceptual framework and measurement feed the future learning agenda [R]. Rockville, MD：Westat, 2013.

Friedmann J. The uses of planning theory: A bibliographic essay[J]. Journal of Planning Education and Research. 2008, 28(2)：247-257.

Galea S., Ahern J. Distribution of education and population health: An ecological analysis of New York City neighborhoods[J]. American Journal of Public Health. 2005, 95(12)：2198-2205.

Gallopin G.C. Human dimensions of global change-linking the global and the local processes[J]. International Social Science Journal. 1991, 43(4)：707-718.

Gans H.J. The urban villagers: Group and class in the life of Italians-Americans[M]. New York：Free Press of Glencoe, 1962.

Geoghegan J., Pritchard L., Ogneva-Himmelberger Y., et al. 'Socializing the pixel' and 'pixelizing the social' in land-use and land-cover change[M]. People and Pixels：Linking Remote Sensing and Social Science, Washington, DC：National Academy Press, 1998, 51-69.

Getis A. Spatial dependence and heterogeneity and proximal databases[J]. Spatial Analysis and GIS. 1994：105-120.

Getis A., Ord J.K. The analysis of spatial association by use of distance statistics[J]. Geographical Analysis. 1992, 24(3)：189-206.

Geurs K.T., Ritsema Van Eck J.R. Accessibility measures: Review and applications. Evaluation of accessibility impacts of land-use transportation scenarios, and related social and economic impact [R]. Bilthoven：National Institute of Public Health and the Environment (RIVM), 2001.

Gibin M., Longley P., Atkinson P. Kernel density estimation and percent volume contours in general practice catchment area analysis in urban areas [C]. County Kildare, Ireland：Citeseer, 2007.

Giddens A. Dimensions of globalization：The new social theory reader [M]. London：Routledge, 2001：245-246.

Gold M. Beyond coverage and supply: Measuring access to healthcare in today' s market[J]. Health Services Research. 1998, 33(3 Pt 2)：625-652.

Goodchild M., Haining R., Wise S. Integrating GIS and spatial data analysis: Problems and possibilities[J]. International Journal of Geographical Information Systems. 1992, 6(5)：407-423.

Gregory D. Areal differentiation and post-modern human geography[M]. Horizons in human geography,

Gregory D., Walford R., Totowa, NJ：Barnes and Noble, 1989, 67-96.
Gregson N. Beyond boundaries: The shifting sands of social geography[J]. Progress in Human Geography. 1992, 16(3)：387-392.
Gregson N. 'The initiative' : Delimiting or deconstructing social geography?[J]. Progress in Human Geography. 1993, 17(4)：525-530.
Gu C. Social polarization and segregation in Beijing[J]. Chinese Geographical Science. 2001, 11(1)：17-26.
Gu C., Shen J. Transformation of urban socio-spatial structure in socialist market economies: The case of Beijing[J]. Habitat International. 2003, 27(1)：107-122.
Gu C., Wang F., Liu G. The structure of social space in Beijing in 1998: A socialist city in transition[J]. Urban Geography. 2005, 26(2)：167-192.
Guagliardo M.F. Spatial accessibility of primary care: Concepts, methods and challenges[J]. International Journal of Health Geographics. 2004, 3(1)：1.
Gunderson L.H., Allen C.R., Holling C.S. Foundations of ecological resilience[M]. Washington DC：Island Press, 2009.
Gunderson L.H., Holling C.S. Panarchy: Understanding transformations in human and natural systems[M]. Washington, D.C.：Island Press, 2001.
Hägerstraand T. What about people in regional science? Ninth European Congress of the Regional Science Association[C]. Springer, 1970：24, 6-21.
Handmer J.W., Dovers S.R. A typology of resilience: Rethinking institutions for sustainable development[J]. Industrial & Environmental Crisis Quarterly. 1996, 9(4)：482-511.
Hanley P.F. Transportation cost changes with statewide school district consolidation[J]. Socio-Economic Planning Sciences. 2007, 41(2)：163-179.
Hansen W.G. How Accessibility Shapes Land Use[J]. Journal of the American Institute of Planners. 1959, 25(2)：73-76.
Harvey D. The urbanisation of capital: Studies in the history and theory of capitalist urbanisation[M]. Baltimore：Johns Hopkins University Press, 1985.
Hill E., St Clair T., Wial H., Wolman H., et al. Economic shocks and regional economic resilience[J]. Building resilient regions: Urban and regional policy and its effects. 2012, 4：193-274.
Hill R. Families under stress: Adjustment to the crises of war separation and reunion[M]. New York：Harper & Brothers, 1949.
Hillier B. Space and spatiality: What the built environment needs from social theory[J]. Building Research & Information. 2008, 36(3)：216-230.
Holling C.S. Resilience and stability of ecological systems[J]. Annual Review of Ecology and Systematics. 1973：1-23.
Holling C.S. Engineering resilience versus ecological resilience[M]. Engineering with Ecological Constraints, Schulze P.C., Washington, D.C.：National Academy Press, 1996, 31-44.
Holling C.S. From complex regions to complex worlds[J]. Minnesota Journal of Law, Science & Technology.

2005, 7：1：1-20.

Hollnagel E., Woods D.D., Leveson N. Resilience engineering: Concepts and precepts[M]. Aldershot, UK：Ashgate Publishing, Ltd., 2006.

Hopkins R., Lipman P. The Transition Network Ltd: Who we are and what we do[Z]. Transition Network Ltd, 2008.

Horn R.V. Statistical indicators: For the economic and social sciences[M]. Cambridge：Cambridge University Press, 1993.

Hou R. Evolution of the city plan of Beijing[J]. Third World Planning Review. 1986, 8(1)：5.

Hoyt H. The structure and growth of residential neighborhoods in American cities[M]. Washington, DC：Federal Housing Administration, 1939.

Hsu Y.A., Pannell C.W. Urbanisation and residential spatial structure in Taiwan[J]. Pacific Viewpoint. 1982, 23(1)：22-52.

Hu X., Kaplan D.H. The emergence of affluence in Beijing: Residential social stratification in China' s capital city[J]. Urban Geography. 2001, 22(1)：54-77.

Huff D.L. Defining and estimating a trading area[J]. The Journal of Marketing. 1964：34-38.

Hwang H.S. GIS-based public facility location planning model using stochastic set-covering：The 35th International Conference on Computers and Industrial Engineering (CIE145) [C]. Istanbul, Turkey：2005：946.

Irajifar L., Alizadeh T., Sipe N. Disaster resiliency measurement frameworks: State of the art：Proceedings of the 19th CIB World Building Congress: Construction and Society[C]. Brisbane, Australia：Queensland University of Technology, 2013.

Jabareen Y. Planning the resilient city: Concepts and strategies for coping with climate change and environmental risk[J]. Cities. 2013, 31：220-229.

Jackson P. Social geography convergence and compromise[J]. Progress in Human Geography. 1983, 7(1)：116-121.

Janssen M.A., Ostrom E. Resilience, vulnerability, and adaptation: A cross-cutting theme of international human dimensions programme on global environmental change[J]. Global Environmental Change-Human and Policy Dimensions. 2006, 16(3)：237-239.

Jantsch E. Design for evolution：Self-organization and planning in the life of human systems[M]. New York：George Braziller, 1975.

Joerin J., Shaw R., Takeuchi Y., et al. Assessing community resilience to climate-related disasters in Chennai, India[J]. International Journal of Disaster Risk Reduction. 2012, 1：44-54.

Johannessen Å., Rosemarin A., Thomalla F., et al. Strategies for building resilience to hazards in water, sanitation and hygiene (WASH) systems: The role of public private partnerships[J]. International Journal of Disaster Risk Reduction. 2014, 10：102-115.

Joseph A.E., Phillips D.R. Accessibility and utilization: Geographical perspectives on health care delivery [M]. London：Harper and Row, 1984：214.

Kawachi I., Berkman L. Social capital, social cohesion, and health[M]. Social epidemiology, Berkman L.F., Kawachi I., Glymour M., New York: Oxford University Press, 2014, 174-190.

Kendra J.M., Wachtendorf T. Elements of resilience after the world trade center disaster: Reconstituting New York City' s Emergency Operations Centre[J]. Disasters. 2003, 27(1): 37-53.

Khan A.A. An integrated approach to measuring potential spatial access to health care services[J]. Socio-economic Planning Sciences. 1992, 26(4): 275-287.

Kithiia J. Climate change risk responses in East African cities: Need, barriers and opportunities[J]. Current Opinion in Environmental Sustainability. 2011, 3(3): 176-180.

Klein R.J., Nicholls R.J., Thomalla F. Resilience to natural hazards: How useful is this concept?[J]. Global Environmental Change Part B: Environmental Hazards. 2003, 5(1): 35-45.

Klein R.J.T., Smit M.J., Goosen H., et al. Resilience and vulnerability: Coastal dynamics or Dutch dikes?[J]. Geographical Journal. 1998, 164: 259-268.

Knox P., Pinch S. Urban social geography: An introduction[M]. Edinburgh Gate, Harlow, Essex CM20 2JE, England: Pearson Education Limited, 2014.

Knox P.L. The intraurban ecology of primary medical care: Patterns of accessibility and their policy implications[J]. Environment and Planning A. 1978, 10(4): 415-435.

Knox P.L. Residential structure, facility location and patterns of accessibility[M]. Conflict, politics and the urban scene, London: Longman, 1982, 316-362.

Kolar K. Resilience: Revisiting the concept and its utility for social research[J]. International Journal of Mental Health and Addiction. 2011, 9(4): 421-433.

Kwan M., Murray A.T., O' Kelly M.E., et al. Recent advances in accessibility research:Representation, methodology and applications[J]. Journal of Geographical Systems. 2003, 5(1): 129-138.

Kwan M.P. Space-time and integral measures of individual accessibility: A comparative analysis using a point- based framework[J]. Geographical Analysis. 1998, 30(3): 191-216.

Langford M., Higgs G. Measuring potential access to primary healthcare services: The influence of alternative spatial representations of population[J]. The Professional Geographer. 2006, 58(3): 294-306.

Le Gallo J., Ertur C. Exploratory spatial data analysis of the distribution of regional per capita GDP in Europe, 1980-1995[J]. Regional Science. 2003, 82(2): 175-201.

Lees L. Rematerializing geography: The 'new' urban geography[J]. Progress in Human Geography. 2002, 26(1): 101-112.

Lefebvre H. La production de l' espace[J]. L' Homme et la Société. 1974, 31-32: 15-32.

Lefebvre H. The production of space[Z]. Donald N. Oxford: Blackwell Publishing, 1991: 30.

Leichenko R. Climate change and urban resilience[J]. Current Opinion in Environmental Sustainability. 2011, 3(3): 164-168.

Leyden K.M. Social capital and the built environment: The importance of walkable neighborhoods[J]. American Journal of Public Health. 2003, 93(9): 1546-1551.

Leykin D., Lahad M., Cohen O., et al. Conjoint community resiliency assessment measure-28/10 items

(CCRAM28 and CCRAM10): A self-report tool for assessing community resilience[J]. American Journal of Community Psychology. 2013, 52(3-4)：313-323.

Liebenberg L., Ungar M. Researching resilience[M]. Toronto; Buffalo; London：University of Toronto Press, 2009.

Lo C.P. Changes in the ecological structure of Hong Kong 1961-1971: A comparative analysis[J]. Environment and Planning A. 1975, 7(8)：941-963.

Lo C.P. The evolution of the ecological structure of Hong Kong: Implications for planning and future development[J]. Urban Geography. 1986, 7(4)：311-335.

Luo J. Integrating the Huff model and floating catchment area methods to analyze spatial access to healthcare services[J]. Transactions in GIS. 2014, 18(3)：436-448.

Luo W., Qi Y. An enhanced two-step floating catchment area (E2SFCA) method for measuring spatial accessibility to primary care physicians[J]. Health & Place. 2009, 15(4)：1100-1107.

Luo W., Wang F. Spatial accessibility to primary care and physician shortage area designation: A case study in Illinois with GIS approaches[J]. Geographic Information Systems and Health Applications. 2003：260-278.

Luo W., Wang F. Measures of spatial accessibility to health care in a GIS environment: Synthesis and a case study in the Chicago region[J]. Environment and Planning B: Planning and Design. 2003, 30(6)：865-884.

Luthar S.S., Cicchetti D. The construct of resilience: Implications for interventions and social policies[J]. Development and Psychopathology. 2000, 12(04)：857-885.

Lynch K. The image of the city[M]. Cambridge, Massachusetts, and London, England：M.I.T. press, 1960.

Lynch K. Wasting away[M]. San Francisco：Sierra Club, 1990.

Ma L.J., Xiang B. Native place, migration and the emergence of peasant enclaves in Beijing[J]. The China Quarterly. 1998, 155：546-581.

Mackinnon D., Derickson K.D. From resilience to resourcefulness: A critique of resilience policy and activism[J]. Progress in Human Geography. 2013, 37(2)：253-270.

Malczewski J., Jackson M. Multicriteria spatial allocation of educational resources: An overview[J]. Socio-Economic Planning Sciences. 2000, 34(3)：219-235.

Mann P.H. An approach to urban sociology[M]. London：Routledge & Kegan Paul, 1965.

Manyena S.B. The concept of resilience revisited[J]. Disasters. 2006, 30(4)：434-450.

Manyena S.B., O Brien G., O Keefe P., et al. Disaster resilience: A bounce back or bounce forward ability?[J]. Local Environment. 2011, 16(5)：417-424.

Maquet J.J.P. Pouvoir et société en Afrique[M]. Paris：Hachette, 1970.

Martin R. Regional economic resilience, hysteresis and recessionary shocks[J]. Journal of Economic Geography. 2012, 12(1)：1-32.

Martin-Breen P., Anderies J.M. Resilience: A literature review[R]. New York：The Rockefeller Foundation, 2011.

Masten A.S. Ordinary magic: Resilience processes in development[J]. American Psychologist. 2001, 56(3): 227-238.

Masten A.S., Obradović J. Competence and resilience in development[J]. Annals of the New York Academy of Sciences. 2006, 1094(1): 13-27.

Matheron G. Principles of geostatistics[J]. Economic Geology. 1963, 58(8): 1246-1266.

Maurice H. Morphologie sociale[M]. Paris: Armand Colin, 1938.

Mauss M., Beuchat H. Essai sur les variations saisonnières des sociétés eskimos[J]. Sociologie et Anthropologie. 1904, 7: 389-475.

Mayer K.U., Tuma N.B. Event history analysis in life course research[M]. Madison, Wisconsin: University of Wisconsin Press, 1990.

Mayunga J.S. Understanding and applying the concept of community disaster resilience: A capital-based approach: Summer Academy for Social Vulnerability and Resilience Building[C]. Munich, Germany: 2007: 1, 16.

Mayunga J.S. Measuring the measure: A multi-dimensional scale model to measure community disaster resilience in the US Gulf Coast region[D]. College Station, TX: Texas A&M University, 2009.

Mccubbin H.I., Patterson J.M. The family stress process: The double ABCX model of adjustment and adaptation[J]. Marriage & Family Review. 1983, 6(1-2): 7-37.

Mcdaniels T., Chang S., Cole D., et al. Fostering resilience to extreme events within infrastructure systems: Characterizing decision contexts for mitigation and adaptation[J]. Global Environmental Change-Human and Policy Dimensions. 2008, 18(2): 310-318.

Mcgrail M.R. Spatial accessibility of primary health care utilising the two step floating catchment area method: An assessment of recent improvements[J]. International Journal of Health Geographics. 2012, 11(1): 50.

Mcknight J.L. A 21st-century map for healthy communities and families[J]. Families in Society: The Journal of Contemporary Social Services. 1997, 78(2): 117-127.

Mclafferty S., Grady S. Immigration and geographic access to prenatal clinics in Brooklyn, NY: A geographic information systems analysis[J]. American Journal of Public Health. 2005, 95(4): 638-640.

Mcmanus S.T. Organisational resilience in new zealand[D]. Christchurch, Canterbury: University of Canterbury, 2008.

Miles S.B., Chang S.E. Modeling community recovery from earthquakes[J]. Earthquake Spectra. 2006, 22(2): 439-458.

Miles S.B., Chang S.E. ResilUS-modeling community capital loss and recovery: 14th Annual World Conference on Earthquake Engineering[C]. Beijing, China: 2008.

Miles S.B., Chang S.E. ResilUS: A community based disaster resilience model[J]. Cartography and Geographic Information Science. 2011, 38(1): 36-51.

Milligan M.J. Interactional past and potential: The social construction of place attachment[J]. Symbolic Interaction. 1998, 21(1): 1-33.

Morris J.M., Dumble P.L., Wigan M.R. Accessibility Indicators for Transport Planning[J]. Transportation Research Part A: General. 1979, 13(2)：91-109.

Mouratidis K. Built environment and social well-being: How does urban form affect social life and personal relationships?[J]. Cities. 2018, 74：7-20.

Müller B. Urban and regional resilience–A new catchword or a consistent concept for research and practice?[M]. German Annual of Spatial Research and Policy 2010, Berlin：Springer, 2011, 1-13.

Murdie R.A. Factorial Ecology of Metropolitan Toronto, 1951-1961: An Essay on the Social Geography of the City[D]. Chicago：University of Chicago, 1969.

Newman M.E.J. Fast algorithm for detecting community structure in networks[J]. Phys Rev E Stat Nonlin Soft Matter Phys. 2003, 69(6 Pt 2)：66133.

Nicholls S. Measuring the accessibility and equity of public parks: A case study using GIS[J]. Managing Leisure. 2001, 6(4)：201-219.

Norris F.H., Stevens S.P., Pfefferbaum B., et al. Community resilience as a metaphor, theory, set of capacities, and strategy for disaster readiness[J]. American Journal of Community Psychology. 2008, 41(1-2)：127-150.

Oh K., Jeong S. Assessing the spatial distribution of urban parks using GIS[J]. Landscape and Urban planning. 2007, 82(1)：25-32.

Orencio P.M., Fujii M. A localized disaster-resilience index to assess coastal communities based on an analytic hierarchy process (AHP)[J]. International Journal of Disaster Risk Reduction. 2013, 3：62-75.

Pace R.K., Barry R. Sparse spatial autoregressions[J]. Statistics & Probability Letters. 1997, 33(3)：291-297.

Pahl R.E. Whose City?: And further essays on urban society[M]. Harmondsworth：Penguin Books, 1975.

Park R.E. Human communities: The city and human ecology[M]. Glencoe：Free Press, 1952.

Park R.E., Burgess Ernest W., Mckenzie Roderick D. The City[M]. Chicago：University of Chicago Press, 1925.

Parsons M., Morley P. The Australian natural disaster resilience index annual report 2014: Conceptual framework and indicator approach[R]. Armidale：Bushfire and Natural Hazards CRC, 2016.

Paton D., Johnston D. Disasters and communities: Vulnerability, resilience and preparedness[J]. Disaster Prevention and Management: An International Journal. 2001, 10(4)：270-277.

Paton D., Smith L., Violanti J. Disaster response: Risk, vulnerability and resilience[J]. Disaster Prevention and Management: An International Journal. 2000, 9(3)：173-180.

Patterson J.M. Families experiencing stress: I. The family adjustment and adaptation response model: II. Applying the FAAR model to health-related issues for intervention and research[J]. Family Systems Medicine. 1988, 6(2)：202-237.

Pelling M. The vulnerability of cities：Natural disasters and social resilience[M]. London, UK：Earthscan, 2003.

Pendall R., Foster K.A., Cowell M. Resilience and regions: Building understanding of the metaphor[J]. Cambridge Journal of Regions Economy and Society. 2010, 3(1)：71-84.

Perrings C. Resilience and sustainable development[J]. Environment and Development Economics. 2006, 11(04)：417-427.

Perrings C., Walker B. Biodiversity, resilience and the control of ecological-economic systems: The case of fire-driven rangelands[J]. Ecological Economics. 1997, 22(1)：73-83.

Peterson G., Allen C.R., Holling C.S. Ecological resilience, biodiversity, and scale[J]. Ecosystems. 1998, 1(1)：6-18.

Peyroux E. Discourse of urban resilience and ' Inclusive Development' in the Johannesburg Growth and Development Strategy 2040[J]. The European Journal of Development Research. 2015, 27(4)：560-573.

Pfefferbaum R.L., Pfefferbaum B., Van Horn R.L., Klomp R.W., Norris F.H., Reissman D.B. The communities advancing resilience toolkit (CART): An intervention to build community resilience to disasters[J]. Journal of Public Health Management and Practice. 2013, 19(3)：250-258.

Phillips D.R. Health and health care in the third world[M]. Essex：Longman, 1990.

Pike A., Dawley S., Tomaney J. Resilience, adaptation and adaptability[J]. Cambridge Journal of Regions, Economy and Society. 2010, 3(1)：59-70.

Polèse M. The resilient city: On the determinants of successful urban economies[M]. Cities and economic change：Restructuring and dislocation in the global metropolis, Paddison R., Hutton T., London：Sage, 2014.

Polk L.V. Toward a middle-range theory of resilience[J]. Advances in Nursing Science. 1997, 19(3)：1-13.

Pred A.R. City systems in advanced economies: Past growth, present processes, and future development options[M]. London：Hutchinson, 1977.

Putnam R.D. Bowling alone: The collapse and revival of American community[M]. New York：Simon and Schuster, 2001.

Radke J., Mu L. Spatial Decompositions, Modeling and Mapping Service Regions to Predict Access to Social Programs[J]. Geographic Information Sciences. 2000, 6(2)：105-112.

Raison J.P. Espaces significatifs et perspectives régionales à Madagascar[J]. Espace Géographique. 1976, 5：189-203.

Razafindrabe B.H.N., Parvin G.A., Surjan A., Takeuchi Y., Shaw R. Climate disaster resilience: Focus on coastal urban cities in Asia[J]. Asian Journal of Environment and Disaster Management. 2009, 1(1)：101-116.

Reed S.O., Friend R., Toan V.C., Thinphanga P., Sutarto R., Singh D. "Shared learning" for building urban climate resilience - experiences from Asian cities[J]. Environment and Urbanization. 2013, 25(2)：393-412.

Renschler C.S., Frazier A., Arendt L., Cimellaro G., Reinhorn A.M., Bruneau M. A framework for defining and measuring resilience at the community scale: The PEOPLES resilience framework[R]. Buffalo：National Institute for Standards and Technology(NIST), Building and Fire Research Laboratory, 2010.

Renschler C.S., Frazier A.E., Arendt L.A., Cimellaro G.P., Reinhorn A.M., Bruneau M. Developing the

'PEOPLES' resilience framework for defining and measuring disaster resilience at the community scale: Proceedings of the 9th U.S. National and 10th Canadian Conference on Earthquake Engineering (9USN/10CCEE)[C]. Toronto：2010.

Rhoads D.J. Resiliency research: An exploration of successful coping patterns[J]. Eta Sigma Gamma Monograph Series. 1994, 12(1)：50-58.

Rindfuss R.R., Swicegood C.G., Rosenfeld R.A. Disorder in the life course: How common and does it matter?[J]. American Sociological Review. 1987：785-801.

Rossi P.H. Why families move：A study in the social psychology of urban residential mobility[M]. Glencoe：Free Press, 1955.

Ruiz-Ballesteros E. Social-ecological resilience and community-based tourism: an approach from Agua Blanca, Ecuador[J]. Tourism Management. 2011, 32(3)：655-666.

Sack R.D. Human territoriality: A theory[J]. Annals of the Association of American Geographers. 1983, 73(1)：55-74.

Scheffer M., Carpenter S., Foley J.A., et al. Catastrophic shifts in ecosystems[J]. Nature. 2001, 413(6856)：591-596.

Sharifi A. A critical review of selected tools for assessing community resilience[J]. Ecological Indicators. 2016, 69：629-647.

Sharifi A., Yamagata Y. Major principles and criteria for development of an urban resilience assessment index：International Conference and Utility Exhibition 2014 on Green Energy for Sustainable Development (ICUE 2014)[C]. Pattaya City, Thailand：IEEE, 20141-5.

Sharifi A., Yamagata Y. Resilience-Oriented urban planning[M]. Resilience-Oriented urban planning: Theoretical and empirical insights, Yamagata Y., Sharifi A., Cham：Springer International Publishing, 2018, 3-27.

Shaw-Taylor Y. Measurement of community health: The social health index[M]. Lanham, Md.：University Press of America, 1999.

Sheehan B., Spiegelman H. Climate change, peak oil, and the end of waste[M]. The post carbon reader：Managing the 21st century's sustainability crises, Heinberg R., Lerch D., Healdsburg, Calif.：Watershed Media, 2010, 363-381.

Shen Q. Spatial technologies, accessibility, and the social construction of urban space[J]. Computers, Environment and Urban Systems. 1998, 22(5)：447-464.

Sherrieb K., Louis C.A., Pfefferbaum R.L., Pfefferbaum J.B., Diab E., Norris F.H. Assessing community resilience on the US coast using school principals as key informants[J]. International Journal of Disaster Risk Reduction. 2012, 2：6-15.

Sherrieb K., Norris F.H., Galea S. Measuring capacities for community resilience[J]. Social Indicators Research. 2010, 99(2)：227-247.

Short J.R. Residential mobility in the private housing market of Bristol[J]. Transactions of the Institute of British Geographers. 1978, 3(4)：533-547.

Simon G. L' espace des travailleurs tunisiens en France: Structures et fonctionnement d'un champ migratoire international[M]. Poitiers, France: Pineau, 1979.

Sit V.F. Beijing: The Nature and Planning of a Chinese Capital City [M]. Chichester: Wiley, 1995.

Sit V.F. Social Areas in Beijing[J]. Geografiska Annaler: Series B, Human Geography. 1999, 81(4): 203-221.

Slagle M. GIS in community-based school planning: A tool to enhance decision making, cooperation, and democratization in the planning process. revised.[R]. Ithaca, NY: Cornell University, 2000.

Smeed R.J. Road development in urban areas[J]. Journal of the Institute of Highway Engineers. 1963(10): 5030.

Smith D.M. Human geography: A welfare approach[M]. London: Edward Arnold, 1977.

Smith N. Uneven development: Nature, capital, and the production of space[M]. Athens, Georgia: University of Georgia Press, 2008.

Soja E.W. The Socio-spatial Dialectic[J]. Annals of the Association of American Geographers. 1980, 70(2): 207-225.

Sorre M. Rencontres de la géographie et de la sociologie[M]. Paris: M. Rivière, 1957.

Swanstrom T. Regional resilience: A critical examination of the ecological framework[R]. Working Paper, Institute of Urban and Regional Development, 2008.

Swanstrom T., Chapple K., Immergluck D. Regional resilience in the face of foreclosures: Evidence from six metropolitan areas[R]. Working Paper, Institute of Urban and Regional Development, 2009.

Talen E. The social equity of urban service distribution: An exploration of park access in Pueblo, Colorado, and Macon, Georgia[J]. Urban Geography. 1997, 18(6): 521-541.

Tate E. Social vulnerability indices: A comparative assessment using uncertainty and sensitivity analysis[J]. Natural Hazards. 2012, 63(2): 325-347.

Taylor R.G., Vasu M.L., Causby J.F. Integrated planning for school and community: The case of Johnston County, North Carolina[J]. Interfaces. 1999, 29(1): 67-89.

Thouez J.M., Bodson P., Joseph A.E. Some methods for measuring the geographic accessibility of medical services in rural regions[J]. Medical Care. 1988, 26(1): 34-44.

Timmerman P. Vulnerability, resilience and the collapse of society-A review of models and possible climatic applications[M]. Toronto, Canada: Institute for Environmental Studies, 1981.

Tobin G.A. Sustainability and community resilience: The holy grail of hazards planning?[J]. Global Environmental Change Part B: Environmental Hazards. 1999, 1(1): 13-25.

Tobler W.R. A computer movie simulating urban growth in the Detroit region[J]. Economic Geography. 1970, 46(sup1): 234-240.

Tönnies F. Gemeinschaft und Gesellschaft[M]. Leipzig: Fues's Verlag, 1887.

Turner B.L., Kasperson R.E., Matson P.A., Mccarthy J.J., Corell R.W., Christensen L., Eckley N., Kasperson J.X., Luers A., Martello M.L. A framework for vulnerability analysis in sustainability science[J]. Proceedings of the National Academy of Sciences. 2003, 100(14): 8074-8079.

Twigg J. Characteristics of a disaster-resilient community: A guidance note (version 2)[R]. London: Aon

Benfield UCL Hazard Research Centre, 2009.

Ultramari C., Rezende D.A. Urban resilience and slow motion disasters[J]. City & Time. 2007, 2(3): 5.

Unisdr. Living with risk: A global review of disaster reduction initiatives[M]. Geneva, Switzerland: BioMed Central Ltd, 2004: 336-342.

Uphoff N. Understanding social capital: Learning from the analysis and experience of participation[J]. Social Capital: A Multifaceted Perspective. 2000: 215-249.

Valdés H.M., Rego A., Scott J., et al. How to make cities more resilient-A handbook for local government leaders[R]. Geneva: UNISDR & GFDRR, 2012.

Van Arsdol M.D., Camilleri S.F., Schmid C.F. The generality of urban social area indexes[J]. American Sociological Review. 1958: 277-284.

Vanbreda A.D. Resilience theory: A literature review[R]. Pretoria, South Africa: South African Military Health Service, 2001.

Walker B., Holling C.S., Carpenter S.R., et al. Resilience, adaptability and transformability in social--ecological systems[J]. Ecology and Society. 2004, 9(2): 5.

Walker B., Salt D. Resilience thinking: Sustaining ecosystems and people in a changing world[M]. Washington· Covelo· London: Island Press, 2006.

Wallace D., Wallace R. Consequences of massive housing destruction: The New York City fire epidemic[J]. Building Research & Information. 2011, 39(4): 395-411.

Waller M.A. Resilience in ecosystemic context: Evolution of the concept[J]. American Journal of Orthopsychiatry. 2001, 71(3): 290.

Walmsley D.J., Lewis G.J. Human geography: Behavioural approaches[M]. London: Longman, 1984.

Wang F., Guldmann J. Simulating urban population density with a gravity-based model[J]. Socio-economic Planning Sciences. 1996, 30(4): 245-256.

Wang F., Mclafferty S., Escamilla V., et al. Late-stage breast cancer diagnosis and health care access in Illinois[J]. The Professional Geographer. 2008, 60(1): 54-69.

Wang L. Immigration, ethnicity, and accessibility to culturally diverse family physicians[J]. Health & Place. 2007, 13(3): 656-671.

Weibull J.W. An axiomatic approach to the measurement of accessibility[J]. Regional Science and Urban Economics. 1976, 6(4): 357-379.

Welzl E. Constructing the Visibility Graph for n-Line Segments in O (n^2) Time[J]. Information Processing Letters. 1985, 20(4): 167-171.

Wilkinson C. Social-ecological resilience: Insights and issues for planning theory[J]. Planning Theory. 2012, 11(2): 148-169.

Wirth L. Urbanism as a way of life[J]. American Journal of Sociology. 1938, 44(1): 1-24.

Wright A.F. The cosmology of the Chinese city[M]. The city in late imperial china, Skinner W.G., Redwood City: Stanford University Press, 1997.

Wu F., Webber K. The rise of "foreign gated communities" in Beijing: Between economic globalization and local institutions[J]. Cities. 2004, 21(3): 203-213.

Wu J., Ta N., Song Y., et al. Urban form breeds neighborhood vibrancy: A case study using a GPS-based activity survey in suburban Beijing[J]. Cities. 2018, 74: 100-108.

Wu Q., Cheng J., Chen G., et al. Socio-spatial differentiation and residential segregation in the Chinese city based on the 2000 community-level census data: A case study of the inner city of Nanjing[J]. Cities. 2014, 39: 109-119.

Wu Q., Edensor T., Cheng J. Beyond space: Spatial (re)production and middle-class remaking driven by Jiaoyufication in Nanjing City, China[J]. International Journal of Urban and Regional Research. 2018, 42(1): 1-19.

Xiang B. Zhejiang village in Beijing: Creating a visible non-state space through migration and marketized networks[J]. Internal and International Migration: Chinese Perspectives. 1999: 215-250.

Xiang B. Zhejiangcun: The story of a migrant village in Beijing[M]. Leiden· Boston: Brill Academic Pub, 2005.

Xu L., Marinova D., Guo X.M. Resilience thinking: A renewed system approach for sustainability science[J]. Sustainability Science. 2015, 10(1): 123-138.

Yang D., Goerge R., Mullner R. Comparing GIS-based methods of measuring spatial accessibility to health services[J]. Journal of Medical Systems. 2006, 30(1): 23-32.

Yeh A.G., Wu F. Internal structure of Chinese cities in the midst of economic reform[J]. Urban Geography. 1995, 16(6): 521-554.

Yeh A.G., Xu X., Hu H. The social space of Guangzhou City, China[J]. Urban Geography. 1995, 16(7): 595-621.

Yoon D.K., Kang J.E., Brody S.D. A measurement of community disaster resilience in Korea[J]. Journal of Environmental Planning and Management. 2016, 59(3): 436-460.

艾大宾，王力．我国城市社会空间结构特征及其演变趋势 [J]. 人文地理，2001(2): 7-11.

巴凯斯，路紫．从地理空间到地理网络空间的变化趋势——兼论西方学者关于电信对地区影响的研究 [J]. 地理学报，2000(1): 104-111.

白立敏，修春亮，冯兴华，梅大伟，魏冶．中国城市韧性综合评估及其时空分异特征 [J]. 世界地理研究，2019, 28(6): 77-87.

白雪音，翟国方，何仲禹．组织韧性提升的国际经验与启示 [J]. 灾害学，2017, 32(3): 183-190.

柏中强，王卷乐，杨飞．人口数据空间化研究综述 [J]. 地理科学进展，2013(11): 1692-1702.

包亚明．现代性与空间生产 [M]. 上海: 上海教育出版社，2003.

北京市交通委员会．2011 年北京市交通发展年报 [R]. 北京，2011.

毕云龙，兰井志，赵国君．城市生态恢复力综合评价体系构建——以上海、香港、高雄、新加坡为实证 [J]. 中国国土资源经济，2015, 28(5): 47-52.

布迪厄皮埃尔，华康德．实践与反思——反思社会学导论 [Z]. 李猛，李康，译．北京: 中央编译出版社，1998.

蔡昉．人口转变、人口红利与刘易斯转折点 [J]. 经济研究，2010(4): 4-13.

蔡禾，张应祥．城市社会学: 理论与视野 [M]. 广州: 中山大学出版社，2003.

蔡建明，郭华，汪德根．国外弹性城市研究述评 [J]. 地理科学进展，2012, 31(10)：1245-1255.

蔡彦庭，文雅，程炯，等．广州中心城区公园绿地空间格局及可达性分析 [J]. 生态环境学报，2011(11)：1647-1652.

曾文，张小林．社会空间的内涵与特征 [J]. 城市问题，2015(7)：26-32.

柴彦威．以单位为基础的中国城市内部生活空间结构：兰州市的实证研究 [J]. 地理研究，1996, 15(1)：30-38.

柴彦威．城市空间 [M]. 北京：科学出版社，2000.

柴彦威，龚华．城市社会的时间地理学研究 [J]. 北京大学学报（哲学社会科学版），2001(5)：17-24.

柴彦威，李昌霞．中国城市老年人日常购物行为的空间特征——以北京、深圳和上海为例 [J]. 地理学报，2005(03)：401-408.

柴彦威，李峥嵘，刘志林，等．时间地理学研究现状与展望 [J]. 人文地理，2000(6)：54-59.

柴彦威，李峥嵘，史中华．生活时间调查研究回顾与展望 [J]. 地理科学进展，1999(1)：70-77.

柴彦威，刘志林，李峥嵘，等．中国城市的时空间结构 [M]. 北京：北京大学出版社，2002.

柴彦威，翁桂兰，龚华．深圳居民购物消费行为的时空间特征 [J]. 人文地理，2004(6)：79-84.

柴彦威，翁桂兰，刘志林．中国城市女性居民行为空间研究的女性主义视角 [J]. 人文地理，2003(4)：1-4.

常克艺，王祥荣．全面小康社会下生态型城市指标体系实证研究 [J]. 复旦学报（自然科学版），2003(6)：1044-1048.

车莲鸿．基于高斯两步移动搜索法空间可达性模型的医院布局评价 [J]. 中国医院管理，2014, 34(2)：31-33.

陈碧琳，孙一民，李颖龙．基于"策略——反馈"的琶洲中东区韧性城市设计 [J]. 风景园林，2019, 26(9)：57-65.

陈晨，修春亮．基于交通网络中心性的长春市大型综合医院空间可达性研究 [J]. 人文地理，2014(5)：81-87.

陈芳芳．长三角区域大中型城市的弹性水平对比研究：2015 中国城市规划年会 [C]. 中国贵州贵阳：2015：276-277.

陈斐，杜道生．空间统计分析与 GIS 在区域经济分析中的应用 [J]. 武汉大学学报（信息科学版），2002(4)：391-396.

陈建国，周素红，柳林，等．交通拥堵对急救医疗服务时空可达性的影响——以广州市为例 [J]. 地理科学进展，2016(4)：431-439.

陈梦远．国际区域经济韧性研究进展——基于演化论的理论分析框架介绍 [J]. 地理科学进展，2017(11)：1435-1444.

陈娜，向辉，叶强，等．基于层次分析法的弹性城市评价体系研究 [J]. 湖南大学学报（自然科学版），2016(7)：146-150.

陈述彭，陈秋晓，周成虎．网格地图与网格计算 [J]. 测绘科学，2002(4)：1-6.

陈蔚镇．上海中心城社会空间转型与空间资源的非均衡配置 [J]. 城市规划学刊，2008(1)：62-68.

陈娅玲，杨新军．西藏旅游社会—生态系统恢复力研究 [J]. 西北大学学报（自然科学版），2012, 42(5)：827-832.

陈彦光．城市人口空间分布密度衰减模型的一个理论证明 [J]. 信阳师范学院学报（自然科学版），2000(2)：185-188.

陈莹 . 基于 GIS 的基础教育资源空间布局研究 [D]. 北京：首都师范大学 , 2008.
陈玉梅 , 李康晨 . 国外公共管理视角下韧性城市研究进展与实践探析 [J]. 中国行政管理 , 2017(1)：137-143.
程晓曦 . 北京旧城居住空间分异状况与居住密度问题初探 [J]. 北京规划建设 , 2011(4)：35-39.
程晓曦 . 混合居住视角下的北京旧城居住密度问题研究 [D]. 北京：清华大学 , 2012.
储金龙 , 马晓冬 , 高抒 , 等 . 南通地区城镇用地扩展时空特征分析 [J]. 自然资源学报 , 2006(01)：55-63.
崔功豪 , 武进 . 中国城市边缘区空间结构特征及其发展——以南京等城市为例 [J]. 地理学报 , 1990(4)：399-411.
戴伟 , 孙一民 , é • 迈尔 , 等 . 气候变化下的三角洲城市韧性规划研究 [J]. 城市规划 , 2017(12)：26-34.
戴伟 , 孙一民 , é • 梅尔 . 韧性：三角洲地区规划转型的新理念 [J]. 风景园林 , 2019, 26(9)：83-92.
邓江 , 吴剑波 . 能源消费弹性系数与国内替代能源预期 [J]. 生态经济 , 2009(2)：66-69.
邓君 , 马晓君 , 毕强 . 社会网络分析工具 Ucinet 和 Gephi 的比较研究 [J]. 情报理论与实践 , 2014, 37(8)：133-138.
邓丽 , 邵景安 , 郭跃 , 等 . 基于改进的两步移动搜索法的山区医疗服务空间可达性——以重庆市石柱县为例 [J]. 地理科学进展 , 2015(6)：716-725.
邓清 . 城市社会学研究的理论和方法 [J]. 城市发展研究 , 1997(5)：27-30.
翟国方 , 崔功豪 , 谢映霞 , 等 . 风险社会与弹性城市 [J]. 城市规划 , 2015(12)：107-112.
翟国方 , 邹亮 , 马东辉 , 等 . 城市如何韧性 [J]. 城市规划 , 2018, 42(2)：42-46.
丁成日 . 中国城市的人口密度高吗 ?[J]. 城市规划 , 2004(8)：43-48.
丁金华 , 尤希春 . 苏南水网乡村水域环境韧性规划 [J]. 规划师 , 2019, 35(5)：60-66.
董光器 . 六十年和二十年——对北京城市现代化发展历程的回顾与展望 (上)[J]. 北京规划建设 , 2010(5)：177-180.
董光器 , 和朝东 . 关于北京城市总体规划的一些认识 [J]. 北京规划建设 , 2016(5)：24-29.
董经政 . 传统工业区改造中城市社会空间的重构——以东北老工业基地改造为例 [J]. 社会科学辑刊 , 2011(5)：60-63.
杜国明 . 人口数据空间方法与实践 [M]. 北京：中国农业出版社 , 2008.
杜国明 , 于凤荣 , 张树文 . 城市人口空间分布模拟与格局分析——以沈阳市为例 [J]. 地球信息科学学报 , 2010(1)：34-39.
杜国明 , 张树文 , 张有全 . 城市人口密度的尺度效应分析——以沈阳市为例 [J]. 中国科学院研究生院学报 , 2007(2)：186-192.
杜国明 , 张树文 , 张有全 . 城市人口分布的空间自相关分析——以沈阳市为例 [J]. 地理研究 , 2007(2)：383-390.
段忠桥 . 当代国外社会思潮 [M]. 北京：中国人民大学出版社 , 2010.
恩格斯 . 论住宅问题 [Z]. 曹葆华，关其侗，译 . 北京：人民出版社 , 1951.
方修琦 , 殷培红 . 弹性、脆弱性和适应——IHDP 三个核心概念综述 [J]. 地理科学进展 , 2007(5)：11-22.
费璇 , 温家洪 , 杜士强 , 徐慧 . 自然灾害恢复力研究进展 [J]. 自然灾害学报 , 2014, 23(6)：19-31.
冯健 . 转型期中国城市内部空间重构 [M]. 北京：科学出版社 , 2004.
冯健 . 正视北京的社会空间分异 [J]. 北京规划建设 , 2005(2)：174-179.

冯健，王永海．中关村高校周边居住区社会空间特征及其形成机制 [J]. 地理研究，2008(5)：1003-1016.
冯健，吴芳芳，周佩林．基于邻里关系的郊区居住区社会空间研究——以北京回龙观为例：中国地理学会 2012 年学术年会 [C]. 中国河南开封—郑州：2012.1.
冯健，周一星．中国城市内部空间结构研究进展与展望 [J]. 地理科学进展，2003(3)：204-215.
冯健，周一星．北京都市区社会空间结构及其演化 (1982-2000)[J]. 地理研究，2003(4)：465-483.
冯健，周一星．郊区化进程中北京城市内部迁居及相关空间行为——基于千份问卷调查的分析 [J]. 地理研究，2004(2)：227-242.
冯健，周一星．转型期北京社会空间分异重构 [J]. 地理学报，2008(8)：829-844.
付加森，王利，赵东霞，等．公共医疗设施可达性评价——以大连市为例 [J]. 卫生经济研究，2014(11)：27-30.
付加森，王利，赵东霞，等．基于 GIS 医疗设施空间可达性的研究——以大连市为例 [J]. 测绘与空间地理信息，2015(4)：102-105.
傅晓婷．城市地下管网空间分析与应急可视化处理 [D]. 北京：北京邮电大学，2010.
甘国辉．北京城市地域结构体系研究 [D]. 北京：中国科学院地理科学与资源研究所，1986.
高成．都市中回民社区亚文化再生研究 [D]. 北京：北京工业大学，2006.
高春花．列斐伏尔城市空间理论的哲学建构及其意义 [J]. 理论视野，2011(8)：29-32.
高军波，周春山，江海燕，等．广州城市公共服务设施供给空间分异研究 [J]. 人文地理，2010(3)：78-83.
高军波，周春山，王义民，等．转型时期广州城市公共服务设施空间分析 [J]. 地理研究，2011(3)：424-436.
高骆秋．基于空间可达性的山地城市公园绿地布局探讨 [D]. 重庆：西南大学，2010.
高宣扬．布迪厄的社会理论 [M]. 上海：同济大学出版社，2004.
葛本中．北京经济职能与经济结构的演变及其原因探讨（上）[J]. 北京规划建设，1996(3)：50-52.
葛怡，史培军，徐伟，等．恢复力研究的新进展与评述 [J]. 灾害学，2010, 25(3)：119-124.
葛怡，史培军，周忻，等．水灾恢复力评估研究：以湖南省长沙市为例 [J]. 北京师范大学学报（自然科学版），2011, 47(2)：197-201.
龚洁晖，白玲．确定地理网络中心服务范围的一种算法 [J]. 测绘学报，1998(4)：78-83.
顾朝林．战后西方城市研究的学派 [J]. 地理学报，1994(4)：371-382.
顾朝林．中国大城市边缘区研究 [M]. 北京：科学出版社，1995：317-328.
顾朝林．城市社会学 [M]. 南京：东南大学出版社，2002.
顾朝林，C. 克斯特洛德．北京社会极化与空间分异研究 [J]. 地理学报，1997(5)：3-11.
顾朝林，C. 克斯特洛德．北京社会空间结构影响因素及其演化研究 [J]. 城市规划，1997(4)：12-15.
顾朝林，陈田，丁金宏，等．中国大城市边缘区特性研究 [J]. 地理学报，1993(4)：317-328.
顾朝林，刘海泳．西方“马克思主义”地理学——人文地理学的一个重要流派 [J]. 地理科学，1999(3)：46-51.
顾朝林，刘佳燕．城市社会学 [M]. 北京：清华大学出版社，2013.
顾朝林，王法辉，刘贵利．北京城市社会区分析 [J]. 地理学报，2003(6)：917-926.
顾朝林，熊江波．简论城市边缘区研究 [J]. 地理研究，1989(3)：95-101.
郭永锐，张捷，张玉玲．旅游社区恢复力研究：源起、现状与展望 [J]. 旅游学刊，2015, 30(5)：85-96.

郭永锐，张捷，张玉玲．旅游目的地社区恢复力的影响因素及其作用机制 [J]. 地理研究，2018, 37(1)：133-144.

郭志刚．社会统计分析方法：SPSS 软件应用 [M]. 北京：中国人民大学出版社，1999.

国家自然科学基金委员会．国家自然科学基金委员会管理科学部 2017 年第 4 期应急管理项目“安全韧性雄安新区构建的理论方法与策略研究”申请说明 [Z]. 2019：2020.

韩光辉．北京历史人口地理 [M]. 北京：北京大学出版社，1996.

韩雪原，赵庆楠，路林，等．多维融合导向的韧性提升策略——以北京城市副中心综合防灾规划为例 [J]. 城市发展研究，2019, 26(8)：78-83.

何淼．城市更新中的空间生产：南京市南捕厅历史街区的社会空间变迁 [D]. 南京：南京大学，2012.

何晓群．多元统计分析 [M]. 北京：中国人民大学出版社，2008.

和朝东，石晓冬，赵峰，等．北京城市总体规划演变与总体规划编制创新 [J]. 城市规划，2014(10)：28-34.

侯彩霞，周立华，文岩，等．生态政策下草原社会—生态系统恢复力评价——以宁夏盐池县为例 [J]. 中国人口・资源与环境，2018, 28(8)：117-126.

侯仁之．元大都城与明清北京城 [J]. 故宫博物院院刊，1979(3)：3-21.

侯松岩，姜洪涛．基于城市公共交通的长春市医院可达性分析 [J]. 地理研究，2014(5)：915-925.

胡瑞山，董锁成，胡浩．就医空间可达性分析的两步移动搜索法——以江苏省东海县为例 [J]. 地理科学进展，2012(12)：1600-1607.

胡晓辉．区域经济弹性研究述评及未来展望 [J]. 外国经济与管理，2012, 34(8)：64-72.

胡秀红．城市富裕阶层的研究——以北京市为例 [D]. 北京：中国科学院地理科学与资源研究所，1998.

胡云锋，王倩倩，刘越，等．国家尺度社会经济数据格网化原理和方法 [J]. 地球信息科学学报，2011(5)：573-578.

胡兆量．北京“浙江村”——温州模式的异地城市化 [J]. 城市规划汇刊，1997(3)：28-30.

胡兆量，福琴．北京人口的圈层变化 [J]. 城市问题，1994(4)：42-45.

胡志斌，何兴元，陆庆轩，等．基于 GIS 的绿地景观可达性研究——以沈阳市为例 [J]. 沈阳建筑大学学报（自然科学版），2005(6)：671-675.

黄鹭新，荆锋，杜澍，等．跨界与融合——城市规划的时代转型 [J]. 国际城市规划，2010(1)：1-5.

黄晓军，黄馨．弹性城市及其规划框架初探 [J]. 城市规划，2015, 39(2)：50-56.

黄晓军，王博，刘萌萌，等．社会—生态系统恢复力研究进展——基于 CiteSpace 的文献计量分析 [J]. 生态学报，2019, 39(8)：3007-3017.

黄昕珮．城市发展与住宅建设相关性初探 [D]. 南京：东南大学，2004.

黄亚平．城市空间理论与空间分析 [M]. 南京：东南大学出版社，2002.

黄怡．大都市核心区的社会空间隔离——以上海市静安区南京西路街道为例 [J]. 城市规划学刊，2006(3)：76-84.

吉登斯．社会的构成：结构化理论大纲 [Z]. 李康，李猛，译．上海：生活．读书．新知三联书店，1998.

吉云松．地理信息系统技术在中小学布局调整中的作用 [J]. 地理空间信息，2006(6)：62-64.

冀光恒．土地有偿使用制度对城市地域结构的影响——以北京市为例 [D]. 北京：北京大学，1994.

蒋耒文．社会化的图像与图像化的社会——遥感科学与人口科学研究的结合 [J]. 市场与人口分析，2002(2)：

42-49.
金书淼 . 城市供水系统地震灾害风险及恢复力研究 [D]. 哈尔滨工业大学 , 2014.
景晓芬 . 社会学视角下的国内外城市空间研究述评 [J]. 城市发展研究 , 2013(3)：44-49.
康少邦 , 张宁 . 城市社会学 [M]. 杭州：浙江人民出版社 , 1986.
孔翔 . 开发区建设与城郊社会空间的分异——基于闵行开发区周边社区的调查 [J]. 城市问题 , 2011(5)：51-57.
孔翔 , 唐海燕 , 钱俊杰 . 基于不同租住模式的加工制造园区周边社会空间分异研究——以漕河泾出口加工区浦江分园周边社区为例 [J]. 地域研究与开发 , 2012(4)：23-28.
孔云峰 , 李小建 , 张雪峰 . 农村中小学布局调整之空间可达性分析——以河南省巩义市初级中学为例 [J]. 遥感学报 , 2008(5)：800-809.
李博 , 宋云 , 俞孔坚 . 城市公园绿地规划中的可达性指标评价方法 [J]. 北京大学学报 (自然科学版), 2008(4)：618-624.
李春敏 , 章仁彪 . 资本全球化视阈下的几个社会空间问题——马克思的社会空间思想初探 [J]. 天津社会科学 , 2010(3)：4-9.
李德华 . 城市规划原理 [M]. 北京：中国建筑工业出版社 , 2001.
李荷 , 杨培峰 , 张竹昕 , 等 . "设计生态" 视角下山地城市水系空间韧性提升规划策略 [J]. 规划师 , 2019, 35(15)：53-59.
李郇 , 许学强 . 广州市城市意象空间分析 [J]. 人文地理 , 1993, 8(3)：27-35.
李健 , 宁越敏 . 西方城市社会地理学主要理论及研究的意义——基于空间思想的分析 [J]. 城市问题 , 2006(6)：84-90.
李九全 , 王兴中 . 中国内陆大城市场所的社会空间结构模式研究——以西安为例 [J]. 人文地理 , 1997(3)：13-19.
李铁立 . 北京市居民居住选址行为分析 [J]. 人文地理 , 1997(2)：42-46.
李彤玥 . 韧性城市研究新进展 [J]. 国际城市规划 , 2017(5)：15-25.
李彤玥 , 牛品一 , 顾朝林 . 弹性城市研究框架综述 [J]. 城市规划学刊 , 2014(5)：23-31.
李小建 . 西方社会地理学中的社会空间 [J]. 地理译报 , 1987(2)：63-66.
李小马 , 刘常富 . 基于网络分析的沈阳城市公园可达性和服务 [J]. 生态学报 , 2009(3)：1554-1562.
李洵 . 公元十六七世纪的北京城市结构 [J]. 社会科学战线 , 1988(4)：167-176.
李亚 , 翟国方 , 顾福妹 . 城市基础设施韧性的定量评估方法研究综述 [J]. 城市发展研究 , 2016, 23(6)：113-122.
李艳 . 反身性视角下城市群信息流空间建构与网络韧性——基于长三角百度用户热点搜索的分析：2019 (第十四届) 城市发展与规划大会 [ZC]. 中国河南郑州：2019. 10.
李云 , 唐子来 . 1982 ~ 2000 年上海市郊区社会空间结构及其演化 [J]. 城市规划学刊 , 2005(6)：27-36.
李志刚 , 吴缚龙 . 转型期上海社会空间分异研究 [J]. 地理学报 , 2006(2)：199-211.
李志刚 , 吴缚龙 , 刘玉亭 . 城市社会空间分异：倡导还是控制 [J]. 城市规划汇刊 , 2004(6)：48-52.
李志刚 , 张京祥 . 调解社会空间分异 , 实现城市规划对 "弱势群体" 的关怀——对悉尼 UFP 报告的借鉴 [J]. 国外城市规划 , 2004(6)：32-35.

良警宇 . 从封闭到开放：城市回族聚居区的变迁模式 [J]. 中央民族大学学报 , 2003(1)：73-78.
梁艳平 , 钟耳顺 , 朱建军 . 我国省级人均 GDP 增量变化的空间特征分析 [J]. 中南大学学报 (社会科学版), 2003(03)：355-359.
廖邦固 , 徐建刚 , 宣国富 , 等 . 1947-2000 年上海中心城区居住空间结构演变 [J]. 地理学报 , 2008(2)：195-206.
廖桂贤 , 林贺佳 , 汪洋 . 城市韧性承洪理论——另一种规划实践的基础 [J]. 国际城市规划 , 2015(2)：36-47.
廖顺宝 , 李泽辉 . 基于人口分布与土地利用关系的人口数据空间化研究——以西藏自治区为例 [J]. 自然资源学报 , 2003(6)：659-665.
林坚 , 李枫 . 当前北京危旧房改造的难点与出路 [J]. 北京房地产 , 1997(10)：14-17.
林拓 . 城市社会空间形态的转变与农民市民化 [J]. 华东师范大学学报 (哲学社会科学版), 2004(3)：48-54.
林拓 . 农民市民化：制度创新与社会空间形态的转变 [J]. 经济社会体制比较 , 2004(5)：67-73.
刘丹 . 南京主城区学区中产阶层化动力机制及其社会空间效应研究 [D]. 南京：南京师范大学 , 2015.
刘丹 , 华晨 . 弹性概念的演化及对城市规划创新的启示 [J]. 城市发展研究 , 2014, 21(11)：111-117.
刘丹 , 华晨 . 气候弹性城市和规划研究进展 [J]. 南方建筑 , 2016(1)：108-114.
刘德钦 , 刘宇 , 薛新玉 . 中国人口分布及空间相关分析 [J]. 遥感信息 , 2002(2)：2-6.
刘峰 , 马金辉 , 宋艳华 , 等 . 基于空间统计分析与 GIS 的人口空间分布模式研究——以甘肃省天水市为例 [J]. 地理与地理信息科学 , 2004(6)：18-21.
刘复友 , 刘旸 . 韧性城市理念在各级城乡规划中的应用探索——以安徽省为例 [J]. 北京规划建设 , 2018(2)：40-45.
刘海泳 , 顾朝林 . 北京流动人口聚落的形态、结构与功能 [J]. 地理科学 , 1999(6)：497-503.
刘健 , 赵思翔 , 刘晓 . 城市供水系统弹性应对策略与仿真分析 [J]. 系统工程理论与实践 , 2015, 35(10)：2637-2645.
刘江艳 , 曾忠平 . 弹性城市评价指标体系构建及其实证研究 [J]. 电子政务 , 2014(3)：82-88.
刘婧 , 史培军 , 葛怡 , 等 . 灾害恢复力研究进展综述 [J]. 地球科学进展 , 2006(2)：211-218.
刘敏 , 王军 , 殷杰 , 等 . 上海城市安全与综合防灾系统研究 [J]. 上海城市规划 , 2016(1)：1-8.
刘旺 , 张文忠 . 国内外城市居住空间研究的回顾与展望 [J]. 人文地理 , 2004(3)：6-11.
刘望保 . 国内外生命历程与居住选择研究回顾和展望 [J]. 世界地理研究 , 2006(2)：100-106.
刘卫东 . 论我国互联网的发展及其潜在空间影响 [J]. 地理研究 , 2002, 21(3)：347-356.
刘文锴 , 王新闯 , 王世东 . 基于 GIS 的城市社区幼儿园布局优化策略 [J]. 新乡学院学报：社会科学版 , 2012, 26(2)：47-50.
刘湘南 . GIS 空间分析原理与方法 [M]. 北京：科学出版社 , 2005.
刘小萌 . 清代北京内城居民的分布格局与变迁 [J]. 首都师范大学学报 (社会科学版), 1998(2)：46-57.
刘小茜 , 裴韬 , 舒华 , 等 . 基于文献计量学的社会—生态系统恢复力研究进展 [J]. 地球科学进展 , 2019, 34(7)：765-777.
刘晓瑜 . 重庆市主城区社会空间结构及规划实证研究 [D]. 重庆：重庆大学 , 2008.
刘旭华 , 王劲峰 , 孟斌 . 中国区域经济时空动态不平衡发展分析 [J]. 地理研究 , 2004(4)：530-540.
刘阳 . 北京旧城居住区改造中人工环境效益与人口迁居的研究 [J]. 建筑学报 , 1998(2)：41-43.

刘玉芳 . 北京与国际城市的比较研究 [J]. 城市发展研究，2008(2)：104-110.
刘长岐 . 北京市居住空间结构的演变研究 [D]. 北京：中国科学院地理科学与资源研究所，2003.
刘长岐，甘国辉，李晓江 . 北京市人口郊区化与居住用地空间扩展研究 [J]. 经济地理，2003(5)：666-670.
刘钊，郭苏强，金慧华，等 . 基于 GIS 的两步移动搜寻法在北京市就医空间可达性评价中的应用 [J]. 测绘科学，2007(1)：61-63.
卢芳 . 居住空间分异中的低端住区优化初探 [D]. 成都：西南交通大学，2003.
鲁凤 . 中国区域经济差异的空间统计分析 [D]. 上海：华东师范大学，2004.
鲁凤，徐建华 . 中国区域经济差异的空间统计分析 [J]. 华东师范大学学报 (自然科学版), 2007(2)：44-51.
罗华春 . 积极推进韧性城乡建设全面提升我国灾害防范能力 [J]. 城市与减灾，2017(4)：3.
罗敏，祝小宁 . 城乡公共服务的社会空间均衡研究 [J]. 社会科学研究，2010(4)：63-67.
罗亚辉，周立云 . 北京市利用外资改造危旧房屋问题及建议 [J]. 北京房地产，1998(12)：1-5.
吕安民，李成名，林宗坚，等 . 中国省级人口增长率及其空间关联分析 [J]. 地理学报，2002(2)：143-150.
吕毅 . 城市小学校可达性评价 [D]. 武汉：武汉大学，2005.
马克思 . 政治经济学批判 [M]. 北京：人民出版社，1976：24-27.
马克思，恩格斯 . 马克思恩格斯全集第 24 卷 [M]. 北京：人民出版社，1956.
马克思，恩格斯 . 马克思恩格斯全集第 42 卷 [M]. 北京：人民出版社，1979.
马林兵，曹小曙 . 基于 GIS 的城市公共绿地景观可达性评价方法 [J]. 中山大学学报 (自然科学版), 2006(6)：111-115.
马仁锋，刘修通，张艳 . 城市社会空间结构模型研究的评述 [J]. 云南地理环境研究，2008(2)：35-40.
马荣华，黄杏元，朱传耿 . 用 ESDA 技术从 GIS 数据库中发现知识 [J]. 遥感学报，2002(2)：102-107.
马荣华，蒲英霞，马晓冬 . GIS 空间关联模式发现 [M]. 北京：科学出版社，2007.
马润潮 . 人文主义与后现代化主义之兴起及西方新区域地理学之发展 [J]. 地理学报，1999, 54(4)：365-372.
马晓冬，马荣华，徐建刚 . 基于 ESDA-GIS 的城镇群体空间结构 [J]. 地理学报，2004(6)：1048-1057.
马晓亚，袁奇峰，赵静 . 广州保障性住区的社会空间特征 [J]. 地理研究，2012(11)：2080-2093.
孟斌，王劲峰，张文忠，等 . 基于空间分析方法的中国区域差异研究 [J]. 地理科学，2005(4)：11-18.
孟斌，张景秋，王劲峰，等 . 空间分析方法在房地产市场研究中的应用——以北京市为例 [J]. 地理研究，2005(6)：956-964.
孟海星，沈清基，慈海 . 国外韧性城市研究的特征与趋势——基于 CiteSpace 和 VOSviewer 的文献计量分析 [J]. 住宅科技，2019, 39(11)：1-8.
孟祥远 . 从住区社会空间分异到极化住区——以南京顶级住区时空演替为研究样本 [J]. 商业时代，2010(27)：134-135.
孟延春，曹广忠 . 北京南部“浙江村”的结构、定位和特征研究 [J]. 人文地理，1997(4)：9-14.
牟乃夏，刘文宝，王海银，等 . ArcGIS10 地理信息系统教程——从初学到精通 [M]. 北京：测绘出版社，2012.
穆晓燕，王扬 . 大城市社会空间演化中的同质聚居与社区重构——对北京三个巨型社区的实证研究 [J]. 人文地理，2013(5)：24-30.
年四锋，张捷，张宏磊，等 . 基于危机响应的旅游地社区参与研究——以汶川地震后大九寨环线区域为例 [J].

地理科学进展，2019, 38(8)：1227-1239.
聂蕊．基于可持续减灾的御灾性城市空间体系构建和设计策略研究 [D]. 天津大学，2012.
潘秋玲，王兴中．城市生活质量空间评价研究——以西安市为例 [J]. 人文地理，1997(2)：33-41.
潘胜强，马超群．城市基础设施发展水平评价指标体系 [J]. 系统工程，2007(7)：88-91.
潘泽泉．当代社会学理论的社会空间转向 [J]. 江苏社会科学，2009(1)：27-33.
庞瑞秋．中国大城市社会空间分异研究 [D]. 长春：东北师范大学，2009.
彭翀，郭祖源，彭仲仁．国外社区韧性的理论与实践进展 [J]. 国际城市规划，2017(4)：60-66.
彭翀，袁敏航，顾朝林，等．区域弹性的理论与实践研究进展 [J]. 城市规划学刊，2015(1)：84-92.
彭雄亮，姜洪庆，黄铎，等．粤港澳大湾区城市群适应台风气候的韧性空间策略 [J]. 城市发展研究，2019, 26(4)：55-62.
蒲波．城市弹性的测度与时空分析 [D]. 西南交通大学，2016.
蒲英霞，葛莹，马荣华，等．基于 ESDA 的区域经济空间差异分析——以江苏省为例 [J]. 地理研究，2005(6)：965-974.
朴寅星．西方城市理论的发展和主要课题 [J]. 城市问题，1997(1)：44-49.
齐兰兰，周素红，闫小培．广州市医疗设施可达性模型中端点吸引的影响因素检验 [J]. 地理科学，2014(5)：580-586.
齐美尔．社会学：关于社会化形式的研究 [Z]. 林荣远，译．北京：华夏出版社，2002.
齐美尔．社会是如何可能的：齐美尔社会学文选 [M]. 林荣远，编译．桂林：广西师范大学出版社，2002.
千庆兰，陈颖彪．我国大城市流动人口聚居区初步研究——以北京“浙江村”和广州石牌地区为例 [J]. 城市规划，2003(11)：60-64.
钱前，甄峰，王波．南京国际社区社会空间特征及其形成机制——基于对苜蓿园大街周边国际社区的调查 [J]. 国际城市规划，2013(3)：98-105.
乔鹏，翟国方．韧性城市视角下的应急避难场所规划建设——以江苏省为例 [J]. 北京规划建设，2018(2)：45-49.
饶小军，邵晓光．边缘社区：城市族群社会空间透视 [J]. 城市规划，2001(9)：47-51.
任若菡，王艳慧，何政伟，等．基于改进的两步移动搜寻法的贫困区小学教育资源空间可达性分析——以重庆市黔江区为例 [J]. 地理信息世界，2014(2)：22-28.
邵亦文，徐江．城市韧性：基于国际文献综述的概念解析 [J]. 国际城市规划，2015(2)：48-54.
佘娇．重庆市主城区社会空间结构及其演化研究 [D]. 重庆：重庆大学，2014.
申佳可，王云才．基于韧性特征的城市社区规划与设计框架 [J]. 风景园林，2017(3)：98-106.
申世广．3S 技术支持下的城市绿地系统规划研究 [D]. 南京：南京林业大学，2010.
沈清基．韧性思维与城市生态规划 [J]. 上海城市规划，2018(3)：1-7.
沈体雁，冯等田，孙铁山．空间计量经济学 [M]. 北京：北京大学出版社，2010.
沈怡然，杜清运，李浪姣．改进移动搜索算法的教育资源可达性分析 [J]. 测绘科学，2016(3)：122-126.
石婷婷．从综合防灾到韧性城市：新常态下上海城市安全的战略构想 [J]. 上海城市规划，2016(1)：13-18.
司敏．“社会空间视角”：当代城市社会学研究的新视角 [J]. 社会，2004(5)：17-19.
宋贵伦，鲍宗豪．中国社会建设报告 2014[M]. 北京：中国社会科学出版社，2015.

宋爽，王帅，傅伯杰，等．社会—生态系统适应性治理研究进展与展望 [J]. 地理学报，2019, 74(11)：2401-2410.
宋伟轩，朱喜钢，吴启焰．城市滨水空间生产的效益与公平——以南京为例 [J]. 国际城市规划，2009.
宋迎昌，武伟．北京市外来人口空间集聚特点、形成机制及其调控对策 [J]. 经济地理，1997(4)：71-75.
宋正娜，陈雯，车前进，等．基于改进潜能模型的就医空间可达性度量和缺医地区判断——以江苏省如东县为例 [J]. 地理科学，2010(2)：213-219.
孙鸿鹄．巢湖流域洪涝灾害恢复力时空变化研究 [D]. 安徽师范大学，2016.
孙鸿鹄，程先富，戴梦琴，等．基于 DEMATEL 的区域洪涝灾害恢复力影响因素及评价指标体系研究——以巢湖流域为例 [J]. 长江流域资源与环境，2015(9)：1577-1583.
孙晶，王俊，杨新军．社会—生态系统恢复力研究综述 [J]. 生态学报，2007(12)：5371-5381.
孙久文，孙翔宇．区域经济韧性研究进展和在中国应用的探索 [J]. 经济地理，2017(10)：1-9.
孙立平．转型与断裂：改革以来中国社会结构的变迁 [M]. 北京：清华大学出版社，2004.
孙明洁．城市社会学的主要理论及其发展 [J]. 城市问题，1999(3)：5-8.
孙全胜．论马克思社会空间批判理论的三重主题 [J]. 中共福建省委党校学报，2016(10)：22-30.
谭日辉．西方社会空间研究对中国的启示 [J]. 船山学刊，2010(4)：190-193.
谭文勇，孙艳东．弹性城市目标下的绵阳市朝阳片区城市更新改造设计初探 [J]. 西部人居环境学刊，2014(1)：91-96.
谭英．从居民的角度出发对北京旧城居住区改造方式的研究 [D]. 北京：清华大学，1997.
谭英．由居民搬迁问题引发的对北京危改方式的探讨 [J]. 建筑学报，1998(2)：44-47.
汤国安，杨昕．ArcGIS 地理信息系统空间分析实验教程 [M]. 北京：科学出版社，2006：480.
唐子来．西方城市空间结构研究的理论和方法 [J]. 城市规划汇刊，1997(6)：1-11.
唐子来，陈颂，汪鑫，等．转型新时期上海中心城区社会空间结构与演化格局研究 [J]. 规划师，2016(6)：105-111.
陶海燕，陈晓翔，黎夏．公共医疗卫生服务的空间可达性研究——以广州市海珠区为例 [J]. 测绘与空间地理信息，2007(1)：1-5.
陶卓霖，程杨．两步移动搜寻法及其扩展形式研究进展 [J]. 地理科学进展，2016(5)：589-599.
陶卓霖，程杨，戴特奇．北京市养老设施空间可达性评价 [J]. 地理科学进展，2014(5)：616-624.
滕五晓，罗翔，万蓓蕾，等．韧性城市视角的城市安全与综合防灾系统——以上海市浦东新区为例 [J]. 城市发展研究，2018, 25(3)：39-46.
田文祝．改革开放后北京城市居住空间结构研究 [D]. 北京：北京大学，1999.
涂尔干．宗教生活的基本形式 [M]. 渠东，汲喆，译．上海：上海人民出版社，1999.
涂晓磊．韧性视角下小型海岛城市设计应对策略 [J]. 规划师，2019, 35(13)：49-53.
万勇．大城市边缘地区“社会 - 空间”类型和策略研究——以上海为例 [J]. 同济大学学报 (社会科学版)，2011(2)：34-44.
汪辉，王涛，象伟宁．城市韧性研究的巴斯德范式剖析 [J]. 中国园林，2019, 35(7)：51-55.
汪辉，徐蕴雪，卢思琪，等．恢复力、弹性或韧性？——社会—生态系统及其相关研究领域中“Resilience”一词翻译之辨析 [J]. 国际城市规划，2017(4)：29-39.

汪民安 . 空间生产的政治经济学 [J]. 国外理论动态 , 2006(1)：46-52.
汪涛 . 转型中的苏南小城镇社会空间演化初探 [J]. 现代城市研究 , 1999(4)：19-21.
汪原 . 亨利・列斐伏尔研究 [J]. 建筑师 , 2005(5)：42-50.
王法辉 . 基于 GIS 的数量方法与应用 [M]. 北京：商务印书馆 , 2009.
王光照 , 朱国平 . 马克思社会空间思想国内研究述评 [J]. 未来与发展 , 2016(5)：1-5.
王宏伟 . 大城市郊区化、居住空间分异与模式研究——以北京市为例 [J]. 建筑学报 , 2003(9)：11-13.
王慧 . 开发区发展与西安城市经济社会空间极化分异 [J]. 地理学报 , 2006(10)：1011-1024.
王峤 , 臧鑫宇 . 韧性理念下的山地城市公共空间生态设计策略 [J]. 风景园林 , 2017(4)：50-56.
王均 . 近代北京城内部空间结构的历史地理研究 [D]. 北京：北京大学 , 1997.
王均 , 孙冬虎 , 岳升阳 , 等 . 从人口分布看近代北京城市社会空间特征 [J]. 城市史研究 , 2000(Z1)：1-17.
王均 , 祝功武 . 清末民初时期北京城市社会空间的初步研究 [J]. 地理学报 , 1999(1)：71-78.
王敏 , 彭唤雨 , 汪洁琼 , 等 . 因势而为：基于自然过程的小型海岛景观韧性构建与动态设计策略 [J]. 风景园林 , 2017(11)：73-79.
王群 , 陆林 , 杨兴柱 . 千岛湖社会—生态系统恢复力测度与影响机理 [J]. 地理学报 , 2015, 70(5)：779-795.
王群 , 陆林 , 杨兴柱 . 旅游地社会—生态子系统恢复力比较分析——以浙江省淳安县为例 [J]. 旅游学刊 , 2016, 31(2)：116-126.
王群 , 陆林 , 杨兴柱 . 旅游地社区恢复力认知测度与影响因子分析——以千岛湖为例 [J]. 人文地理 , 2017, 32(5)：139-146.
王胜男 , 李猛 . 基于 Huff 模型的洛阳市绿地系统优化设计 [J]. 城市规划 , 2010(4)：49-53.
王侠 . 大城市低收入居住空间发展研究——以南京市为例 [D]. 南京：东南大学 , 2004.
王祥荣 , 谢玉静 , 徐艺扬 , 等 . 气候变化与韧性城市发展对策研究 [J]. 上海城市规划 , 2016(1)：26-31.
王晓磊 . "社会空间" 的概念界说与本质特征 [J]. 理论与现代化 , 2010(1)：49-55.
王晓磊 . 社会空间论 [D]. 武汉：华中科技大学 , 2010.
王兴中 . 中国城市社会空间结构研究 [M]. 北京：科学出版社 , 2000.
王兴中 . 中国城市生活空间结构研究 [M]. 北京：科学出版社 , 2004.
王雪梅 , 李新 , 马明国 . 基于遥感和 GIS 的人口数据空间化研究进展及案例分析 [J]. 遥感技术与应用 , 2004(5)：320-327.
王远飞 . GIS 与 Voronoi 多边形在医疗服务设施地理可达性分析中的应用 [J]. 测绘与空间地理信息 , 2006(3)：77-80.
王战和 . 高新技术产业开发区建设发展与城市空间结构演变研究 [D]. 长春：东北师范大学 , 2006.
王战和 , 许玲 . 高新技术产业开发区与城市社会空间结构演变 [J]. 人文地理 , 2006(2)：65-66.
王铮 . 中国社会地理研究的一个重要标志——评王兴中等《中国城市社会空间结构研究》[J]. 地理学报 , 2002(2)：250.
王政权 . 地统计学及在生态学中的应用 [M]. 北京：科学出版社 , 1999.
王志弘 . 多重的辩证：列斐伏尔空间生产概念三元组演绎与引申 [J]. 地理学报 (台湾), 2009(55)：1-24.
韦海燕 . 社会文化视角下大学生韧性研究进展及动态 [J]. 中国健康心理学杂志 , 2015(5)：799-801.
魏开 , 许学强 . 城市空间生产批判——新马克思主义空间研究范式述评 [J]. 城市问题 , 2009(4)：83-87.

魏立华，刘玉亭．转型期中国城市“社会空间问题”的研究述评 [J]. 国际城市规划，2010(6)：70-73.
魏立华，闫小培．社会经济转型期中国城市社会空间研究述评 [J]. 城市规划学刊，2005(5)：16-20.
魏立华，闫小培．大城市郊区化中社会空间的“非均衡破碎化”——以广州市为例 [J]. 城市规划，2006(5)：55-60.
翁立．北京的胡同 [M]. 北京：北京图书馆出版社，2004：34-37.
吴春．大规模旧城改造过程中的社会空间重构 [D]. 北京：清华大学，2010.
吴浩田，翟国方．韧性城市规划理论与方法及其在我国的应用——以合肥市市政设施韧性提升规划为例 [J]. 上海城市规划，2016(1)：19-25.
吴建军，孔云峰，李斌．基于 GIS 的农村医疗设施空间可达性分析——以河南省兰考县为例 [J]. 人文地理，2008(5)：37-42.
吴良镛．北京市的旧城改造及有关问题 [J]. 建筑学报，1982(2)：8-18.
吴启焰．城市社会空间分异的研究领域及其进展 [J]. 城市规划汇刊，1999(3)：23-26.
吴启焰．大城市居住空间分异研究的理论与实践 [M]. 北京：科学出版社，2001.
吴启焰，任东明，杨荫凯，等．城市居住空间分异的理论基础与研究层次 [J]. 人文地理，2000, 15(3)：1-5.
吴启焰，吴小慧，Guo Chen, 等．基于小尺度“五普”数据的南京旧城区社会空间分异研究 [J]. 地理科学，2013, 33(10)：1196-1205.
吴先华，谭玲，郭际，等．恢复力减少了灾害的多少损失——基于改进 CGE 模型的实证研究 [J]. 管理科学学报，2018, 21(7)：66-76.
吴玉鸣，徐建华．中国区域经济增长集聚的空间统计分析 [J]. 地理科学，2004(6)：654-659.
夏建中．新城市社会学的主要理论 [J]. 社会学研究，1998(4)：49-55.
项飚．传统与新社会空间的生成——一个中国流动人口聚居区的历史 [J]. 战略与管理，1996(6)：99-111.
肖华斌，袁奇峰，徐会军．基于可达性和服务面积的公园绿地空间分布研究 [J]. 规划师，2009(2)：83-88.
肖莹光．广州市中心区社会空间结构及其演化研究 [D]. 上海：同济大学，2006.
谢东晓．北京城市危旧房改造研究——政策演进、空间效应、改造模式 [D]. 北京：北京大学，2006.
谢天成．新时期北京城市总体规划修编问题研究 [J]. 中国名城，2015(1)：45-49.
修春亮．安全与韧性——新时期我国城市规划的理论与实践 [J]. 城市建筑，2018(35)：3.
修春亮，夏长君．中国城市社会区域的形成过程与发展趋势 [J]. 城市规划汇刊，1997(4)：59-62.
徐放．居民感应地理研究的一个实例——对赣州市的调查分析 [J]. 地理科学，1983(2)：167-174.
徐建刚，屠帆，韩雪培．城市商业土地级差地租的 GIS 评价方法研究 [J]. 地理科学，1996(2)：176-183.
徐建华．现代地理学中的教学方法 [M]. 北京：高等教育出版社，1994.
徐江，邵亦文．韧性城市：应对城市危机的新思路 [J]. 国际城市规划，2015(2)：1-3.
徐顺利．通过生态安全看生态城市建设的必要性 [J]. 科技信息（学术研究），2006(8)：276-277.
徐振强，王亚男，郭佳星，等．我国推进弹性城市规划建设的战略思考 [J]. 城市发展研究，2014, 21(5)：79-84.
许婵．大遗址空间再生产研究——以丹阳南朝陵墓群大遗址为例 [J]. 江苏城市规划，2016(4)：30-33.
许婵，文天祚，黄柏玮，等．后现代主义视角下的城市规划及其对中国的启示 [J]. 现代城市研究，2016(4)：2-9.
许婵，文天祚，刘思瑶．国内城市与区域语境下的韧性研究述评 [J]. 城市规划，2020, 44(4)：106-120.
许婵，赵智聪，文天祚．韧性——多学科视角下的概念解析与重构 [J]. 西部人居环境学刊，2017(5)：59-70.

许涛，王春连，洪敏．基于灰箱模型的中国城市内涝弹性评价 [J]. 城市问题，2015(4)：2-11.
许学强，胡华颖，叶嘉安．广州市社会空间结构的因子生态分析 [J]. 地理学报，1989(4)：385-399.
许学强，周一星，宁越敏．城市地理学 [M]. 北京：高等教育出版社，1997.
许学强，朱剑如．现代城市地理学 [M]. 北京：中国建筑工业出版社，1988.
宣国富．转型期中国大城市社会空间结构研究 [M]. 南京：东南大学出版社，2010.
宣国富，徐建刚，赵静．基于 ESDA 的城市社会空间研究——以上海市中心城区为例 [J]. 地理科学，2010(1)：22-29.
薛德升．西方绅士化研究对我国城市社会空间研究的启示 [J]. 规划师，1999(3)：109-112.
薛凤旋，刘欣葵．北京：由传统国都到中国式世界城市 [M]. 北京：社会科学文献出版社，2014.
鄢进军，秦华，鄢毅．基于 Huff 模型的忠县城市公园绿地可达性分析 [J]. 西南师范大学学报（自然科学版），2012(6)：130-135.
闫海明，战金艳，张韬．生态系统恢复力研究进展综述 [J]. 地理科学进展，2012, 31(3)：303-314.
颜文涛，卢江林．乡村社区复兴的两种模式：韧性视角下的启示与思考 [J]. 国际城市规划，2017, 32(4)：22-28.
杨贺．Jamaat：都市中的亚社会研究 [D]. 北京：清华大学，2004.
杨建国．韩国官员财产申报法制化路径分析与经验启示 [J]. 东北亚论坛，2013(4)：107-119.
杨卡．我国大都市郊区新城社会空间研究 [D]. 南京：南京师范大学，2008.
杨敏行，黄波，崔翀，等．基于韧性城市理论的灾害防治研究回顾与展望 [J]. 城市规划学刊，2016(1)：48-55.
杨上广．大城市社会极化的空间响应研究 [D]. 上海：华东师范大学，2005.
杨上广，王春兰．大城市社会空间结构演变及其治理——以上海市为例 [J]. 城市问题，2006(8)：47-53.
杨上广，王春兰．国外城市社会空间演变的动力机制研究综述及政策启示 [J]. 国际城市规划，2007(2)：42-50.
杨威．应急管理视角下社区柔韧性评估研究 [D]. 大连：大连理工大学，2015.
杨吾扬．北京市零售商业与服务业中心和网点的过去、现在和未来 [J]. 地理学报，1994(1)：9-17.
杨旭．北京市社会空间结构的因子生态分析 [D]. 北京：北京大学，1992.
杨雅婷．抗震防灾视角下城市韧性社区评价体系及优化策略研究 [D]. 北京工业大学，2016.
姚华松．西方城市社会地理学研究动向分析 [J]. 地理与地理信息科学，2006, 22(5)：101-106.
姚华松，薛德升，许学强．城市社会空间研究进展 [J]. 现代城市研究，2007(9)：74-81.
叶超，郭志威，陈睿山．从象征到现实：大学城的空间生产 [J]. 自然辩证法研究，2013(3)：58-62.
叶涯剑．空间社会学的缘起及发展——社会研究的一种新视角 [J]. 河南社会科学，2005(5)：73-77.
易峥，阎小培，周春山．中国城市社会空间结构研究的回顾与展望 [J]. 城市规划汇刊，2003(1)：21-24.
尹海伟，孔繁花．济南市城市绿地时空梯度分析 [J]. 生态学报，2005(11)：218-226.
尹海伟，孔繁花．济南市城市绿地可达性分析 [J]. 植物生态学报，2006(1)：17-24.
尹海伟，孔繁花，宗跃光．城市绿地可达性与公平性评价 [J]. 生态学报，2008(7)：3375-3383.
应龙根，宁越敏．空间数据：性质、影响和分析方法 [J]. 地球科学进展，2005(1)：49-56.
于洪俊，宁越敏．城市地理概论 [M]. 合肥：安徽科学技术出版社，1983.
于珊珊，彭鹏，田晓琴，等．基于 GIS 的长沙市医院空间布局及优化研究 [J]. 长沙大学学报，2012(2)：90-94.
于涛方，陈修颖，吴泓．2000 年以来北京城市功能格局与去工业化进程 [J]. 城市规划学刊，2008(3)：46-54.
于涛方，吴泓．全球化进程中北京城市空间不平等格局研究：2009 中国城市规划年会 [C]. 中国天津：2009：

13.
余建英，何旭宏．数据统计分析与 SPSS 应用 [M]. 北京：人民邮电出版社，2003.
余向洋，王兴中．西安城市商业性娱乐场所的社会空间结构研究 [J]. 现代城市研究，2004(3)：65-72.
俞孔坚，段铁武，李迪华，等．景观可达性作为衡量城市绿地系统功能指标的评价方法与案例 [J]. 城市规划，1999(8)：7-10.
俞孔坚，许涛，李迪华，等．城市水系统弹性研究进展 [J]. 城市规划学刊，2015(1)：75-83.
俞秋阳．当代中国治理体系的韧性研究 [D]. 华中师范大学，2017.
虞蔚．西方城市地理学中的因子生态分析 [J]. 国外人文地理，1986(2)：36-39.
虞蔚．城市社会空间的研究与规划 [J]. 城市规划，1986(6)：25-28.
岳晓琴，黄明华．县城中小学教育设施规划指标探讨——以陕西洛川为例 [J]. 规划师，2012(1)：76-81.
湛东升，孟斌．基于社会属性的北京市居民居住与就业空间集聚特征 [J]. 地理学报，2013(12)：1607-1618.
张成才，秦昆，卢艳，等．GIS 空间分析理论与方法 [M]. 武汉：武汉大学出版社，2004.
张广济，计亚萍．社会空间的理论谱系与当代价值 [J]. 东北师大学报 (哲学社会科学版), 2013(3)：171-175.
张翰卿，安海波．耐灾理念导向的城市空间结构优化方法 [J]. 城乡规划，2017(3)：76-85.
张捷，顾朝林，都金康，等．计算机网络信息空间 (Cyberspace) 的人文地理学研究进展与展望 [J]. 地理科学，2000, 20(4)：368-374.
张京祥，陈浩．南京市典型保障性住区的社会空间绩效研究——基于空间生产的视角 [J]. 现代城市研究，2012(6)：66-71.
张京祥，李阿萌．保障性住区建设的社会空间效应反思——基于南京典型住区的实证研究 [J]. 国际城市规划，2013(1)：87-93.
张景秋，曹静怡，陈雪漪．北京中心城区公共开敞空间社会分异研究 [J]. 规划师，2007(4)：27-30.
张康之．基于人的活动的三重空间——马克思人学理论中的自然空间、社会空间和历史空间 [J]. 中国人民大学学报，2009(4)：60-67.
张莉，陆玉麒，赵元正．医院可达性评价与规划——以江苏省仪征市为例 [J]. 人文地理，2008(2)：60-66.
张明斗，冯晓青．长三角城市群内各城市的城市韧性与经济发展水平的协调性对比研究 [J]. 城市发展研究，2019, 26(1)：82-91.
张琦，李同昇，史荣．服务老年人群的城市高等级医院交通可达性测评——以西安市三级甲等医院为例 [J]. 陕西师范大学学报 (自然科学版), 2016(1)：96-101.
张茜，顾福妹．基于城市恢复力的灾后重建规划研究 [C]. 中国海南海口：2014.
张睿，臧鑫宇，陈天．基于承洪韧性的老旧住区更新规划策略研究——以天津川府新村住区为例 [J]. 中国园林，2019, 35(2)：64-68.
张舒．西方城市地域结构理论的评介 [J]. 辽宁大学学报 (哲学社会科学版), 2001(5)：84-88.
张甜，刘焱序，王仰麟．恢复力视角下的乡村空间演变与重构 [J]. 生态学报，2017(7)：1-11.
张小林，金其铭，陆华．中国社会地理学发展综述 [J]. 人文地理，1996(S1)：118-122.
张行，梁小英，刘迪，等．生态脆弱区社会—生态景观恢复力时空演变及情景模拟 [J]. 地理学报，2019, 74(7)：1450-1466.
张学良．探索性空间数据分析模型研究 [J]. 当代经济管理，2007(2)：26-29.

张雪峰 . 基于 GIS 的巩义市农村中小学空间布局分析 [D]. 郑州：河南大学，2008.
张岩，戚巍，魏玖长，等 . 经济发展方式转变与区域弹性构建——基于 DEA 理论的评估方法研究 [J]. 中国科技论坛，2012(1)：81-88.
章征涛，刘勇 . 重庆主城区社会空间结构分析 [J]. 人文地理，2015(2)：43-49.
赵芳 . 城市空间：一种社会学的理论演进 [J]. 湖南社会科学，2003(6)：182-183.
赵罗英 . 列斐伏尔的社会空间理论及其启示 [J]. 河南科技大学学报 (社会科学版), 2013(5)：36-38.
赵渺希 . 上海市中心城区外来人口社会空间分布研究 [J]. 地理信息世界，2006(1)：31-38.
赵世瑜，周尚意 . 明清北京城市社会空间结构概说 [J]. 史学月刊，2001(2)：112-119.
甄峰 . 信息时代新空间形态研究 [J]. 地理科学进展，2004, 23(3)：16-26.
震钧 . 天咫偶闻 [M]. 北京：北京古籍出版社，1982.
郑静，许学强，陈浩光 . 广州市社会空间的因子生态再分析 [J]. 地理研究，1995(2)：15-26.
郑艳 . 适应型城市：将适应气候变化与气候风险管理纳入城市规划 [J]. 城市发展研究，2012, 19(1)：47-51.
钟琪，戚巍 . 基于态势管理的区域弹性评估模型 [J]. 经济管理，2010(8)：32-37.
钟少颖，杨鑫，陈锐 . 层级性公共服务设施空间可达性研究——以北京市综合性医疗设施为例 [J]. 地理研究，2016(4)：731-744.
周春山 . 城市人口迁居理论研究 [J]. 城市规划汇刊，1996(3)：34-40.
周春山 . 改革开放以来大都市人口分布与迁居研究：以广州市为例 [M]. 广州：广东高等教育出版社，1996.
周国法 . 生物地理统计学 [M]. 北京：科学出版社，1998.
周婕，王静文 . 城市边缘区社会空间演进的研究 [J]. 武汉大学学报 (工学版), 2002(5)：16-21.
周均清，徐利权，何伯涛 . 基于弹性思维的生态敏感地区新城发展研究——以武汉市花山生态新城为例 [J]. 城市规划学刊，2014(6)：77-84.
周侃，刘宝印，樊杰 . 汶川 Ms 8.0 地震极重灾区的经济韧性测度及恢复效率 [J]. 地理学报，2019, 74(10)：2078-2091.
周乐 . 城市视域中的马克思主义社会空间理论初探 [D]. 南京：南京大学，2013.
周立云 . 改革开放二十年北京房地产业利用外资的回顾与前瞻 [J]. 北京房地产，1998(10)：1-3.
周利敏 . 从社会脆弱性到社会生态韧性：灾害社会科学研究的范式转型 [J]. 思想战线，2015(6)：50-57.
周利敏 . 韧性城市：风险治理及指标建构——兼论国际案例 [J]. 北京行政学院学报，2016(2)：13-20.
周尚意 . 现代大都市少数民族聚居区如何保持繁荣——从北京牛街回族聚居区空间特点引出的布局思考 [J]. 北京社会科学，1997(1)：76-81.
周尚意，王海宁，范砾瑶 . 交通廊道对城市社会空间的侵入作用——以北京市德外大街改造工程为例 [J]. 地理研究，2003(1)：96-104.
周尚意，朱立艾，王雯菲，等 . 城市交通干线发展对少数民族社区演变的影响——以北京马甸回族社区为例 [J]. 北京社会科学，2002(4)：33-39.
周廷刚，郭达志 . 基于 GIS 的城市绿地景观引力场研究——以宁波市为例 [J]. 生态学报，2004(6)：1157-1163.
周文娜 . 上海市郊区县外来人口社会空间结构及其演化的研究 [D]. 上海：同济大学，2006.
周文丝 . 杭州城市边缘区社会空间互动过程研究 [D]. 杭州：浙江大学，2013.

周小谦 . 电力弹性系数浅议——一个很有魅力的课题 [J]. 中国电力企业管理 , 2000(10)：7-9.
周一星 , 王榕勋 , 李思名 , 等 . 北京千户新房迁居户问卷调查报告 [J]. 规划师 , 2000(3)：86-89.
周艺南 , 李保炜 . 循水造形——雨洪韧性城市设计研究 [J]. 规划师 , 2017, 33(2)：90-97.
朱传耿 , 顾朝林 , 马荣华 , 等 . 中国流动人口的影响要素与空间分布 [J]. 地理学报 , 2001, 56(5)：549-560.
朱会义 , 刘述林 , 贾绍凤 . 自然地理要素空间插值的几个问题 [J]. 地理研究 , 2004(4)：425-432.
祝俊明 . 上海市人口的社会空间结构分析 [J]. 中国人口科学 , 1995(4)：21-30.
庄友刚 . 空间生产与当代马克思主义哲学范式转型 [J]. 学习论坛 , 2012(8)：62-66.
陈娅玲 , 杨新军 . 旅游社会 - 生态系统及其恢复力研究 [J]. 干旱区资源与环境 , 2011, 25(11)：205-211.
李彤玥 . 基于韧性视角的省域城镇空间布局框架构建研究 [J]. 城市与区域规划研究 , 2018, 10(4)：273-288.
刘丹 . 弹性城市与规划研究进展解析 [J]. 城市规划 , 2018, 42(5)：114-122.
章英华 . 二十世纪初北京的内部结构：社会区位的分析 [J]. 新史学 , 1990, 1(1)：29-77.